黑龙江省半干旱区玉米营养与施肥技术

王鹏　焦峰　邵红英　著

中国农业科学技术出版社

图书在版编目（CIP）数据

黑龙江省半干旱区玉米营养与施肥技术／王鹏，焦峰，邵红英著．—北京：中国农业科学技术出版社，2020.7

ISBN 978-7-5116-4610-1

Ⅰ.①黑…　Ⅱ.①王…②焦…③邵…　Ⅲ.①干旱区-玉米-施肥-黑龙江省　Ⅳ.①S513.062

中国版本图书馆 CIP 数据核字（2020）第 023304 号

责任编辑　张志花
责任校对　贾海霞

出 版 者　中国农业科学技术出版社
北京市中关村南大街 12 号　邮编：100081
电　　话　(010)82106636(编辑室)　(010)82109702(发行部)
(010)82109709(读者服务部)
传　　真　(010)82106650
网　　址　http://www.castp.cn
经 销 者　各地新华书店
印 刷 者　北京建宏印刷有限公司
开　　本　710mm×1 000mm　1/16
印　　张　19.5
字　　数　350 千字
版　　次　2020 年 7 月第 1 版　2020 年 7 月第 1 次印刷
定　　价　80.00 元

前 言

东北地区玉米年产量占全国玉米产量的35%以上，对国家粮食安全起着支撑作用。而在东北三省中，黑龙江省雨热同期，光照充足，适宜春玉米的栽培，玉米产量相对较高，品质较好，是玉米栽培面积最大的省份，2012 年全省玉米栽培面积达到了 9 700 万亩（1 亩≈667m^2，15 亩 = 1 公顷，全书同）以上，产量也居全国首位。施肥是促进玉米生长和提高产量的重要途径，相关研究表明，栽培中施肥可以使玉米产量增加50%左右，所以，合理的施肥技术成为玉米栽培研究的重点。

对于我国而言，耕地紧张的局面短时间内难以缓解，为了获得单位面积高产，满足人们对粮食的需求，生产中大量地向土壤中施用肥料，但植物对肥料的反应并不是施肥量越高产量越高，当施肥量达到一定量时，作物的产量增加相对缓慢，这便导致了施入土壤中的大量养分残留于土壤，进而增加了环境污染的风险，导致农产品的安全问题日益突出，所以，如何科学施肥，既能提高玉米的单位面积产量，又尽可能小地污染环境就成为了玉米施肥研究的重点内容。

本书根据黑龙江省半干旱区玉米栽培的研究现状，在开展水肥一体化高效运筹模式研究的基础上，综合试验点多年的研究结果，分析了黑龙江省半干旱区玉米栽培中营养变化规律，为指导黑龙江省半干旱区玉米施肥技术提供了理论基础。为了更好地服务于黑龙江省玉米生产中精确定量施肥，减少化肥用量，推广施用有机肥料，完善玉米生产中成熟的施肥技术，特此，著者认真分析了黑龙江省半干旱区玉米营养特点和养分吸收规律，希望能对黑龙江省和北方地区玉米栽培有借鉴作用。

本书共 11 章，由黑龙江八一农垦大学王鹏、焦峰、邵红英共同撰写。其中全书由王鹏统稿，并最终审稿和定稿。具体分工为王鹏撰写第二、九、十和十一章，共计 11 万字；焦峰撰写第三、四、五、六和七章，共计 11.5 万字；

邵红英撰写第一和八章，共计 9. 5 万字。

本书获以下课题项目和单位资助：

1. 粮食主产区作物丰产节水节肥技术集成与示范（2013BAD07B01-5）

2. 黑龙江半干旱区春玉米全程机械化丰产增效技术体系集成与示范（2018YFD0300101-2）

3. 北大荒现代农业产业技术省级培育协同创新中心

本课题在实施过程中得到了殷奎德、张兴梅老师和周攒义、张宏天、张吉立、闫百莹、张德伟等同学的大力帮助，在此一并致谢。

本书编写过程中引用了部分学者的研究成果，在此表示衷心的感谢。

限于时间的原因与写作水平，书中若存错误和不足之处，希望相关专家学者给予批评和指正。

著者

2019. 12

目　录

第一章　玉米栽培与营养研究

第一节　玉米施肥与营养研究的意义

一、玉米氮营养研究的意义

我国东北地区气候适宜，雨热同期，适宜春玉米的栽培，因此，东北地区成为了我国玉米栽培的主要地区之一，栽培面积近年一直保持在 700 万 hm^2 左右，并且玉米产量相对较高，相关研究统计，东北地区玉米年产量占全国玉米产量的 35%以上，对国家粮食安全起着支撑作用。在东北三省中，黑龙江省是玉米栽培面积最大的省份，2012 年全省玉米栽培面积达到了 9 700 万亩以上，产量也居全国首位。

氮是植物生长所必需的营养元素之一，其供应量的高低直接影响着玉米产量的高低。氮元素是绿色植物体内叶绿素以及各种酶的主要组成部分，因此，氮元素又影响着绿色植物的光合代谢过程，也影响着玉米光合产物的最终形成。由于氮元素在植物生长过程中起重要的生理作用，因此，氮元素的供应高低便成为了玉米产量形成的限制因素。在玉米栽培中，为了提高产量，采用人工施肥的方式为玉米提供氮素营养是玉米获得高产的重要因素之一，在目前栽培研究实践中得到了广泛的认可，相关研究表明，玉米栽培中施用氮肥可以使玉米产量增加 50%左右，所以合理的施肥技术成了玉米栽培研究的重点。

对于我国来说，目前以全世界 9%的耕地养活着占全世界 22%的人口，耕地紧张的局面短时间内难以缓解，生产中为了满足人们对粮食的需求和获得单位面积高产，人们大量地向土壤中施用肥料，但是由于植物对肥料的反应并不是施肥量越高产量越高，当施肥量达到一定量时，作物的产量增加相对非常缓慢，这便导致了施入土壤中的大量养分残留于土壤中，进而增加了环境污染的风险，导致了农产品的安全问题日益突出，所以如何科学施肥，既能提高玉米的单位面积产量，又能尽可能小地污染环境就成为了玉米施肥研究的重点内容。

黑龙江省土壤属于较肥沃的土壤类型之一，土壤供氮量相对比较丰富，作物产量较高。尽管如此，由于植物根系从土壤吸收养分的能力有限，在黑龙江省施肥试验研究中表明了施用氮肥仍可以有效提高玉米的产量，但是最佳施肥量的相关研究尚处于空白阶段。玉米是对氮素营养需求量较高的植物之一，目前在生产中为了有效提高氮素营养，常常施用大量的尿素作为氮素肥源，由于尿素在土壤中残留时间短，挥发时间快，导致尿素的肥料利用率一直处于较低水平，并且随着近年来施肥量的不断提高，也导致了氮肥利用率呈现出快速降低的变化趋势。从黑龙江省玉米生产的现状来看，过量施肥和肥料利用率较低成为了玉米栽培中重要的难题之一，因此，寻找一种能够有效提高氮肥利用率的栽培方式成为了本项研究的重点内容。

在玉米栽培试验中，通过合理的基肥与追肥施用方法，降低氮肥的损失率是目前重要的研究内容，同时，在生产中根据土壤肥力现状，确定最佳的氮肥施用量也是提高玉米施肥经济效益的重要途径之一。氮肥结合玉米栽培方式的改善，采取人工覆膜与灌水的方式来提高玉米产量和质量，并且提高玉米氮肥利用率的研究内容成为了当前玉米栽培中的研究热点。本项研究以此为契机，重点研究了黑龙江省不同施氮量以及不同栽培方式对玉米养分吸收与产量质量的影响规律，以期为玉米栽培中确定最佳的氮肥施用量和最佳的栽培方式提供理论依据。

二、玉米磷营养研究的意义

玉米是重要的粮食作物之一，最早发源于中美洲，后经澳大利亚传入我国，由于玉米产量较高，对于世界粮食安全具有重要意义。自 20 世纪 90 年代开始，世界各国为解决粮食问题都在竞相发展玉米栽培，因而玉米播种面积屡创新高。从目前玉米的栽培面积以及产量来看，当前世界上玉米仅次于小麦、水稻，处于第三位，我国是玉米栽培面积最大的国家之一，种植面积和产量与美国相当，并且在我国主要粮食作物中，玉米产量居于第三位。从我国粮食作物发展来看，玉米成为了农业经济发展的重要基础。

玉米的用途非常广泛，目前在玉米加工企业，除了作为人类食品之外，还将玉米加工成为动物的饲料进行出售；从目前市场上出售的动物饲料成分上来看，玉米占到总成分的81%以上，有部分学者将玉米称为饲料之王。从部分研究者调研结果来看，很多地区的玉米大部分用来作为动物饲料出售，总量占到玉米总产量的75%以上。

玉米由于栽培方便简单，适应性强，在促进农民增收方面具有重要的作用，因此，扩大玉米的栽培面积成为了很多地区解决农民增收的重要手段。由于目前我国玉米生产中栽培管理措施比较落后，同时施肥方式与方法与发达国家相比存在较大差距，导致玉米产量和质量与发达国家相比还存在一定的差异，因此，如何合理施用肥料以改善玉米的营养状况，对促进玉米高产具有重要意义。

在玉米的施肥种类中，磷肥由于施入土壤之后受到土壤较强的固定作用，使玉米吸收磷营养非常困难，进而导致缺磷症状。在对土壤总磷调研中发现，土壤中的速效磷含量较低，但是土壤总磷含量很高，这形成了鲜明的反差，因此，在玉米栽培中，如何提高施入土壤中的磷肥利用率和促进玉米对土壤中磷吸收量增加具有重要的理论与实践意义。黑龙江省土壤内含有大量的磷酸盐，但是很多都不能被玉米吸收利用，这造成了极大的浪费，因此，在玉米栽培实践中，如何有效发挥土壤中磷酸盐的作用也成为了很多研究者竞相研究的目标。

在北方干旱地区，由于微生物肥料的广泛应用以及有机肥料的混合施用技术的发展，土壤中磷营养的利用率显著提高，并且在相关的试验研究中得到了证实，特别是土壤改良剂的广泛应用，为玉米高效利用磷营养奠定了一定的基础。尽管在玉米磷吸收方面进行了一定的初步研究工作，但是实际生产中仍然面临着有效性较低，施入土壤中的磷肥利用率相对较低的现象并未得到显著改善，所以，详细研究黑龙江地区提高玉米田磷肥利用率的施肥方式与方法对指导生产中合理施用磷肥和提高经济效益都具有重要的意义。

玉米吸收与利用土壤中磷营养的主要器官是根系，因此，根系周围磷营养的有效性成为限制玉米吸收磷营养的主要因素，因此，在玉米栽培中，采用一定的栽培技术措施来提高玉米根际周围磷营养的有效性成为了改善磷肥利用率和促进玉米对磷吸收的重要方式。除了改善玉米根际周围的环境条件来提高磷肥的利用率之外，另外一种方法就是对施入土壤中的磷肥进行改造，将磷肥颗粒化或者采用包膜技术，实际栽培中将磷肥施用于玉米的根系周围也可以较好的提高玉米对磷肥的吸收量。在玉米新品种选育中，培育对磷肥吸收能力较强的植株或者玉米品种，也可以从根本上提高玉米对磷肥的吸收利用效率，所以，玉米栽培中可以从多方面采取措施来提高磷肥的利用率。

由于玉米栽培中可以采取改变施肥技术措施和改变肥料形态以及改变施用方法的栽培技术措施，因此，详细研究不同栽培措施对玉米磷吸收的影响规律对指导玉米栽培中合理施肥具有重要的现实意义，并且为提高玉米栽培经济效益提供理论依据。

三、玉米钾营养研究的意义

钾元素是玉米生长中需求量比较大的营养元素之一，也是肥料三要素之一，钾肥施用量的高低直接影响玉米生长以及最终产量的形成，同时也影响玉米抗逆性的提高。在玉米各器官中，玉米茎叶中的钾含量相对比较高，而在玉米籽粒中含量相对比较低，同时玉米茎秆与其他禾谷类作物相比，其含量一般可以高出 0.5%左右，这也间接表明了玉米对钾元素具有较高的需求。钾元素除了成为玉米茎秆的组成成分之外，还是玉米进行光合作用的参与元素之一，对于光合作用的提高和光合产物的运输具有重要的作用，同时钾元素也参与玉米的生殖活动，参与核酸的形成，对于玉米籽粒形成具有重要作用。

玉米施用钾肥在 20 世纪 90 年代以前效果不显著，但是随着玉米栽培年限的增加，玉米从土壤中带走了大量的钾元素，使部分地区的土壤钾元素已经明显不足，同时由于人们在施肥中对钾肥的重视程度不够，也使很多地区土壤内钾营养严重亏缺，从而在一定程度上限制了玉米产量的提高，也导致了部分地区玉米品质较差；从目前我国玉米主产区的情况来看，玉米单产相对比较低，同时玉米商业品质也比较差，农民栽培的经济效益较低的现象比较突出，所以研究玉米适宜的钾肥施用量，明确钾元素对玉米养分吸收、产量的影响规律，为科学合理的施用钾肥，提高钾肥的施用效率以及施用效果，提高玉米产量和经济效益具有重要的实践意义。本项研究以黑龙江省土壤肥力特点为基础，通过详细分析和研究不同钾肥施用量对玉米生长、养分吸收以及产量质量的影响规律，以期为黑龙江省玉米栽培中合理施用钾肥，提高钾肥的利用效率提供重要的理论与实践参考。

四、玉米有机-无机营养配施研究的意义

玉米是需肥量比较大的农作物之一，生长季节养分的供应量以及供应时间对玉米生长、养分吸收以及产量的最终形成具有重要影响。在玉米栽培实践中，养分状况是可以人为进行控制和人为进行改进的一项栽培技术措施，由于我国面积广大，不同地区土壤肥力存在较大差异，这也导致人为进行养分控制存在较大差异，生产实践中发现，不同的土壤类型中施用一定量的肥料可以显著提高玉米产量，但是由于土壤条件以及地区的差异，使肥料的施用量之间存在显著差异。由于施用化肥增产效果比较显著，肥效也比较快，这就使人们生产中过分注重化肥的施用，而忽视了有机肥的施用，从而导致很多地区的土壤出现了板结，肥力下降明显的现象，这也限制了玉米最终产量的提高。施用化肥的另一个不足就是尽管玉米产量有了较显著的提高，但是玉米籽粒的品质下降比较明显，所以为了改变这种现象，重视玉米栽培种的有机肥施用显得特别重要，特别是在重茬栽培比较严重的黑龙江地区，科学合理地施用有机肥，提高玉米的产量和品质成为当前玉米栽培技术研究中非常重要的内容，对指导生产具有十分重要的实践意义。

从当前有机肥应用的研究现状来看，人为地向土壤中施用有机肥，在一定程度上可以较好地改善土壤质地，同时提高土壤内有机质含量，对于提高北方地区磷营养的有效性具有十分重要的现实意义。在玉米栽培实践中，通过施用有机肥一定程度上可以提高玉米的产量和籽粒质量，这在我国土壤肥力较差的华北地区尤为明显，但是黑龙江省的相关研究较少；当然，有机肥的施用方式目前还需要进一步的探讨和研究，多数研究认为有机肥和化学肥力混合施用效果较好，特别是复合型的有机肥，效果更加显著；尽管如此，我国在玉米栽培中应用有机肥的比例仍然处于较低的水平，分析认为这与有机肥的肥效比较慢，效果不够显著有关，同时施用时费时费力，很多地区施用有机肥的配套机械缺乏，有机肥重量大等问题十分突出，这也导致很多地区的农民对施用有机

肥的积极性非常差，从而对于有机肥的推广带来了较大的困难。本项研究以此为契机，结合黑龙江省土壤的特点、肥力现状以及有机质的基本含量，合理确定有机肥的施用量以及施用方式，通过试验的方式研究有机肥对玉米生长以及产量质量的影响效果，特别是在降低磷肥施用量的前提下对玉米生长状况进行详细的研究，以期为黑龙江省玉米栽培生产中科学合理施用有机肥提供理论依据。本项研究以田间试验的方式进行研究，重点分析有机肥对玉米干物质积累以及氮磷钾营养元素的吸收影响规律，分析有机肥应用效果以及降低肥料施用量，为创建生态农业提供理论依据。所以本项研究具有重要的现实意义。

五、玉米栽培水氮耦合研究的意义

玉米原产于墨西哥，由于其产量高且具有较强的适应性，在各个国家迅速发展起来。我国已成为世界第二大玉米生产国。2014 年我国粮食总产量达到 60 710 万 t，增长 0. 9%，粮食喜获丰收，玉米全年总产量达到 21 567 万 t，占全国粮食总产量的 35. 52%。这对国家粮食安全的稳定和农民增收都具有重要意义。黑龙江省现拥有耕地 2. 2 亿亩，2014 年粮食总产量突破 676 亿 kg，粮食商品量超过 626 亿 kg 大关，成为我国粮食生产和粮食商品量第一大省。保障国家粮食安全的同时，以牺牲资源、破坏环境和消耗地力作为代价。中国是水资源贫乏国之一，黑龙江省更是缺水大省，水资源利用率低。黑龙江省的农业生产必须走节水、节肥，提高资源利用率的可持续发展的道路。

对于我国来说，人均水资源占有量仅为世界平均水平的 25%，每亩耕地占有水资源量仅为世界平均值的 80%。黑龙江省人均水资源占有量约占全国人均水量的 50%，耕地水量约占全国耕地平均水量的 20%。黑龙江省年降水量在 300 ~ 600mm，集中降雨主要在每年的 6—9 月，占总降水量的 80% 左右。大部分年份干旱，特别是春旱严重，有“十年九春旱”之说，农业生产基本靠天吃饭，旱田灌概面积少，是典型的雨养农业区。黑龙江省农业用水效率低，水资源短缺且用水严重浪费的现象一直存在，因此，发展节水农业具有巨大潜力和广阔前景。我国作为一个人口大国，靠占全世界 9% 的耕地养活着占全世界 22% 的人口。因此，在人增地减的现实情况下，滴灌在节水、增产、省工等方面具有显著优势，相关试验研究表明，滴灌与地面灌相比较，滴灌有效减少了水分深层渗漏，节水 49%。滴灌条件下作物生物量高于喷灌和漫灌，滴灌实际产量高于喷灌 1.68%，高于漫灌 6.52%。农业用水效率逐步提高，估算 2030 年，农田灌溉节水 241 亿 m^3。通过资源的高效利用，提高作物产量、品质和效益，实现高产、稳产的农业可持续发展才是保证国家粮食安全的唯一选择。

我国肥料使用存在严重的养分失衡、比例不当、施肥技术落后、肥料利用效率低等突出问题。导致大量资源浪费，农民投入逐年增加，生产效益却不断下降，农产品品质降低。黑龙江省作为国家重要商品粮基地，在为国家提供大量商品粮的同时，也掠夺着土壤资源，使土壤退化，黑土区土壤退化的主要表现为黑土层变薄，有机质降低，结构性变差，生产能力逐步减退等。目前，黑土腐殖质层厚度小于 30cm 的耕地占 38.7%，而开垦前自然黑土的腐殖质层厚度大多在 50cm 左右，厚的可达 100cm 以上。随着化肥用量的增加，在提高产量的同时，因有机物质投入的减少，造成有机肥和无机肥投入比例不当，致使土壤 C/N 下降，土壤有机质矿化速度增加，主壤有机质含量降低，团粒结构变差，地力下降。在一般的耕种施肥条件下，黑土耕层有机质含量平均每年下降 0.01 个百分点。我国化肥施用量近些年来增加 84%，玉米产量提高幅度较小，仅 10%左右，肥料资源浪费严重，有研究表明，推荐施肥比常规施肥共减少肥料 17.2%，产量比常规施肥增加 5%，经济效益每公顷增加 2 400 元。减氮施肥会在不同程度上影响玉米产量，减氮 20%范围内对玉米产量没有十分显著的影响，减量施肥一定程度上提高了氮肥肥效和肥料利用率。

近些年我国多地出现干旱，在水资源紧缺、资源浪费、人增地减的大环境下，实施水肥耦合技术，它是根据农田的土壤肥力状况，合理运用灌水量与施肥量，以实现水肥高效利用目标的一项综合技术，水肥耦合技术可提高水肥利用效率提高产量品质。有研究表明，膜下滴灌施肥与常规沟灌施肥相比，水分利用效率和氮肥利用率分别增加 46.4%和 76.5%。膜下滴灌施肥模式较常规灌溉施肥节省灌水 50%的前提下，产量达 11 310 kg/hm^2，提高 $420kg/hm^2$。推进农田水肥一体化管理，以肥调水、以水促肥，对提高水肥利用效率，促进农业增产增效具有重要意义。

第二节　玉米氮营养研究

一、玉米氮营养研究

氮是玉米生长过程中最重要的营养元素，在玉米栽培中，供应充足的氮肥对玉米生长具有重要的影响，一般在氮肥供应比较充足的条件下，玉米的叶片生长比较快，叶片面积增加，生长速度也比较快，同时植物体的干物质积累量以及色素含量也会显著升高。在玉米的生长过程中，由于玉米无法固定大气中的氮素，因此生长发育过程中所需要的氮营养均需从土壤中吸收，土壤中有效氮素一般为硝态氮，由于不同的植物吸收氮素形态存在较大差异，所以玉米对于硝态氮的吸收量高低直接影响硝态氮的利用效果。一般在玉米栽培中，通常施用不同种类的氮肥，其中以铵态氮和硝态氮肥较多，也有部分地区大量施用尿素作为主要的氮肥种类，相关试验研究表明，尿素在黑龙江省的利用率处于较低水平，一般仅为30%上下，并且尿素转化为铵态氮之后很容易挥发损失，所以尿素施用的效果并不显著。部分研究者认为，在蔬菜栽培中常常采用氮磷钾混合施用或者多种形态的氮肥混合施用的方式来提高植物的氮肥利用率，但是这些研究主要集中于设施栽培中，而在玉米施肥方式的研究中较少涉及。

关于玉米氮肥的施用研究，国外部分学者也进行了详细的研究，Sayre研究认为，玉米在出苗期对氮元素的吸收量较大，但是吸收速率相对较低，生育后期，玉米每天氮肥吸收量可以达到4.4kg/hm^2，但是从玉米氮营养积累变化曲线上来看，前期氮素总积累呈现出直线上升的变化趋势。从众多研究结果来看，不同地区以及不同栽培时期玉米氮素吸收变化规律存在较大差异，从我国的研究现状来看，玉米在春季栽培后，苗期对氮营养的需求量较低，一般仅仅占到总氮需求量的2%上下，但是随着生育期延后，氮素吸收量快速升高，特别是到了籽粒形成期，氮肥吸收量占到总吸收量的40%以上；夏玉米与春玉米氮素吸收规律存在差异，一般夏玉米苗期氮肥吸收量相对较高，占到总氮吸收量的10%左右，拔节期吸收量最高，占到总吸收量的80%上下。但是这个研究结果存在较大争议，部分研究者认为，夏玉米苗期氮肥吸收量处于较低值，胡田田在研究中得出了相似的研究结果。分析出现这种现象的原因与玉米栽培地点存在差异有关，因为不同地区土壤供氮量存在较大差异，最终导致了不同生育期对氮素养分吸收量的差异。

玉米生育期内，氮素供应量的高低直接影响玉米的碳循环过程，也会影响玉米叶片光合作用形成的干物质的积累与分配过程，这对于玉米最终产量的形成有直接的影响。玉米在生长过程中，根系吸收的氮元素主要在细胞内合成蛋白质，也有部分氮元素参与叶绿体的光合作用，光合产物可以参与植物细胞的分裂以及细胞的生长过程，因此，氮元素也是玉米植株构成的基本元素。除此之外，玉米在生长发育过程中，根系细胞对部分矿质元素的吸收与利用过程也需要玉米体内特种蛋白质的参与，而蛋白质的合成基础就是氮元素，所以氮元素在一定程度上还影响着玉米对矿质元素的吸收和利用过程。在玉米生长过程中，部分游离性蛋白质主要以各种酶的形式存在于植物体内，所以氮元素还会一定程度上影响着玉米生长发育进程。部分研究者在对玉米的研究中发现，玉米正常生长条件下，氮肥施用量提高后，玉米叶片内蛋白质的含量会显著升高，同时玉米的生长速度也会显著增加，除玉米之外，在小麦的氮肥试验研究中也得出了相似的结果，其中，小麦最佳的氮肥施用量为每公顷 240kg，同时，在一定范围内，随着氮肥施用量的增加，小麦籽粒中蛋白质的含量也会显著升高，同时，小麦的产量也会显著升高。

玉米吸收的氮素形态与其他作物之间存在一定的差异，部分试验研究结果表明，玉米吸收的氮素形态主要是硝态氮，在玉米体内存在着较多的硝酸还原酶，所以硝态氮被玉米吸收后可以快速被转化为玉米可以利用的氮素形态，通常情况下，在衡量施肥效果好坏时，通过测定玉米生长期内硝酸还原酶活性的强弱在一定程度上可以确定氮肥供应量的高低，部分学者对此也进行了详细的研究，Fell 通过测定玉米硝酸还原酶活性的高低可以推算玉米的最终产量高低，也可以推算氮肥的利用效率。除此之外，也有部分研究者在对玉米叶片内硝酸还原酶的研究中发现，玉米叶片中硝态氮的含量与叶片内 NRA 含量的高低直接相关，表现出土壤内氮肥施用量的增加，玉米叶片中 NRA 含量也会显著增加，但是玉米不同品种对该种酶的影响也不同，因此，在玉米生长初期，通过测定叶片内 NRA 含量的变化可以确定该株玉米未来生长发育过程中氮肥利用效率的高低。在玉米育种过程中，通过测定玉米幼苗叶片内硝酸还原酶高低来作为初期筛选的重要指标之一。除此之外，也有部分学者研究认为，玉米叶片内硝酸还原酶活性的高低除了与玉米对硝酸根离子的代谢能力高低之外，还受到人类施用化学氮肥的影响，一般情况下，人们施用的氮肥数量越高，土壤中硝酸根离子含量就会越高，这样会直接影响到玉米叶片中硝酸还原酶含量的高低，进而会显著影响玉米生长过程，甚至导致玉米徒长、倒伏以及病虫害严重发生。

二、玉米对氮元素的吸收与利用

玉米吸收氮元素的主要器官是根系，一般根系生长量的高低和根系伸展范围大小直接影响着玉米对氮元素的吸收利用，尽管如此，玉米根系内氮元素积累量一般仅仅占总氮吸收量的3%左右，即玉米吸收的氮元素主要供应地上部分使用。由于土壤内可供植物吸收的氮元素数量有限，因此，在植物生育前期，根系伸展范围有限的前提下，玉米吸收的氮元素主要在土壤的表层，但是随着表层土壤内氮元素含量的降低，到生育后期，玉米吸收的氮元素主要是土壤下层的氮元素，部分研究者认为，在玉米的生殖期，玉米可以吸收地表以下1.2m范围内的氮元素，同时，人类施用氮元素方位以及深度高低也会影响根系吸收氮元素的范围。在玉米吸收的大部分氮元素中，很多可以在植株体内发生转移，一般在抽穗期，玉米吸收的大部分氮元素主要分布在叶片以及茎内，随着生长中心的变化，后期叶片内和茎内大量的氮元素被转移至玉米穗中供应植物生长发育的需要。

从玉米生长生育期对氮元素的吸收变化上来看，玉米对氮元素吸收量最大的时期是大喇叭口时期和灌浆期，这两个时期也是玉米生长最快的时期，并且这两个时期生长量的高低直接影响玉米最终产量的形成。在对高产玉米的研究中发现，生育前期玉米植株中氮肥吸收量较高，但是在籽粒形成期，不同品种和基因型的玉米植株中氮素含量和积累量均会出现显著差异；土壤中氮素营养水平的差异也会显著影响玉米对氮元素的吸收与利用，一般情况下，当土壤内氮元素相对比较缺乏时，玉米植株中的大量氮元素便会向生殖器官转移，而营养器官内的氮元素含量与积累量均会显著降低，但是在土壤内氮元素含量比较高的情况下，玉米根系则成为了玉米吸收利用土壤内氮元素的限制因子，通常情况下，根系越发达的植株，氮肥吸收量越高，氮代谢速率相对也比较高。除了玉米栽培中氮元素的吸收和利用受到土壤供氮情况的影响之外，水稻氮肥的吸收和转运规律与玉米相近，同样表现为低氮胁迫可以促进玉米各器官内氮元素的转运效率。在对小麦、水稻以及玉米的研究中发现，氮肥施用量的不同会影响氮肥的最终利用率，一般氮肥施用量越高，氮肥的利用率会越低，大部分地块的氮肥利用率一般在40%左右，远远高于磷肥的利用率。

从玉米氮肥积累变化规律上来看，玉米氮肥利用率的高低与玉米生长期间干物质积累变化规律具有极强的相关性，一般情况下，当玉米干物质积累量显著升高时，玉米的氮积累量和氮肥利用率也会显著升高，通常情况下，玉米干物质积累变化规律与多种因素和条件相制约，如温度、水分、栽培措施等，但是尽管栽培条件可以改变玉米干物质的变化规律，却不能改变玉米吸收氮元素的变化规律，同时，也不能改变氮元素在玉米体内变化的基本趋势。氮肥对玉米植株内淀粉含量也会产生影响，相关研究结果表明，当土壤内氮素供应量不足时，玉米茎叶中淀粉以及蛋白质含量会显著降低，光合作用受阻，其中在高产玉米的研究中发现，茎内氮含量相对较高，但是淀粉类玉米茎内氮含量却处于最低值，分析原因认为，玉米生长期内氮吸收量受到不同种类玉米的影响。

氮素的形态不同，玉米吸收方式也存在较大差异，从硝态氮的吸收过程来看，玉米吸收硝酸根离子需要消耗大量的能量，并且对于硝态氮的吸收是一个动态变化的过程，在硝态氮吸收初期，其吸收量的高低受到多种因素的制约，如温度、光照、植物的生长状态等，一般硝态氮被玉米吸收后，首先贮存在根系的细胞中，部分硝态氮在玉米根系中被同化或者被合成有机物质运输至地上部分利用，也有部分硝态氮直接转运至地上部分供不同器官使用。被输送至地上部的硝态氮被植物光合作用同化后，合成的有机物质如蛋白质等还可以转运至玉米根系中供根系代谢需要。玉米对铵态氮的吸收与转运方式目前研究中存在着一定的争议，部分研究者认为，铵态氮的吸收与钾离子存在一定的相似性，但是铵态氮吸收过程比较烦琐，因为通道问题常常与矿质营养之间产生竞争效应。氮元素通常在玉米体内可以移动和被循环利用，而且氮元素的分配特点是主要转运至玉米生长活动比较活跃的部位，如茎尖部位，叶片部位，在土壤供氮严重不足的状态下，叶片的叶尖以及叶缘部位首先枯萎，而生长旺盛的玉米穗部位衰老期相对比较晚。在玉米的成熟期测定不同器官内氮含量的结果表明，籽粒中氮含量处于最高位置，玉米苞片中氮含量最低，之所以出现这种结果与氮元素可以在不同器官的移动性有直接关系，这与小麦和大麦中的研究结果相似，也表明了籽粒是最活跃的生长部位。在对玉米体内氮元素的转移与移动规律变化中发现，玉米籽粒最终成熟期氮积累量的50%以上来自于其他器官内，而从土壤中吸收的氮元素远远低于这个数值，同时，玉米各器官中氮元素转移的主要时期是在玉米的灌浆期，此时叶片和茎内80%的氮元素会转移至籽粒中。

三、氮对玉米干物质积累的影响

玉米干物质积累量的高低是判断玉米营养状况好坏的主要指标之一，也是衡量玉米氮营养好坏的重要指标。玉米在整个生育期内，其生长表现出慢快慢的生长状态，因此其干物质积累过程也表现出“S”形曲线的变化规律。玉米生长期间这种干物质的变化规律在施用氮肥后并不发生变化，与氮肥施用量的高低并无显著相关性。在部分研究结果中，玉米干物质积累量呈现出随着施氮量的增加而增加的变化，但是也有部分试验结果表明，玉米干物质积累量在氮肥一定使用范围内随着施氮量的增加而增加，当超过一定范围后，玉米干物质积累便不再显著升高。在玉米栽培中，氮肥的施用时期与施用方式也会显著影响玉米干物质积累量变化，相关试验研究表明，在玉米的生育中期，追施一定比例的氮肥会提高玉米干物质积累量，并且提高幅度是未追肥的12%左右；在春玉米的研究中发现，施用氮肥可以较好促进玉米干物质的积累，其中以拔节期效果最佳，并且施用氮肥促进效果与对照相比差异极显著，表明了追施氮肥对提高玉米干物质积累的重要作用。施用氮肥之所以可以促进玉米干物质积累量增加，更重要的原因是氮肥可以较好地提高玉米的光合作用，对于有效提高光合产物数量具有重要的作用；在玉米经验施用氮肥的研究中，氮肥不同年份施用量不同会显著改变玉米干物质积累量的变化，表现为后期追施氮肥的效果优于前期追施氮肥。

在玉米栽培中，氮肥施用的种类不同，玉米干物质积累量存在一定的差异，在多种氮肥种类中，速效氮肥和缓释态氮肥相比，缓释态氮肥可以更好地提高玉米干物质积累量，分析原因认为，缓释态氮肥由于氮元素释放缓慢并且肥效持续时间比较长，这就导致了施用缓释态氮肥的土壤内有大量的可溶性氮供植物吸收利用，进而可以较好地促进玉米生长。速效氮肥与有机肥混合施用条件下，玉米干物质积累过程一直表现出快速升高的变化，这可能与速效氮肥可以为玉米生育前期提供较高的氮素营养，后期有机肥仍然可以较好地促进玉米对氮元素的吸收。在建议施肥条件下，玉米干物质积累量远远高于仅施用基肥处理，说明多次施用肥料可以较好地提高玉米氮素营养水平。

四、氮对玉米产量的影响

玉米最终产量的形成受多种因素的制约，但是施用氮肥是提高玉米产量最有效的措施之一。从玉米氮肥吸收与转化过程来看，玉米对氮肥的反应程度远远低于小麦作物，这是因为玉米秸秆相对比较健壮，氮肥施用量高低一般不会显著引起玉米的大面积倒伏，从而不会因为玉米倒伏造成大面积的减产，这也是玉米产量相对稳定的主要原因之一。在玉米整个生育期内，对各种营养元素的吸收量以氮元素为最高，但是氮元素施用时期与施用方式对玉米最终产量的形成具有决定性的作用。氮元素是玉米籽粒内淀粉以及蛋白质的重要原料，一般氮素供应充足的条件下，玉米籽粒内蛋白质以及氨基酸合成量增多，这为最终产量的形成奠定了基础。

目前关于氮素对玉米籽粒产量的影响研究报道较多，很多学者也进行了详细的研究，从目前的研究结果来看，玉米产量与氮肥施用量之间的关系呈现出二元曲线方程的关系，表明在玉米栽培中，并不是氮肥施用量越高，玉米的产量越高，而是在一定的氮肥施用范围内，随着氮肥施用量的增加，玉米产量呈现出增加的变化趋势，但是超过一定的氮肥施用量时，尽管产量仍然有所升高，但是升高幅度则明显降低。除此之外，玉米产量与氮肥的施用时期也存在一定的相关性，从试验结果来看，氮肥施用后，玉米产量会显著升高，通常情况下，玉米产量会提高 85%以上。同时，也有部分研究者研究结果显示，玉米氮肥施用量不同也会造成产量之间产生显著差异，除此之外，玉米的经济性状也会发生显著变化，包括穗粒数，千粒重等指标。

氮肥对不同作物产量形成的影响，不同作物之间存在显著差异，从不同作物比较结果来看，玉米施用氮肥后，其产量增加效应远远高于水稻、小麦等禾本科作物，从增产效果的比较来看，其增产效果要高于水稻 40%以上，与谷子相比，玉米的增产幅度要远高于谷子 100%以上，同时，玉米与其他作物相比，其对肥料施用量的忍受范围相对比较宽，对氮肥变化幅度忍受能力远高于小麦。氮肥与其他营养元素相比，其对玉米的增产效果最好，也是促进玉米生长发育与提高光合作用的最重要的营养元素，部分研究成果显示，氮肥对玉米的增产幅度可以达到10%以上，而磷肥仅为7%左右，当然也有报道表明，磷肥虽然对玉米籽粒产量的提高具有重要作用，但是磷肥可以较好地提高玉米秸秆的产量，所以磷肥主要作用是促进玉米茎秆的生长。同时，氮肥施用量高低会影响籽粒中蛋白质含量的变化，相关试验结果表明，在玉米生育前期施用氮肥可以较好地促进玉米籽粒中蛋白质含量的增加。

在众多研究表明氮肥可以较好地促进玉米产量提高的基础上，部分学者又对氮肥与玉米产量之间的关系进行了详细的研究，从部分研究结果来看，玉米产量随着氮肥的增加，玉米籽粒的千粒重呈现出一直增加的变化，分析原因认为氮肥与玉米籽粒中蛋白质与淀粉的合成有关；氮肥除了影响玉米的千粒重之外，还会影响玉米每穗的粒数，相关试验结果表明，氮肥施用量增加时，玉米穗粒数呈现出一直增加的变化，氮肥施用量降低，玉米粒数降低。尽管如此，近些年来在玉米栽培中，由于氮肥施用量的不断增加，氮肥的利用率呈现出快速降低的变化，相关数据表明，近些年来我国化肥施用量增加幅度达到了84%，但是玉米的产量仅仅提高了10%左右，表明氮肥施用量已经远远超过最佳的施用量。

除此之外，氮肥施用后，不同作物之间的氮肥利用率也呈现出一直降低的变化，从小麦的研究结果来看，部分禾谷类作物的氮肥利用率目前已经降低至30%左右，很多施入土壤的氮肥都未被作物吸收利用，氮肥的挥发损失以及降解损失十分严重。特别是硝态氮肥，由于稳定性特别差，很多硝酸根离子随着灌水淋失，很多进入地下水中，从而造成了地下水体的污染，部分氨气的挥发也污染了大气，从而对环境造成了较大的污染和影响。对于不同栽培时期的玉米而言，氮肥对其产量的影响也存在一定的差异，相关试验结果表明，氮肥对提高春玉米的产量效果要远远高于夏玉米，这可能与春玉米的生长期较长有关，同时，氮肥施用量超过120kg/hm^{2}时，氮肥的增产效果就会变得较低。对于土壤养分比较丰富的黑龙江省来说，在一定程度上降低玉米的氮肥施用量并不会显著影响玉米的产量与质量，氮肥施用量的降低在一定程度上可以提高肥料利用率，同时并不会显著影响玉米的产量，所以，在黑龙江玉米栽培实践中，如何有效提高玉米栽培中所用氮肥的经济效益问题仍然值得进一步思考和研究。

除了氮肥施用量会对玉米产量与质量产生显著的影响之外，不同的施肥方式也可以影响玉米的最终产量，在玉米栽培实践中发现，玉米在播种期施用一定量的种肥，对玉米的增产效果远远好于施用追肥处理，试验研究表明，种肥可以使玉米的产量提高15%左右；在前人关于玉米施用氮肥的研究中，更多的研究内容是集中在玉米产量与品质变化上，在玉米栽培中，氮肥施用量的高低与玉米的栽培密度有直接的关系，同时，由于玉米栽培密度的差异，常常会导致玉米干物质的分配状况产生差异，特别是不同器官内氮元素吸收量的差异，这对于玉米对氮元素的吸收具有重要的作用。

在玉米不同生育期施用氮肥的试验研究中发现，在玉米生长的前期施用一定量的氮营养后，玉米植株的营养生长会发生一定的变化，特别是玉米叶片的生长量会显著增加，在玉米的生育后期施用一定量的氮肥后，可以显著地促进玉米干物质积累量的增加，同时还能有效防止茎叶中氮元素向玉米籽粒中转移，但是也有部分研究者认为，氮肥追施量过晚对玉米的生长会产生不利影响。在玉米追肥的研究中，并不是氮肥追施时间越早，玉米氮肥的利用率越高或者产量越高，相关研究表明，在玉米播种后45天追施氮肥并不能显著提高玉米的氮肥利用率，同时玉米的产量提高效果并不显著，相反，在玉米产量形成的关键期追施氮肥可以较好地提高玉米的产量，特别是在玉米生长期内的拔节期和大喇叭口期，这两个时期追肥可以显著提高玉米的产量和质量，在追肥比例上，一般以4∶6为佳，但是也有相关试验结果表明，在氮肥追施量低于基肥施用量的基础上，玉米的千粒重增加幅度非常有限。

从氮肥对玉米产量影响的机理上来看，氮肥主要是可以有效提高玉米叶片内的叶绿素含量，进而可以提高玉米的光合速率，从而可以有效提高玉米光合产物的形成，这对于玉米产量的形成奠定了基础。在玉米碳氮代谢中，适宜的氮肥施用量可以有效提高玉米的碳代谢以及碳循环，这对于玉米产量与质量的形成具有重要意义。在玉米生殖生长比较快速的时期，玉米在适宜的施氮肥条件下，大量的碳水化合物向籽粒中转移，而当氮肥施用量不足的情况下，玉米籽粒中部分碳水化合物便开始向其他器官运输，这也是导致最终产量降低的重要原因。

在对春玉米的研究中发现，早春时节，在玉米叶片中含有较高的氮元素情况下，玉米叶片的光合作用会处于较高水平，这样可以合成大量的有机物质，这些有机物质会通过运输器官运输至玉米根系中，从而提高根系的营养水平，同时，也有利于提高玉米根系的养分吸收量，这样也保证了叶片对氮元素的需求量，由此也很容易提高玉米的最终产量。生产实践中，为了保持玉米叶片中较高的氮含量，最佳的办法是施用一定量的缓释态肥料或者有机肥，这部分肥料可以使土壤内氮元素始终处于较高的状态，进而有利于玉米对氮元素的吸收和利用，为玉米产量的形成奠定基础。

在玉米各种营养元素的研究中，氮素是影响玉米产量提高的主要元素，很多研究表明，玉米产量提高程度受到氮肥施用量的直接影响，一般情况下，玉米产量受到氮肥施用量的影响，通常情况下，在氮肥施用量为 $10t/hm^2$ 时，施用氮肥对玉米产量的影响仍然存在比较大的变化范围。尽管氮肥施用量高低对玉米产量影响巨大，但是不同的玉米品种受施肥影响高低存在差异，例如，有些玉米品种随着施氮量的增加玉米株高增加显著，但是玉米的产量并未出现显著升高的变化趋势，同时，氮肥施用量高低也会与土壤内含水量的高低有直接的相关性，通常情况下，在较高的氮肥施用量下，配合灌水条件也是获得高产的一项重要农艺措施。但是，在水分供应量一定的情况下，也有部分研究结果显示，氮肥施用量增加玉米产量呈现出降低的变化趋势。同时，也有部分研究者认为，氮肥施用量相同的情况下，施用缓释态氮肥在一定程度上可以提高玉米的产量，这是因为缓释态氮肥可以在一定程度上促进玉米生长和提高玉米的生长周期，进而获得更多的光合产物，为玉米高产奠定基础，由于玉米的产量提高，植株干物质积累量增加，由此也会显著提高玉米的氮肥利用率，所以在玉米栽培实践中，施用缓释态氮肥一定程度上是提高氮肥利用效率的重要手段，但是缓释态氮肥也会造成玉米前期缺肥的现象，所以速效氮肥与缓释态氮肥混合施用才是玉米氮肥施用的最佳方式。在施用一定量的氮肥条件下，随着灌水量的增加，玉米的产量结构会发生一定的变化，同时，灌水量增加在一定程度上也会提高玉米的氮肥利用率。

玉米产量除了受到水分以及氮肥种类的影响之外，氮肥施用时距离玉米植株远近也会成为影响玉米产量的重要因素，相关试验研究表明，当氮肥施用量相同时，氮肥施用在距离玉米植株 5cm 范围内玉米的产量最高，但是当施肥点的距离超过 5cm 时，玉米的产量增加幅度相对比较低，同时，玉米基肥施用时，如果氮肥的施用距离相等，玉米的产量相对处于较低的水平，但是在随机距离分布条件下，玉米的产量又会显著升高。在玉米的整个生长期间，根据玉米生长状况随时施用一定量的基肥也可以提高玉米的产量，通常情况下，在追肥条件下，玉米的产量比不使用追肥提高 10%上下，所以玉米施肥应当以多次施用为佳。在追肥时，选择最佳的追肥时期也是获得玉米高产的重要手段之一，通常情况下，玉米最佳追肥的时期是抽穗期，抽穗期施用追肥可以显著提高玉米的氮肥利用率，相关试验研究表明，玉米在抽穗期施用追肥可以使氮肥的利用率提高至 40%左右，产量提高 15%以上，显著高于其他时期追施氮肥的产量。尽管相关研究认为缓释态氮肥可以显著提高玉米的产量，但是缓释态氮肥仅仅适用于作为底肥施用，通常情况下，缓释态氮肥很少作为追肥施用，玉米追施氮肥时主要以速效性氮肥为主。

五、氮对玉米品质的影响

氮是玉米籽粒中蛋白质和氨基酸的重要组成部分，所以氮素供应量的高低直接影响着玉米籽粒的品质，并且也影响着玉米籽粒中蛋白质和淀粉含量的高低。从前人的试验研究结果来看，当玉米生长期内氮素供应充足时，玉米籽粒内的各种养分比例才能表现得比较协调，玉米籽粒的品质提高幅度才会比较大，从而玉米栽培的经济效益才会提高。当玉米栽培中氮元素供应不足时，玉米的生长发育受到了明显的抑制，玉米籽粒发育以及各种营养物质的合成就会受到抑制，从而造成玉米籽粒内蛋白质的含量显著降低。相反，当玉米栽培中氮元素供应量过高时，玉米籽粒内各种营养物质的含量和比例均会发生显著变化，造成玉米籽粒的品质严重降低。在氮肥施用试验研究中发现，玉米籽粒中的蛋白质含量与氮肥的施用量之间存在着正相关的关系，特别是在灌浆期，玉米施用氮肥后可以较好地提高全株干物质积累量增加以及玉米籽粒中蛋白质含量的增加，籽粒中的纤维数量显著降低，同时，部分实验结果也表明施用氮肥可以较好地提高玉米籽粒中的含油量。

在各种作物的研究试验中表明，氮肥是提高植物体内蛋白质含量最有效的方式。在玉米生长中，追施一定量的氮肥最直接的表现就是玉米的产量得到了一定程度的提高，但是对玉米籽粒化学成分的检测结果显示，少量的追施氮肥并不能显著增加玉米籽粒内的蛋白质含量，但是当玉米生育期内追施氮肥的数量增加以及施肥时期的延后，氮肥虽然对玉米的增产效果在降低，但是此时追施氮肥的最大作用在于提高玉米籽粒中的蛋白质含量，同样，如果玉米生育后期追施氮肥的数量过高，此时也有可能造成玉米籽粒中胆固醇含量提高和可溶性蛋白含量增加，氨基酸含量降低，也会造成玉米品质的降低。在玉米籽粒中的蛋白质种类中，有两种蛋白质受到施用氮肥的影响较小，即清蛋白和球蛋白，但是也有部分种类的蛋白质受到氮肥的影响较大，如醇溶蛋白，该类蛋白质受施用氮肥的影响非常明显，常常因为施用氮肥数量的增加会显著提高。

从玉米田间试验结果来看，玉米籽粒内蛋白质含量变化除了与施肥时期有关之外，还与玉米生育期内施用氮肥的种类以及氮肥施用量相关，同时也与玉米的品种有一定的相关性，其中部分玉米品种表现为随着氮肥施用量的增加玉米籽粒内蛋白质含量增加的变化，也有相关试验结果表明，随着氮肥施用量的增加，玉米籽粒中的蛋白质量呈现出降低的变化，并且品质也会降低。在胡成效的研究中表明，随着氮肥施用量的增加，玉米籽粒内可溶性蛋白含量升高，但是谷蛋白和球蛋白含量及比例呈现出显著降低的变化，醇溶蛋白则相反，表明氮肥对不同种类蛋白的影响存在差异；在不同的玉米基因型中，籽粒中蛋白质含量相对较高的基因型品种，籽粒的品质变化受到氮肥的影响相对更高，同时，玉米籽粒内淀粉、可溶性糖含量变化也会受到氮肥施用的影响，其中可溶性糖含量变化与蛋白质不同，表现为多种类型的氮肥混合施用更有利于玉米籽粒中淀粉和可溶性糖含量的提高，但是也有部分学者研究认为，玉米籽粒内可溶性糖含量部分品种会表现为可溶性糖含量低于对照现象的发生。玉米籽粒中淀粉含量是玉米产量形成的基础，适当追施一定量的氮肥后，玉米籽粒中淀粉含量升高，同时，玉米产量也显著提高，但是氮肥会导致玉米籽粒内直链淀粉的含量降低，相反，支链淀粉含量会显著升高，支链淀粉升高也使得玉米籽粒的含油量增加。

随着近年来玉米工业的发展，很多工业企业对玉米品质的要求越来越高，如玉米籽粒中蛋白质含量，脂肪含量，氨基酸含量等，均有了不同程度的要求，从我国的玉米生产实践来看，我国很多地区玉米籽粒中蛋白质含量为11%上下，黑龙江省部分地区的蛋白质含量稍高，有的可以达到15%，但是我国很多地区玉米籽粒中的蛋白质含量很难达到这一水平。对于部分以生产油脂为主的企业来说，对玉米籽粒中油脂的含量要求较高，因此也有部分研究者对玉米籽粒中油脂含量变化进行了详细研究，结果表明，玉米籽粒中油脂含量呈现出随着氮肥施用量的增加一直增加的变化。在普通玉米的研究中发现，氮肥施用量增加，玉米籽粒中油脂含量也会呈现出增加的变化，表明高油玉米和普通玉米对氮肥的反应是相似的。

在高淀粉玉米栽培试验研究中发现，氮肥对不同类型的玉米籽粒内淀粉的影响是相似的，但是高淀粉玉米与普通玉米相比，高淀粉玉米对氮肥的需求量相对比较大，并且玉米对氮肥最大的吸收高峰也会提前，但是高淀粉玉米的产量相对较低，这就严重影响了玉米的生产经济效益。从玉米籽粒内成分含量变化上来看，玉米籽粒内粗蛋白和淀粉含量因玉米品种的不同而存在差异，籽粒内软脂酸和油酸的含量与氮肥施用量之间呈现出正相关的关系。

六、氮对玉米生长发育的影响

氮是植物吸收量和收获带走量较多的营养元素，也是叶绿素的组成成分，对光合作用有促进作用，是植物生长所必需的养分。在玉米栽培中，充足的氮肥供应时，叶片生长较快，叶片面积指数增加，生长速度快。植株根是吸收氮元素的主要器官，氮元素的吸收利用受根系的大小和根系伸展范围所限制，玉米根系吸收的氮 97%左右被地上植株使用，大喇叭口期和灌浆期是玉米吸氮量最大的两个时期，这两个时期玉米生长最快，对玉米产量的影响最大。玉米干物质积累量是衡量玉米营养状况好坏的重要指标，施用氮肥促进干物质的积累，丁民伟等研究表明，施氮量为 150kg/hm^2，在苗期施肥获得干物质积累量比大喇叭口期施肥获得干物质积累量低。田立双等研究表明，高肥高氮模式下春玉米干物质积累量高于优化施氮模式下春玉米干物质积累量。氮素是玉米产量增产的有效措施之一，也是玉米籽粒合成蛋白质和淀粉的重要原料。张峰等研究表明，当施氮量超过 300kg/hm^2，产量的增加量变小。薛成等研究表明，玉米株高、茎粗、穗长、穗位粒随着施氮量的增加而呈现出增加的趋势，且氮肥施用量与茎粗、穗位粒呈极显著正相关。王立娟等研究表明，玉米的淀粉、蛋白质、脂肪含量在不同施氮处理间影响不大，玉米的蛋白质、脂肪含量施氮处理均显著高于对照处理，但淀粉含量在施氮处理与对照处理上差异不显著。

第三节 玉米磷营养研究

一、磷对玉米生长的重要作用

玉米是黑龙江省主要的农作物之一，其种植面积和产量居全国前列。在黑龙江主要的玉米栽培地区，土壤类型以黑钙土为主，由于该类土壤肥力较高，在玉米生长过程中可以提供较多的营养，所以玉米生长势较好，产量相对较高。从黑钙土供磷情况来看，黑钙土比其他类型的土壤仍然有较高的供应量，但是不同玉米产区存在较大差异，这与玉米栽培过程中所采取的农艺措施有直接的关系。

磷是植物营养三要素之一，也是植物生长中必不可少的营养元素之一，对于玉米来说，磷元素的吸收量仅次于氮元素，属于需求量较大的营养元素。从玉米磷元素吸收试验研究中发现，磷元素占玉米总干重量在 0.04%～0.06%，因此，玉米在整个生长季节对磷元素具有较大的需求量。磷元素除了作为玉米干物质的重要组成成分之外，还是玉米植物体内各种有机物质的重要组成元素之一。在玉米的核酸中，磷元素占有非常重要的地位。除了参与玉米生殖之外，磷还是玉米植株体内各种酶的重要组成成分和元素，在玉米生长代谢中具有重要的作用，并且磷元素也是玉米生长过程中能量代谢的重要元素，磷元素直接参与了玉米的光合作用和能量的转化与代谢，所以磷元素又被认为是玉米能量代谢的必不可少营养元素。

磷元素是玉米生长过程中参与代谢最多的营养元素之一，大量研究表明，磷元素几乎参与了玉米生命代谢的全部过程，特别是在植物旺盛生长时期，磷元素也是处于最为活跃的时期，该时期如果磷营养供应不足会造成玉米生长障碍，对玉米后期产量的形成具有严重的制约作用，并且也会影响玉米的生长代谢过程，这对于玉米最终生物量的形成具有重要影响。在玉米的旺盛生长季节，供应充足的磷营养可以显著促进植株生长，特别是干物质积累量与磷营养供应不足处理相比差异极显著，并且磷营养的供应充足也有效提高了玉米的抗逆性，对防止玉米倒伏，病虫害具有重要的作用。成熟期供磷量较高的玉米产量、干物质积累量以及养分吸收量均显著高于对照，并且玉米籽粒中的有效养分含量显著提高。

玉米是对磷元素需求量较大的作物之一，磷肥施用量高低直接影响玉米的生长以及生物量的形成，大量试验表明，在玉米的生长季节如果出现磷营养供应不足问题，玉米长势就会明显变弱，干物质积累量显著降低，同时，玉米株高、叶长以及叶宽等均表现出降低的变化趋势，植株瘦弱，抗病以及抗旱性显著降低，叶片整体颜色变浅，根系生长受影响比较明显，同时根系粗度，分枝量均显著低于正常供磷处理，根系老化进程加快，产量显著降低，百粒重降低比较明显，玉米籽粒养分含量降低比较显著。

二、玉米对土壤磷元素的吸收

玉米在整个生长季节所吸收的磷营养主要来自土壤中的有效磷，也有少部分磷元素来自土壤内的地下水中。在各种形态的磷元素中，只有游离状态的磷酸盐形式的磷元素才可以被玉米吸收和利用，实际土壤内可以被玉米吸收利用的磷酸盐数量极其有限，在部分肥力相对比较低的土壤中，玉米可以吸收利用的磷元素甚至低于土壤内微量元素的含量，说明土壤内磷酸盐含量变化处于极其不稳定的状态，也表明玉米在这样土壤上栽培处于极度缺磷的状态，在一些极度缺乏磷营养的土壤中，有效磷含量甚至低于 1.0μmol/L，而部分山区的有效磷含量更低，特别是以石质山体为主的土壤内，可供玉米吸收的磷营养数量更低。

在玉米栽培中，很多地区土壤内有效磷含量不足常常成为限制玉米生长和产量提高的限制因子，这主要是因为玉米吸收磷营养存在较大困难所致。生产中为解决玉米吸收磷困难的问题，常常采取人工施肥的方式来提高土壤内有效磷含量，进而提高玉米对磷元素的吸收量和促进玉米生长。相关试验结果表明，磷肥施入土壤后，由于土壤的固定作用导致磷元素利用率处于较低值，大量研究者试验表明，磷肥施入土壤中后，当季玉米的利用率一般不超过 10%，最高达到 15%左右，连续栽培玉米 3 茬之后，磷肥的利用率一般可以达到 20%~25%，出现这种现象的原因较多，这与磷元素容易被土壤固定和玉米吸收磷元素能力较差两个因素有关。一般磷肥施入土壤后，土壤中的氯离子、钙离子很容易与磷酸根离子形成难溶性物质，这也导致了玉米吸收磷营养非常困难，随着栽培年限的延长，部分磷营养可以被逐渐释放，这样也可提高玉米对磷元素的利用率。

磷肥利用率较低也是导致磷肥施用量居高不下的重要因素之一。我国农业生产中所使用的磷肥主要是由磷矿石生产得来，目前世界上主要的磷矿石资源均为不可再生资源，按照现在的开采速度，磷矿石的施用年限仅为60~80年，长此下去，玉米生产中将面临磷矿石不足和没有磷肥可以施用的难题。目前从我国相关的统计资料来看，我国每年在玉米栽培中施用的磷肥总量达到了6 300万t以上，磷肥产量不足以及磷矿石资源的不足已经成为限制我国玉米栽培中的重要限制因子。

我国耕地面积比较大，不同地区土壤类型多种多样，土壤类型的不同也使得土壤内磷元素的形态和有效性存在比较大的差异，这也会显著影响玉米对磷元素的吸收和利用。对于北方地区而言，土壤内可以供玉米吸收利用的磷元素形态主要以磷酸钙为主，而不溶于水的磷酸铝和磷酸铁所占比例相对比较小，研究发现，磷酸钙占磷营养总量的50%上下，分析原因认为这与我国北方地区土壤偏碱性有关，而碱性土壤内钙含量较高，铝离子和铁离子含量相对较低。我国南方地区土壤主要呈现出酸性特性，这使玉米可以吸收利用的磷元素主要以磷酸铁为主，并且土壤内磷酸铁含量的高低与土壤酸碱度变化有直接的相关性，由于玉米栽培中磷酸铁肥效不显著，这使酸性土壤内磷营养的供应量显著偏低，所以玉米栽培在酸性土壤上常常表现出比较明显的缺磷现象。

我国大部分地区土壤为中性，在中性土壤中，磷的形态主要包括磷酸铝、磷酸铁、磷酸钙3种主要的形态，在这3种形态的磷营养中，磷酸钙的相对含量较低，其他2种含量相对高一些。对于玉米而言，磷酸钙最容易被玉米吸收，并且有效性和分布范围也比较广，所以磷酸钙是玉米最容易吸收的有效磷形态。在世界上主要的栽培玉米土壤中，4成以上均属于含磷量比较低的土壤类型，玉米整个生长季节中均表现出比较明显的缺磷现象。在我国黄土高原上，黄土中有效磷含量处于极低水平，玉米生长受到磷营养的制约比较明显；华北平原土壤内磷含量略高于黄土高原，但是总体仍然处于比较缺磷的状态，与东北地区相比，华北地区缺磷土壤占到该地区总耕地面积的60%以上，并且缺磷程度居于第二位。综上所述，在我国北方地区重视磷肥的施用对提高玉米栽培的经济效益和促进生长具有重要的现实意义。

三、影响玉米田磷有效性的主要因素

玉米栽培中，施入土壤中的磷肥大部分被土壤所固定，也有部分磷营养存在于土壤的溶液中，可以被玉米吸收利用，但是由于不同地区环境条件的限制，磷元素在土壤中的溶解量存在较大的不同。土壤性质是影响磷元素溶解性的最重要因素之一，也是影响磷有效性的首要因素。土壤的温度变化会影响有效磷在土壤溶液中的溶解量，含水量高低则影响磷酸盐的最终溶解度，同时也会影响施入土壤中磷肥的转化速度。在土壤含水量较高的情况下，玉米田中磷肥就会较多地溶解在水中，这样对于提高磷肥的利用率具有较好的作用；相反，如果土壤内含水量较低，就会降低磷肥的溶解度和在土壤中的移动速度与距离。土壤温度对玉米吸收磷营养的影响主要表现在温度影响土壤内各种微生物的活性，进而会影响各种酶的产生和有效性，并且温度的高低也影响着玉米根系活性的高低，这对玉米吸收磷营养就产生直接的影响，所以温度的变化是影响玉米吸收磷元素的重要因素之一，并且磷有效性的高低和转化率的高低也直接受到土壤温湿度的影响。

在土壤的性质中，土壤酸碱度的高低也会影响玉米对磷元素的吸收，这主要是因为土壤酸碱度变化可以影响玉米田内各种离子的种类，离子种类的变化可以显著影响磷元素的有效性以及磷营养的转化。例如，酸性土壤中固化磷元素能力较强，玉米吸收磷元素比较困难，分析原因认为这与酸性土壤中氯离子活性较强，磷酸根很容易和铝离子相结合成为难以溶解入水的物质，由此影响了玉米对磷元素的吸收，一般为提高酸性土壤内磷元素的有效性，生产实践中可以采取施入生石灰的办法来提高土壤的 pH 值，以此来提高磷元素的有效性，但是 pH 值过高也会影响玉米对磷元素的吸收，所以适当调节土壤的 pH 值在中性范围内尤为重要。

玉米栽培措施是影响其对磷吸收的另一个重要因素。土壤内大量的磷元素都属于无效态磷，因此这部分磷元素很难在玉米生长当季吸收利用，并且玉米品种的差异也影响其对磷元素的吸收量的高低。对于东北地区来说，玉米栽培中还存在着常年连作现象，这也会导致磷元素的吸收利用效率降低，所以玉米栽培中采取一定的轮作措施显得比较重要。在玉米轮作中，由于不同植物根系的分泌物不同，由此也会影响土壤内磷元素的有效性。众多试验结果表明，冬小麦对磷肥的利用能力相对比较弱，因此，为加强玉米轮作作物对磷元素的吸收量，应当将磷肥施用在越冬作物上，这样既可以较好地促进越冬作物的生长，还能够有效提高轮作玉米对磷元素的吸收和利用。玉米相对花生来说吸收磷元素的能力较差，因此玉米栽培中可以和花生轮作来提高磷肥的利用效率，这也会显著缓解玉米生长中出现的缺磷现象。豆科植物由于具有根瘤菌，因此具有较好的培肥土壤的作用，所以对于东北地区而言，玉米与豆科作物轮作一定程度上可以培肥土壤和提高磷元素的有效性，也可以较好地促进玉米对磷元素的吸收利用。

玉米栽培中，除了采取轮作方式之外，还可以采取改变栽培方式的办法来提高玉米对磷元素的利用效率。不同的栽培方式由于会改变土壤内生化代谢过程，从而也会影响磷元素的有效性。在当前设施农业发展中，由于轮作和更换土壤成本比较高和比较困难，容易导致磷元素的积累，并且土壤内磷元素积累量的增加也会提高土壤内磷元素的有效性。我国北方大量的土壤 pH 值处于较高值，这也导致了土壤内磷元素的稳定性较差，玉米可以吸收的磷元素类型也出现了多样化的趋势，但是衡量衡量玉米生产中磷元素稳定性指标常常是稳定性的磷元素的含量，水田评价方式相反。近些年我国积极推广的免耕技术也是提高玉米田内磷元素有效性的重要方式与方法。

玉米栽培中，施肥方式和施肥技术高低也会影响玉米对磷元素的吸收利用效率，这主要与磷元素在土壤内的移动性差有关，因此，施肥方式的差异一定程度上影响着磷肥的利用效率，也影响着玉米对磷元素的吸收利用效率。国内外大量的研究结果表明，不同的施肥方式对玉米田内磷肥的有效性产生了显著的影响，一般而言，对于固定磷元素能力较强的土壤，施用磷肥的方式可以采取集中施肥的方式，这样可以较好地提高土壤内磷元素的有效性。有机肥一定程度上可以提高土壤内磷元素的有效性，所以在玉米施用磷肥时，可以采取磷肥与有机肥混合施用的方式，这样既可以减少磷肥的固定作用，也可以提高玉米对磷元素的吸收效率。磷肥施用中除了采取集中施用和与有机肥混合施用的方式之外，还可以采取磷肥与土壤改良剂相互施用的方式，特别是土壤结构改良剂，施用量高低直接影响土壤团粒结构的形成，也会显著影响磷肥的有效性。

四、玉米根系生长状况对磷吸收的影响

玉米根系生长好坏和扩展面积直接影响对磷元素的吸收和利用。国内外大量的研究表明，玉米根系生长状况可以影响到根系在土壤内的有机物分泌数量，特别是一些促进磷有效性的有机酸的分泌，这在一定程度上可以影响到玉米根际周围的土壤酸碱度变化，pH 值的变化必然会影响土壤内磷元素的有效性。玉米生长健壮和旺盛的条件下会分泌大量的有机酸，有机酸可以和土壤内难溶性的磷元素相互作用形成可溶性的磷元素，这样对提高根系周围磷元素的有效性具有重要的作用，因此，根系生长状况好坏一定程度上可以影响土壤内磷元素的利用程度。

植物根系数量以及残落物数量的高低可以较好地改善土壤内的有机质含量，土壤内有机质含量的增加可以刺激土壤内微生物数量增加和繁殖，多数研究者认为，土壤内微生物数量增加程度会影响土壤内磷元素的有效性高低。土壤微生物变化一定程度上与土壤内微生物化学反应不同，微生物的主要作用是促进有机物的快速分解，这样可以将有机物内的磷元素转化为可以被植物吸收利用的磷，这些可以被植物吸收利用的有机磷通常是土壤内总磷含量的一部分。土壤内有机磷的转化主要是大分子状态的有机磷转化为小分子状态或者腐殖质状态，也有部分磷元素转化为植物可以直接吸收利用的离子态磷元素，因此，玉米根系生长状况对土壤内微生物数量的影响一定程度上也影响着玉米对磷元素的吸收和利用。从玉米根系生长变化上来看，由于根系生长状况直接影响微生物群体数量的变化，因此玉米根系生长状况一定程度上影响着土壤内有机磷的矿化进程，也影响着玉米对磷元素的吸收，试验结果表明，土壤内磷元素矿化过程中微生物作用占到总量的 5%~10%。

玉米生长过程中根系除了影响土壤内微生物数量变化之外，一定程度上还影响着土壤根系周围有机酸含量的变化，这也会影响土壤内难溶性磷的溶解过程，大量试验表明，当植物在土壤中处于严重缺磷状态下，玉米根系会分泌出大量的有机酸来调节土壤内的 pH 值，由此可以影响土壤内可溶性磷含量，在

根系分泌有机酸的影响下，土壤内有效磷含量常常会高于正常土壤的10倍以上。

玉米根系形态变化以及分布变化常常会影响磷元素的吸收。玉米生长过程中所有的磷元素均通过根系吸收而来，所以根系生长与形态变化以及须根生长量的变化常常会影响根系对磷元素的吸收和利用。大量相关研究表明，磷在土壤内移动距离相对比较小，一般主要是通过扩散作用进行移动，所以玉米吸收利用的磷元素主要集中在根系周围1～3mm范围内，玉米根系分布范围影响着对磷的吸收。对于根系分布范围比较小的植株而言，由于吸收范围有限，常常会导致磷营养的亏缺。在对玉米的研究中发现，当处于极度缺乏磷元素状态下，玉米根系生长常常会发生较明显的变化，突出表现是根系长度增加，根毛数量增加，新生根系数量显著增加，这样可以提高玉米对磷元素的吸收和利用，这对满足玉米对磷营养的需求具有重要的作用。

玉米生长过程中，并非所有试验结果都表明在磷元素极度缺乏情况下根系会显著加速生长，也有部分研究表明，在土壤磷元素供应条件较好时，根系生长数量也会显著增加，分析认为这是由于磷元素较好地改善了玉米营养状况，进而促进了根系的生长。尽管如此，玉米根系的加粗生长与磷元素供应量高低并无显著的相关性，甚至呈现出反比例的关系，但是很多研究者均表明根系分布范围和根毛数量高低受到土壤供应磷元素高低的变化，分析认为这是玉米对外界环境变化的一种正常反应，也是植物适应低磷环境制约的一种有效机制。

除了玉米之外，很多植物根系生长状况受到磷营养高低的制约。当土壤内磷营养严重缺乏状态下，菜豆的根系中通气组织数量会显著增加，从而促进其对磷元素的吸收和利用，相似的结果在小麦、玉米等作物上均得到了证实。根系内通气组织的增加在一定程度上增加了根系的吸收面积，这对提高根系与土壤的接触面积，增加根系对磷元素的吸收具有重要的作用，部分研究者认为，根系构型的变化是为了应对土壤内磷缺乏的特定机理。

综合分析玉米根系对磷营养的反应规律可以看出，玉米根系生长状况的改善主要源于磷元素的移动性较差这一现象，同时磷元素的分布一定程度上也影响着玉米根系分布范围的构型形成，同时制约着根冠的生长方向和生长速率变化。玉米根系生长速率以及根系表面积的变化也是影响磷吸收的重要因素，其中，根系分布范围和磷元素移动范围较小是共同限制磷肥利用率的因素。在玉米栽培中，如何利用植物生长特性来促进植物对磷元素的吸收是一个新的研究方向，也是降低农业生产成本的有效途径，所以在农业生产中，合理安排不同吸收磷能力的作物相互轮作，充分吸收土壤中难溶性磷，对于改善土壤环境条件和提高土壤利用效率具有重要的现实意义。

五、根系分泌物对玉米吸收磷营养的影响

玉米根系的分泌物数量众多，在各种分泌物中，一般都是由玉米生长过程中由于土壤环境条件的变化而产生的一些有机物质，这些有机物质较容易与土壤内的各种营养元素相互作用，提高其的有效性，在这其中，磷元素的有效性变化最为剧烈，并且受到玉米根系分泌物的影响比较明显，根系分泌物成为了调节土壤中磷元素有效性的重要因素。在植物的各种分泌物中，有机酸是分泌量最高的一种物质，也是对土壤内磷元素有效性高低影响最为明显的一个元素，也是直接影响玉米对磷吸收的一种重要的因素，这是因为有机酸可以和土壤内的难溶性磷元素相互发生化学反应，从而提高磷元素的溶解度，这样可有效提高磷肥的利用率。在植物分泌的各种有机酸中，比较常见的是柠檬酸，草酸等，其中草酸对植物吸收磷元素的效应最大，其次为柠檬酸，酒石酸最差。尽管有机酸对植物吸收磷元素具有较好的作用，但是有机酸种类不同对于影响土壤内磷酸盐的种类也存在着较大差异，由于南北方土壤酸碱度的差异，导致植物根系分泌物的种类存在较大差异，进而也会影响根系吸收土壤内磷酸盐的种类。

玉米根系除了可以分泌有机酸对土壤内磷元素进行利用之外，常常还会分泌大量的酶类来促进土壤内磷元素的有效性。由于土壤内的磷元素常常分为有机磷和无机磷类，而有机磷可以通过特殊的酶类进行转化，所以植物根系分泌的大量酶可以转化土壤内的有机磷。在土壤内，有机磷占到总磷量的30%左右，而其中大部分磷类都是难以溶解的。植物一般只能吸收土壤内的可溶性磷，因此有机磷必须经过一定的化学转化作用后转化为可溶性磷才能被植物吸收利用，而这项转化过程需要大量的酶参与，所以植物根系分泌的酶类很多都可以起到转化有机磷的作用。在促进土壤内磷形态转化的各种酶中，磷酸酶是其中最重要的一种。植物根系内产生的磷酸酶进入土壤后，很多都能直接参与土壤内有机磷的分解，特别是将有机磷转化为无机磷的过程，很多都是需要磷酸酶参与的过程。

土壤内磷酸酶活性受到多种因素的制约，其中土壤内有效磷含量的变化直接影响磷酸酶的活性，一般在土壤内有效磷含量较低时，土壤内的微生物和植物根系常常会分泌出较多的磷酸酶来促进磷元素的分解，特别是对一些吸收磷元素比较强的植物来说，缺磷条件下植物体内以及根系会分泌大量的酸性磷酸酶，并且该类酶的活性显著增强。尽管大多数植物在环境缺磷条件下磷酸酶的活性会增强，但是也有部分植物根系向土壤中分泌的磷酸酶量并不受到外界环境条件的制约，比较常见的是菜豆和玉米两种植物。

磷酸酶活性变化与根系磷活性有一定的影响，其中，磷酸酶对有机磷转化能力的强弱是限制植物能否高效吸收磷元素的主要限制因子。磷酸酶活性的强弱与根系周围环境以及微生物环境的影响较大，通常情况下，林地灰化土壤的磷酸酶活性较强，并且距离根系越远，磷酸酶的活性越强，在对根系周围有机磷含量变化的研究与检测研究中发现，当植物根系周围磷酸酶活性显著增强后，根系周围有机磷含量常常会降低。植物根系分泌的磷酸酶除了影响根系对磷元素的吸收之外，还会影响到土壤内很多化学反应的进程，部分研究者试验结果表明，磷酸酶含量或者活性的变化会显著影响土壤内微生物的数量变化，特别是在云南松的研究中，表明微生物数量受到植物根系分泌的磷酸酶活性的影响极为显著。在对小麦的研究中发现，距离小麦根系越近，磷酸酶活性越高，而距离小麦根系越远，磷酸酶活性越低，两者呈现出极显著的相关性。

除了磷酸酶之外，植物根系还能分泌和释放出较多的细胞外酶类，这些酶类常常也会影响到土壤内磷元素的转化过程，并且部分酶类还能促进有机磷的转化，进而提高根系周围有机磷的有效性。当然，由于植物种类的不同，其根系向土壤中分泌的酶种类也存在一定的差异，所以，加强关于土壤内磷酸酶对磷元素有效性的影响具有重要的现实意义。

土壤内磷酸酶种类较多，但是一般包括核酸酶类，甘油酸酶类和植酸酶类几种，这几种酶的活性强弱与土壤环境条件直接相关，特别是土壤酸碱度，对各种酶活性有直接的相关性。除了土壤酸碱度变化之外，还受到土壤质地的影响，这其中主要有组成土壤的类型，土壤通气状况以及含水量变化，这些变化是酶活性的限制性因子，同时，磷酸酶活性还受到土壤溶液内可溶性磷含量的影响，一般情况下，土壤内可溶性磷含量增加，土壤内磷酸酶的活性就会受到抑制，当土壤内可溶性磷含量降低时，土壤内磷酸酶活性会升高。

六、磷对玉米产量和品质的影响

从玉米施用磷肥的试验结果来看，近些年来施用磷肥的增产效果与前些年相比有了较大幅度的升高，其中磷肥施用效果最高，提高幅度达到了 50%以上，分析原因认为这与玉米长期栽培有关，玉米在某一地区栽培时间过长会导致某种元素的缺乏，从而使施用某种元素会促进玉米产量提高。经过多年的试验发现，玉米吸收磷肥促进增产的效用与土壤内有效磷含量有直接的关系，其中当土壤内速效磷含量低于 20mg/kg 以后，施用磷肥对玉米的增产效果非常明显，而当土壤内速效磷含量高于这一数值时，施用磷肥的增产效果不显著。结合我国长期以来对玉米施用磷肥的试验结果来看，在我国的东北地区施用磷肥和钾肥均可以较好地提高玉米产量，其中磷肥施用量在 200kg/hm^2时提高效果比较显著，产量提高幅度达到了 40%以上。分析原因认为，磷元素可以较好地促进玉米根系、茎、叶片内淀粉和有机质的合成，这些合成的有机质可以运至生殖器官利用，以使玉米籽粒生长量显著升高，从而有效提高了产量。从氮磷钾施肥试验研究中发现，增加磷肥施用量可以使玉米秃尖长度降低 80%以上，穗粒数增加幅度达到了 20%，千粒重增加 5. 35g 上下，与对照相比，施用磷肥处理的玉米产量性状显著高于对照和低磷处理。

在磷肥施用相关性试验中表明，玉米籽粒产量呈现出与磷肥施用量之间比较显著的相关性，表现为无论是磷肥单独施用还是与氮肥、钾肥混合施用，玉米产量均呈正相关升高，其中氮磷钾肥混合施用效果大于两种养分的混合施用，并且不同地块表现差异较大，这其中高产田施用磷肥的增产效果好于低产田。在对玉米精量施肥研究中发现，当玉米产量在 6 000kg/hm^2时，玉米需磷量一般在 16~25kg/hm^2，但是当玉米产量达到一定高度之后，需磷量呈现出随着产量提高而降低的现象。

磷对玉米品质具有一定的影响，大量试验研究结果表明，玉米施用磷肥可以显著提高玉米籽粒的品质，这与磷肥可以影响玉米有机成分的合成有直接的关系，其中磷肥对磷脂和蛋白质含量增加效果最显著，试验结果表明，玉米籽粒内的蛋白质含量呈现出随着磷肥施用量的增加而增加的变化趋势，蛋白质含量的增加又显著提高了玉米籽粒内的氨基酸含量，由此也提高了玉米籽粒的品质。当玉米栽培中出现磷元素缺乏症状后，玉米籽粒内的可溶性糖含量呈现出显著降低的现象，增施磷肥后可溶性糖含量又会恢复到正常水平，并且玉米籽粒中维生素含量会显著升高。磷肥除了会影响玉米籽粒中蛋白质和糖类含量之外，还会影响籽粒内全氮和全磷含量变化，试验结果表明，随着磷肥施用量的增加，玉米籽粒中全氮和全磷含量均呈现出升高的变化，碳水化合物也有不同程度的升高现象，其中蛋白质含量提高幅度可以达到40%以上，可溶性糖含量可以提高10%左右。

玉米栽培中磷肥施用量高低还会影响玉米籽粒的含油率，一般认为，随着磷肥施用量增加玉米籽粒的含油率会显著升高，相关试验研究表明，增加磷肥施用量后，玉米籽粒中的含油率会提高8%~10%，如果施用磷肥时配合氮钾元素，玉米籽粒中的含油率最高可以提高12%，也有试验结果表明，磷肥施用量的增加玉米产量提高20%，含油率可以提高13%以上，分析认为，这与试验地区的差异有关。

第四节　玉米钾营养研究

一、钾对玉米生长的作用

钾是玉米正常生长中必需的营养元素之一，也是肥料三要素之一，钾元素在玉米生长以及生理代谢中具有重要作用。钾元素在玉米植株内主要是以钾离子的形态存在，所以钾元素成为了很多酶的活化剂之一，在玉米生理代谢中主要参与光合作用的进行，一定程度上参与蛋白质的合成，同时参与光合产物的运输；同时，钾元素还是重要的抗逆元素，对于提高玉米抗逆性和抗病虫害能力具有重要的作用。由于钾元素在玉米体内呈现出离子状态，所以钾元素多集中在根尖、茎尖以及生理活动比较旺盛的部位，在玉米生长的不同时期担负着不同的作用，加上钾离子在玉米植株内可以转移，这也使钾元素成为了玉米植株内最为活跃的营养元素。在玉米的生长季节，充足的钾肥供应可以显著提高玉米生长速度，提高玉米抗逆能力，即使在单位面积上提高玉米栽培株数以后，玉米的抗旱、抗病虫能力依然很强，玉米单位面积产量显著提高，玉米的品质也得到了明显的改善。

玉米是对钾元素吸收量较大的作物之一，从前人的研究结果来看，玉米单位面积产量一定的情况下，玉米对钾元素的吸收量一般是氮元素的1.1~1.3倍，是磷元素的2.0~2.2倍，所以钾元素是玉米生产和栽培中不可缺少的营养元素。夏玉米由于产量低于春玉米，所以夏玉米单位面积产量需钾量是氮元素的0.8~1.21倍，是磷元素的1.8~2.1倍，表明无论是春玉米还是夏玉米，对钾元素的吸收量均处于较高的水平，并且很多地区玉米对钾元素的吸收量与氮元素相近，甚至超过了氮元素。玉米在生长季节缺钾就会表现出明显的生长缓慢的症状，同时玉米叶片颜色变为浅黄色，加上钾元素在玉米体内可以转运，缺钾时玉米老叶和老组织内的钾元素转运至生长比较活跃的组织中，这就使的玉米老组织干枯，也有的玉米叶片表现出灼烧状，当玉米缺钾比较严重时，玉米节间明显变短，同时植株高度也显著降低，玉米果穗发育明显不良，玉米产量显著降低，部分地区玉米植株在多雨季节常常发生大面积的倒伏现象，这也严重影响了玉米籽粒品质的提高。

二、玉米对土壤钾元素的吸收和利用

玉米对钾元素的吸收比较简单，通常是两种方式，即高亲和和低亲和的吸收方式，当土壤内游离钾元素含量比较低时，玉米对钾元素的吸收仅仅限于主动吸收的方式，随着环境中钾离子浓度的增加，玉米对钾元素的吸收效率会表现出比较显著的升高的现象。玉米对钾离子的高亲和吸收指的是玉米在吸收钾离子时是依靠玉米植株内的媒介转运体进行吸收的一种方式，这种方式具有较好的选择性，能够适应环境中比较低的钾离子浓度；当土壤中钾离子的浓度较高时，玉米对钾离子的吸收就是简单的低亲和吸收，即简单的扩散作用，玉米对钾离子的这种吸收方式专一性比较差，这是因为土壤中的钾离子主要是以扩散的形式进入玉米根际范围内，通过扩散的作用进入玉米细胞内，然后被玉米转运至地上部进行利用，这种简单的扩算作用也会使土壤中的钙离子、硝酸根离子等一起进入玉米根系内，所以这种吸收的专一性相对比较差一些。

通过扩散作用进入玉米根系表皮细胞中的钾离子在转运过程中常常受到根系内凯氏带的影响，因此，在大多数情况下，玉米对钾元素的吸收是通过植物原生质吸收进入玉米导管内的，这种对钾元素的吸收需要一定的能量支持，是典型的主动吸收过程，而通过被动吸收的钾离子泵吸收的钾元素量相对较少，但也是玉米吸收钾元素的一种方式。玉米根系吸收的钾离子常常以水溶性盐类在原生质表面附着，这种盐类稳定性比较差，常常随着玉米生长而转移，特别是玉米茎尖部分，很多原生质表面的钾离子都被转运至这些部位，这也是玉米吸收钾元素和转运钾元素的重要特点。

植物对钾元素的吸收和利用不同植物存在较大差异，从薯类作物的研究结果来看，薯类作物的根茎中钾离子的含量较高，而玉米、小麦则是以茎秆中最多，禾谷类作物的种子内钾元素的含量相对比较低；就同是禾谷类作物的玉米和小麦来说，根系吸收的钾元素分布也有不同，玉米常常将钾吸收量的 80%以上贮存在茎秆中，小麦则 90% 的钾元素贮存在茎叶中，这也说明不同植物对钾元素的吸收和利用也存在差异；在玉米的不同生育期，钾元素的吸收和分布也存在较大差异，一般情况下，在玉米生育前期，根系吸收的钾元素主要供应茎和叶片的生长，随着玉米生长发育，玉米叶片中的钾元素含量会显著降低，在成熟期尽管籽粒内钾元素含量低于茎叶，但是由于玉米籽粒总量较高，最终玉米籽粒对钾元素的利用量仍然高于叶片。

玉米对钾元素的利用除了作为组织的组成部分之外，更重要的作用是参与玉米的籽粒发育生理代谢作用，部分研究者对玉米籽粒发育中钾元素担任的重要作用进行了详细的研究后发现，玉米籽粒发育中，很多钾元素转运至籽粒中参与代谢过程的进行，当玉米籽粒发育成熟和完成后，大量的钾元素又转移出籽粒，很少参与生命代谢的钾离子能够留在玉米籽粒中贮存。

玉米对钾元素的吸收利用时期与氮元素也存在显著差异，从试验研究结果来看，玉米对钾元素的吸收最高峰时期是玉米的拔节期之前，在拔节期之后吸收量相对比较少，并且也有部分研究者发现，玉米在灌浆期和成熟期对钾元素的吸收为负吸收，所以玉米追肥时应当重视钾肥的前期施用，以提高玉米对钾元素的吸收利用效率。从玉米吸收钾元素的数量上来看，在生育前期玉米对钾元素的吸收量已经完成了 90%以上，而在玉米灌浆期和成熟期对钾元素的吸收量不足 9%，表明玉米生育后期施用钾元素效果并不显著。

春玉米对钾元素的吸收表现为单峰曲线的变化规律，在玉米生育早期，根系对钾元素的吸收速率升高较快，对钾元素的吸收量也表现出快速生长的特点，但是当玉米生育进程到了乳熟期之后，玉米对钾元素的吸收速率会缓慢降低，到了成熟期几乎停止吸收钾元素，但是也有相关研究表明，玉米在乳熟期之后玉米的钾元素会出现流失的现象，具体原因还有待于进一步研究分析。同时，也有部分研究认为，钾元素的再利用特性使得其在生育后期表现出了流失的现象，并且由于钾离子参与很多酶的代谢活动，这些酶类完成生命代谢后，钾离子被释放出来供应其他组织的利用，从而也会影响根系对钾离子的吸收和利用。

玉米对钾离子的吸收和利用受到土壤条件的影响也比较大。由于土壤是供应钾离子的主要载体，土壤的供钾能力直接影响着玉米对钾元素的吸收和利用；从我国土壤化验分析结果来看，适应玉米吸收钾元素的土壤占到总耕地面积的20%左右，而有40%的土壤供钾能力不足，严重影响玉米对钾元素的吸收和利用。尽管土壤内速效钾元素不足，但是玉米对矿物钾的吸收利用能力较强，这也使玉米吸收的钾元素处于相对比较稳定和平衡的状态，相关研究表明，即使人们不再向土壤中施用钾肥，仅仅土壤的供钾能力也可以维持玉米吸收钾元素200年以上，所以在研究玉米对钾肥利用效率的同时，也要考虑玉米对天然矿物钾的吸收和利用能力。

三、钾对玉米根系特性的影响

玉米的根系是玉米吸收营养成分的重要器官，也是玉米生长中最重要的器官，根系生长好坏和功能强弱对玉米生长发育和产量的形成具有重要的作用，大量实验研究结果表明，钾肥施用量高低对玉米根系的生长发育具有比较显著的影响。玉米生长发育过程中，如果钾元素供应不足，玉米根系通常表现为面积减小，根系分布体积也会降低，随着玉米不断地生长，人工施用钾肥一般可以显著提高玉米根系的表面积以及干物质积累量，同时，根系的分布面积常常会比缺钾玉米增加1.5~2.3倍，根系的长度增加2~3倍，并且施用钾肥后会使玉米根系对钾元素的利用效率提高很多，表现出钾元素对玉米根系生长和根系对钾元素的利用相互促进的作用。

对于对钾元素吸收利用能力比较强的玉米品种来说，其根系生长量常常比较大，并且根系的吸收面积、根系长度、根系干重与玉米对钾元素的吸收量之间呈现出正相关性；对于钾元素吸收和利用比较差的玉米品种来说，玉米的根系发育与高效玉米呈现出相反的发育状况。通常情况下，在土壤低钾供应情况下，玉米为了吸收到更多的钾元素，其根系数量一般会变多，根系变得又细又长，这样增加了根系表面积，但是玉米根系的干重却处于比较低的水平。钾元素是重要的抗逆性元素，在钾元素供应比较充足的条件下，玉米根系含水量丰富，根系显得比较饱满，但是钾肥供应不足时会使玉米根系含水量不足，生长能力降低显著。

四、玉米对钾元素的积累和分配

钾元素与氮磷元素不同，钾元素在玉米生理代谢中不直接参与植株组织的组成，但是钾元素主要参与各种酶的活化，参与各种营养物质的运输，并且对抗逆性具有较好的作用，从玉米钾积累过程来看，在玉米整个生长期，玉米营养器官内的钾积累量在生育前期表现为快速升高的变化趋势，而在灌浆期至成熟期，玉米营养器官内的钾元素积累量又表现出降低的变化趋势，这可能与钾元素的转移有关。从钾肥对玉米的影响来看，随着人们施用钾肥数量的增加，玉米干物质积累量和积累速率显著升高，同时营养器官最大干物质积累量和积累时间会提前，钾元素缺与干物质积累并不同步，在营养器官的生长中心钾元素含量较高，而其他器官仍然表现出钾元素含量相对滞后的现象。

玉米生育后期，籽粒发育是生长最为活跃的器官，因此叶片和茎内的大量钾元素转运至籽粒中，但是在茎和叶片转运的钾元素中，叶片的转运效率最大，也是籽粒内钾元素的主要来源。玉米栽培中施用钾肥除了会促进干物质积累和钾元素的积累之外，还可以促进氮磷元素的分配，其中比较明显的现象是钾元素的增加可以促进氮、磷元素向籽粒内分配，而玉米生育后期钾营养的不足会导致玉米营养器官内的氮磷营养向籽粒内转移受到影响，导致大量氮磷营养不能被籽粒利用。从玉米籽粒内钾营养的来源来看，一半以上的钾元素依靠营养器官的供应，当环境中缺少钾营养时，玉米籽粒内的钾营养则100%来自营养器官，同时钾营养充足的情况下，60%的氮元素会从营养器官转运至籽粒中，80%以上的磷元素也来自营养器官的转运，说明钾元素对玉米营养的分配起到了重要的作用。

当前在春玉米对钾元素的吸收及利用研究中发现，春玉米和夏玉米对钾元素的吸收及利用存在着一定的不同，春玉米由于生长期比较长，在对钾元素的吸收中并不随着钾元素施用量的增加而增加，并且玉米产量与钾肥施用量之间关系不大，生产中不宜大量施用钾肥。从春玉米对钾元素的吸收利用时间来看，玉米的抽穗期是对钾元素吸收利用最高的时间，其次是乳熟期，这两个时间是玉米钾肥的施用关键期；同时，不同玉米品种对钾元素的吸收和分配也存在差异，在对部分高产品种的研究中发现，施用钾肥后，玉米将吸收的钾营养集中在玉米的叶鞘部分，很少向茎尖分配，并且钾元素的转运效率也比较低，由于叶鞘距离玉米穗相对比较近，方便钾营养的转运，这对钾元素向籽粒内运输提供了方便条件，同时也提高了玉米叶片的抗逆性，对玉米高产稳产具有重要作用。

五、钾对玉米产量的影响

钾肥施用量高低是玉米产量高低的重要基础，也是玉米增产的基础因素。由于钾元素对提高光合作用具有较好的作用，同时更加有利于光合产物的形成，所以施用钾肥一定程度上促进了玉米干物质积累量的增加；玉米施用钾肥在促进光合作用的同时，也提高了玉米植株内可溶性糖含量，可溶性糖含量的提高改变了玉米的碳氮比，使玉米碳氮比提高，这样有利于玉米由营养生长向生殖生长转移，加上钾具有比较明显的转移特性，从而有利于籽粒干物质积累量的增加，这是玉米增产的重要基础。

在对钾肥肥效的研究中发现，玉米增加钾肥施用量后，玉米叶片的面积会显著增加，同时也增加了玉米的光合面积，在提高玉米光合速率的同时也增加了光合产物，这对玉米生育后期籽粒灌浆期需求大量的碳水化合物要求相适应，对于提高玉米的灌浆率和增加千粒重具有重要的作用；同时，在充足的钾肥供应条件下，玉米各器官的干物质积累期会显著提前，一般情况下可以提前15~20天，并且钾肥施用量增加有利于干物质向籽粒内的分配，这也是玉米产量提高的重要基础。玉米叶片干重表现为随着钾肥施用量的增加而增加，同时，玉米籽粒内的钾营养由叶片转运至籽粒内的数量也会显著升高，因此玉米产量提高与钾肥施用量的高低呈现出正相关性，但是钾肥施用量并非越高越好，相关实验研究表明，钾肥的最佳施用量一般在280~300kg/hm^2，当超过这一限度后，玉米的产量会表现出降低的现象，说明玉米施用钾肥并非越高越好。

施用钾肥除了对玉米产量产生一定的影响之外，还会对玉米产量性状产生一定的影响。大量试验研究表明，施用钾肥可以显著提高玉米各器官的干物质积累量，显著降低玉米凸尖长度，增加玉米穗行数和穗粒数，促进玉米籽粒的饱满度，增加玉米的千粒重；在对黑龙江省玉米生产田的试验研究中发现，玉米施用钾肥对各类土壤上栽培的玉米均具有较好的增产作用，并且各类土壤均表现为随着施用钾肥数量的增加产量显著增加的变化趋势，但是增收幅度达到一定限度后又表现出降低的变化趋势，这种变化与土壤内钾元素含量的高低有直接的相关性。从黑龙江省土壤类型上来看，黑钙土的钾元素含量最高，所以施用钾肥的效果远远低于风沙土，这也与风沙土营养成分较少有关。

钾肥对玉米籽粒内蛋白质的合成具有较好的促进作用，同时也可以较好地提高玉米籽粒的饱满度，这对提高玉米籽粒单位面积产量效果较好；在用平衡施肥法进行钾肥施肥试验研究中发现，施用钾肥对玉米产量一般可以提高6%左右，与对照相比差异显著，表明施用钾肥仍然可以显著提高玉米籽粒的产量；对于钾肥对玉米产量的影响，也有部分研究者认为，钾肥施用对玉米产量的提高与钾肥的施用量高低有关，一般情况下，钾肥施用量处于较低值时，玉米产量的提高并不显著，但是当钾肥施用量达到一定范围后，钾肥施用的增产效果才会显现出来，同时当钾肥施用过多之后，玉米产量的提高幅度又会降低；并且钾肥施用量高低与氮磷肥的施用量也具有相关性，在相同的氮磷施用条件下，增施钾肥可以促进玉米产量的提高，也会促进玉米对氮磷营养的吸收，玉米对氮磷营养吸收量增加也会提高玉米产量，因此，氮磷钾的施用以及对产量的影响是相互的。

在春玉米的研究中发现，钾肥施用与氮磷肥的施用具有较高的相关性。当氮磷肥施用量一定的情况下，增加一定量的钾肥可以提高玉米的产量，但是钾营养施用量不宜过高，要与氮磷肥表现出一定的相关性，最好按照1：0.5：1的比例施用，超过这一比例会降低玉米的产量。在我国东北和华北地区的试验研究中表明，施用钾肥配合氮磷肥效果会更加明显，同时，单施钾肥情况下，对玉米的增产效果大于小麦，说明玉米对钾营养具有更高的敏感性，在东北地区，单施钾肥增产效果低于华北地区，西北地区施用钾肥增产效果不明显，玉米增产的概率较小，生产中不建议施用钾肥，而关于黑龙江省玉米生产中施用钾肥的相关研究仍然较少，因此，研究黑龙江省玉米栽培中施用钾肥的增产效应具有重要的现实意义。

六、钾对玉米品质的影响

钾肥是提高玉米品质的重要营养元素，这与钾肥参与玉米生理代谢的多种活动有关。钾元素是玉米籽粒内淀粉合成中重要的营养元素，除了提高酶活性之外，还参与玉米淀粉的合成，也有部分钾直接进入淀粉合成的生物链条之中，如果在淀粉合成中钾营养供应不足，玉米籽粒内的钾离子数量和浓度就会显著降低，从而使各种酶活性降低，这不利于淀粉的合成，并且部分品种的玉米会导致已经合成的淀粉水解为各种可溶性糖类从而造成淀粉含量的降低。

钾肥对玉米淀粉的合成主要因钾肥催化的酶种类不同而不同，在较低钾肥施用量情况下，钾肥对 SSS 酶活性促进作用较好，从而有效提高了淀粉前体物质转化为淀粉的速率和能力，这对提高玉米淀粉的合成速率和合成量具有重要作用，该项研究在小麦、大麦的研究中已经得到了证实，并且玉米淀粉含量与钾肥施用量之间呈现一定的的比例关系。钾肥对玉米淀粉的促进作用因施肥的时间和次数而有不同，也因植物的种类和品种而异，部分研究者对水稻的研究表明，施用钾肥对籽粒淀粉含量提高率可以达到 4%左右，而玉米提高率可以达到 6%左右，说明钾肥对促进淀粉积累具有良好的促进作用。

从籽粒含糖量的变化上来看，施用钾肥后，玉米籽粒内和穗位叶内的可溶性糖含量显著提高，但是钾肥并非施用量越高越好，从试验结果来看，钾肥施用量以 $225kg/hm^2$时对提高玉米籽粒内蔗糖含量效果最佳，当施钾量超过这一值时，玉米籽粒内的蔗糖含量又表现出降低的变化趋势，同时，较高的钾肥施用量也会影响玉米营养器官内的糖类转移至生殖器官中；从钾肥的作用时期上来看，追施钾肥可以较好地提高玉米灌浆期糖类的供应以及转运水平，同时也可以较好地提高玉米籽粒内淀粉的积累以及转化，对于提高玉米籽粒品质具有良好的作用；钾肥除了促进籽粒内糖类物质的积累之外，钾元素还是促进玉米植株内有机化合物运输的重要营养元素之一，同时在玉米生育后期追施钾肥可以较好地促进玉米籽粒内淀粉的合成，这对于提高玉米籽粒内淀粉含量具有显著效果，但是追肥量不宜过高，否则会抑制玉米籽粒内淀粉的合成；春玉米对钾肥的反应与夏玉米略有不同，在春玉米栽培中增施钾肥个别地区会出现籽粒内淀粉含量降低的现象，并且施用钾肥对玉米增产效果并不显著。

一般情况下，钾肥施用量的高低与玉米籽粒内蛋白质含量高低之间呈现出正相关的关系，这在大多数禾本科作物研究中得到了证实，分析原因认为，钾元素有利于促进植物体内氨基酸的合成和积累，而氨基酸又是蛋白质合成的重要原料，所以施用钾肥促进了玉米籽粒内蛋白质含量的增加；钾元素在玉米体内是以离子形态存在，所以钾元素又成为很多蛋白质合成酶的活化因子，进而促进氮元素代谢，有利于蛋白质的合成，从而使玉米籽粒内蛋白质含量显著提高，在春玉米研究中表明，增加氮肥施用量可以显著提高籽粒内粗蛋白含量，并且提高玉米籽粒的口感，相关试验也表明了增施钾肥可以较好地缓解由于氮肥施用量过多对玉米的伤害。

钾肥施用量变化与玉米籽粒内蛋白质含量变化相关性不显著，在较低钾肥施用量下，随着钾肥施用量的增加，玉米籽粒内蛋白质含量会显著升高，但是在较高的钾肥施用量情况下，玉米籽粒内蛋白质含量与钾肥施用量之间并不呈现出比例关系；再利用^{15}N示踪试验研究中表明，施用钾肥可以显著促进氨基酸向蛋白质的转化，也可以显著提高籽粒内蛋白质的积累量，同时，该项试验也表明了施用钾肥促进玉米籽粒内蛋白质含量增加的原因，这与钾肥可以促进氨基酸转运速率有直接的关系。钾肥对玉米籽粒内蛋白质合成的影响受到施用钾肥的时期和钾肥的施用量的影响，大量试验研究表明，钾肥后施可以提高玉米籽粒内的蛋白质含量，但是施用量并非越高对蛋白质含量的促进作用越明显，而是与土壤的供钾量直接相关，在土壤较高的供钾水平下，人工施用钾肥和追施钾肥对提高玉米粗蛋白含量效果显著，但是对提高玉米产量效果不显著，在施用氮肥的基础上增施钾肥可以较好地提高玉米产量，也会显著提高玉米籽粒内的蛋白质含量。

钾元素是淀粉合成中的重要组成部分，在玉米的成熟期直接参与籽粒内淀粉的合成，一般在钾元素供应不足的情况下，玉米植株内钾离子浓度会显著降低，这也影响了淀粉合成酶的活性，从而导致玉米籽粒内淀粉积累量降低，当人工施用钾肥时，玉米籽粒内的淀粉含量会显著升高，但是不同品种之间存在较大差异，总的来看，玉米生育期追施钾肥或多或少均可以提高玉米籽粒内的淀粉含量，当钾元素施用过多时，会对玉米养分吸收产生较大的胁迫，导致玉米吸收养分困难，这样会对玉米淀粉的积累产生不利影响，所以玉米施用钾肥时应当确定适宜的施用量，适宜的施用时间。

钾营养对提高玉米籽粒内氨基酸含量具有显著的促进作用，大量试验研究表明，增施钾肥可以显著提高籽粒内氨基酸含量；从氨基酸的积累量上来看，在较低的钾肥供应量下，随着钾肥施用量的增加氨基酸含量也表现出升高的变化，但是钾肥施用过多会导致氨基酸总积累量的降低。钾元素是重要的抗逆元素，施用钾肥可以显著提高玉米细胞内的游离脯氨酸含量，这对提高玉米细胞抗逆能力具有重要作用，但是过量施用钾肥会导致钾离子在玉米细胞内的过度积累，一定程度上也会影响玉米细胞内氨基酸的合成和积累。同时部分研究者对玉米钾肥效用的研究中发现，施用钾肥对赖氨酸含量提高并无显著的促进作用，并且对调节玉米植株内不同氨基酸含量比例方面能力较差，表明钾肥对氨基酸的促进作用仅限于某些氨基酸种类上。

玉米籽粒内油脂含量高低也是判断籽粒品质的重要指标之一，大量试验研究表明，施用钾肥可以一定程度上提高玉米籽粒内的油脂含量，但是在东北部分玉米田的研究中表明，钾肥施用量过多对玉米籽粒内油脂含量的促进作用有限，有的玉米品种会产生抑制作用，所有钾肥施用应当根据玉米栽培地区土壤内速效钾含量的高低来确定；在土壤内速效钾含量较低时，施用钾肥可以显著提高玉米籽粒内的油分含量，而在土壤内钾含量比较丰富的土壤上施用钾肥，对玉米籽粒内油分含量的增加并无显著影响。

第五节 玉米有机肥施用研究

一、有机肥的主要作用

农业生产中所选用的有机肥主要是指家畜的粪尿、作物残落叶以及秸秆等经过腐熟发酵后形成的可以用于农业生产的有机肥料的总称，这类肥料的主要特点就是有机质含量非常充分，肥料中微生物含量较大，有利于提高土壤中的水分含量和促进有效养分的矿化及促进作物对养分的吸收，对于腐熟的有机肥来说，既具有速效化肥的特点，又具有缓效态养分的特征，因此可以在作物的生长季节持续不断地为作物生长供应各种养分，对于作物保持良好的生长状态和提高产量具有显著的促进作用，同时还具有显著的培肥土壤的重要作用。

有机肥含有作物生长所需的各种营养元素，并且可以为土壤有机质的积累提供基础，在有机质不断的矿化过程中，有机肥释放的各种营养物质均可以满足作物各个生长阶段对养分的吸收，这是相对于施用化肥最主要的优势，加上有机肥中所含的各种有机酸以及蛋白质等物质，有时候可以被植物直接吸收和利用，对于当季不能吸收利用的有机质，可以储藏在土壤中，成为重要的积累性养分。从有机肥对土壤的影响来看，有机肥可以较好地改善土壤有机质含量情况，特别是对于一些本身有机质含量就比较低的土壤来说，施用有机肥对提高土壤内有机质含量具有重要的作用，同时，对于未充分发酵的有机肥，在土壤中持续发酵可以很好地改善土壤的本身温度状况，对于早春地温比较低的地区来说，施用有机肥一定程度上可以提高地温，对促进作物早期生长发育具有重要的作用。

在前人的相关研究中表明，农田中长期施用有机肥可以促进农田土壤有机物质含量的增加，特别是连续施用 5 年以上的土壤，有机质含量显著高于不施用有机肥处理，同时还可以促进水田团粒结构的形成，对于协调土壤内的水肥气热等环境条件具有重要的帮助。从土壤孔隙度变化上来看，施用有机肥可以较好地提高土壤的空隙比例，这样更加有利于空气的进入，同时也有利于根系的生长和发育，在夏季发生比较大的局部降雨后，土壤可以更好地容纳更多的水分，防止径流的产生，还可以很好地防止水土流失的发生。

有机肥除了可以影响土壤的有机质含量、土壤松紧度之外，还可以影响土壤整体的酸碱度变化，一般情况下，施入有机肥可以调节土壤酸碱度至中性的趋势，从田间的试验结果来看，土壤施入有机肥后，作物根系周围的土壤酸碱度会略有降低，并且更加有利于土壤内的酸碱度保持中性区间，在土壤保持中性的基础之上，更加有利于土壤中氮、微量元素有效性的增加，特别是对 pH 值要求比较高的磷营养，施用有机肥可以很好地调节土壤酸碱度，从而有效提高土壤内的有效磷含量，对于防止土壤中出现缺磷现象提供基础。从微量元素变化情况来看，施用有机肥可以提高土壤内锰、铜等营养元素的有效性，但是会造成铁营养元素含量的降低，特别是镁营养的有效性，其变化规律与有机肥的施用量之间呈现出直线相关的现象。

有机肥中的钙和硫元素在发生矿化作用之后，其有效性比化学肥料更高，更加有利于作物对这两种营养元素的吸收和利用，并且有机肥和无机肥混合施用后，土壤内的铁、铜等营养元素会表现出升高的变化，但是锰元素降低幅度较小，同时如果有机肥和磷肥混合施用后，土壤内的钙离子含量会呈现出降低的变化，并且有效硫含量升高幅度较大，但是氮肥和有机肥混合施用后，土壤内的有效硫含量降低十分显著；当有机肥施用量降低至0%时，施用磷肥可以较好地提高土壤内有效锰含量，但是氮肥对微量元素的影响相对比较小，同时土壤内交换性微量元素的含量会呈现出升高的变化趋势。

土壤肥力的变化除了受到有机肥施用量的高低影响之外，还与土壤内不同微生物数量的多少有关，从目前研究结果来看，土壤内的微生物数量以及活性酶数量受到土壤有机肥的影响较大。从目前的研究结果来看，增加有机肥的施用量可以显著提高土壤内各种微生物酶的活性，对于有机肥的分解以及作物的吸收有重要作用，同时，土壤内微生物活性升高之后，土壤内各种酶活性也会显著升高，例如，蔗糖酶活性一般会升高30%左右，同时土壤内的脱氢酶活性也会显著升高，这也说明土壤内微生物活性得到了加强。

土壤施用有机肥后，优于土壤内微生物数量的增加，这在一定程度上提高了土壤微生物碳氮积累量的增加，这种促进作用与有机肥施用量的高低有直接的相关性。人工施入土壤中的有机肥除了可以提高土壤内有机质含量之外，更重要的是可以为微生物生活提供充足的养分来源，相关研究表明，在氮肥施用量固定的情况下，施用有机肥处理的土壤内微生物数量、活性以及相关酶活性和数量会显著升高，并且，很多时候人为施入的有机肥可以将部分微生物带入土壤中，这样无形之中也提高了土壤内微生物的数量以及种类，这为土壤肥力的提高奠定了良好的基础。从土壤酶活性变化上来看，土壤中施用有机肥可以提高土壤内蛋白酶、淀粉酶、过氧化氢酶等多种酶的活性，并且酶活性的高低与施入土壤中有机物数量的多少呈现出直接相关的特性。

二、有机肥的种类以及利用方式

当前农业生产中所使用的有机肥种类主要是以粪便以及作物成熟后收获的秸秆进行一定的加工而成的一种农家肥，目前应用最多的就是植物残体加工而成的有机肥，按照类型不同可以分为饼肥、堆肥、沤肥、厩肥、沼肥、绿肥6种，在这些有机肥种类中，饼肥和堆肥应用相对比较多，其余的有机肥只是在特定的情况下才会使用。有机肥按照加工或者使用方式的不同又可以分为农家肥和商品有机肥两大类，其中农家有机肥中种类比较多，尽管分类方式不同，但是按照人们常规的认识，有机肥通常包括粪尿肥和腐熟的堆沤肥，在粪尿肥中，除了人粪尿之外，更多的是家畜以及家禽的粪尿肥，这类肥料中含有的各种纤维素较多，大量的有机质都是可以溶解状态，这对于植物直接吸收利用具有十分重要的作用，在动物尿液中，尿素的含量较高，其次就是各种有机酸，这些均可以被植物直接吸收利用；粪尿肥是有机肥中的速效性肥料，一般情况下作为追肥施用，也有时候作为基肥施用，作为基肥施用时，可以在没有腐熟的条件下进行，而作为追肥的粪尿肥必须在腐熟的条件下才可以施用，这种有机肥的肥效快并且肥效时间长，对促进作物生长和产量提高都具有非常重要的意义。

堆沤肥的种类比较多，目前在农村比较常见的就是堆肥，也有些地区的秸秆还田或者山区存在的沼气池肥，由于作为堆肥的植物种类的差异，导致最终形成的堆肥种类存在较大差异，养分含量以及质量也会不同，在多种作物中，以豆科植物堆肥所含的养分比较多，特别是氮元素，含量处于较高值，同时小麦、水稻等作物的秸秆堆肥内含有的钾营养相对比较多，而这些肥料通常是作为基肥施用，目前尚未见到将其作为追肥施用的案例。绿肥也是有机肥中的一个种类，只是目前在农作物生产中应用相对比较少，更多的是应用在果树栽培中，绿肥种类相对比较少，一般以豆科植物为主，由于有机肥含量丰富，加上豆科植物可以很好地固定空气的氮营养，这也很好地提高了土壤内氮营养的主要来源，如果将绿肥直接播种到土壤中，可以很好地为土壤带去有机质和大量的氮营养；除此之外，市场上还可以见到一些泥炭或者腐殖质等杂肥种类，也有些地区将生活污水和工业废水经过加工处理后作为有机肥施入土壤中，以此来提高土壤肥力和促进作物生长，由于杂肥的来源存在较大差异，这也使得其养分含量无法统一进行确定，存在着较大的不确定性。

随着施肥技术的发展以及肥料加工技术的不断进步，传统的有机肥料生产市场越来越小，而以商品化生产为代表的商品有机肥当前在市场中的地位越来越大，市场份额也呈现出升高的变化趋势。目前商品化的有机肥中，以精制有机肥和复合有机肥为主体，并且随着有机肥研究的不断深入，新品种的有机肥种类不断显现出来，并且施肥的方便性大大提高，也提高了施用有机肥的卫生性。有机肥商品化生产，改变了传统的有机肥生产中存在的外观脏臭、味道大以及污染环境等问题，采用密闭的环境条件下生产有机肥，可以很好地实现生态化生产有机肥，这对于我国有机肥产业的发展具有重要的建设性意义。目前商品性有机肥主要作为基肥施用，很少作为追肥施用。

有机肥中还存在着生物有机肥，菌肥等，生物有机肥与传统的有机肥最大的区别就是生物有机肥以特定的生物作为发酵微生物，通过人为进行生物繁殖控制，从而定向地改变有机质的转化进程，然后经过干化和加工后进行出售的一种有机肥种类，目前这种制作生物有机肥的工艺被多家有机肥制作公司采用，并且也得到了市场的认可，促进作物生长效果十分显著。这种有机肥含有多种微量元素以及大量元素，并且有机质含量丰富，加上含有的特定微生物，从而使得该种有机肥的肥料效应存在较大的不确定性，但是生产实践中发现，这种有机肥可以很好地防止作物病虫害的发生，也可以较好地改善土壤的理化性状，对于多年未转化的营养成分，可以因为特定微生物的作用而进行转化，从而使有机肥更好地改善作物的营养状况，对于改善作物生长状态和提高肥效都具有重要帮助。

三、有机肥对玉米生长发育的影响

有机肥与化学肥料最大的不同在于有机肥内含有多种酶类物质，这些酶类一定程度上可以促进作物的生长，包括生理活性的提高，同时根系生长量以及养分、水分吸收量也会呈现出升高的变化，因此施用有机肥多的土壤通常情况下也具有较强的抗逆性，特别是抗旱能力显著升高；从豌豆的试验结果来看，化学肥料配合施用有机肥料之后，豌豆植株的干物质积累量以及单位时间内的生长量均表现出显著升高的变化趋势，同时施用有机肥处理与对照相比，叶片内叶绿素含量均表现出显著升高的变化趋势；在对烤烟的研究中发现，烤烟在幼苗移栽之前，施用有机肥作为基肥处理后，在相同的生育期内，烤烟的株高、叶片面积以及干物质积累量均显著高于对照，并且根系活力比对照提高了30%左右；腐殖酸、饼肥等有机肥料与化学肥料施用可以很好地改善土壤的肥力情况和土壤结构，促进植物体生长，在相同生长时间段内，有机肥处理的植株总干物质积累量显著升高。

在水稻的研究中发现，施用有机肥可以显著提高水稻生长季节内叶片的生长以及光合效率的提高，在水稻的成熟期，叶片内叶绿素的含量降低幅度相对比较慢，一定程度上延长了水稻的光合作用时间，这也为水稻最终产量的形成提供了良好的基础。除此之外，施用有机肥可以调节水稻在强光照下的光合作用效率，促进光合产物的形成以及转运，从而提高水稻的抗逆性；在有机肥对玉米生长的研究中表明，有机肥处理可以促进玉米在生长后期干物质积累量的增加，同时促进玉米根系的生长和发育显著增强，并且玉米植株内的氮磷元素均会有较大幅度的转移至籽粒中，这也为提高籽粒品质奠定了基础。

有机肥对作物生长最大的影响就是有机肥中含有大量的碳元素以及各种营养元素，这些营养元素以及有机碳源可以很好地促进土壤肥力的提高，一般情况下，有机肥主要是通过改善土壤的供应营养情况来影响作物的正常生长发育，促进作物生长以及最终产量的提高。从前人大量试验研究结果来看，增施有机肥可以显著提高作物的株高、叶片重量、叶片面积，对于提高光合面积以及促进光合产物积累作用十分显著，外观表现便是作物茎、叶干重显著增加。尽管有机肥可以很好地促进作物生长，但是有机肥的施用量并不是越多越好，一般在合理的施用范围内表现为随着施用量的增加而升高的变化趋势；对于木本植物而言，施用有机肥可以显著提高作物的根系生长，并且还能很好地提高植物对磷营养的吸收量，特别是磷营养还能在根系内积累，对于改善作物磷营养状况效果非常显著，并且地上部分枝条和叶片生长量也会显著增加；从有机肥对土壤内氮元素的影响来看，有机肥一定程度上可以提高土壤内有效氮含量，并且可以很好地促进作物氮的吸收，这对于与氮吸收量直接相关的各项指标均表现出比较显著的促进作用。

四、有机肥对玉米干物质积累的影响

有机肥可以显著促进作物的生长，一定程度上可以很好地提高作物的干物质积累量。从前人的相关研究来看，黄瓜栽培中施用有机肥处理可以显著提高植株干物质积累量的增加，一般增加幅度可以达到8%以上，与对照相比可以达到差异显著的水平；有机肥施用时与化学肥料配合施用可以很好地提高水稻植株干物质积累量的增加，与不施用有机肥处理相比，水稻总干物质积累量可以提高15%以上，差异达到了显著水平；另外，从不同生育期的变化上来看，施用有机肥处理的水稻可以促进各时期水稻各器官干物质积累量的增加，与单纯施用化学肥料处理相比，差异达到极显著水平，并且最终产量可以提高5%~9%，差异显著；在茄子的研究中发现，施用生物有机肥可以显著提高茄子产量，同时，施用有机肥处理与部分施用有机肥处理相比，有机肥处理与化学肥料处理相互结合更加有利于作物干物质积累量的增加，其中部分研究者认为，施用有机肥可以使茄子的产量提高 20%左右，最高可以达到 24%，由此也表明，有机肥与化学肥料相互配合施用更能很好地促进作物生长和干物质积累量的增加；在对番茄的研究中发现，有机肥可以促进番茄植株各器官干物质积累量的增加，在成熟期可以提高番茄产量 20%左右，与不施用有机肥处理相比差异达到了显著水平；在小麦的研究结果中，施用有机肥处理的小麦表现出一定的增产效果来，并且小麦的根系干物质积累、茎和叶片干物质积累量均显著高于不施用有机肥处理，产量则表现为随着施用量的增加而呈现出升高的变化趋势。

五、有机肥对玉米养分吸收的影响

施用有机肥由于改变了土壤肥力状况，也提高了作物吸收养分的能力，相关研究表明，有机肥对促进作物养分吸收的最大作用在于可以非常显著地提高作物磷营养的吸收量，部分地区研究结果也显示可以提高锌元素的吸收；在对番茄养分吸收的研究中发现，施用有机肥处理可以很好地提高叶片内的养分含量，特别是在番茄成熟期，叶片内和茎内各种营养元素的含量平均提高幅度达到 10%左右，这可能与有机肥的肥效相对比较长有关；从大豆的研究结果来看，施用有机肥可以显著提高大豆植株对磷元素的吸收，并且氮元素吸收量也会呈现出升高的变化趋势，氮磷营养的吸收量与未使用有机肥处理相比提高了12%左右，并且存在着极显著差异；从叶片内营养元素的含量变化上来看，有机肥处理的营养元素含量均显著高于对照，总体表现为随着有机肥施用量的增加表现出增加的变化趋势。

六、有机肥对作物产量的影响

有机肥因为肥效较长，所以探索有机肥的施用对于提高作物产量的影响规律，对于指导有机肥在农业生产中的合理应用具有重要的实践意义。从小麦的研究结果来看，有机肥施用可以提高小麦的产量，但是不同处理之间存在差异，同时，在50%的有机肥施用范围内，随着有机肥施用量的增加，小麦产量呈现出一直增加的变化趋势；在白菜的相关研究中发现，当总氮施用量确定的情况下，提高有机肥的施用量和施用比例可以显著提高作物的最终产量，同时可以显著提高作物的品质，分析出现这种现象的原因，有机肥内除了含有丰富的氮营养外，还能促进土壤内各种微量元素的转化与吸收，加上有机肥肥效持久以及养分总体含量较高，这也使得有机肥处理可以很好地提高作物的最终产量，加上有机肥中微量元素含量较高，实际上也是很好的提高作物产品品质的重要保障。在小麦的相关研究中，全量有机肥处理的最终产量低于有机肥和无机肥配合处理，这还是在等量养分施用的基础之上，同时，与单施化肥相比，有机肥肥效更长更加有利于作物的生长，这也是施用有机肥处理更加有利于作物产量提高的原因之一；从棉花干物质积累变化上来看，有机肥可以很好地促进棉花各器官的干物质积累量增加，并且在一定范围内，随着氮肥以及有机肥施用量的增加，棉花干物质积累量均呈现出显著升高的变化趋势。

有机肥除了施用量可以对作物的最终产量产生显著影响之外，还会因为有机肥的施用方法的不同对作物的最终产量产生显著影响；以施肥时期的不同而言，有机肥常常作为基肥施用，但是也有部分腐熟的有机肥可以作为追肥施用，无论哪种施用方式，均可以对作物的生长和产量产生影响，但是不同施肥方式对作物最终产量的形成产生影响。以水稻为例，在移栽初期施用有机肥作为基肥，在不施用化学肥料的情况下，由于有机肥养分释放比较缓慢，这就导致了水稻前期生长势的降低，在配施一定量化学肥料的基础上，水稻单位时间内的生长势具有显著提高的作用，这样对于缓解苗期的养分不足问题具有较好的作用，所以试验结果也表明，有机肥单纯施用对于提高作物产量效果并不显著，而在化学肥料和有机肥混合施用的前提下更加有利于作物最终产量的提高。

有机肥作为追肥处理也可以很好地促进作物生长和提高产量，在水稻的相关研究中得到了证实，其主要原因是追施有机肥提高了水稻的成穗率，这对产量的提高具有非常重要的帮助，但是有机肥作为追肥施用也存在较大的问题，最主要的问题之一就是施用难度比较大，所以推广起来难度非常大；当然有机肥作为追肥处理还可以用于改良土壤方面，同时对于改善作物根系生长也具有良好的促进作用，相关实验研究表明，施用有机肥处理后，水稻的成活率显著升高，并且分蘖数也显著高于对照处理；同时在有机肥施用比例上，不同作物之间也存在一定的差异，在水稻的相关研究中，有机肥与纯氮化肥相互配施更能很好促进作物的生长，对于提高产量具有重要帮助，但是具体比例不同地区的研究成果尚未统一。

七、有机肥对作物产品品质的影响

从目前大量的田间试验研究结果来看，施用有机肥可以很好地改变作物农产品的品质，以玉米为例来看，增加氮素的积累可以很好地提高籽粒内蛋白质含量的增加，但是当氮营养部分被有机肥替代后，玉米籽粒内蛋白质的含量与对照相比提高了12%，差异达到极显著水平；从小麦的相关研究中，有机肥的配合施用更好地提高了小麦的品质，但是有机肥的施用比例不宜太高，应当以当地土壤的实际情况进行确定；在玉米的相关研究中证实，有机肥作为基肥施用可以很好地提高玉米籽粒内蛋白质的含量，并且有机肥必须连年施用，在这种情况下，玉米籽粒内的氨基酸含量也会显著升高，脂肪与粗灰分含量与对照相比可以提高5%左右；在不同对比试验研究中发现，单纯施用化肥处理的玉米籽粒内蛋白质含量显著低于添加有机肥处理，这其中还包括玉米籽粒内的可溶性糖含量。

从玉米和水稻施用有机肥的研究现状来看，腐熟的有机肥可以很好地提高水稻的加工品质，提高玉米籽粒内的淀粉含量，还可以很好地提高稻米内支链淀粉含量的增加，从而使得稻米口感更佳；另外，从食用的角度来看，水稻和玉米栽培中施用一定量的有机肥可以降低籽粒内各种重金属的含量，与单纯施用化肥处理相比，有机肥处理的水稻和玉米对于重金属等有害物质的代谢能力显著加强。

当前农业生产中，农药的施用在所难免，对于部分有害物质的存留问题目前没有一定的定义和相关的研究，但是在有机肥施用的相关研究中发现，增加有机肥的施用量可以很好地降低农药残留量，这对于提高作物籽粒肥品质具有重要帮助；在木薯的相关研究中表明，不同生育期施用有机肥均可以改变木薯的淀粉含量，在木薯生长的前期或者栽培之前施用一定量的有机肥，一定程度上可以提高木薯的淀粉含量，但是在木薯的生长季节追肥施用有机肥，对于促进木薯淀粉含量提高效果不显著。

从前人的相关研究来看，对有机肥在农业生产中的应用进行了广泛的试验研究，并且也取得了一定的成果，但是目前关于有机肥结合磷肥施用在黑龙江省玉米栽培中的相关研究较少，本文以此为契机，详细研究了有机肥对玉米生长以及养分吸收的重要作用，以期望为黑龙江省玉米生产中科学合理施用有机肥奠定基础。

第六节　地膜覆盖对玉米生长及产量的影响

一、地膜覆盖技术在玉米栽培中的应用

地膜覆盖栽培技术是目前玉米高效栽培技术的重要组成部分，自 1978 年引入我国后，经过多年的田间试验与推广，目前研究者普遍认为该项技术是玉米提高氮肥利用率和产量的有效手段。玉米田进行地膜覆盖后，土壤内的水分，热量均会发生比较显著的变化，其中，镀膜覆盖后的土壤温度在早春会有比较显著的升高，同时由于地膜覆盖后，土壤与大气的水分交换被隔绝，这样也有效提高了土壤内的含水量，从而能够有效地提高土壤内微生物的活性，这对于加速土壤内有机氮的矿化，同时为植物体提供大量的可利用氮素奠定了基础，也为玉米的高产奠定了基础。地面覆膜会显著影响玉米地块土壤内的养分含量变化，从试验结果来看，玉米生长的苗期和前期，覆膜土壤的养分含量显著高于不覆膜土壤，但是在玉米生育中期和后期，是否地膜覆盖对土壤养分含量的影响并无显著差异。相关试验研究结果表明，地膜覆盖会显著降低土壤内有机质含量，不过也有部分研究者对土壤养分的检测结果显示，覆盖地膜一定程度上可以增加土壤内有机质含量，出现两种截然相反观点的原因还有待于进一步验证和分析，但是如果在作物栽培中大量使用地膜覆盖技术，就会导致土壤内大量的有机物质分解和消耗，从而严重降低土壤后续利用和发展能力。

黑龙江地区属于半干旱土壤，在玉米栽培中，一半以上的土壤水分都通过蒸发损失掉，当采取地膜覆盖栽培技术时，由于地膜具有保水的良好作用，因

此，在地膜覆盖的玉米田内土壤水分垂直蒸发受到了影响，从而会引起玉米田内水分的横向流动，由此也会使得玉米田内土壤水分含量显著升高。在对玉米垂直方向水分变化动态的研究中发现，地膜覆盖土壤垂直方向上水分含量比未进行地膜覆盖的土壤提高10%左右，对于有效提高土壤墒情具有重要的实际意义，在发生比较严重的干旱条件下，可以使玉米生长中不受干旱的危害，从而可以使覆膜处理的玉米具备较强的抗干旱能力，这对于稳定玉米产量具有重要的实践意义。

从玉米覆盖地膜后土壤墒情变化规律上来看，在地膜覆盖后的50天内，土壤内含水量一般是显著高于不覆盖地膜的处理，但是当超过50天时，覆膜土壤内含水量与对照相比便无显著差异，根据土壤的这个变化规律，在干旱地区播种玉米时，应当充分考虑土壤墒情的具体变化，用以防止玉米生育前期土壤水分过分消耗，保持土壤水分的平衡，从而有效提高玉米覆盖地膜的增产效应。在山西省玉米地膜覆盖试验研究中，在整个试验期间，地膜覆盖土壤内水分含量与对照相比提高了10.2%左右，同时，相关试验研究结果表明，干旱地区农田覆盖地膜对土壤内水分的调控具有重要的指导作用，对土壤水分与植物吸收水分之间互做效应更佳合理，具有重要的促进作用，这对于有效促进玉米生长，提高产量和品质具有重要的现实意义。

玉米是水分需求量较大的作物之一，而干旱与半干旱地区水分量有限，所以利用地膜覆盖技术来保持土壤内水分，可以最大限度地提高干旱地区水分的利用率。由于我国早春大部分地区都处于比较干旱的状态，采用地膜覆盖技术可以较好地促进玉米种子的萌发和幼苗的生长，同时，可以使玉米的根系较早地发育，这对于扩大玉米根系对养分吸收面具有重要的现实意义，同时也为培育壮苗奠定了基础。不过干旱地区由于降水量年度之间变化较大，这也导致了地膜覆盖的效应差异较大，使地膜覆盖的农业推广和应用受到了一定的限制。地膜覆盖对提高土壤早春墒情的影响，对于降水量较好的年份来说效果较好，但是对于年降水量较低的年份来说效果并不好，特别是发生严重干旱的年份，地膜保水保墒的作用有限，这也充分说明了地膜覆盖对于玉米生长有效性的影响规律。

二、地膜覆盖对玉米产量的影响

在对小麦的研究中发现，地膜覆盖条件下，作物产量会显著升高，同时，作物的品质也会升高，但是当土壤水分条件较差的时候，使用地膜覆盖处理可以降低玉米的产量，因此，地膜覆盖对提高玉米产量是有前提条件的，即在水分较好的前提下，采取地膜覆盖方式可以较好地提高玉米产量，当水分条件较差时，玉米的产量反而会呈现出降低的变化。在水分亏缺条件下，地膜覆盖玉米产量下降幅度达到了30%左右，表明地膜覆盖对缺水和水分胁迫玉米的生长产生了显著影响，分析原因认为，在水分严重胁迫条件下，地膜覆盖使得玉米生长环境条件发生了较大变化，特别是土壤条件，由于地膜覆盖可以造成干旱土壤温度显著升高，从而严重影响了玉米的生长发育进程，这也是造成玉米减产的主要原因，并且，在不同的时期水分胁迫对玉米产量的影响也存在差异，玉米生长的抽穗期如果发生水分亏缺，地膜覆盖土壤栽培的玉米产量将显著降低。地膜覆盖对玉米产量的影响，部分研究者认为，在玉米生长期水分比较亏缺的条件下，一般可以显著影响玉米对养分的吸收，特别是对玉米产量影响最大的氮元素，在水分严重缺少的情况下，玉米将会出现严重的氮胁迫，最终导致玉米的产量降低。在玉米栽培中，地膜覆盖增产的基础是土壤有比较好的水分条件，如果玉米栽培中水分条件严重亏缺，那么进行地膜覆盖不但不会提高玉米产量，相反，玉米产量反而会降低，这也严重降低了玉米地膜覆盖的经济效益。

我国地域面积广阔，不同地区气候以及土壤环境条件差异巨大，所以地膜覆盖对玉米产量的影响在不同地区试验研究中存在较大差异，并且地膜覆盖的研究结果也存在较大差异，所以地膜覆盖技术的推广应当根据当地实际环境状况来确定。当然，也有部分研究者认为，地膜覆盖后容易导致玉米生育后期脱水，严重影响玉米对养分的吸收，这也限制了玉米产量提高，同时，地膜覆盖条件下，玉米施肥与追肥相对比较困难，这也导致在玉米需肥的关键时期缺肥现象的发生，进而也导致玉米产量的降低，所以地膜覆盖对于很多地区来说是不适宜的玉米栽培方式。地膜覆盖最重要的或者说最关键的农业技术就是保持土壤水分的稳定性，这对玉米生长的关键时期非常重要，如果玉米生长关键期缺少水分，然后又进行了地膜覆盖，那么玉米田块将会大幅度减产，这也会造成地膜覆盖经济效益显著降低。当然，部分研究者认为，玉米播种时注意好关键时期的水分供应即可，只要生长期内不受干旱限制，覆盖地膜就不会显著降低玉米的生长，对产量的影响也不会显著降低。当然，地膜覆盖后，玉米产量升高或者降低的报道均有，同时，也有大量的报道表明，地膜覆盖后玉米无显著增产效应的现象也很普遍，例如，在贵州省玉米地膜覆盖的研究中发现，玉米地膜覆盖后，产量并未发生显著变化，反而玉米生产的经济效益显著降低，导致了农民栽培的积极性正在显著降低。

第七节　玉米水氮耦合栽培技术

一、滴灌技术国内外研究现状

滴灌是一种新兴的灌溉技术。这种先进的节水灌溉技术在 19 世纪由布拉斯博士的发明而发展起来的，滴灌通过灌水器将水加压以水滴的形式均匀、准确地、适时适量地补充给作物根系，可以随水施肥，使作物保持良好的长势，具有节水、节肥、增温、增产、便于自动化管理、预防杂草及病虫害等一系列优点。这为黑龙江省西部半干旱地区发展高效节水、节肥、增产开辟了一条新路。

康静等研究表明，膜下滴灌主要优点有 6 个方面：高效节水、节省肥料、有效驱盐抑盐、增产效果明显、防治病害、省工。张振华等研究表明，膜下滴灌条件下明确了棉花、玉米在各个生育时期的作物系数，并且作物系数、有效软湿、播种后天数三者之间建立了函数关系，为当地水分管理提供了科学依据。马林等研究表明，膜下滴灌、膜下沟灌、露地直播沟灌 3 不同栽培方式对甜菜生长的影响，结果表明，膜下滴灌模式达到最高产量、产糖量。在棉花和玉米等农作物上应用膜下滴灌技术，该技术与常规灌溉相比节水 35%~65%，提高水分利用率、增产、增加收益，并且具有较好的经济、生态和社会效益。在国外，像瓜果、花巧、蔬菜等有较高经济价值的作物多应用膜下滴灌，大田作物像小麦、大豆应用膜下滴灌，其他作物研究不多。辣椒沟灌、喷灌和滴灌条件下产量比较表明，当灌溉低含盐的水时，几种灌溉方法产量差异小；当灌溉高含盐的水化滴灌和沟灌、喷灌相比减少 13%和 59%。从连续 15 年对甜玉米、棉花、番茄等作物滴灌的研究，作物产量和水分的利用率滴灌可以显著提高，灌溉次数多还可减少深层深漏量。番茄研究表明水分利用率和产量滴灌均比沟灌高，植株高度和果实的大小也有同样的趋势。

二、水肥耦合国内外研究现状

水肥耦合技术是根据水的不同情况，促进合理及时地灌溉和施肥，促进作物根系扎得深，扩大土壤中根系吸水范围，更多地利用土壤水库，提高植株的光合作用和蒸腾作用，减少土壤中水分的无效蒸发，提高灌溉水和降雨的利用率，达到水肥互调、高产、高品质的目的。旱地农业的研究重点也从水、肥的单因素作用转向了水肥交互作用的效应。水肥耦合技术在向两个方向发展即微观方面和宏观方面。在微观方面的研究已达到分子水平，如染色体、DNA 的结构由水分引起变化，现有的数百种植物抗旱相关基因已被克隆，并且获得转基因植株；在宏观方面主要的研究主要集中在对作物生长发育的影响及原因。包括形态、生理、产量和品质。植株生长的高度和根冠比、光合产物的积累与分配、蒸腾作用及其新陈代谢、生物量的积累、产量和品质方面、水的利用率和在土壤中的分布、氮素的有效利用率和氮素的淋失等。陈碧华等建立了番茄叶宽、茎粗、株高、叶片数对灌水量、施肥量的函数，试验表明，番茄的生长指标与灌水量、施肥量呈正相关，其中施肥量的彰响大于灌水量，说明肥效应大于水效应。吴锡麟等研究表明，N、P、K、水 4 个因素存在耦合效应，在木麻黄生物量积累上可体现出来，N、P、K、水的不同用量导致木麻黄的生物量积累不同。

李法云等研究表明，土壤水分动态变化在水肥耦合作用下有极其明显的作用，氮肥在作物的生长期施用，可促进作物的生长发育，土壤表面水分的无效蒸发明显减少。栗丽等的研究表明，夏玉米收获期各处理土壤硝态氮在表层0~20cm 含量最高，在 0~200cm 剖面均呈现单峰曲线变化趋势；土壤剖面硝态氮积累量随施氮量的增加而升高，且施氮处理硝态氮积累量显著高于不施氮处理的。株高、叶面积和茎粗在各个生育阶段的变化规律，不同水肥条件时，呈

“单峰式”的曲线变化；氮肥用量或灌溉用量一定时，株高、叶面积和茎粗随肥或水的增加而增加。在植物体内含氮化合物的合成需要能量相对较大以维持生命，有限的供氮会导致含氮化合物在老的组织转移到幼嫩组织。

三、水对玉米生长发育的影响

水参与了植物体细胞内生理生化活动，它又是氮磷钾等养分吸收、运输、合成的介质，所以植物生长发育离不开水。土壤水分含量的多少直接影响着植株出苗率的高低，马旭凤等研究表明，在苗期水分亏缺抑制植株生长，例如，根系长度变短、根变细、生物量减少，植株改变导管结构、增加细胞内多糖的含量、扩大根毛总表面积，来增强植株的抗旱性，在过度干旱条件下，根毛生长受到抑制和损伤，从而导致植株出苗率降低。植株播种后在15天内，土壤水分含量的高低直接影响到玉米出苗或出全苗，土壤水分在对玉米出苗或出全苗方面起着至关重要的作用。玉米出苗率在一定范围内随着土壤水分的增加而增加，超出这个范围随着土壤水分的增加而降低。侯玉虹等研究表明，沙土、黏土、壤土在出苗率、株高、干物积累量上最高的土壤水分含量分别为13%~15%、26%~29%、19%~22%。胡兴波等研究表明，沙土在保证出苗率土壤含水量达到11%以上。

植株营养生长时期，充足水分对植株株高有明显促进作用，水分充足，株高可达到220cm,；植株苗期水分亏缺，拔节期水分充足后，株高可达到194cm；如果营养生长时期水分亏缺，灌浆期水分充足后，株高也只有152cm左右。研究表明，当植物受到干旱时，植株茎直径会变小。张振华等研究表明，拔节期干旱，玉米株高、叶面积受到影响最大。于志青等研究表明，植物在生殖生长时期对水分亏缺非常敏感；水分亏缺下干物质积累快速，缩短灌浆期。陈丽君等研究表明，在黑龙江省西部地区，玉米产量大小为拔节期补水、苗后期补水、三叶期补水，从玉米高产角度出发，提出最佳组合为：拔节期和苗后期补水量均为225.3m^3/hm^2；三叶期补水量为171.4 m^3/hm^2。所以水在植物的生长发育上占有重要地位。

四、水氮组合对玉米生长发育的影响

在农业生产中水肥组合会产生3种不同的效应，水和肥相互影响、相互促进、相互作用，水肥两因子协同效应大于水和肥各自效应之和，即协同效应；水肥相互制约、相互抵消，水肥两因子综合效应小于水和肥各自效应之和，即拮抗效应；水肥两因子综合效应等于水和肥各自效应之和，即叠加效应。土壤水分可以将施入土壤里的肥料溶解和加速土壤里的有机物矿化，促进植物吸收和利用所需要的养分。合理施肥可以抑制土壤水分蒸发、增加植株饱满能力、提高水分利用效率、增产。

朱娟娟等研究表明，植物含氮量随施氮量的增加而增加，干旱初期，植物含氮量迅速下降。水分充足后准物含氮量逐渐恢复。在一定范围内施肥量增加，根系生物量增加，植株吸水能力强，水分利用效率高。研究表明，施肥可以提高土壤地力，有利于根系的分布和延伸，植株吸收利用水分和养分更迅速。研究表明，施用化学肥料能够提高作物抗旱能力，作物扩大水势范围来吸收养分，从而提高产量。武绝承等研究表明，不同水肥组合对小麦株高、千粒重、穗粒数和穗长有明显影响。温利利等研究表明，不同水肥条件下，玉米株高、茎粗、叶面积的变化均呈单峰式曲线。曲祥民等研究表明，苗期低氮低水对产量产生不利作用，拔节期高氮低水对玉米产量影响不大。

第八节 深松与施用有机肥对作物影响的研究

一、玉米深松施用有机肥研究

在世界粮食作物中，玉米的总产量排名第一，玉米的贸易量排名第二，玉米的种植面积在1.3亿hm^2以上，总产量约为7亿t，约占全球粮食总量的35%左右。玉米因具有生长适应性强、用处广、产量高等特点而被广泛种植。黑龙江省地处中国玉米带最北部，属于高纬度寒地，玉米是主要农作物之一，约占黑龙江省粮食总产量的40%，占全国粮食总产量的10%左右。因此，玉米种植生产的研究有着重要的意义。

农民经常使用浅耕耕作方法，土壤蓄水能力变差，严重影响作物产量，因此可持续利用黑土区耕地十分重要。深耕是一种对土壤扰动程度较小，不改变上下层土壤位置，又能够破除因常年浅耕造成的坚硬犁底层，有利于玉米根系生长，并且可以促进对玉米深层营养的吸收。研究表明，深松耕作可以打破犁底层，减少表土堆积密度，增加土壤孔隙度，提高土壤渗透性，提高土壤保水保肥能力，活化土壤结构。也有研究指出，通过合理耕作构建的表土有机物的合理组合，也可以有效改良土壤结构，提高土壤有机质含量，促进玉米增产。因此，这种措施是发展可持续农业十分重要的一环。

目前，只有对耕作方法及有机培肥等单项措施对改良土壤理化性状和增加玉米产量方面做了系统的研究，但在深松耕作模式与有机肥料结合使用的交互作用对土壤物理性质、玉米的生长形态、玉米养分吸收情况和玉米产量品质的影响的研究却鲜有报道。而有关深松耕作模式与施加农家有机肥料相结合的方式对耕层土壤的理化性状及玉米养分吸收、玉米产量的影响，在黑龙江省旱地土壤研究也尚少报道。因此，通过在深松耕作条件下，研究土壤理化性状以及土壤和植株养分含量等，分析深松结合施用有机肥料对于玉米生长情况的影响，筛选出在大田生产过程中所需的最佳耕作模式和施肥方式，用于提高玉米产量和品质，为提高黑龙江省玉米农田改土培肥效果提供科学的理论依据。

二、深松对土壤与作物影响的研究

现在农业耕作方式转型，农田耕作模式由大中型机械深耕变成了小型机械旋耕，再加上机械作业碾压，造成耕作层明显变浅，犁底层增厚上移，进而影响了土壤水分、空气和养分的有效转化，阻碍玉米根系下扎，土壤蓄水能力降低，土壤养分有效性低和作物营养吸收情况差，土壤结构变差，蓄水保墒能力和生产力下降等，对耕地的重用轻养，造成耕地地力下降。由于深松耕作深度大，通过深松土壤坚硬的犁底层可被打破，使得耕层土壤紧实度降低，深松相比常规旋耕对土壤扰动更大，且能够增加土壤孔隙度降低土壤容重。郭海斌等通过研究深翻对不同质地的土壤理化性质影响得出，深翻处理与常规耕作相比土壤含水量增加 6.1%，容重减少 0.7%，土壤紧实度降低 26.1%，孔隙度增加 1.3%。深松耕能够打破坚硬的犁底层，使耕层土壤容重降低，土壤孔隙度增加。深松耕作相较于常规耕作对深层土壤容重影响更大，且可降低耕层土壤体积质量，对土壤孔隙状况改善效果更好。深松耕作增加了表土孔隙度及土壤透气性，促进了水分入渗强度，减少了土壤水分蒸发，提高了容纳雨水的能力，降低了径流，并最终提高了土壤水分，增加了有效耕层土壤量，提高了土壤温度，并提高了土壤持水与导水能力，有利于土壤养分的转化和利用，且效果可以维持整个玉米生长期。深松深耕还改善了玉米根系生长的生态条件，有利于促进根系向水平和垂直方向的生长分布，提高了玉米生长后期的根系活力和抗逆性，有效增加了玉米产量。胡恒宇等研究表明，深松（45cm）有利于土壤孔隙度的提高，而土壤容重则相反。

闫伟平等研究表明，深松（30cm）能够改善土壤质量（紧实度、容重、田间持水量和含水量），提高土壤的蓄墒能力。有研究表明深松处理（30cm）能够增加土壤贮水量，有利于作物苗期取水，使得根系能够较早地穿透到较深的土层，有助于改善幼苗生长的土壤环境。苏丽丽等试验结果得出深松能打破犁底层，增加土壤的透气性和贮水能力，提高水肥利用率，增加耕层土壤的活动总量，为作物的生长提供良好的条件。王万宁等研究认为，深松可降低玉米各生育时期 0~40cm 土层土壤容重，提高土壤孔隙度，显著降低拔节期 20~40cm 土层土壤紧实度。张丽等在壤土及黏土开展试验表明，深松较旋耕可显著降低两种土壤 10~30cm 土层土壤容重，提高土壤孔隙度，深松对黏土改良效果优于壤土。刘红杰等研究发现，土壤深翻能够加快深层土壤的熟化作用，并且促进土壤中氮、磷、钾素等的转化，减缓连作土壤酸化，提高土壤有机质含量，这将有利于植物的生长发育，深翻在改善土壤环境的同时可以使作物产量有一定程度上的提高。

水分、氧气、温度、机械阻力等因素的综合作用影响了作物的出苗和根系的生长，而土壤重要的物理性状最终会影响到作物的生长发育，深松能够提高作物的干物质积累量，影响作物的干物质在各器官中的分配。蔡丽君等研究表明，深松和翻耕处理能够显著增加单株夏玉米拔节后的叶面积指数和干物质积累量；于吉琳等人研究表明，深松可适当延长玉米生育进程，对玉米植株形态、叶面积指数、群体光合势、干物质积累特征参数等都具有一定的提高效果。王丽学等研究表明，深松（30cm）加覆盖处理能够促进植株高度的增长，在覆盖量相同深松深度不同的情况下，植株增长的幅度也不同。周宝元等的研究与常规栽培耕作方法相比，深松处理中干物质积累在开花期到成熟期明显增加。姚兴东的研究显示随着土壤生态容量的增加，玉米株高、茎周长、叶面积、穗位叶光合速率、单株子粒重以及百粒重均呈上升趋势，说明土壤生态容量是玉米生长发育和产量形成的限制性因子。谷景龙的试验结果表明，深翻还田能够改善玉米“嫩单 19”品种的株高，使其显著高于连作及轮作的玉米株高。郑洪兵的研究表明深松耕作保苗率提高 11.3%~14.6%，可促进苗期生长发育，提高叶面积指数，改善茎部性状，促进根系生长，气生根条数比旋耕增加 16.8 条，气生根层数增加 0.8 层；深松耕作显著提高玉米干物质重量，其地上部分较免耕、翻耕和旋耕提高幅度为 4.9%~19.2%，而地下部根系提高幅度为 2.8%~90.1%。任伟的研究证实，深松耕作玉米干物质积累显著高于免耕和浅轮作，先前的研究已经表明，深松耕作可以大大增加高密度条件下玉米不同生育期单株干物质积累量，有效延迟生育后期积累量减少幅度，为籽粒生产提供充足的基础供应，提高玉米籽粒干物质积累比例。梁金凤等在北京市延庆县进行的一年深松耕作发现，深松可以促进玉米根系向下生长，提高玉米跟重量及跟长与密度；在深松深度分别为 15cm、30cm、45cm 过程中发现，深度越深对玉米根系的影响就越大。

土壤作为一种重要的自然资源，支撑根系伸展固持，是作物养分和水分的主要来源，也是人类生存与发展的基础物质。近几十年来，随着农业生产中多采用小型机械旋耕，有机肥料施用量减少，土壤退化及农田生产力水平下降等生态环境问题加剧，因此粮食安全形势十分严峻。最优肥料管理是既要保证作物高产稳产，又要减少肥料剩余，达到经济效益与环境效益协调统一。玉米养分吸收利用趋势同作物干物质积累趋势相似，即干物质积累快速的时期也是养分吸收利用快速的时期。白冬等研究发现，土壤深翻有利于提高小麦植株的氮素吸收，并有利于植株氮素向籽粒转移，促进籽粒蛋白质形成。郭家萌等研究表明，深松（30cm）对玉米植株地上部氮和磷的吸收有显著的促进作用，在东北、西北和华北区域深松处理的地上部分吸收氮量和吸收磷量均有所增加；深松处理增加了东北和西北区域土壤表层（0~15cm）和亚表层（15~25cm）的有效磷含量，而在华北区域没有趋势性变化。

罗盛的试验表明深松提高了花生植株氮、磷、钾养分总吸收量，以及籽仁对养分的吸收。许欣桐的研究表明，同旋耕相比，深翻配施生物炭处理提高了氮肥利用率，深翻对氮肥利用率的提高影响显著。

深松可打破犁底层，促进水分入渗，提高深层土壤的水分含量及改善土壤结构，使作物生长环境变适宜，从而使得玉米产量增加。通过改善土壤中水肥气热等因素进而影响玉米的生长，因此合理的栽培措施为土壤耕层提供良好的条件，促进玉米根系生长，是玉米产量的关键因素。冯艳春等通过长期定位试验研究免耕、旋耕、翻耕和深松等 4 种耕作方式对玉米出苗率和产量影响得出，深松处理与对照相比出苗率提高 11.3%～14.6%，玉米产量提高 8.3%～11.5%；李永平等通过 4 年田间试验也得出相同的结果。

目前许多研究均表明，土壤深耕（深翻、深松）均对玉米产量具有促进作用，刘玉涛等研究得出秋季深松和春季深松垄作的方式相较于对照分别增产 11.15%和 7.26%。苏丽丽等研究得出深松有利于干物质积累和光合产物向籽粒的分配，有利于提高作物产量，实现耕地的可持续利用。胡树平的试验研究表明，深松 45cm 处理下的向日葵产量、千粒重等有明显升高。Ladha 等对亚洲稻麦轮作长期试验中作物产量进行研究，结果表明该地区作物产量下降问题日益严重，土壤退化等问题逐渐出现。王兆斌等研究发现，棉花产量在深翻条件下产量提高明显，在新疆地区酸性土壤其产量平均提高超过 14%。郑侃试验结果表明，与旋耕、免耕相比，深松旋耕、深松免耕分别使玉米小麦总体增产 8.62%和 10.17%；深松在东北、西北和华北地区均能提高玉米、小麦产量；深松免耕年降雨量≥600 mm 和年平均气温>12℃时能显著提高作物增产量；持续深松免耕 2～3 年比≥4 年增产显著。许菁的试验结果显示，深松处理冬小麦和夏玉米的穗粒数和千粒重显著高于传统翻耕处理，深松可显著使周年产量提高 18.2%。

三、深松施用有机肥对土壤与作物的影响

深松施有机肥料能够降低盐碱土 pH，提高土壤养分利用效率，促进脱盐，抑制返盐，施用有机肥料对保证土壤的可持续利用具有重要意义。有机肥料主要来源于动植物残体，含有大量的腐殖质类物质，对储存和活化土壤养分、改善土壤结构等方面具有重要的作用，并且有机肥料对培肥改土的作用是全面的、综合性的，不仅表现在改变土壤的化学、生物性质，还能降低土壤的容重、降低土壤毒害，增加土壤空隙度和稳定性团粒结构等作用。施用有机肥料既能培肥土壤，又能供给农作物所需无机及有机养分。目前的研究结论一致认为，有机肥料对提高土壤有机质含量和土壤有机碳库储量有显著作用。例如猪粪含全氮 2.91%，全磷 1.33%，全钾 1.00%，有机质 77%；鸡粪中含全氮

2.82%，全磷 1.22%，全钾 1.40%，有机质 68.3%；畜禽粪便中含铜 21.7～24mg/kg，锌 29～290mg/kg，锰 143～261mg/kg。

宫亮等试验结果表明，连年深松能显著降低 10～20cm 和 20～30cm 土壤体积质量，施用有机肥料 30 000kg/hm^{2}以上能显著降低 10～20cm 土壤体积质量；深松导致耕层土壤有机质、全氮和全磷含量呈下降趋势，碱解氮和速效磷略有增加；耕层土壤有机质、全氮、碱解氮和速效磷含量随有机肥料用量的增加而显著增加，全磷、全钾和速效钾含量增加幅度与有机肥料用量无关，深松和施用有机肥料均能显著增加玉米产量，施用有机肥料的增产效果好于深松，但其增产速率随有机肥料用量增加而降低。连年深松对改善土壤理化性质和提高玉米产量的效果好于隔年深松，且在施用有机肥料的条件下效果更好。化肥配施有机肥料对土壤有机质、全氮、碱解氮、有效磷含量影响较大，相比无肥对照和单施化肥处理，都具有较显著的提高。周江明试验结果表明，和单施化肥相比，连续 3 年增施有机肥料处理的土壤有机质、全氮、有效磷及速效钾平均增长 7.2%、14.4%、10.6%和 93.1%，其中肥力中等稻田增效明显优于肥力较高稻田，且随有机肥料用量的增加而增加；容重则平均下降了 9.9%，不同有机肥料处理间，对土壤氮积累贡献最大的为绿肥。

植物营养学的研究结果表明，植物能直接吸收利用一些分子组成相对简单的有机营养成分，如各种氨基酸、酰胺、核酸、可溶性糖、酚类化合物和有机酸等。据分析，猪粪中含有 17 种氨基酸，总量为 2 404mg/kg，鸡粪中为 3 995 mg/kg。有机肥料之所以能提高作物产品品质，主要是由于有机肥料含有较多的磷和钾，有利于脂肪、碳水化合物和磷钾代谢。作物对有机营养成分可以直接吸收，有利于促进作物的生长和提高产量，更重要的是改善了农作物的品质。有机肥料不仅含有植物生长必需的大量元素与微量元素，还含有植物生长调节物质。如腐植酸是含有特殊活性基因的有机化学物质，它能包裹营养元素，调节植物生长，促进细胞分裂、种子发芽，防止衰老，腐植酸钾成分则可以促进碳水化合物的合成，提高根系活力。有机物料中的腐殖质成分，对种子萌发和根系的生长均有刺激作用。增强作物的呼吸和光合作用，有利于作物的生长发育。

张丽研究表明深松结合稻秆还田和施用中、高量农家肥可显著提高玉米在大喇叭口期、抽雄吐丝期和灌浆中期的株高和茎粗，可以降低玉米的穗位、株高之比及玉米叶片衰老指数。有机肥料的施用可以全面地为作物提供营养、增强作物抗逆性、促进微生物繁殖、增加和更新土壤有机质，在增加作物产量的同时改善作物品质，因此在实际生产中被广泛应用。秦晓东的调查表明，3 年施用农家肥可以增加土壤有机质含量，使植株生长健壮，增强抗逆性，促进提早成熟，提高产量及品质。经过施有机肥料的处理苗齐苗壮，叶片肥大，叶色浓绿，根系发达。金慧的研究表明在单施处理中，单施草本的辣椒根茎及叶面积的增幅最大，单施动物残体对辣椒株高增加明显，单施动物粪便可促进辣椒根冠比的提高；配施处理中，动物粪便+动物残体处理和草本来源+动物粪便处理可明显促进辣椒根茎和株高的增长；动物粪便+动物残体处理对叶面积的增加效果明显，草本来源+动物残体处理对根冠比增加效果显著。

施肥能够显著提高作物产量，并能持续增产，氮、磷、钾是作物生长发育必不可少的养分资源，作物对氮、磷、钾元素的吸收影响作物的生长状况。畜禽粪便经过一系列加工消除其有毒物质，保留了大量的有机物质和丰富的营养物质，为农作物生长提供了充足的有机质和大量的氮、磷、钾等营养物质，对环境保护、减少化肥施用和农业可持续发展起到了重要的作用。利用率是评价农田氮肥施用经济效益和环境效应的重要指标。周丹丹等的研究表明，与单施有机肥料相比，有机肥料和化肥配施下黄瓜增产 19 146kg/hm^2，并且有机肥料和化肥配施处理下植物叶片中 N 和 P 的含量普遍高于其他处理。刘彦伶实验结果为各施肥处理氮肥累积利用率 12.0%～16.9%，均以 1/2 有机肥料和 1/2 化肥配施最高，全量有机肥料和全量化肥配施最低，高量氮肥施用导致氮肥利用率较低，长期施用有机肥料尤其是有机无机配施作物产量稳定且氮肥利用率稳步提高。

施有机肥料能够释放出大量的营养元素，有利于农作物的生长和品质的改善，进而影响作物产量，养分吸收量是确定施肥方法与施肥量的理论依据。通过长期定位施肥试验，土壤肥力等因素的变化特征可以通过研究作物产量的变化来反映。有研究表明，化肥养分含量高、肥效快，可及时满足作物生长所需，但长期单一施用化肥几乎不增加土壤有机质含量，有甚者呈下降趋势，另外，土壤中某些微量元素不足，最后导致无论怎么加大化肥用量也无法增产，甚至还会破坏土壤结构导致作物病害的发生。在种植玉米上，谢树果等研究表明，施有机肥料少量减施化肥能够促进玉米增产，比单施化肥增产 13.7%～

17.3%。罗华等研究施用不同有机肥料处理对桃品质的影响，表明施用有机肥料可显著提高果实可溶性固形物、固酸比和维生素 C 含量，还能改善果实的香气品质。M. Y. Habteselassie 等发现一次性施入高含量的有机肥料可对作物产量的提高产生持续效应，由于堆肥持续的矿化作用可以不断地提供玉米所需要的氮素，在之后的几年内，土壤中的有效无机氮增加，使玉米产量提高，玉米植株中的含氮量也显著增加。郁洁等的研究表明，与单施化肥相比，不同有机堆肥与化肥配合施用能够提高小麦产量 2.90%~22.78%。

深松结合施用有机肥料可以改善土壤物理环境，能显著提升土壤水养库容能力提高土壤肥力，从而促进作物养分吸收，提高作物的光合速率，降低蒸腾速率，提高玉米产量。蔡红光的研究表明，与常规栽培相比，深松+深追肥和深松+深追肥+增施有机肥料可有效降低玉米成熟期时的土壤容重，深松+深追肥+增施有机肥料处理下，20~50 cm 土壤含水量显著提高，较处理下平均提高 18.0%。宿庆瑞的不同耕作模式对土壤理化性状及大豆产量的影响研究表明，可打破犁底层的障碍，增加土壤孔隙度，疏松土壤，增加土壤的通气性能，又能提升土壤肥力，达到对土壤的保护效应，测土施肥+浅翻深松+有机肥料这种技术模式效果最好。有研究表明，深松施高量农家肥可显著提高玉米在大喇叭口期、抽雄吐丝期和灌浆中期的株高和茎粗。赵卉的研究表明，向日葵食葵和油葵地上各部分器官干物质量及单株干物质量在深松 45cm+有机肥料 6 000 kg/hm^2处理下较 CK 显著提升。张秀芝的试验结果显示，深松+深施肥处理可以显著增加植株氮、磷、钾的累积。李娟的实验结果表明，旱地高有机肥料深松处理产量和纯收益最高，高有机肥料免耕处理次之，较高有机肥料免耕处理增产和增收分别为 7.4%和 3.9%。

第二章　栽培方式和施肥对玉米生长与发育的影响

第一节　不同栽培方式对玉米干物质积累的影响

一、玉米栽培方式田间试验设计

1. 试验材料

试验地点设在黑龙江省大庆市肇州高科技农业节约灌溉试验示范管理站园区内（黑龙江省肇州县肇州镇），地理位置：N45°42′15.8″，E125°14′38.7″，土壤类型为黑钙土，玉米品种为雷奥402，前茬作物为玉米。土壤养分状况为：土壤有机质31.48g/kg，碱解氮124.3mg/kg，速效磷11.5mg/kg，速效钾161.6mg/kg，pH值=7.8。

2. 试验设计

不同栽培方式田间试验：试验采用小区试验，小区面积144 m×48 m，每处理3行、行长6m，株距0.3m，行距1.3m（51 300株/hm^2），每行40株，共计120株，试验采用大垄双行栽培，3次重复，氮肥施用量和处理方式如表2-1。补灌处理追肥采用液体追肥，将氮肥先溶于水，放入施肥灌内加水，然后将肥料泵入滴灌带内进行追肥。试验于2013年5月14日播种，6月22日追肥，8月15日进行灌溉，灌水量为270t/hm^2。灌水采用滴灌，用压力罐水表计算流量。

表2-1　雨养与地膜补灌处理试验设计　　单位：kg/hm^2

试验处理	栽培方式	施肥时期	
		播种期	大喇叭口期
T1	雨养	75	75
T2	雨养	45	105

（续表）

试验处理	栽培方式	施肥时期	
		播种期	大喇叭口期
T3	地膜补灌	75	75
T4	地膜补灌	45	105

3. 试验取样方式

试验分别于玉米拔节期、大喇叭口期、吐丝期、灌浆期取地上整株样品，按叶、茎、穗、籽粒、芯+皮器官分别进行烘干，105℃杀青，70℃烘干，烘干后称量各器官干重。株高测定直接在田间进行。

二、不同栽培方式对玉米株高的影响

由图 2-1 可知，不同栽培方式对玉米株高有一定的影响，从试验结果来看，地膜栽培处理的玉米株高略高于雨养处理的株高，在拔节期，4 个处理的玉米株高高度相近，T3 最高，T1 与 T3 之间无显著差异，T2 与 T4 之间无显著差异；大喇叭口期 T3 处理的株高处于最高值，与 T1 相比提高了 54. 67cm，两个处理之间存在显著差异，T4 高于 T2 处理 20. 33cm，两个处理之间无显著差异；孕穗期 T3 处理处于最高值，高于 T1 处理 12. 00cm，此时相同施肥处理不同栽培条件下玉米株高之间并无显著差异。从试验结果来看，地膜补灌不能显著提高玉米株高生长。

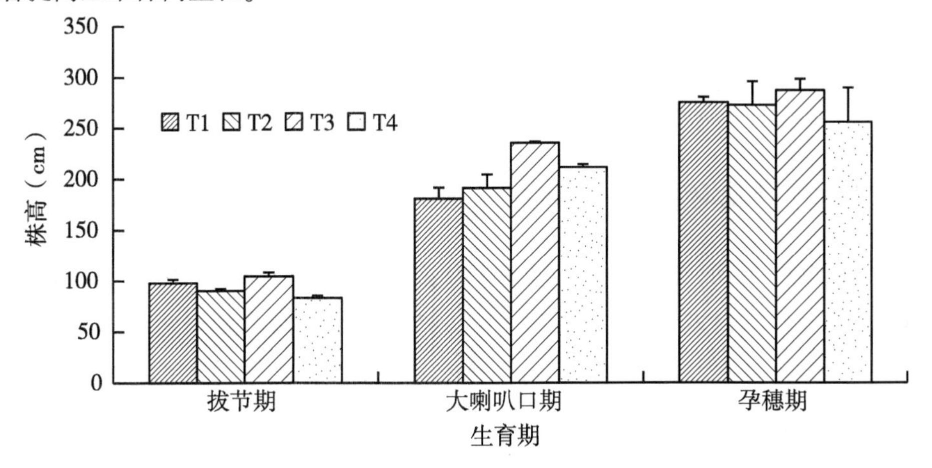

图 2-1　不同栽培方式对玉米株高的影响

三、不同栽培方式对玉米叶片干重的影响

由图 2-2 可知，玉米叶片干重在不同的栽培方式下存在一定的差异，在大喇叭口期，T3 高于 T1 处理 790. 88kg/hm^2，两个处理之间差异极显著，T4 高于 T2 处理 245. 56kg/hm^2，无显著差异；孕穗期 T2 高于 T4 处理 445. 63kg/hm^2，T3 高于 T1 处理 414. 50kg/hm^2，4 个处理之间无显著差异；灌浆期与孕穗期相似，4 个处理之间无显著差异，成熟期 T1 低于 T3 处理 474. 01kg/hm^2，无显著差异，T4 高于 T2 处理 438. 27kg/hm^2，两个处理之间差异显著。从玉米叶片干重变化上来看，播种期氮肥施用量较高的情况下，地膜补灌可以提高叶片干重，但是不同栽培方式之间无显著差异。

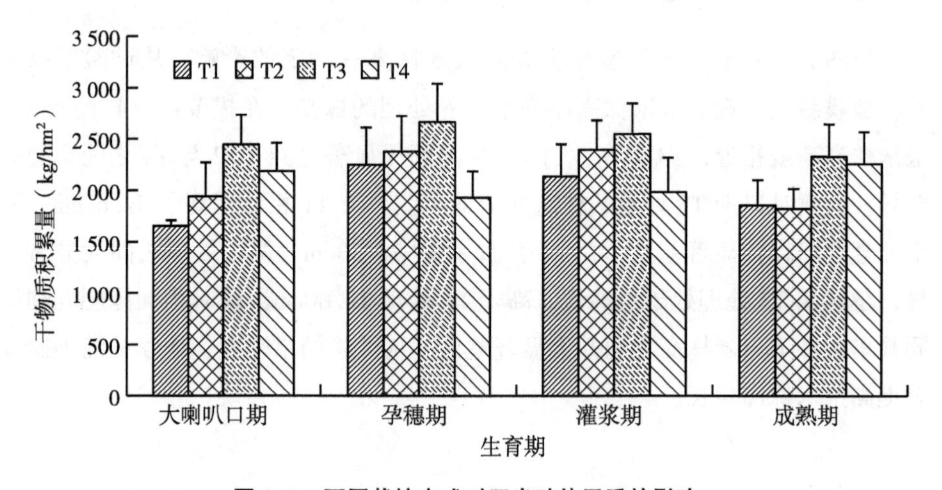

图 2-2　不同栽培方式对玉米叶片干重的影响

四、不同栽培方式对玉米茎干重的影响

由图 2-3 可知，玉米茎干重不同栽培方式之间存在一定的差异，从试验结果来看，大喇叭口期 T3 高于对照 1 059. 17kg/hm^2，两个处理之间差异显著，T4 高于 T2 处理 418. 95kg/hm^2，两个处理之间无显著差异；孕穗期 T3 高于 T1 处理 864. 23kg/hm^2，T2 高于 T4 处理 469. 22kg/hm^2，此时 4 个处理之间无显著差异；灌浆期 T4 高于 T2 处理 160. 91kg/hm^2，两个处理之间无显著差异，T1

与T3处理之间无显著差异；成熟期两个地膜补灌处理的茎干重分别比雨养处理提高50.83%和91.95%，方差分析结果表明，4个处理之间无显著差异。从试验结果来看，不同生育期地膜补灌处理对茎干重的影响存在差异，但是总的趋势是地膜补灌可以提高茎内干重积累量。

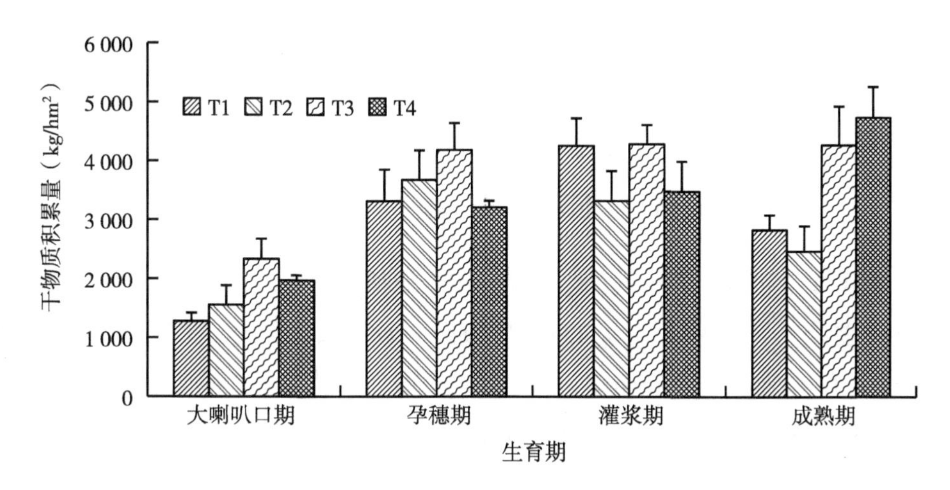

图2-3　不同栽培方式对玉米茎干重的影响

五、不同栽培方式对玉米苞叶干重的影响

由图2-4可知，玉米苞叶干重在不同生育期处于相对比较稳定的状态，但

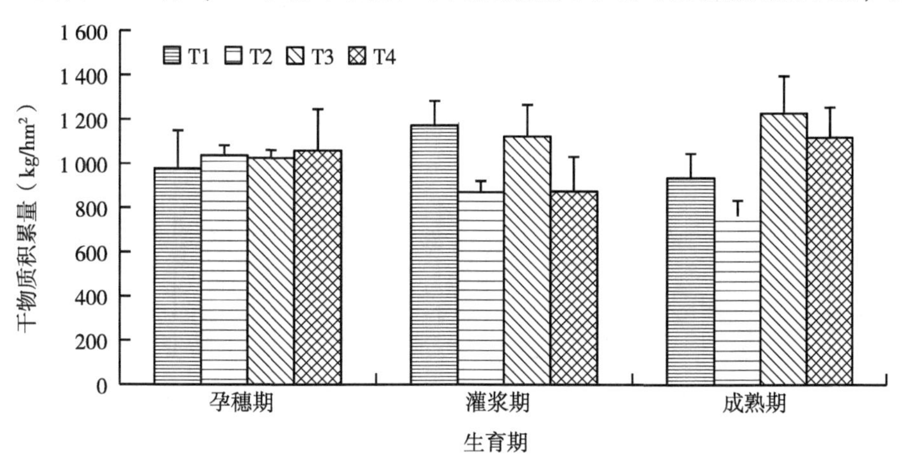

图2-4　不同栽培方式对玉米苞叶干重的影响

是雨养条件和地膜补灌处理相比，玉米苞叶干重存在一定的差异。抽穗期，T3高于T1处理49.08kg/hm²，两个处理之间无显著差异，T4高于T2处理22.40kg/hm²，无显著差异；灌浆期T1高于T3处理49.93kg/hm²，两个处理之间无显著差异，T4高于T2处理3.76kg/hm²，两个处理之间无显著差异，表明不同栽培方式对玉米灌浆期苞叶干重的影响较小。成熟期T3比T1处理提高了31.40%，T4高于T2处理46.44%，两个处理之间差异显著；从玉米苞叶干重变化上来看，在成熟期，T4处理对提高玉米苞叶内干重效果比较显著。

六、不同栽培方式对玉米雌穗干重的影响

由图2-5可知，在不同的生育期，玉米雌穗干重在不同的栽培条件下存在一定的差异，孕穗期T3高于T1处理507.02kg/hm²，两个处理之间差异显著，T4高于T2处理180.75kg/hm²，两个处理之间无显著差异；灌浆期T3高于T1处理185.36kg/hm²，无显著差异，T4高于T2处理226.58kg/hm²，无显著差异；成熟期T3比T1处理提高了30.29%，两个处理之间无显著差异，T4比T2处理提高了53.32%，差异显著。从试验结果来看，两种栽培模式下在不同的生育期对玉米雌穗干重的影响存在差异，特别是在成熟期，地膜补灌处理均可提高玉米雌穗内干重，其中T4处理提高效果显著。

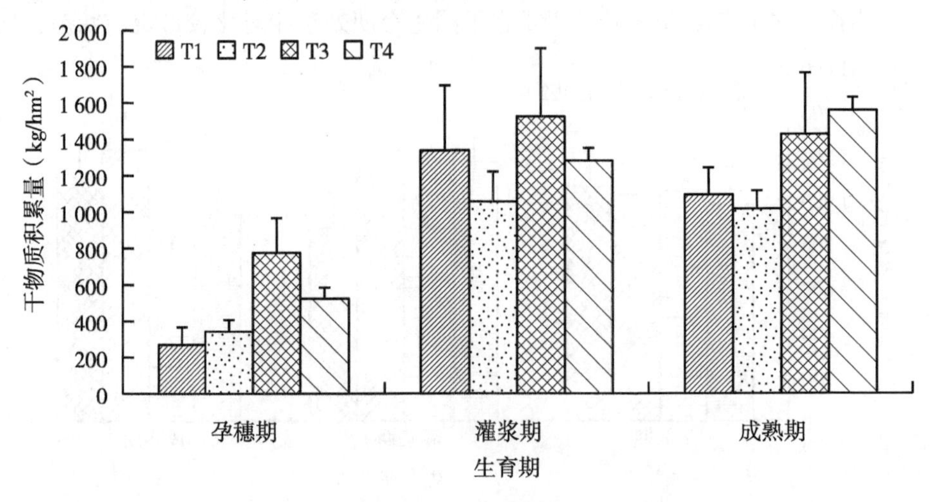

图2-5　不同栽培方式对玉米雌穗干重的影响

七、不同栽培方式对玉米籽粒干重的影响

由图 2-6 可知，不同栽培方式下，玉米干重变化相对比较小，在灌浆期，地膜补灌处理与雨养处理相比，玉米籽粒有所升高，T3 高于 T1 处理 416.56kg/hm^2，T4 高于 T2 处理 178.87kg/hm^2，方差分析结果表明，4 个处理之间无显著差异；成熟期 T3 高于 T1 处理 15.71%，两个处理之间无显著差异，T4 高于 T2 处理 22.01%，两个处理之间无显著差异。从籽粒干重变化上来看，在氮肥使用量相同的情况下，不同的栽培方式不会显著影响玉米籽粒干重变化。

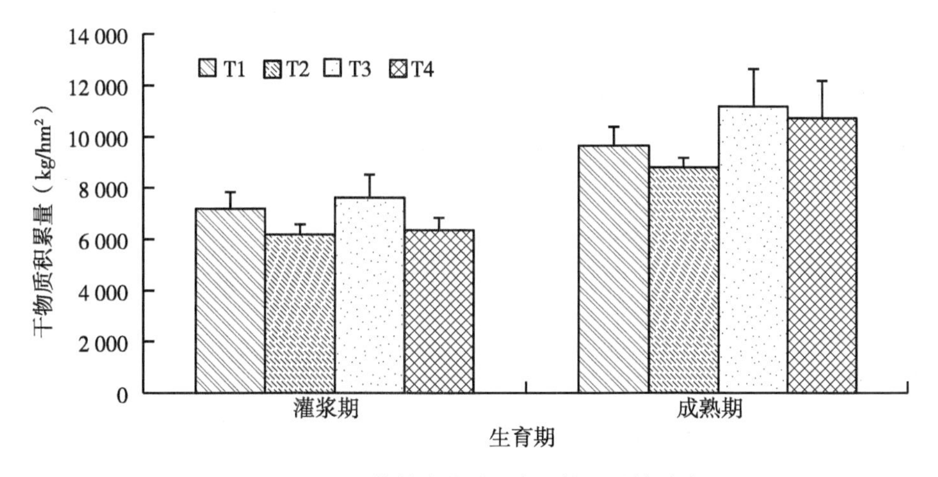

图 2-6　不同栽培方式对玉米籽粒干重的影响

第二节　氮肥对玉米干物质积累的影响

一、氮肥施用量田间试验设计

1. 试验材料

试验地点设在黑龙江省大庆市肇州高科技农业节约灌溉试验示范管理站园区内（黑龙江省肇州县肇州镇），地理位置：N45°42′15.8″，E125°14′38.7″，土壤类型为黑钙土，玉米品种为雷奥 402，前茬作物为玉米。土壤养分状况为：

土壤有机质 31.48g/kg，碱解氮 124.3mg/kg，速效磷 11.5mg/kg，速效钾 161.6mg/kg，pH 值=7.8。

2. 试验设计

氮肥梯度田间试验设计：试验采用小区试验，小区面积 144m×48m，每处理 3 行、行长 6m，株距 0.3m，行距 1.3m（51 300株/hm^2），每行 40 株，共计 120 株，试验采用大垄双行栽培，3 次重复，氮肥施用量如表 2-2。其中 B1 为不施氮肥；B2 为当地常规施肥量，所有处理磷钾用量分别为 P_2O_5 = 150 kg/hm^2，K_2O=75kg/hm^2。施肥采用单垄称肥，按试验要求施入肥料。氮肥施用尿素（46%），磷肥用重钙（46%），钾肥用硫酸钾（50%），不施用任何有机肥料，雨养处理追肥采用人工追肥，在垄中间施入 5cm 深，然后注入追肥用的等量水分，然后覆土。

表 2-3 为肇州县 2013 年气候情况统计分析。

表 2-2　雨养条件下施用氮肥处理试验设计

试验处理	总氮用量（kg/hm^2）	施肥时期	
		播种期（kg/hm^2）	大喇叭口期（kg/hm^2）
B1	0	0	0
B2	120	60	60
B3	150	75	75
B4	180	90	90

表 2-3　肇州县 2013 年气候情况统计分析

月份	温度（℃）		降水（mm）	
	2013	近 5 年平均	2013	近 5 年平均
5 月	17.7	15.92	69.4	63.92
6 月	21.3	21.78	119.5	81.58
7 月	23.4	23.48	77.1	121.42
8 月	22.2	21.96	110.1	64.5
9 月			22.9	27.32
平均	15.2	15.46	399	237
差值			+162	-162

3. 试验取样方式

试验分别于玉米拔节期、大喇叭口期、吐丝期、灌浆期取地上整株样品，按叶、茎、穗、籽粒、芯+皮器官分别进行烘干，105℃杀青，70℃烘干，烘干后称量各器官干重。株高测定直接在田间进行。

二、不同施氮量对玉米株高的影响

由图 2-7 可知，玉米株高随着生育期延后呈现出一直增加的变化，在孕穗期达到最高值，同时，在同一生育期不同氮肥处理的株高存在一定的差异，在玉米拔节期，B4 处理株高处于最高值，显著高于 B1 处理，B4 与 B3 处理之间无显著差异，B3 显著高于 B1 处理，B2、B3 处理之间无显著差异；大喇叭口期仍然 B4 处理处于最高值，B3 处理次之，两个处理之间无显著差异，显著高于 B1 处理，B1、B2、B3 处理之间无显著差异；孕穗期 B3 处理株高最高，高于对照 27. 00cm，两个处理之间无显著差异，B4 处理次之，对照最低。从玉米株高变化上来看，不同施氮量处理之间可以影响玉米株高变化，但是不同处理之间无显著差异。

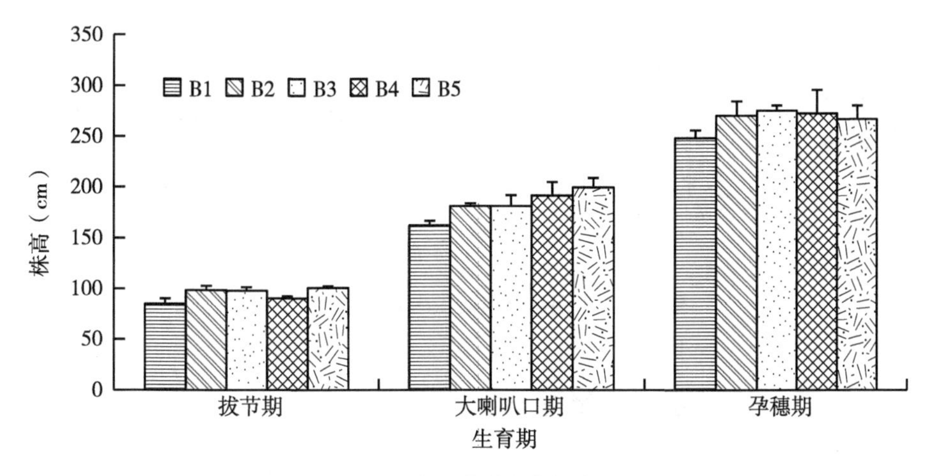

图 2-7　不同施氮量对玉米株高的影响

三、不同施氮量对玉米叶片干重的影响

由图 2-8 可知，玉米叶片干重不同处理之间在不同的生育期存在较大的差

异，大喇叭口期，3 个施肥处理的叶片干重均高于对照，其中 B4 处理处于最高值，B2 处理次之，两个处理之间无显著差异，分别高于对照 672. 89kg/hm² 和 439. 30kg/hm²，两个处理显著高于对照，B2、B3 处理之间无显著差异，与对照之间无显著差异；孕穗期 B4 处理高于对照 606. 71kg/hm²，两个处理之间无显著差异，B2 处理次之，高于对照 436. 56kg/hm²，两个处理之间无显著差异，B3 处理与对照之间无显著差异；灌浆期 B2 低于 B1 处理 39. 33kg/hm²，两个处理之间无显著差异，B4 处理处于最高值，高于对照 716. 49kg/hm²，无显著差异，显著高于 B2 处理；成熟期 B4 处理与对照相比提高了 103. 94%，两个处理之间存在极显著差异，B2、B3 处理之间无显著差异，B2 显著低于 B5 处理，同时这两个处理与对照之间无显著差异。从玉米叶片干重变化上来看，B4 处理对提高叶片干重效果最佳。

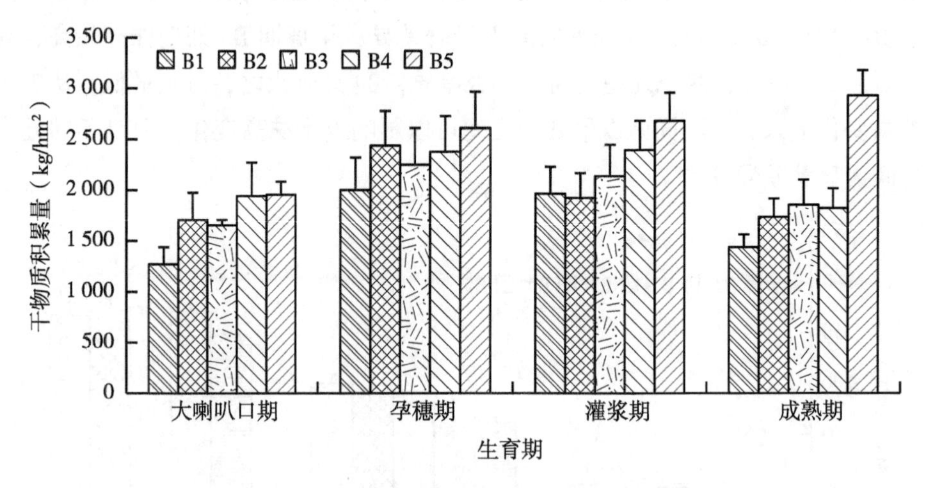

图 2-8　不同施氮量对玉米叶片干重的影响

四、不同施氮量对玉米茎干重的影响

由图 2-9 可知，玉米茎干重在拔节期处于较低值，随着生育期延后快速升高，但是不同施氮量处理之间存在差异。大喇叭口期各施肥处理的茎干重均高于对照，其中，B4 处理处于最高值，高于对照 876. 72kg/hm²，两个处理之间差异显著，B2 低于 B4 处理 340. 97kg/hm²，两个处理之间无显著差异，B1、B2 处理之间无显著差异；孕穗期 B4 处理处于最高值，B2 处理次之，此时 4 个处理之间无显著差异；灌浆期 B3 处理高于对照 970. 94kg/hm^2，无显著差异，B4 低于 B3 处理 224. 52kg/hm^2，两个处理之间无显著差异，B2 低于对照 297. 72kg/hm^2，无显著差异，B1 显著低于 B3 处理；成熟期 B4 处理处于最高值，高于对照 1 092. 52 kg/hm^2，两个处理之间无显著差异，B2 高于对照 130. 64kg/hm^2，无显著差异，显著低于 B4 处理。从茎干重变化上来看，不同施氮量处理的玉米茎干重均与对照之间无显著差异。

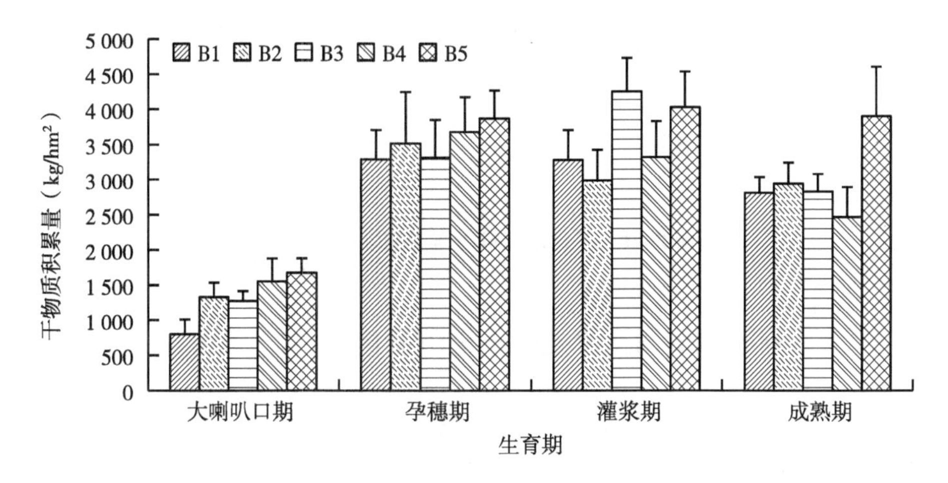

图 2-9　不同施氮量对玉米茎干重的影响

五、不同施氮量对玉米苞叶干重的影响

由图 2-10 可知，玉米苞叶干重在不同的生育期受氮肥使用量的影响不同，在孕穗期，B2 处理的苞叶干重处于最高值，与对照相比提高了 540. 87kg/hm^2，两个处理之间差异显著，其次为 B4 处理，低于 B2 处理 197. 33kg/hm^2，两个处理之间无显著差异，B3 处理与对照之间无显著差异；灌浆期仅 B3 处理高于对照 96. 10kg/hm^2，两个处理之间无显著差异，B4 处理与对照相近，两个处理之间仅相差 17. 10kg/hm^2，无显著差异；成熟期表现为随着氮肥施用量的增加而增加的变化规律，其中 B4 处理干重最高，与对照相比提高了 78. 70%，两个处理差异显著，其次为 B3 处理，低于 B4 处理 250. 86kg/hm^2，两个处理之间无显著差异，B3 处理与对照之间无显著差异，B1 处理与对照之间无显著差异。从试验结果来看，B4 处理对提高玉米苞叶鲜重效果最佳。

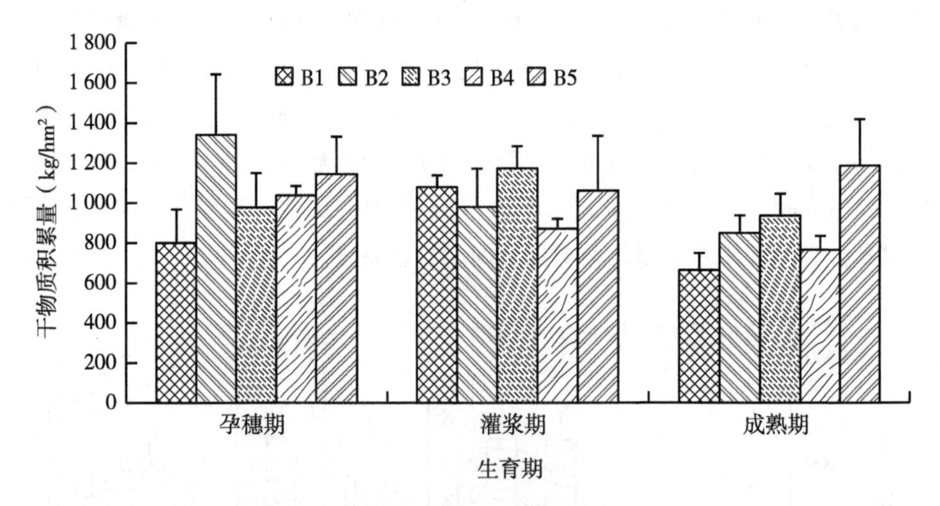

图 2-10 不同施氮量对玉米苞叶干重的影响

六、不同施氮量对玉米雌穗干重的影响

由图 2-11 可知，玉米雌穗干重呈现出随着生育期延后一直增加的趋势，部分处理在成熟期略有降低。同时，不同施氮量之间的玉米雌穗干重也存在差异，在孕穗期，B4 处理处于最高值，此时玉米雌穗干重与对照相比提高了 285.23%，两个处理之间差异显著，其次为 B2 处理，低于 B4 处理 45.14 kg/hm^2，两个处理

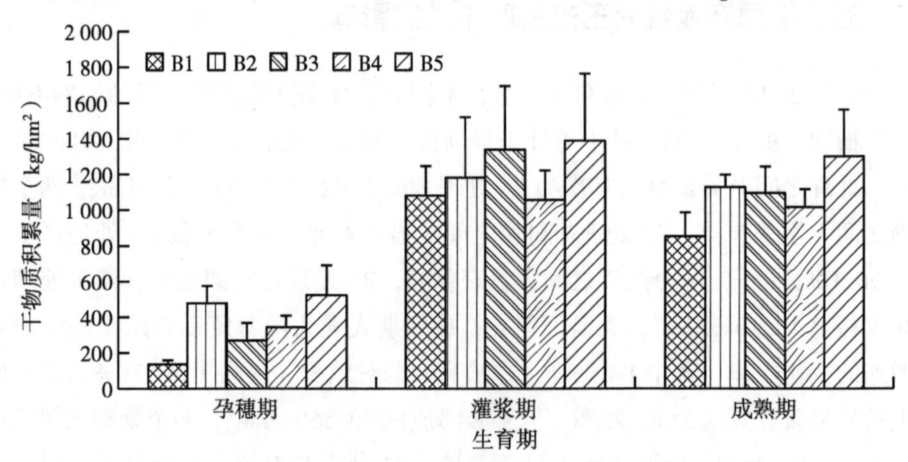

图 2-11 不同施氮量对玉米雌穗干重的影响

之间无显著差异，B2 显著高于对照，B3 与对照之间无显著差异，与 B4 处理之间无显著差异；灌浆期玉米干重仍然是 B4 处理最高，高于对照 306.95kg/hm^2，两个处理之间无显著差异，B3 低于 B4 处理 19.59kg/hm^2，两个处理之间无显著差异，B1 与 B2 处理之间无显著差异；成熟期 B4 处理与对照相比提高了 52.57%，两个处理之间差异显著，其次为 B2 处理，低于 B4 处理 174.08kg/hm^2，两个处理之间无显著差异，B3 高于对照 242.31kg/hm^2，无显著差异。从玉米雌穗干重变化规律上来看，B4 处理效果最佳。

七、不同施氮量对玉米籽粒干重的影响

由图 2-12 可知，玉米籽粒干重在不同施氮量之间存在差异，从试验结果来看，在灌浆期和成熟期，B4 处理的干重一直处于最高值，两个时期分别高于对照 2 782.85kg/hm^{2}和2 191.54kg/hm^2，方差分析结果显示，两个生育期 B4 处理均显著高于对照；B2 处理仅次于 B4 处理，两个生育期分别低于 B4 处理 551.65 kg/hm^{2}和 908.52kg/hm^2，两个处理之间无显著差异，在成熟期 B2 显著高于对照，灌浆期与对照之间无显著差异；B3 处理是 4 个处理中干重最低的处理，灌浆期与对照之间无显著差异，成熟期显著高于对照，与 B4 处理之间无显著差异。从玉米籽粒干重变化规律上来看，B4 处理效果最佳，B3 处理最差。

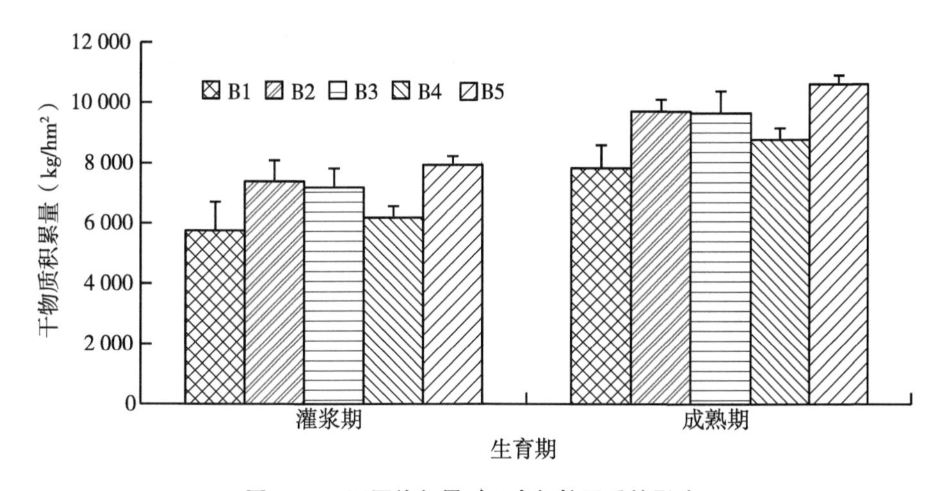

图 2-12 不同施氮量对玉米籽粒干重的影响

第三节 磷对玉米生长发育的影响

一、磷肥施用田间试验设计

1. 试验材料

试验地点设在黑龙江省大庆市肇州高科技农业节约灌溉试验示范管理站园区内（黑龙江省肇州县肇州镇），地理位置：N45°42′15.8″，E125°14′38.7″，土壤类型为黑钙土，玉米品种为雷奥402，前茬作物为玉米。土壤养分状况为：土壤有机质31.48g/kg，碱解氮124.3mg/kg，速效磷11.5mg/kg，速效钾161.6mg/kg，pH值=7.8。

2. 试验设计

磷肥试验采取田间小区试验方法，随机区组试验设计，3次重复，小区面积6m×6.5m=39m^2，每小区10行、行长6m，株距0.3m，行距0.65m（51 300株/hm^2），每行20株、共计200株。试验设5个处理：P0（对照）：P_2O_5施用量为0kg/hm^2；P1：P_2O_5施用量为90kg/hm^2；P2：P_2O_5施用量为150kg/hm^2；P3：P_2O_5施用量为180kg/hm^2；P4：磷肥与有机肥处理，其中P_2O_5施用量为150kg/hm^2，有机肥施用量为750kg/hm^2；施肥采用单垄称肥，按试验要求施入肥料，氮肥施用尿素（46%），磷肥用重钙（46%），钾肥用硫酸钾（50%）。所有处理的N用量为150kg/hm^2，K_2O用量为75kg/hm^2；其中磷肥的施用深度为10cm。

3. 试验取样方式

试验分别于玉米大喇叭口期、吐丝期、灌浆期和收获期取地上整株样品，按叶、茎、穗、籽粒、芯+皮器官分别进行烘干，105℃杀青，70℃烘干，烘干后称量各器官干重。

二、不同磷肥施用量对玉米总干物质积累的影响

由图2-13可知，玉米总干物质积累量呈现出随着生育期延后一直增加的变化趋势，在成熟期达到最高值，不同磷肥处理之间干物质积累量不同。在拔

节期，P2 处理干物质积累量分别高于其他 P0、P1、P3 处理 728.20kg/hm^2、502.56kg/hm^{2}和 194.87kg/hm^2，低于 P4 处理 2 071.78kg/hm^2，方差分析结果表明，P4 显著高于对照，其余处理与对照之间无显著差异；孕穗期干物质积累量呈现出随着磷肥施用量的增加而升高的变化趋势，P3 处理处于最高值，与对照相比提高了 2 225.62 kg/hm^2，差异显著，P1、P2 分别高于对照 1 210.25kg/hm^{2}和 1 405.12kg/hm^2，无显著差异，P1、P2 与 P3 之间无显著差异；灌浆期 P3 高于 P2 处理 474.66kg/hm^2，无显著差异，两个处理分别高于对照 3 078.34kg/hm^{2}和 3 553.00kg/hm^2，两个处理显著高于对照，P1 高于对照 1 043.07 kg/hm^2，无显著差异；成熟期 P1、P2、P3、P4 处理分别高于对照 2 389.73kg/hm^2、2 923.06 kg/hm^2、4 584.58 kg/hm^2 和 5 261.50 kg/hm^2，其中 P4、P3 处理之间无显著差异，P4 显著高于 P1、P2 处理，所有施用磷肥处理均显著高于对照。综合分析认为磷肥施用量超过 P2 时可以显著提高玉米总干物质积累量。

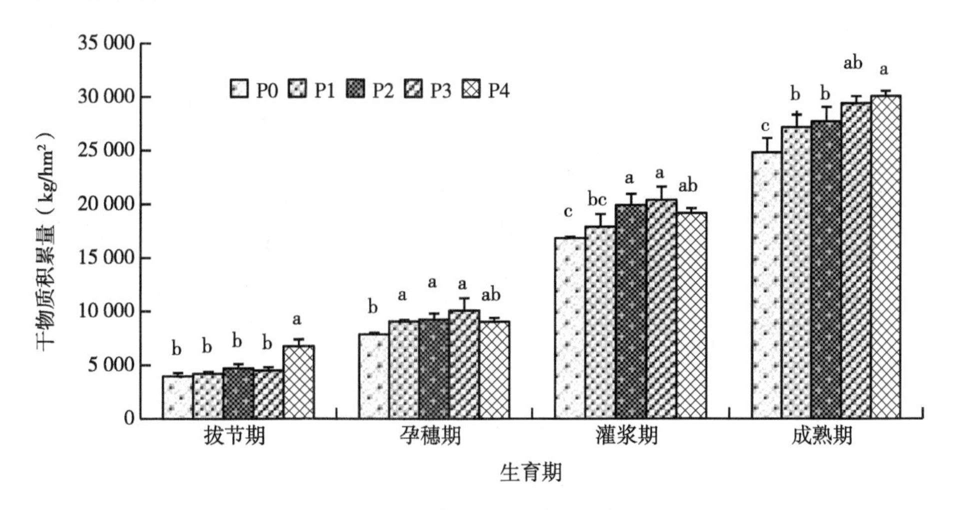

图 2-13　玉米总干物质积累变化

三、不同磷肥施用量对玉米茎干物质积累的影响

由图 2-14 可知，玉米茎干物质积累量呈现出随着生育期延后而增加的变化趋势，成熟期达到最高值，但是不同生育期不同磷肥处理干物质积累量存在差异。拔节期 P1、P2、P3 处理的干物质积累量分别低于对照 164.10kg/hm^2、

71.79kg/hm²和41.03kg/hm²，方差分析结果表明，4个处理之间无显著差异，证明在拔节期施用磷肥对提高玉米茎干物质积累效果不显著，而P4处理高于对照1 538.45 kg/hm²，差异显著，表明有机肥可以显著提高拔节期玉米茎干物质积累；孕穗期P3处理干物质积累量最高，与对照相比提高了18.48%，无显著差异，P1、P2分别高于对照307.69kg/hm²和287.18kg/hm²，4个处理之间无显著差异；灌浆期P2、P3分别高于对照984.61kg/hm²和410.25kg/hm²，4个处理之间无显著差异，P1低于对照266.67kg/hm²，无显著差异；成熟期干物质积累量呈现出随着磷肥施用量的增加而增加的趋势，其中P3处理分别高于P0、P1、P2 1 046.15 kg/hm²、553.84kg/hm²和348.72kg/hm²，P4处理最高，与对照相比提高了1 148.71 kg/hm²，所有处理之间无显著差异。综合分析认为，P3、P4处理对提高玉米茎干物质积累量效果最佳。

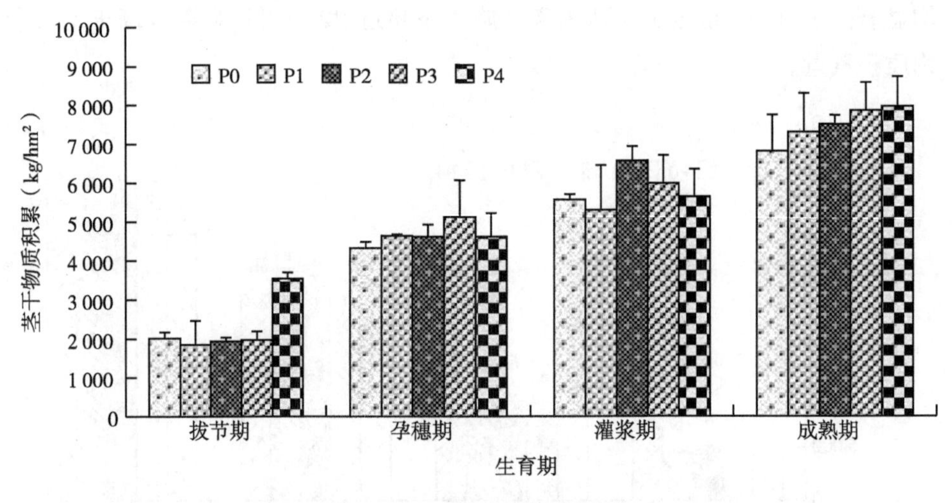

图2-14　玉米茎干物质积累

四、不同磷肥施用量对玉米叶片干物质积累的影响

由图2-15可知，玉米叶片干物质积累量呈现出随着生育期延后而增加的变化趋势，成熟期达到最高值，但是不同生育期磷肥施用量不同，玉米干物质积累量存在差异。拔节期P4处理的干物质积累量处于最高值，与对照相比提高了1261.53kg/hm²，差异显著，P1、P2、P3分别高于对照389.74kg/hm²、799.99kg/hm²和574.35kg/hm²，方差分析结果表明，3个处理之间无显著差

异；孕穗期玉米叶片干物质积累呈现出随着磷肥施用量增加而增加的变化，其中 P3 处理处于最高值，其次为 P2 处理，两个处理分别高于对照 851.28kg/hm² 和 1 076.92kg/hm²，2 个处理均显著高于对照，P1 高于对照 615.38kg/hm²，无显著差异；灌浆期干物质积累量各处理相近，其中 P4 处理处于最高值，分别高于其他 4 个处理 553.84kg/hm²、184.61kg/hm²、143.59kg/hm² 和 82.05 kg/hm²，P4 显著高于对照，其余处理之间无显著差异；成熟期 5 个处理的干物质积累量分别达到了 4 307.66 kg/hm²、4 615.35 kg/hm² 和 5 189.71 kg/hm²、5 476.88 kg/hm² 和 5 599.96 kg/hm²，其中 P3 处理高于对照 1 169.22 kg/hm²，两个处理之间差异显著，P1、P2 分别高于对照 307.69kg/hm² 和 882.04 kg/hm²，P1 与对照之间无显著差异，P4 显著高于对照。从玉米叶片干物质积累量变化上来看，P3、P4 处理均可以显著提高玉米叶片干物质积累量。

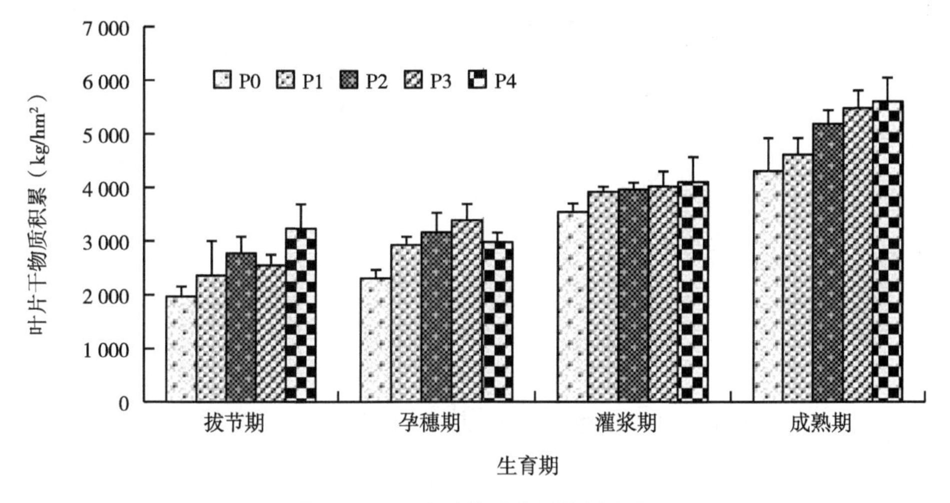

图 2-15　玉米叶片干物质积累变化

五、不同磷肥施用量对玉米雌穗干物质积累的影响

由图 2-16 可知，在不同生育期玉米雌穗干物质积累量不同处理之间存在较大差异，在孕穗期，P2 处理干物质积累量处于最高值，与对照相比提高了 410.25kg/hm²，两个处理之间差异显著，P1、P3、P4 分别高于对照 82.05 kg/hm²、102.56kg/hm² 和 369.23kg/hm²，方差分析结果表明，4 个处理之间无显著差异，P1、P3 处理显著低于 P2 处理；灌浆期 P1、P2、P3 处理之间无显著

差异，3 个处理分别高于对照 287.18kg/hm²、492.30kg/hm² 和 369.23kg/hm²，P4 处理显著高于对照，P1 与对照之间无显著差异；成熟期 5 个处理的干物质积累量分别达到了 1 374.35 kg/hm² 和 1 435.89 kg/hm²、1 476.91 kg/hm²、1 641.01 kg/hm² 和 1 743.58 kg/hm²，P3 处理与对照相比提高了 19.40%，无显著差异，P1、P2 分别高于对照 61.54kg/hm²、102.56kg/hm²，3 个处理之间无显著差异。从雌穗干物质积累变化来看，生育前期 P2 对提高干物质积累量效果最佳，成熟期 P4 处理效果最佳。

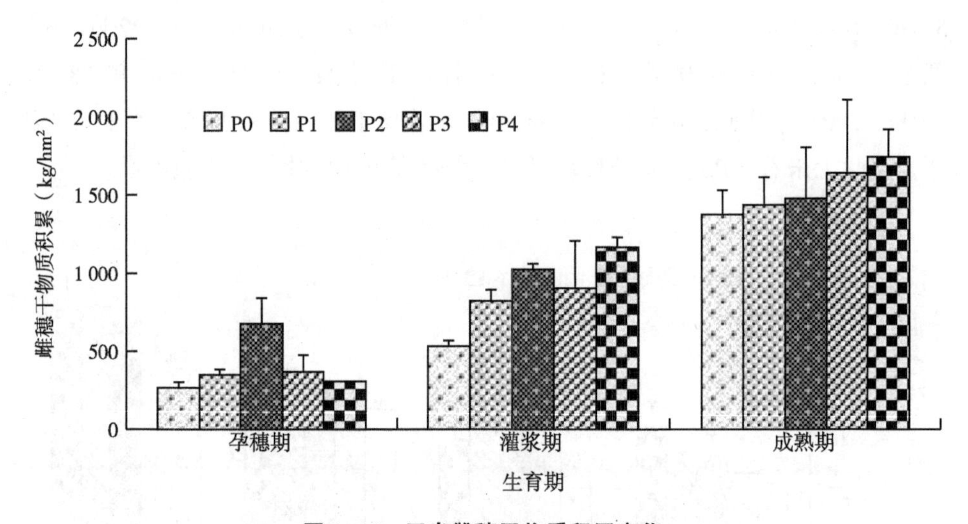

图 2-16 玉米雌穗干物质积累变化

六、不同磷肥施用量对玉米苞叶干物质积累的影响

由图 2-17 可知，玉米苞叶干物质积累量在不同生育期不同处理之间存在显著差异。孕穗期 P1、P3 分别高于对照 205.13kg/hm²、246.15kg/hm²，3 个处理之间无显著差异，P2 处理低于对照 143.59kg/hm²，无显著差异，证明不同磷肥施用量对孕穗期苞叶干物质的影响效果差异不显著；灌浆期和成熟期干物质积累量均表现为随着磷肥施用量的增加而增加，并且施用有机肥处理处于最高值，在灌浆期 P3 高于对照 266.66kg/hm²，无显著差异，P1、P2 分别高于对照 41.03 kg/hm² 和 143.59kg/hm²，无显著差异；成熟期 5 个处理的干物质积累量分别达到了 1 394.86 kg/hm²、1 558.96 kg/hm²、1 661.53 kg/hm²、1 702.55 kg/hm² 和

1 846.14 kg/hm²，其中 P3 与分别比其他 3 个处理提高了 307.69kg/hm²、143.59 kg/hm²和 41.03kg/hm²，，P4 高于 P3 处理 143.59kg/hm²，所有处理之间无显著差异。从玉米苞叶干物质积累变化规律上来看，P4 处理对提高干物质积累效果最佳。

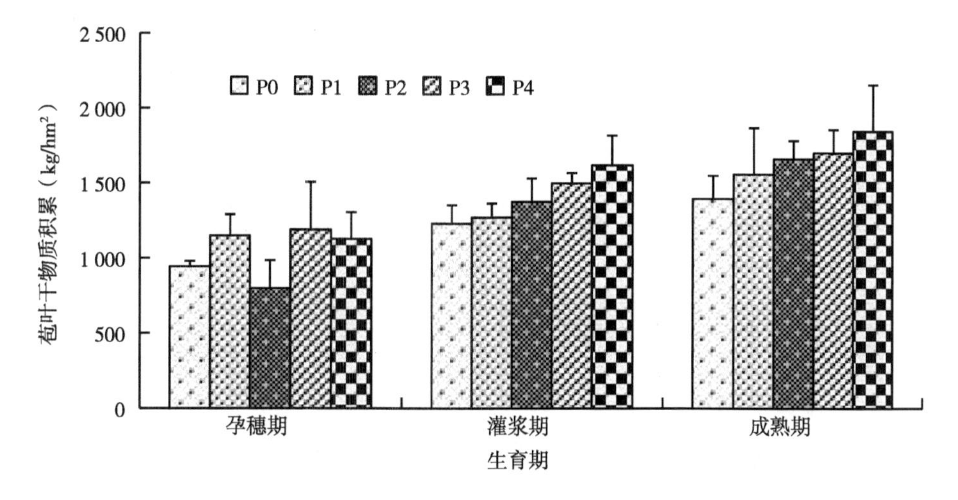

图 2-17 玉米苞叶干物质积累变化

七、不同磷肥施用量对玉米籽粒干物质积累的影响

由图 2-18 可知，玉米籽粒干物质积累呈现出随着磷肥施用量的增加而增加的变化，其中 P3 处理干物质积累量处于最高值，在灌浆期 P3 处理分别高于 P0、

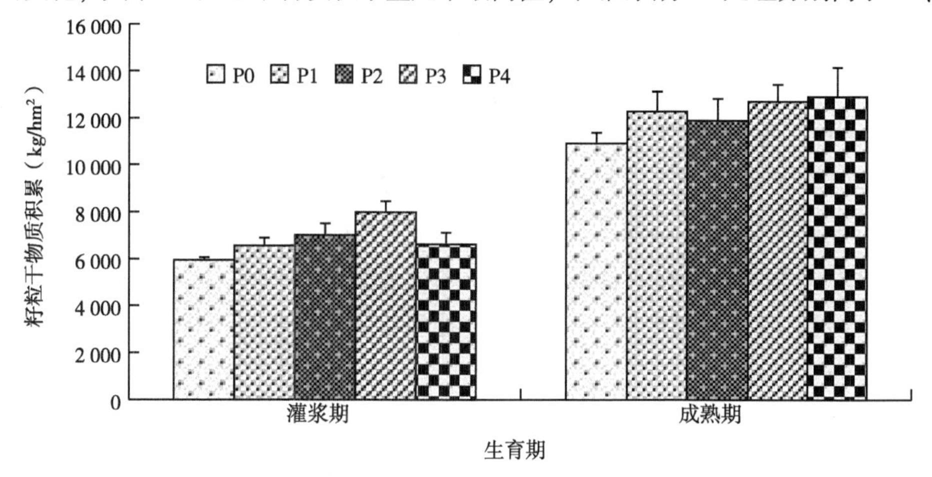

图 2-18 玉米籽粒干物质积累变化

P1、P2处理2035.06kg/hm^2、1422.76kg/hm^2和987.48kg/hm^2，方差分析结果显示，P3显著高于其他几个处理，P2、P1、P4处理显著高于对照；成熟期P1、P2、P3、P4处理干物质积累量分别比对照提高了1 364.09 kg/hm^2、974.35 kg/hm^2、1 794.86 kg/hm^2和12 922.98 kg/hm^2，方差分析结果表明，P4处理显著高于对照，其余4个处理之间无显著差异。从籽粒干物质变化上来看，P4处理提高效果最佳。

第四节　钾对玉米生长发育的影响

一、钾肥施用田间试验设计

1. 试验地概况

试验地点设在黑龙江省大庆市肇州高科技农业节约灌溉试验示范管理站园区内（黑龙江省肇州县肇州镇），地理位置：N45°42′15.8″，E125°14′38.7″，土壤类型为黑钙土，玉米品种为新丰27，前茬作物为玉米。土壤养分状况为：土壤有机质20.6 g/kg，碱解氮129.6mg/kg，速效磷21.1mg/kg，速效钾100.4mg/kg，pH值=7.3。

2. 试验设计

钾肥试验采取田间小区试验方法，随机区组试验设计，3次重复，小区面积6m×5.2m = 31.2m^2，每小区8行、行长6m，株距0.25m，行距0.65m（51 300株/hm^2），每行24株、共计192株。试验设5个处理：K0（对照）：K_2O施用量为0kg/hm^2；K1：K_2O施用量为37.5kg/hm^2；K2：K_2O施用量为75kg/hm^2；K3：K_2O施用量为112.5kg/hm^2；K4：K_2O施用量为150kg/hm^2；施肥采用单垄称肥，按试验要求施入肥料，氮肥施用尿素（46%），磷肥用重钙（46%），钾肥用硫酸钾（50%）。各处理氮肥施用量为150kg/hm^2，磷肥施用量为90kg/hm^2。

3. 试验取样方式

试验分别于孕穗期和收获期取地上整株样品，按叶、茎、穗、籽粒、芯+皮器官分别进行烘干，105℃杀青，70℃烘干，烘干后称量各器官干重。

二、不同施钾量对玉米植株总干物质积累的影响

由图 2-19 可知，在孕穗期、收获期玉米干物质总积累量表现为随着钾肥施用量的增加而增加的变化趋势，其中两个时期均表现为 K4 处理最高，与对照相比分别提高了 3 155.77kg/hm^{2}和7 318.25kg/hm^2，差异显著，表明 K4 处理对提高玉米干物质积累量具有较好的效果；孕穗期，K3 显著低于 K4 处理，K2 与 K3 之间无显著差异，表明钾肥施用量增加至 150kg/hm^{2}时对玉米总干物质积累量增加仍然有较大提升空间；同时 K1、K2 之间无显著差异，表明钾肥施用量在较低情况下对提高玉米总干物质积累效果不显著，同时 K1 处理显著高于对照，表明在玉米生育早期较低的钾肥施用量即可显著提高玉米植株总干物质积累量；收获期 K3、K4 之间无显著差异，表明钾肥施用量达到 112.5 kg/hm^{2}时即使再增加钾肥施用量，也不能显著提高玉米总干物质积累量，由此也表明在试验地区钾肥施用量为 112.5kg/hm^{2}时已经达到钾肥对促进干物质积累量增加的施肥曲线顶点位置，再增加钾肥施用量对玉米干物质积累量增加的幅度会降低；K2、K3 处理之间无显著差异，两个处理均显著高于对照，表明较低的钾肥施用量也可以显著提高玉米植株总干物质积累量。综合分析玉米干物质积累量变化可知，K4 处理对提高玉米总干重效果最佳。

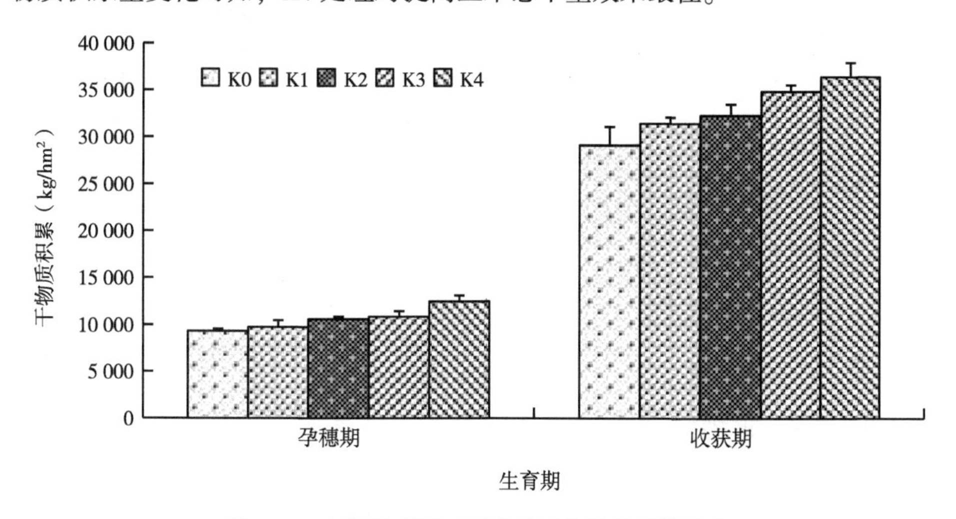

图 2-19　不同施钾量对玉米总干物质积累的影响

三、不同施钾量对玉米叶片干物质积累的影响

由图 2-20 可知，玉米叶片干物质积累量表现为随着钾肥施用量的增加而增加的变化趋势，在孕穗期和收获期均是 K4 处理干物质积累量最高，两个时期与对照相比分别提高了 910. 07kg/hm^2 和 923. 40kg/hm^2，方差分析结果表明，K4 处理显著高于对照，表明该处理钾肥施用量可以显著提高玉米叶片干物质积累；孕穗期、收获期 K1、K2、K3 处理的干物质积累量虽然高于对照，但是与对照之间并无显著差异，表明玉米在钾肥施用量低于 112. 5kg/hm^2 时不能显著促进叶片干物质积累量的增加，也表明低于该施肥量对促进玉米叶片干物质积累量增加效果有限；孕穗期，K3 处理与 K4 处理之间无显著差异，表明该生育期提高钾肥施用量对叶片干物质积累量增加效果促进作用不显著；收获期所有施用钾肥处理干物质积累量之间并无显著差异，表明不同施钾量对叶片干物质积累影响不显著。

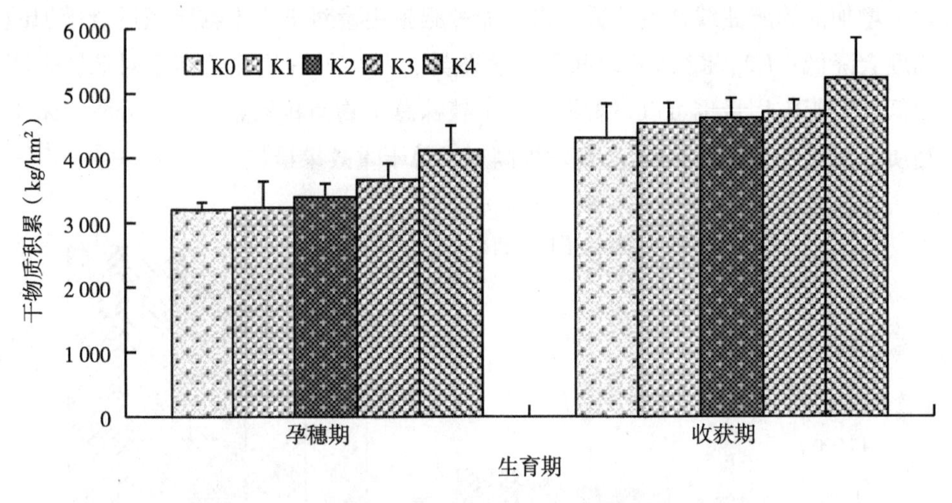

图 2-20 不同施钾量对玉米叶片干物质积累的影响

四、不同施钾量对玉米茎干物质积累的影响

由图 2-21 可知，玉米茎干物质积累量表现为随着钾肥施用量的增加而增加的变化趋势，在两个试验时期 K4 处理茎干物质积累量均处于最高值，与对

照相比分别提高了 2 245. 71kg/hm^{2}和1 744. 20kg/hm^2，方差分析结果表明，K4显著高于对照，表明 K4 处理可以显著促进玉米茎干物质积累量增加；孕穗期K2、K3 处理之间仅相差 23. 19kg/hm^2，无显著差异，两个处理均显著低于 K4处理，显著高于对照，表明在孕穗期该施肥量条件下，可以显著提高茎干物质积累量，但是促进效果仍然低于 K4 处理，K1 处理与对照之间无显著差异，表明该施肥量并不能显著提高玉米茎的干物质积累量；收获期 K3 低于 K4 处理205. 20kg/hm^2，无显著差异，表明两个施肥处理对玉米茎干物质积累量的影响处于同一水平，K2 与 K3 处理之间无显著差异，K2 显著低于 K4 处理，证明K2 施肥量对玉米茎干物质积累效果显著低于 K4 处理；K2、K1 处理在收获期与对照之间无显著差异，表明钾肥施用量低于 75kg/hm^{2}时对促进玉米茎干物质积累量增加效果不显著，而钾肥施用量达到 150kg/hm^{2}时对促进玉米茎干物质积累量增加效果最佳。

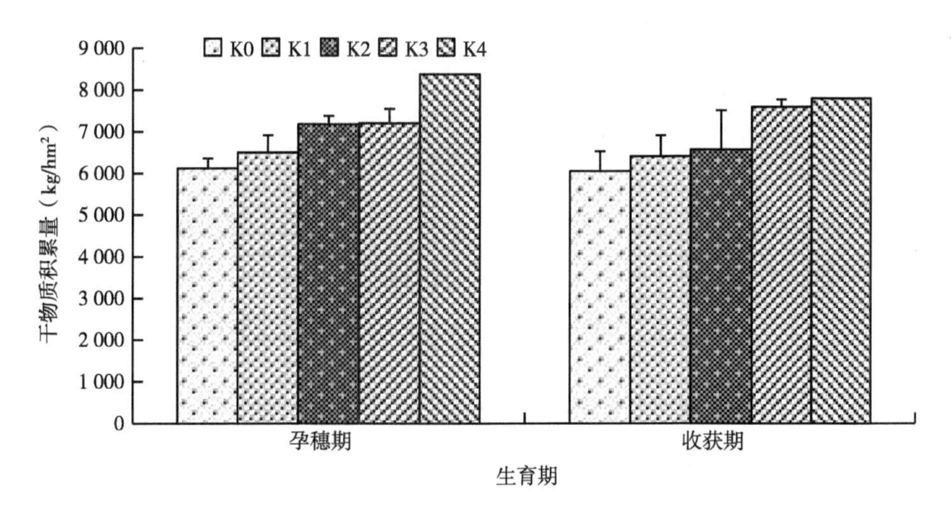

图 2-21　不同施钾量对玉米茎干物质积累的影响

五、不同施钾量对玉米苞叶干物质积累的影响

由图 2-22 可知，玉米苞叶干物质积累量表现为随着钾肥施用量的增加而增加的变化趋势，其中 K4 处理干物质积累量处于最高值，分别高于其他几个处理 1 049. 60kg/hm^2、556. 91kg/hm^2、485. 30kg/hm^{2}和 224. 08kg/hm^2，方差分

析结果表明，K4、K3 处理之间无显著差异，两个处理均显著高于对照，表明钾肥施用量超过 112. 5kg/hm^{2}时对玉米苞叶干物质积累量增加效果不显著，而在该施肥量条件下，玉米苞叶干物质积累量显著高于对照，表明该施肥量条件下对促进玉米干物质积累量增加效果是非常明显的；同时，K1、K2、K3 之间并无显著差异，表明钾肥施用量在 37. 5～112. 5kg/hm^{2}对玉米苞叶干物质积累量的影响不会存在显著差异，同时 K2、K1 显著低于 K4 处理，表明钾肥施用量达到 150kg/hm^{2}时对促进玉米苞叶干物质积累量增加会提高一个层次。综合分析认为，K4 处理对提高玉米苞叶干物质积累量增加效果最佳。

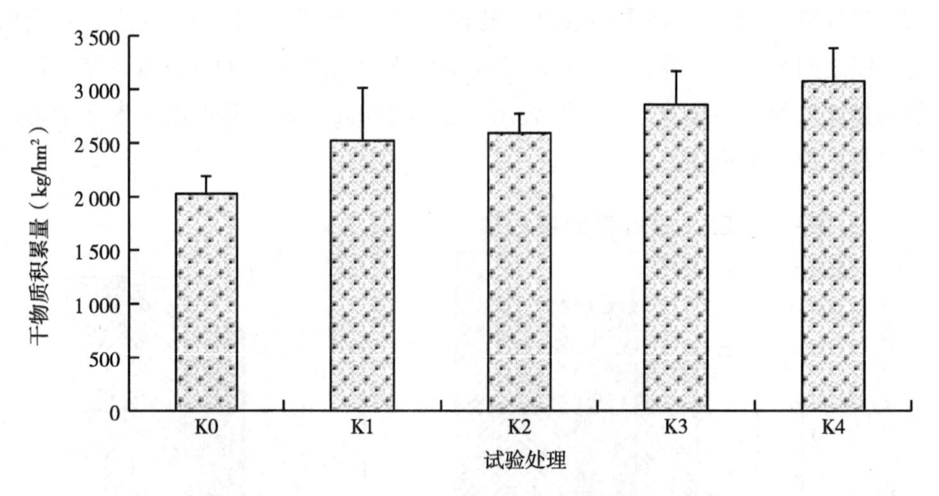

图 2-22　不同施钾量对玉米苞叶干物质积累的影响

六、不同施钾量对玉米雌穗干物质积累的影响

由图 2-23 可知，玉米雌穗干物质积累量表现出随着钾肥施用量的增加而增加的变化趋势，其中 K4 处理处于最高值，分别高于其他 4 个处理 916. 83 kg/hm^2、758. 01kg/hm^2、718. 20kg/hm^{2}和 539. 47kg/hm^2，其中 K4 处理显著高于对照，表明 K4 对提高玉米雌穗干物质积累量增加效果最显著；K3 与 K4 之间无显著差异，表明钾肥施用量为 112. 5kg/hm^{2}和 112. 5kg/hm^{2}时对雌穗干物质积累量的影响处于同一水平；K1、K2、K3 处理雌穗干物质积累量之间无显著差异，与对照之间无显著差异，表明钾肥施用量在 37. 5～112. 5kg/hm^{2}并不会显著促进玉米雌穗干物质积累量的增加。从玉米雌穗干物质积累量变化上来

看，为显著促进干物质积累量增加，钾肥施用量以 150kg/hm²为宜。

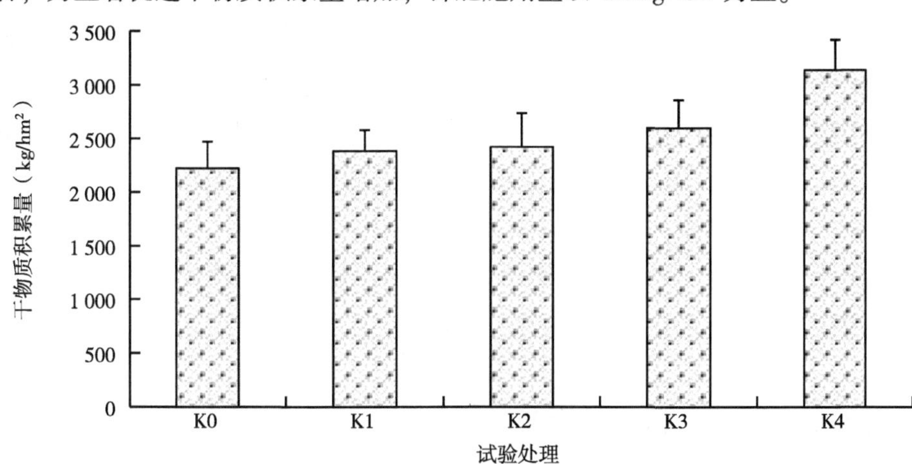

图 2-23　不同施钾量对玉米雌穗干物质积累的影响

七、不同施钾量对玉米籽粒干物质积累的影响

由图 2-24 可知，玉米籽粒干物质积累量表现为随着钾肥施用量的增加而缓慢增加的变化趋势，其中 K4 处理的籽粒干物质积累量处于最高值，与对照相比提高了 2 684. 22 kg/hm²，差异显著，表明该施肥量可以显著提高玉米的籽粒干重；K3 低于 K4 处理 92. 96kg/hm²，无显著差异，显著高于对照，

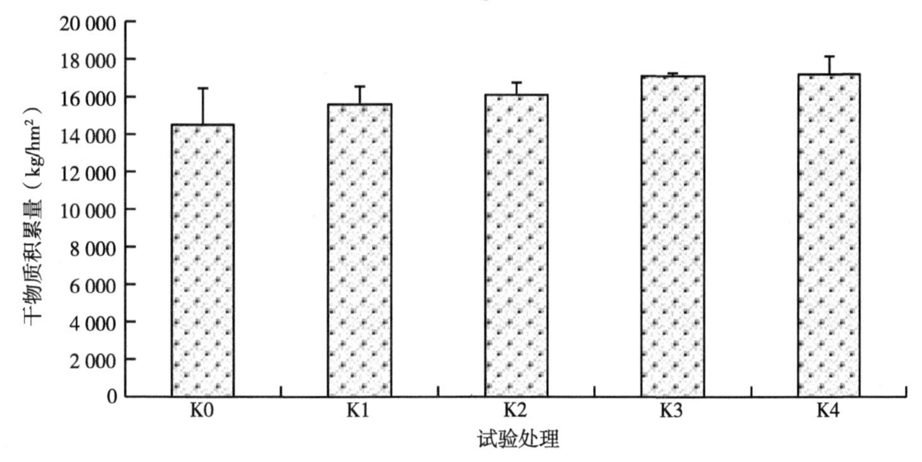

图 2-24　不同施钾量对玉米籽粒干物质积累的影响

表明K3处理对提高玉米籽粒干重效果同样显著；从K4、K3处理对玉米籽粒干重的影响来看，当钾肥施用量超过112.5kg/hm^{2}时对促进玉米籽粒干物质积累量增加效果并不显著，也说明了钾肥施用量超过112.5kg/hm^{2}时对促进籽粒干物质积累量增加幅度开始降低；K1、K2分别高于对照1 095.36 kg/hm^{2}和1 600.97 kg/hm^2，无显著差异，表明这两个处理并不会显著促进玉米籽粒干物质积累量的增加；从玉米籽粒干物质积累的变化上来看，K3、K4均可显著提高玉米籽粒干物质积累量的增加，但是从经济效益的角度考虑，K3处理优于K4处理。

第五节　有机-无机肥配施对玉米生长发育的影响

一、有机-无机肥配施田间试验设计

1. 材料与方法

试验地点设在黑龙江省肇州县水务局水利科学研究所园区内（黑龙江省肇州县肇州镇），地理位置：N45°42′15.8″，E125°14′38.7″，土壤类型为黑钙土，玉米品种为龙育3，前茬作物为玉米。土壤养分状况：土壤有机质20.6 g/kg，碱解氮129.6mg/kg，速效磷21.1mg/kg，速效钾100.4mg/kg，pH值=7.3。

2. 试验设计

本试验共设4个处理，T1：对照，不施用肥料；T2：当地常规施肥处理（N=150kg/hm^2、P_2O_5=150kg/hm^2，K_2O=75kg/hm^2）；T3：有机-无机配施（有机肥施用量为750kg/hm^2，无机N施用量为128.3kg/hm^2，P_2O_5施用量为132.8kg/hm^2，K_2O施用量为72.8kg/hm^2）；T4高磷处理，N施用量为150 kg/hm^2，P_2O_5施用量为180kg/hm^2，K_2O施用量为75kg/hm^2。采取田间小区试验方法，随机区组试验设计，3次重复，小区面积6m×6.5m=39m^2，每小区10行、行长6m，株距0.25m，行距0.65m（61 538株/hm^2），每行20株、共计200株。有机肥料由黑龙江八一农垦大学提供（含量为N= 2.9%，P_2O_5=2.3%，K_2O=0.3%，有机质=55%），施肥方法是条施，50%的氮肥作为基肥施入土壤，拔节期追施剩余的50%，磷肥、钾肥、有机肥做基肥一次性施入，

氮肥施用尿素（46%），磷肥用重钙（46%），钾肥用硫酸钾（50%）。

3. 试验田间取样

试验分别于拔节期、孕穗期、灌浆期、成熟期取地上整株样品，按叶、茎、穗、籽粒、雌穗、苞叶器官分别进行烘干，105℃杀青，70℃烘干，烘干后称量各器官干重。

二、有机-无机肥配施对玉米茎干物质积累的影响

由表 2-4 可知，玉米茎干物质积累量表现为随着生育期的延后一直增加的变化趋势，在成熟期达到最高值，同时不同处理之间存在差异。拔节期，T3 处理处于最高值，与对照相比提高了 76.53%，T3 与对照之间差异显著，表明该处理在拔节期可以显著促进玉米茎干物质积累量的增加，效果显著优于常规施肥处理；T2、T4 分别低于对照 71.79kg/hm^2 和 41.03kg/hm^2，无显著差异，表明提高磷肥施用量不能显著促进玉米茎干物质积累量增加；孕穗期 T4 处理处于最高值，分别高于其他 3 个处理 799.99kg/hm^2、512.82kg/hm^2 和 512.82 kg/hm^2，T4 显著高于其他 3 个处理，表明提高磷肥施用量在孕穗期可以显著促进玉米茎干物质积累量增加，效果显著优于常规施肥处理；灌浆期 T2 处理处于最高值，高于对照 984.61kg/hm^2，T2 与对照之间差异显著，表明当地常规施肥处理在灌浆期对促进玉米茎干物质积累量增加效果最佳，T3、T4 分别低于 T2 处理 923.07kg/hm^2 和 574.36kg/hm^2，差异显著，表明有机-无机肥配施在灌浆期对玉米茎干物质积累的影响效果显著低于常规施肥处理；成熟期 T3 处理处于最高值，其次为 T4，两个处理相差 102.56kg/hm^2，无显著差异，T3 高于对照 1 148.71kg/hm^2，T3 与对照之间差异显著，表明有机-无机肥料配施对促进玉米茎干物质积累效果最佳，但是该处理与当地常规施肥处理处于同一水平，与高磷处理处于同一水平。从玉米茎干物质积累变化上来看，有机-无机肥料配施对促进玉米茎干物质积累量增加效果较显著。

表 2-4　玉米茎干物质积累　　单位：kg/hm^2

处理	拔节期	孕穗期	灌浆期	成熟期
T1	2 010.24b	4 328.17b	5 579.45b	6 810.21b

（续表）

处理	拔节期	孕穗期	灌浆期	成熟期
T2	1 938.45b	4 615.35ab	6 564.05a	7 507.64ab
T3	3 548.69a	4 615.35ab	5 640.98b	7 958.92a
T4	1 969.22b	5 128.18a	5 989.70ab	7 856.35a

注：同一列后的不同小写字母表示 0.05 水平显著，下同

三、有机-无机肥配施对玉米叶片干物质积累的影响

由表 2-5 可知，玉米叶片干物质积累量呈现出一直增加的变化趋势，在成熟期达到最高值，不同处理之间存在差异。从拔节期来看，T3 处理干物质积累量最高，其次为 T2，两个处理之间相差 461.54kg/hm^2，T3 与 T2 之间无显著差异，T3 高于对照 1 261.53kg/hm^2，T3 与 T1 之间差异显著，表明 T3 在拔节期可以显著促进玉米叶片干物质积累量的增加，但是化学肥料处理与对照处于同一水平，表明有机-无机肥料配合施用效果优于单独施用化学肥料；孕穗期 T4 处于最高值，分别高于其他 3 个处理 1 076.92 kg/hm^2、225.64kg/hm^{2}和 410.25kg/hm^2，其中 T2、T3、T4 之间无显著差异，3 个处理均显著高于对照，表明不同施肥方式在孕穗期对叶片干物质积累量的增加处于同一水平；灌浆期和成熟期 T3 处理处于最高值，两个时期分别高于对照 553.84kg/hm^{2}和 12，92.30kg/hm^2，方差分析结果表明，灌浆期 T3 与对照之间无显著差异，表明有机-无机肥料配合施用对促进玉米叶片干物质积累量增加效果达到了差异显著水平；T4 仅次于 T3，两个时期分别低于 T3 处理 82.05kg/hm^2 和 123.08kg/hm^2，无显著差异；T2 分别高于对照 410.25 kg/hm^{2}和 882.04kg/hm^2，T2 与对照之间无显著差异，表明单纯施用化学肥料在灌浆期和成熟期不能显著促进玉米叶片干物质积累量的增加，也表明有机-无机肥料配合施用效果优于单独施用化学肥料。

表 2-5　玉米叶片干物质积累　　单位：kg/hm^2

处理	拔节期	孕穗期	灌浆期	成熟期
T1	1 969.22b	2 307.68b	3 548.69b	4 307.66b

（续表）

处理	拔节期	孕穗期	灌浆期	成熟期
T2	2 769. 21a	3 158. 95a	3 958. 95ab	5 189. 71ab
T3	3 230. 75a	2 974. 34a	4 102. 53a	5 599. 96a
T4	2 543. 57abA	3 384. 59a	4 020. 48ab	5 476. 88a

四、有机-无机肥配施对玉米雌穗干物质积累的影响

由图 2-25 可知，玉米雌穗干物质积累量随着生育期延后呈现出一直升高的变化趋势，在成熟期达到最高值，不同处理之间存在差异。孕穗期，T2 处理处于最高值，与对照相比提高了 153. 85%，T2 与对照之间差异显著，T3、T4 分别高于对照 41. 03kg/hm^{2}和 102. 56kg/hm^2，无显著差异，表明在孕穗期，单独施用化学肥料对促进玉米雌穗干物质积累量增加效果优于有机-无机肥料配施；灌浆期和成熟期 T3 处理处于最高值，与对照相比分别提高了 119. 23%、26. 87%，T3 与对照之间差异显著，表明有机-无机肥料配施对促进玉米雌穗干物质积累量增加效果显著；灌浆期 T2 高于 T4 处理 123. 08kg/hm^2，T2 与 T4 间无显著差异，T2 与对照之间存在显著差异，表明在该时期有机-无机肥料配合施用和单纯施用化学肥料处于同一水平；成熟期 T4 高于 T2 处理 164. 10

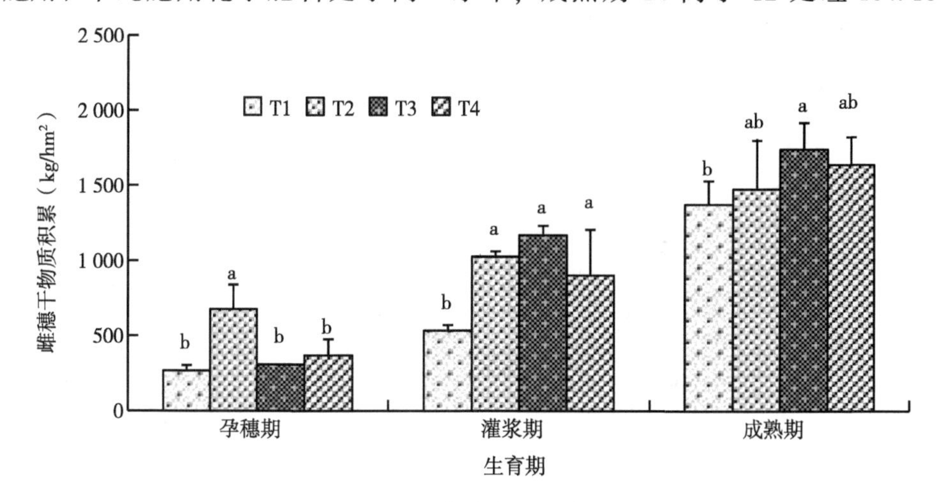

图 2-25　玉米雌穗干物质积累

kg/hm^2，T4 与 T2 之间无显著差异，两个处理与对照之间无显著差异，表明单纯施用化学肥料不能显著促进玉米雌穗干物质积累量的增加，也表明有机-无机肥料配合施用对促进玉米雌穗干物质积累量增加效果显著优于当地常规单纯施用化学肥料处理，建议生产中两种肥料配合施用。

五、有机-无机肥配施对玉米苞叶干物质积累的影响

由图 2-26 可知，玉米苞叶干物质积累表现为随着生育期延后呈现出一直增加的变化趋势，在成熟期达到最高值，不同处理之间存在显著差异。在孕穗期，T4 处理处于最高值，分别高于其他 3 个处理 246. 15kg/hm^2、389. 74 kg/hm^{2}和 61. 54kg/hm^2，方差分析结果表明，T3、T4 与 T2 之间存在显著差异，表明有机-无机肥料配合施用对促进玉米苞叶干物质积累量增加效果显著优于当地常规化学肥料处理；灌浆期和成熟期 T3 处理始终处于最高值，与对照相比分别提高了 31. 66%和 32. 35%，T3 与对照之间差异显著，表明该处理对于促进玉米苞叶干物质积累量增加效果达到显著水平，T4 仅次于 T3，两个时期分别低于 T3 处理 123. 08kg/hm^{2}和 143. 59kg/hm^2，方差分析结果表明，两个处理之间无显著差异，T2 分别低于 T4 处理 123. 08kg/hm^{2}和 41. 03kg/hm^2，无显著差异，由此表明单纯施用化学肥料对促进玉米苞叶干物质积累量增加效果显

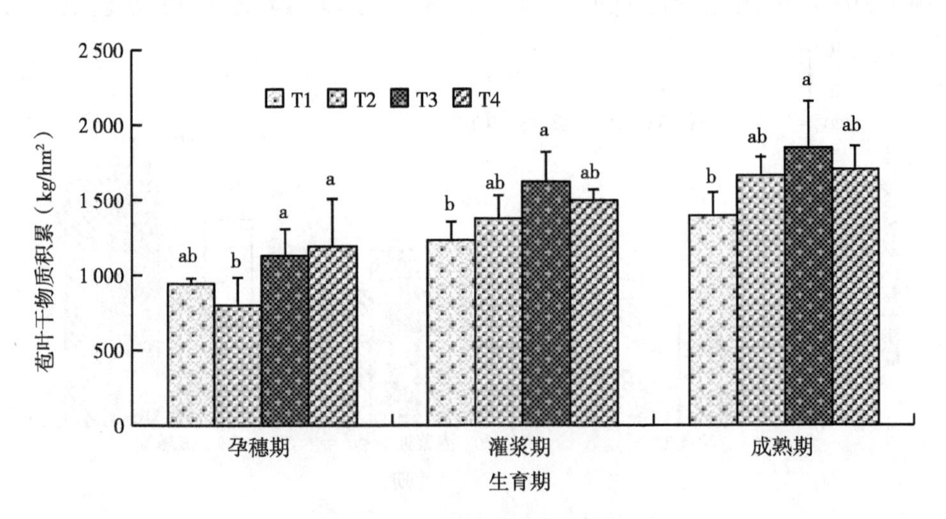

图 2-26 玉米苞叶干物质积累

著低于有机-无机肥料配合施用，建议生产上采取有机-无机肥料配合施用的方式为玉米提供营养元素。

六、有机-无机肥配施对玉米籽粒干物质积累的影响

由图 2-27 可知，玉米籽粒干物质积累表现为一直增加的变化趋势，在成熟期达到最高值，不同处理之间存在差异，在灌浆期，T4 处理处于最高值，其次为 T2，两个处理之间相差 987.48kg/hm^2，无显著差异，其中 T2 高于对照 1 047.58kg/hm^2，T2 与 T1 之间无显著差异，T3 低于 T2 处理 368.61kg/hm^2，T3 与 T2 之间无显著差异，T3 与对照之间无显著差异，表明在该生育期单纯施用化学肥料对促进玉米籽粒干物质积累量的增加效果优于有机-无机肥料配合施用；成熟期 T3 处于最高值，与对照相比提高了 18.31%，T3 显著高于对照，表明在成熟期有机-无机肥料配合施用对促进玉米籽粒干物质积累量增加效果达到显著水平；T4 低于 T3 处理 205.13kg/hm^2，T4 与 T3 之间无显著差异，T4 与对照之间无显著差异，T2 低于 T3 处理 1 025.63kg/hm^2，无显著差异，T2 与对照之间无显著差异，表明单纯施用化学肥料对玉米籽粒干物质积累量的增加并未达到差异显著水平，也表明有机-无机肥料配合施用对促进玉米籽粒干物质积累量增加效果显著优于单纯施用化学肥料处理。

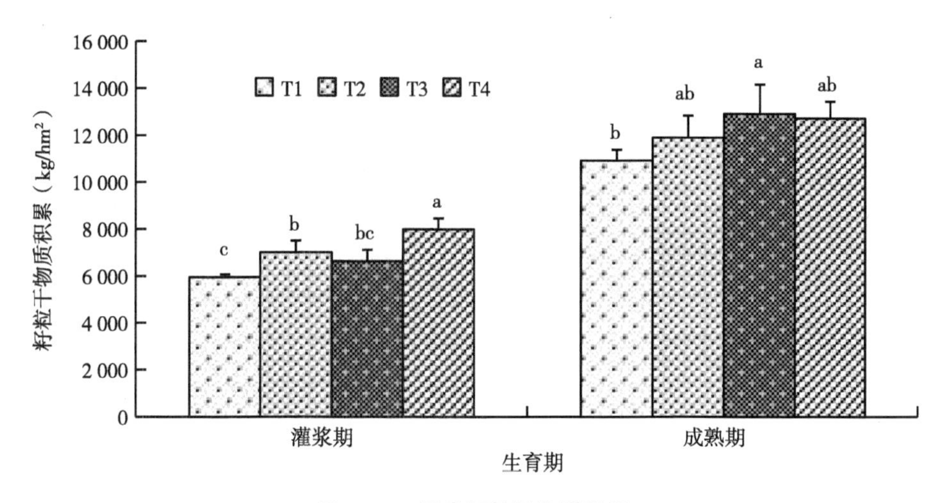

图 2-27　玉米籽粒干物质积累

七、有机-无机肥配施对玉米总干物质积累的影响

由表 2-6 可知，玉米总干物质积累量表现为随着生育期延长一直增加的变化趋势，其中成熟期各处理的干物质积累量达到最高值，不同处理的干物质积累量存在差异。拔节期，T3 处理处于最高值，与对照相比提高了 70.36%，差异显著，表明有机-无机肥料配合施用可以显著促进该时期玉米总干物质积累量的增加；T2 高于 T4 处理 194.87kg/hm^2，无显著差异，两个处理均显著低于 T3 处理，表明有机-无机肥料配合施用效果显著优于单独施用化学肥料；孕穗期，T4 处于最高值，分别高于其他 3 个处理 2 225.62kg/hm^2、820.51kg/hm^{2}和 1 046.15kg/hm^2，方差分析结果表明单纯施用化学肥料处理与有机-无机肥料配合施用对玉米总干物质积累的影响处于同一水平；灌浆期 T2 低于 T4 处理 474.63kg/hm^2，T2 与 T4 之间无显著差异，T3 低于 T2 处理 758.35kg/hm^2，T2 与 T3 无显著差异，T3 高于对照 2 319.98kg/hm^2，T3 与 T1 之间差异显著，表明有机-无机肥料配合施用对玉米总干物质积累量的影响达到了显著水平；成熟期 T3 处于最高值，与对照相比提高了 21.21%，T3 与对照之间差异显著，表明有机-无机肥料配合施用对促进玉米总干物质积累量增加达到了显著水平，T4 低于 T3 处理 676.92kg/hm^2，无显著差异，T4 显著高于对照，T2 高于对照 2 923.06kg/hm^2，T2 与 T1 之间无显著差异，表明有机-无机肥料配合施用效果显著优于当地常规单独施用化学肥料处理。从玉米总干物质积累变化情况来看，T3 处理对促进玉米总干物质积累效果最佳，所以生产中建议有机-无机肥料配合施用。

表 2-6 玉米总干物质积累 单位：kg/hm^2

处理	拔节期	孕穗期	灌浆期	成熟期
T1	3 979.46b	7 846.10b	16 847.26b	24 810.07c
T2	4 707.66b	9 251.21a	19 925.59a	27 733.13b
T3	6 779.44a	9 025.57ab	19 167.24a	30 071.57a
T4	4 512.79b	10 071.72a	20 400.26a	29 394.65ab

第三章　栽培方式和施肥对玉米氮吸收的影响

第一节　不同栽培方式对玉米氮吸收的影响

一、不同栽培方式对玉米叶片氮吸收的影响

由图 3-1 可知，玉米叶片氮吸收量呈现出先升高后降低的变化，在成熟期处于最低值。同时，不同栽培方式对叶片氮吸收的影响不同，在大喇叭口期，地膜补灌处理的 T3、T4 处理分别高于 T1、T2 处理 18.64kg/hm^2 和 18.65 kg/hm^2，方差分析结果显示，T3 显著高于 T1，T4 显著高于 T2；孕穗期 T3 高于 T1 处理 7.81kg/hm^2，T4 低于 T2 处理 2.32kg/hm^2，此时 4 个处理之间无显著差异；灌浆期 T3 高于 T1 处理 1.82kg/hm^2，两个处理之间无显著差异，T2 高于 T4 处理 13.14kg/hm^2，差异显著；成熟期 4 个处理的氮吸收量相近，其中，T3 高于 T1 处理 1.01kg/hm^2，T2 高于 T4 处理 0.41kg/hm^2，4 个处理之间

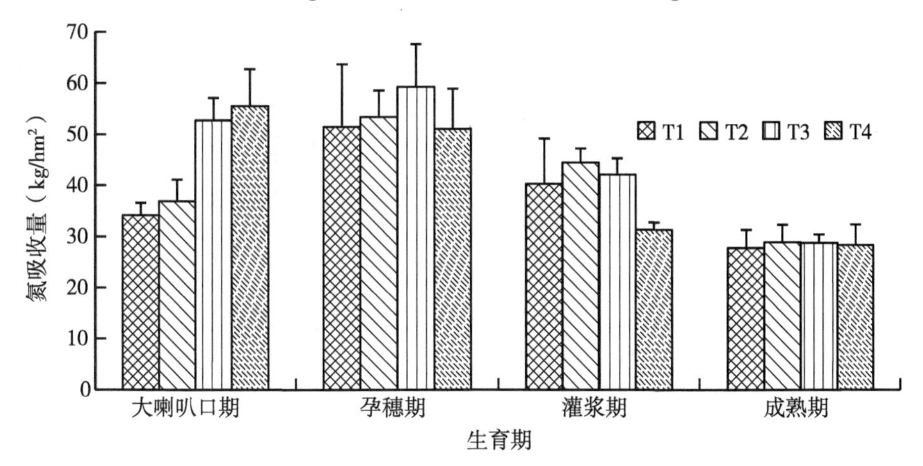

图 3-1　不同栽培方式对玉米叶片氮吸收的影响

无显著差异。从叶片吸收变化规律上来看，在玉米生育前期地膜补灌可以较好地促进叶片氮吸收，但是成熟期效果不显著。

二、不同栽培方式对玉米茎氮吸收的影响

由图 3-2 可知，玉米不同生育期内不同的栽培方式对玉米氮吸收的影响存在一定的差异，在大喇叭口期，T3 氮吸收量最高，高于 T1 处理 15.91 kg/hm^2，两个处理之间无显著差异，T4 显著高于 T2 处理 6.52kg/hm^2，两个处理之间无显著差异；在孕穗期 T3 高于 T1 处理 2.04kg/hm^2，T4 低于 T2 处理 6.52kg/hm^2，此时 4 个处理之间无显著差异；在灌浆期和成熟期，T3 处理在灌浆期和成熟期分别低于 T1 处理 0.65kg/hm^{2}和 3.14kg/hm^2，两个处理之间无显著差异；T4 在灌浆期高于 T2 处理 0.52kg/hm^2，无显著差异，成熟期低于 T2 处理 3.93kg/hm^2，无显著差异。从试验结果来看，地膜补灌处理在生育前期可以提高玉米茎内的氮吸收量，但是生育后期会降低玉米茎内的氮吸收量。

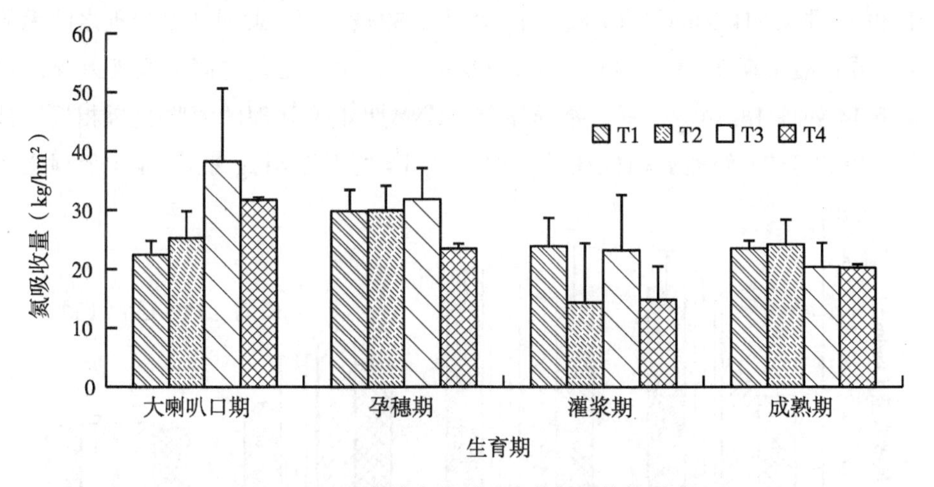

图 3-2 不同栽培方式对玉米茎氮吸收的影响

三、不同栽培方式对玉米苞叶氮吸收的影响

由图 3-3 可知，不同栽培方式对玉米苞叶内氮吸收的影响不同，在孕穗

期，T3 低于 T1 处理 2.91kg/hm^2，无显著差异，T4 高于 T2 处理 3.54kg/hm^2，无显著差异，证明在玉米的孕穗期地膜补灌不会显著影响玉米苞叶的氮吸收量；灌浆期 T3 低于 T1 处理 2.25kg/hm^2，T4 低于 T2 处理 1.45kg/hm^2，4 个处理之间无显著差异；成熟期地膜补灌处理的氮吸收量均高于雨养处理，T3、T4 分别高于 T1、T2 处理 0.81kg/hm^{2}和 1.42kg/hm^2，无显著差异。从试验结果来看，地膜补灌对玉米苞叶内氮吸收的影响效果不显著。

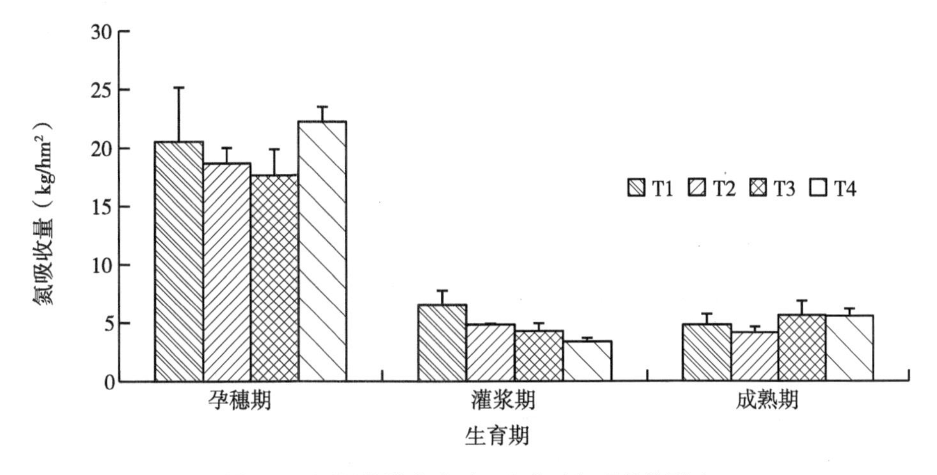

图 3-3　不同栽培方式对玉米苞叶氮吸收的影响

四、不同栽培方式对玉米雌穗氮吸收的影响

由图 3-4 可知，玉米雌穗氮吸收量不同的栽培方式存在较大差异，在孕穗期，地膜补灌处理氮吸收量均高于雨养处理，其中 T3、T4 分别高于 T1、T2 处理 7.62kg/hm^{2}和 4.93kg/hm^2，其中，T3 显著高于 T1 处理，T4 与 T2 处理之间无显著差异；灌浆期 T1 高于 T3 处理 2.44kg/hm^2，无显著差异，T2 高于 T4 处理 0.09kg/hm^2，无显著差异；成熟期 T3 高于 T1 处理 1.78kg/hm^2，无显著差异，T4 高于 T2 处理 3.83kg/hm^2，无显著差异。从雌穗氮吸收变化上来看，地膜补灌处理可以显著提高玉米生育前期的氮吸收量，但是生育后期影响不显著。

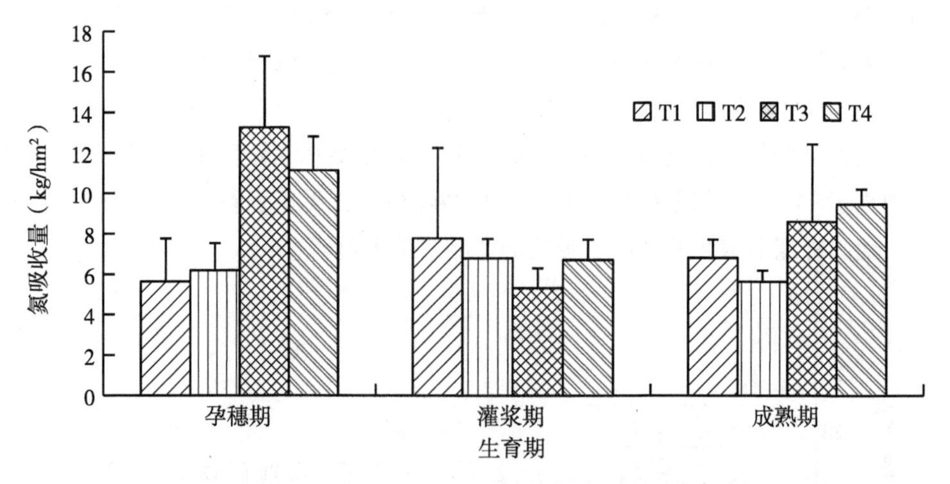

图 3-4 不同栽培方式对玉米雌穗氮吸收的影响

五、不同栽培方式对玉米籽粒氮吸收的影响

由图 3-5 可知，玉米籽粒氮吸收量在不同生育期栽培方式的影响存在差异，灌浆期地膜补灌处理籽粒内氮吸收量均低于雨养处理，T3、T4 分别低于 T1、T2 处理 1.01kg/hm^{2}和 4.99kg/hm^2，无显著差异，证明在玉米的灌浆期雨养条件下更有利于玉米籽粒对氮的吸收。在成熟期，地膜补灌处理的籽粒氮吸收量高于雨养处理，T3、T4 分别高于 T1、T2 处理 20.61kg/hm^2 和 20.87

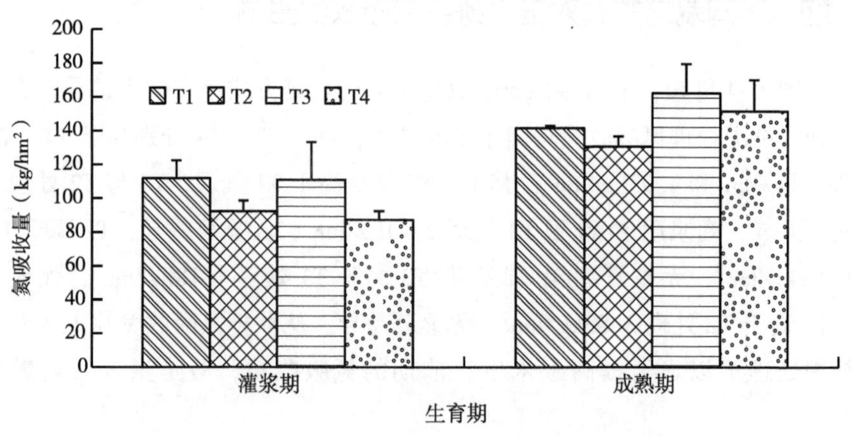

图 3-5 不同栽培方式对玉米籽粒氮吸收的影响

kg/hm^2，4 个处理之间无显著差异。从玉米籽粒氮吸收变化上来看，地膜补灌处理对提高玉米籽粒氮吸收量效果不显著。

第二节　氮肥对玉米氮吸收的影响

一、不同施氮量对玉米叶片氮吸收的影响

由图 3-6 可知，玉米叶片氮吸收呈现出先升高后降低的变化，各处理的氮吸收量在成熟期达到最低值。不同氮肥处理的氮吸收量在不同生育期存在一定的差异，在大喇叭口期，玉米叶片内氮吸收量呈现出随着氮肥施用量的增加而增加的变化，B4 处理处于最高值，与对照相比提高了 7.23kg/hm^2，两个处理之间无显著差异，B1、B2、B3 处理之间均无显著差异；孕穗期不同处理氮吸收量与大喇叭口期相近，其中 B4 处理最高，高于对照 8.19kg/hm^2，无显著差异，B2、B3 处理与对照之间无显著差异，与 B4 处理之间无显著差异；灌浆期 B4 处理氮吸收量最高，与对照相比提高了 12.15kg/hm^2，B3 处理次之，此生育阶段所有处理之间无显著差异；成熟期各处理表现为氮吸收量随着施氮量的增加而升高的变化趋势，其中，B4 处理氮吸收量最高，比对照提高了 16.09%，此生育期所有处理之间无显著差异。从叶片氮吸收变化上来看，施用

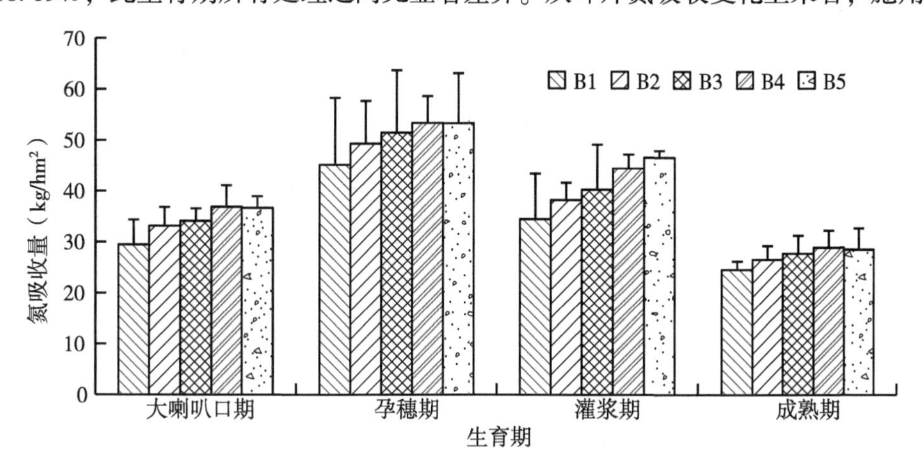

图 3-6　不同施氮量对玉米叶片氮吸收的影响

氮肥可以显著提高玉米叶片内的氮吸收量，B4 处理对提高氮吸收量效果最佳。

二、不同施氮量对玉米茎氮吸收的影响

由图 3-7 可知，不同施氮量对不同生育期玉米茎内氮吸收量的影响是不同的，从试验结果来看，在大喇叭口期 B4 处理的氮吸收量处于最高值，高于对照 11.06kg/hm^2，两个处理之间差异显著，B3 仅次于 B4 处理，两个处理之间相差 3.19kg/hm^2，无显著差异，B2、B3 处理与 B1 处理之间差异显著；孕穗期 B4 处理氮吸收量最高，与对照相比提高了 64.21%，两个处理之间差异显著，B3 低于 B4 处理 4.80kg/hm^2，无显著差异，B3、B2、B1 处理之间无显著差异；灌浆期 B4 处理氮吸收量高于对照 12.98kg/hm^2，两个处理之间无显著差异，其次为 B3 处理，低于 B4 处理 3.23kg/hm^2，无显著差异，B2 与 B1 处理相近，两个处理之间仅相差 2.73kg/hm^2，无显著差异；成熟期 4 个处理的氮吸收量相近，均无显著差异，其中 B4 处理处于最高值，其次为 B2 处理。从茎内氮吸收变化规律上来看，B4 处理对提高玉米茎内氮吸收量效果最佳。

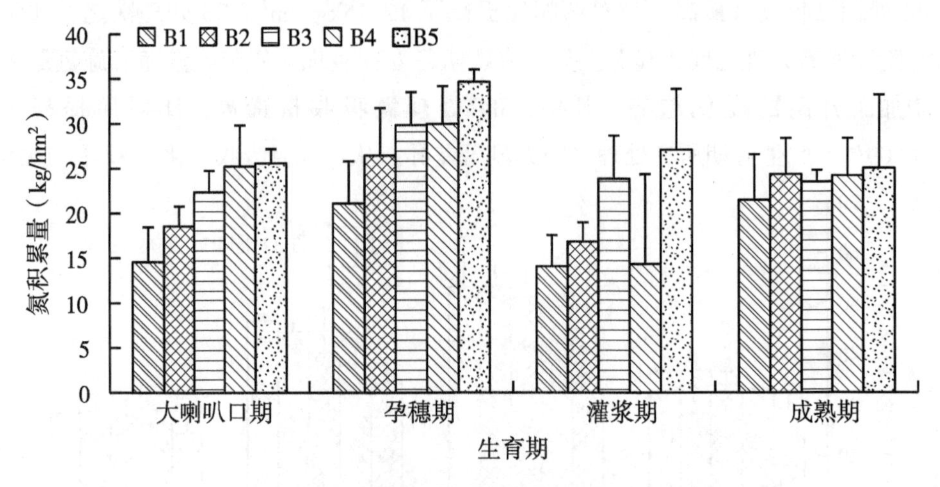

图 3-7　不同施氮量对玉米茎氮吸收的影响

三、不同施氮量对玉米苞叶氮吸收的影响

由图 3-8 可知，玉米苞叶内氮吸收量呈现出随着生育期延后而降低的变化

趋势，在成熟期各处理达到最低值。从不同施氮量对玉米苞叶内氮吸收的影响来看，在孕穗期，B4 处理氮吸收量最高，比对照提高了 69. 14%，两个处理之间差异显著，其次为 B2 处理，低于 B4 处理 0. 52kg/hm²，无显著差异，显著高于对照，B3 处理与对照之间无显著差异，与 B4 处理之间无显著差异；灌浆期 B3 处理氮吸收量最高，其次为 B2 处理，两个处理分别高于对照 1. 90kg/hm² 和 0. 95kg/hm²，无显著差异；成熟期 B3 处理最高，B4 处理次之，两个处理分别高于对照 1. 45kg/hm² 和 1. 30kg/hm²，4 个处理之间无显著差异。从玉米苞叶内氮吸收变化上来看，B4 处理仅在孕穗期显著高于对照，其余生育期均与对照无显著差异。

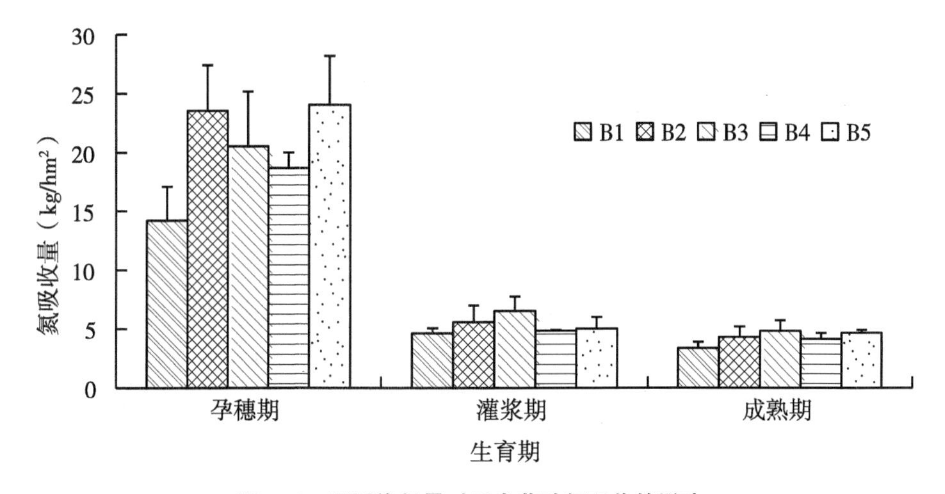

图 3-8 不同施氮量对玉米苞叶氮吸收的影响

四、不同施氮量对玉米雌穗氮吸收的影响

由图 3-9 可知，不同施氮量对玉米雌穗氮吸收的影响在不同的生育期表现不同，孕穗期，B4 处理氮吸收量最高，与对照相比提高了 3. 52 倍，极显著高于对照，B2 处理仅次于 B4，两个处理之间相差 2. 46kg/hm²，无显著差异，显著高于对照，B3 与对照之间无显著差异；灌浆期 B4 处理氮吸收量与对照相比提高了 43. 07%，无显著差异，其余各处理的氮吸收量相近，无显著差异；成熟期 B4 处理最高，其次为 B3 处理，两个处理之间相差 0. 21kg/hm²，无显著差

异，显著高于对照，B2与对照之间无显著差异。从玉米雌穗氮吸收变化上来看，B4处理对提高玉米雌穗氮吸收量效果显著。

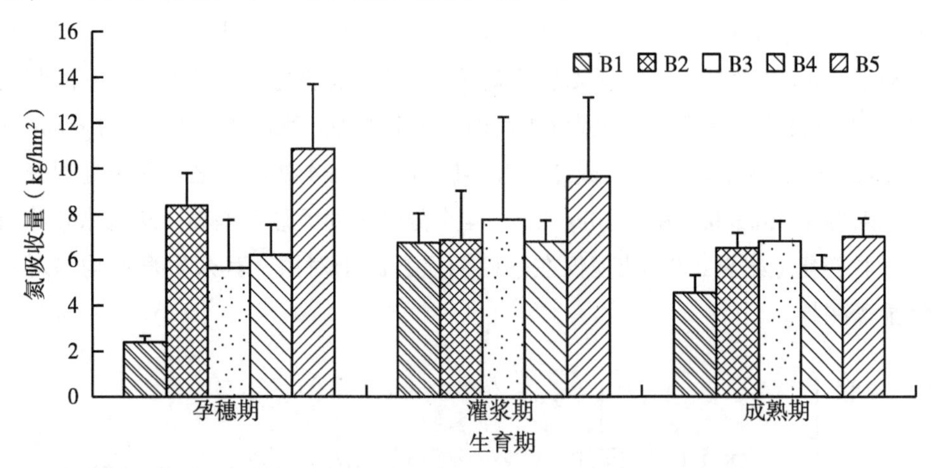

图3-9　不同施氮量对玉米雌穗氮吸收的影响

五、不同施氮量对玉米籽粒氮吸收的影响

由图3-10可知，玉米籽粒氮吸收量在不同生育期内表现不同，但是所有施用氮肥处理的氮吸收量均高于对照，灌浆期B4处理氮吸收量达到了123.91kg/hm²，与对照相比提高了52.97%，两个处理之间存在显著差异，B3

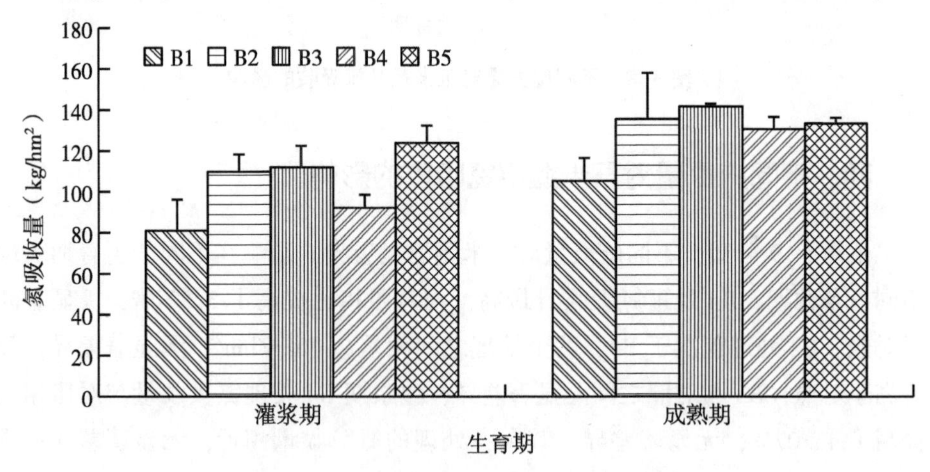

图3-10　不同施氮量对玉米籽粒氮吸收的影响

低于 B4 处理 12.04kg/hm^2，两个处理之间无显著差异，B3 显著高于对照，B2 显著高于对照。成熟期 B3 处理氮吸收量最高，高于对照 36.35kg/hm^2，两个处理之间差异显著，B2、B1 处理之间无显著差异，B2 与 B3 处理之间无显著差异。从试验结果来看，B3、B2 均可以显著提高籽粒内氮吸收量。

第三节　磷肥对玉米氮吸收的影响

一、不同磷肥施用量对玉米总氮吸收的影响

由图 3-11 可知，磷肥施用量不同玉米总氮吸收量也会存在显著差异。拔节期，P4 处于最高值，高于对照 56.48kg/hm^2，差异显著，P2 处理氮吸收量达到了 97.83kg/hm^2，高于 P3 处理 9.20kg/hm^2，无显著差异，两个处理分别高于对照 32.89kg/hm^2 和 23.68kg/hm^2，均显著高于对照，P1 高于对照 10.21kg/hm^2，无显著差异；孕穗期 P3 高于 P2 处理 18.66kg/hm^2，差异显著，两个处理分别高于对照 21.12kg/hm^2 和 39.77kg/hm^2，差异显著，P1 高于对照 10.31kg/hm^2，无显著差异；灌浆期 P3 高于 P2 处理 18.21kg/hm^2，无显著差异，两个处理分别高于对照 31.00kg/hm^2 和 49.21kg/hm^2，差异显著，P1 高于对照 11.90kg/hm^2，无显著差异；成熟期 5 个处理分别达到了 229.61kg/hm^2、

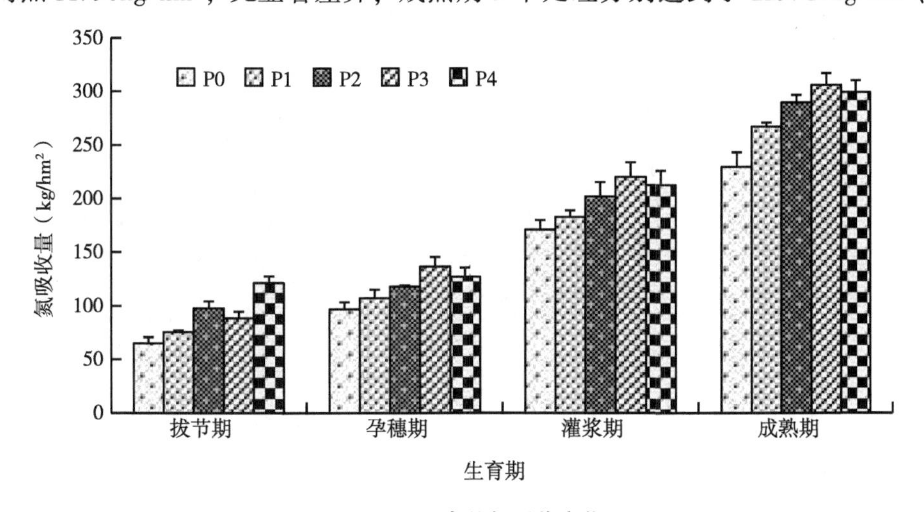

图 3-11　玉米总氮吸收变化

267.19kg/hm²、289.42kg/hm²、305.76kg/hm²和298.97kg/hm²，其中P3、P2处理之间无显著差异，两个处理分别高于对照59.82kg/hm²和76.15kg/hm²，两个处理均显著高于对照，P1高于对照37.58kg/hm²，差异显著，P4高于对照69.36kg/hm²，差异显著，表明施用磷肥可以显著提高玉米总氮积累量，其中P3处理效果最佳。

二、不同磷肥施用量对玉米茎氮吸收的影响

由图3-12可知，玉米茎氮吸收随着生育期延后逐渐升高，成熟期达到最高值，但是不同生育期不同磷肥施用量对氮吸收的影响不同。拔节期，P4处于最高值，高于对照16.90kg/hm²，差异显著，P2处理与对照相比提高了8.78kg/hm²，差异显著，P3处理低于P2处理4.47kg/hm²，无显著差异，P2高于对照4.31kg/hm²，无显著差异，P1低于对照1.56kg/hm²，无显著差异；孕穗期P1处理与对照相近，仅高于对照0.59kg/hm²，无显著差异，P4处理最高，其次为P2处理，两个处理之间相差2.07kg/hm²，无显著差异，P2、P3分别高于对照9.31kg/hm²和14.11kg/hm²，两个处理均显著高于对照和P1处理；灌浆期和成熟期氮吸收量表现为随着磷肥施用量的增加而升高，其中灌浆期P3分别高于其他P0、P1、P2处理16.50kg/hm²、11.81kg/hm²和6.87kg/hm²，其中P3显著高于对照，P1、P2与对照之间无显著差异；成熟期5个处理的氮吸

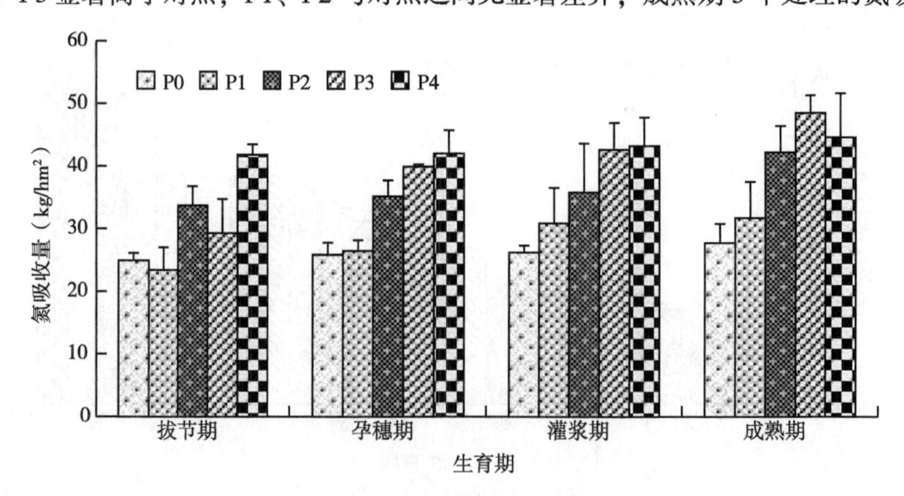

图3-12 玉米茎内氮吸收量变化

收量分别为 27.72kg/hm^2、31.73kg/hm^2、42.25kg/hm^2、48.53kg/hm^2 和 44.62kg/hm^2，P3 处理分别高于 P0、P1 处理 20.81kg/hm^{2}和 16.80kg/hm^2，差异显著，P3 高于 P2 处理 6.29kg/hm^2，无显著差异，P2 与对照之间无显著差异，P4 显著高于对照。从茎内氮吸收量变化上来看，P3 对提高玉米茎内氮吸收量效果最佳。

三、不同磷肥施用量对玉米叶片氮吸收的影响

由图 3-13 可知，玉米叶片氮吸收量整个生育期呈现出先升高后降低的变化趋势，其中在不同生育期磷肥施用量不同氮吸收量存在差异。拔节期 P2 处理氮吸收量达到 64.09kg/hm^2，高于 P3 处理 4.73kg/hm^2，无显著差异，两个处理分别高于对照 24.10kg/hm^2 和 19.37kg/hm^2，差异显著，P1 高于对照 11.77kg/hm^2，差异显著，P1 与 P3 之间无显著差异，P1 显著低于 P2 处理，P4 处于最高值，高于对照 11.51kg/hm^2，差异显著；孕穗期 P3 处理氮吸收量达到最高值，与对照相比提高了 38.28%，差异显著，P1、P2 分别高于对照 5.59kg/hm^2、8.73kg/hm^2，无显著差异；灌浆期和成熟期氮吸收量呈现出随着磷肥施用量的增加而升高的变化，并且施用有机肥处理处于最高值，灌浆期 P3 处理分别高于其他 P0、P1、P2 处理 10.41kg/hm^2、7.58kg/hm^{2}和 2.74kg/hm^2，P3 显著高于对照，P1 与对照间无显著差异；成熟期 5 个处理的氮吸收量分别

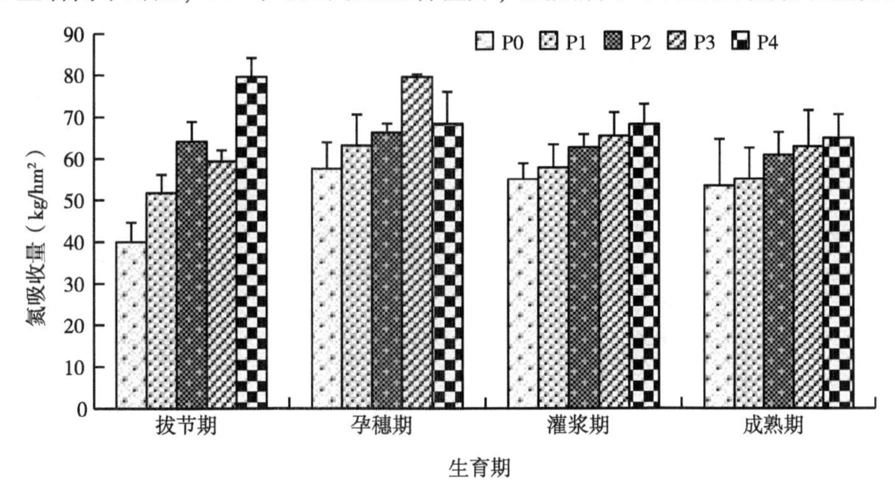

图 3-13　玉米叶片氮吸收量变化

达到 53.39kg/hm^2、55.01kg/hm^2、60.86kg/hm^2、62.87kg/hm^2 和 64.89 kg/hm^2，从吸收量上来看，各处理相近，其中 P3、P4 之间无显著差异，与对照相比分别提高了 17.76% 和 21.55%，无显著差异，P1、P2 分别高于对照 1.62 kg/hm^{2}和 7.47kg/hm^2，无显著差异。从玉米叶片氮吸收量变化上来看，P3、P4 处理对促进玉米叶片氮吸收量增加效果最佳。

四、不同磷肥施用量对玉米雌穗氮吸收的影响

由图 3-14 可知，玉米雌穗氮吸收量呈现出随着生育期延后一直增加的变化趋势，成熟期达到最高值，不同磷肥施用量对氮吸收量存在较大差异。孕穗期 P2 处理氮吸收量最高，达到了 3.17kg/hm^2，与对照相比提高了 267.63%，差异显著，P1、P3 分别高于对照 1.30kg/hm^{2}和 1.48kg/hm^2，无显著差异，P3 与 P2 之间无显著差异；灌浆期 P2 高于 P3 处理 0.74kg/hm^2，无显著差异，两个处理分别高于对照 3.42kg/hm^2 和 2.68kg/hm^2，差异显著，P1 高于对照 1.48kg/hm^2，差异显著，P2 显著高于 P1 处理，P1 与 P3 之间无显著差异，P4 显著高于对照；成熟期 5 个处理的氮吸收量分别为 8.26kg/hm^2、6.72kg/hm^2、9.23kg/hm^2、10.14kg/hm^2 和 10.34kg/hm^2，P3 处于最高值，高于对照 1.88 kg/hm^2，无显著差异，P3 高于 P1 处理 3.42kg/hm^2，差异显著，P2 与对照之

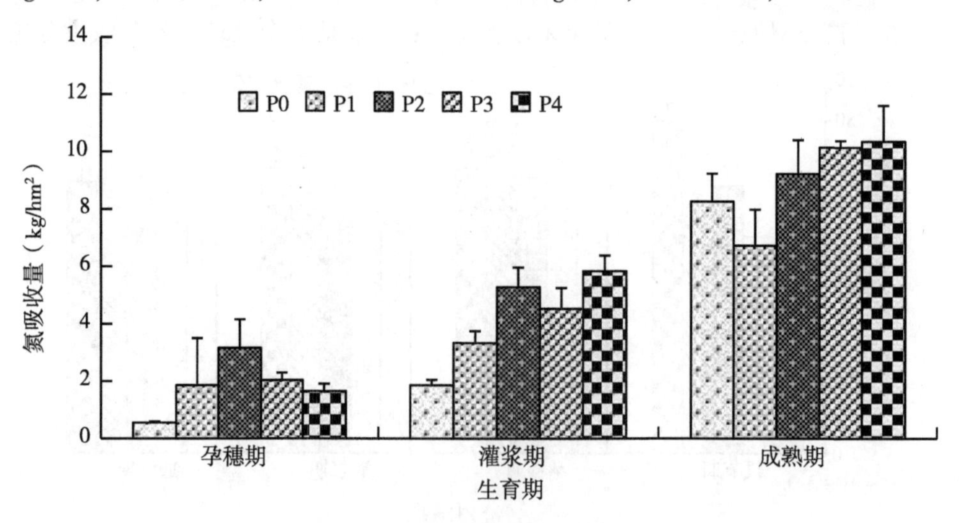

图 3-14 玉米雌穗氮吸收量变化

间无显著差异，P4 显著高于对照。从雌穗氮吸收量变化上来看，P3、P4 对促进雌穗氮吸收效果最佳。

五、不同磷肥施用量对玉米苞叶氮吸收的影响

由图 3-15 可知，玉米苞叶氮吸收量呈现出随着生育期延后而降低的变化，不同磷肥施用量处理氮吸收量存在显著差异。孕穗期 P1 处理氮吸收量最高，与对照相比提高了 2.83kg/hm^2，差异显著，P2、P3 处理分别高于对照 0.47 kg/hm^{2}和 2.17kg/hm^2，无显著差异，P3 低于 P1 处理 0.66kg/hm^2，无显著差异，P4 与对照之间无显著差异；灌浆期和成熟期氮吸收量呈现出随着磷肥施用量的增加而升高的变化趋势，灌浆期 P3 高于对照 4.37kg/hm^2，差异显著，P1、P2 分别低于 P3 处理 2.34kg/hm^{2}和 1.73kg/hm^2，无显著差异，P1、P2 与对照之间无显著差异；成熟期 5 个处理的氮吸收量分别为 5.26kg/hm^2、7.29 kg/hm^2、7.68kg/hm^2、9.76kg/hm^2 和 8.20kg/hm^2，其中 P3 比对照提高了 85.69%，差异显著，P1、P2 分别低于 P3 处理 2.45kg/hm^{2}和 2.08kg/hm^2，无显著差异，P1、P2 与对照之间无显著差异，P 与对照之间无显著差异。从玉米苞叶氮吸收量变化上来看，P3 处理对促进氮吸收量增加效果优于 P1、P2、P4 处理。

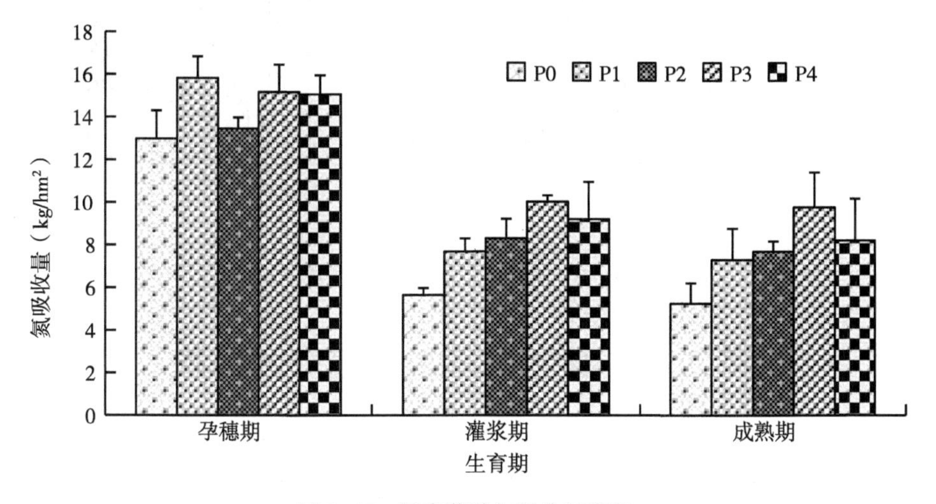

图 3-15　玉米苞叶氮吸收量变化

六、不同磷肥施用量对玉米籽粒氮吸收的影响

由图 3-16 可知，玉米籽粒氮吸收量呈现出随着生育期延后一直增加的变化，成熟期达到最高值，不同磷肥施用量对氮吸收量影响不同。在灌浆期，所有处理的氮吸收量相近，其中 P3 处理处于最高值，高于对照 15. 24kg/hm^2，无显著差异，P1、P2 分别低于 P3 处理 14. 39kg/hm^2 和 7. 61kg/hm^2，无显著差异，两个处理与对照之间无显著差异；成熟期 5 个处理的氮吸收量分别达到了 134. 98kg/hm^2、166. 43kg/hm^2、169. 40kg/hm^2、174. 45kg/hm^2 和 170. 90 kg/hm^2，P3 分别高于 P1、P2 处理 8. 02kg/hm^2 和 5. 05kg/hm^2，无显著差异，P1、P2、P3 处理分别高于对照 31. 45kg/hm^2、34. 42kg/hm^2 和 39. 47kg/hm^2，差异显著，P4 显著高于对照。从试验结果来看，所有施用磷肥处理均可以显著提高籽粒内氮吸收量，其中 P3 处理效果最佳。

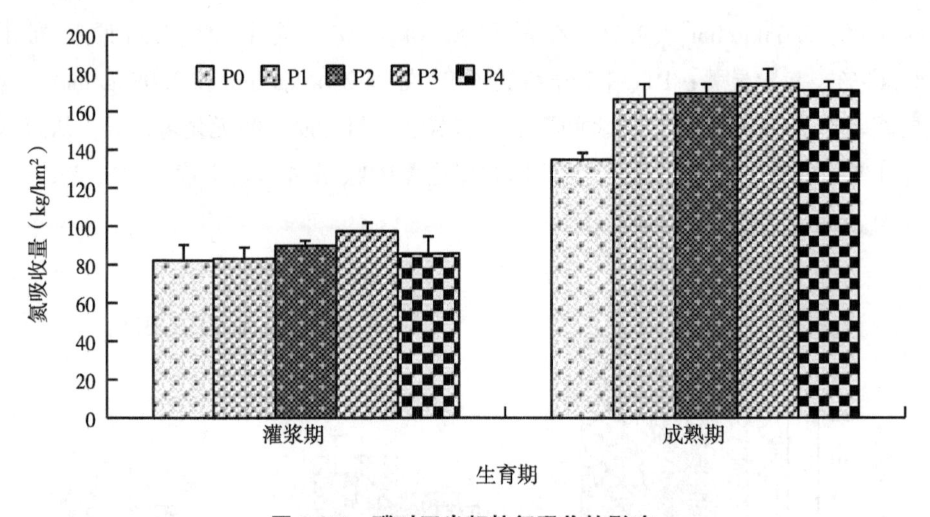

图 3-16　磷对玉米籽粒氮吸收的影响

第四节　钾肥对玉米氮吸收的影响

一、不同钾肥施用量对玉米总氮吸收的影响

由图 3-17 可知，玉米总氮吸收量表现为生育后期高于生育前期的变化，

这与玉米生长过程中干物质不断积累变化有关，同时，在孕穗期和收获期均表现为随着钾肥施用量的增加，玉米总氮吸收量升高的变化趋势，K4 处理的总氮吸收量始终处于最高值，两个时期分别高于对照 57.84kg/hm^2 和 63.77 kg/hm^2，方差分析结果表明，K4 与对照之间存在显著差异，表明钾肥施用量达到 150.00kg/hm^{2}时可以显著促进玉米总氮吸收量的增加；从 K1、K2、K3 的总氮吸收量变化上来看，这 3 个处理的总氮吸收量与对照相近，无显著差异，均显著低于 K4 处理，表明钾肥施用量低于 112.5kg/hm^{2}时对玉米总氮吸收的促进作用不显著。从玉米总氮变化上来看，整个试验期间，钾肥对玉米总氮吸收促进作用不显著，这可能与玉米生产中施用钾肥数量较低有关，也可能与玉米植株后期氮含量显著降低有关。

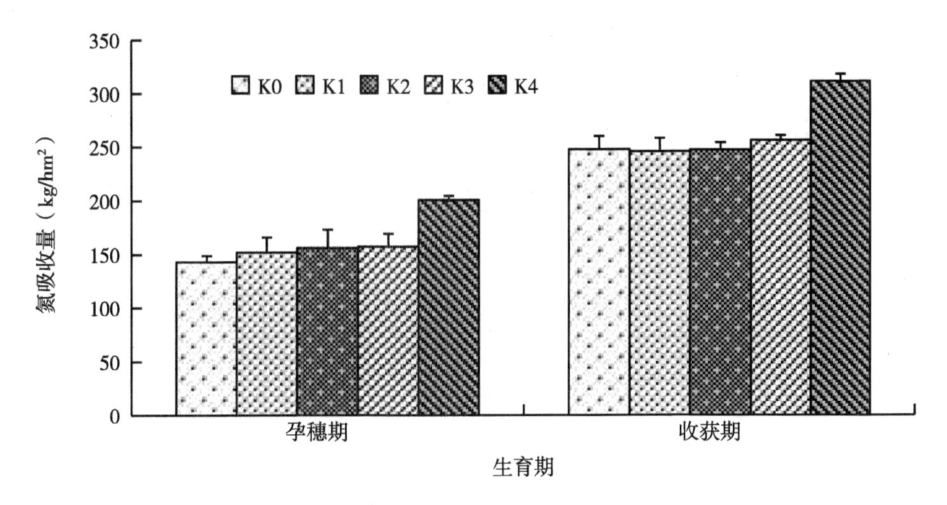

图 3-17　不同钾肥施用量对玉米总氮吸收的影响

二、不同钾肥施用量对玉米叶片氮吸收的影响

由图 3-18 所示，玉米叶片氮吸收量表现为成熟期低于生长期，分析认为这可能与氮元素在玉米植株内属于可移动的营养元素有关，在收获期，大量的叶片内的氮元素转移至籽粒中，从而导致了叶片内氮营养的减少。从不同钾肥施用量对玉米氮吸收的影响来看，在孕穗期，K1～K3 处理表现为随着钾肥施用量的增加，氮吸收量表现出降低的变化趋势，这可能与玉米对钾元素的吸收和对氮元素的吸收相互拮抗有关；K4 处理在孕穗期、收获期均处于最高值，与对照相比分

别提高了 27. 81kg/hm^{2}和 25. 73kg/hm^2，方差分析结果表明，K4 处理在两个时期均显著高于对照，证明 K4 对提高玉米氮吸收量效果最佳。孕穗期，K1、K2、K3 处理与对照之间均无显著差异，表明钾肥施用量低于 112. 5kg/hm^{2}时对玉米叶片氮吸收无显著促进作用；收获期，K1～K3 处理的氮吸收量相近，无显著差异，由此也证明了在成熟期较低的钾肥施用量不能显著提高玉米叶片的钾积累量。综合分析认为，K4 处理对提高玉米叶片氮吸收效果最佳。

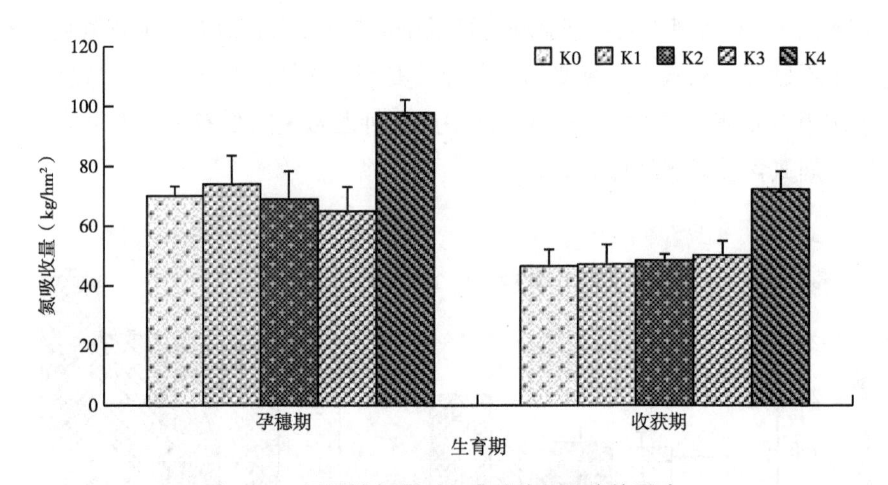

图 3-18　不同施钾量对玉米叶片氮吸收的影响

三、不同钾肥施用量对玉米茎氮吸收的影响

由图 3-19 所示，玉米茎氮吸收量表现为收获期低于孕穗期，说明在成熟期玉米茎内的大量氮素发生了转移，这与氮素在植物体内具有可移动的特点相适应；从不同施钾量对玉米茎氮吸收的影响来看，在两个月份均表现出随着钾肥施用量的增加而增加的变化趋势，其中 K4 处理氮吸收量最高，与对照相比分别提高了 30. 03kg/hm^{2}和 13. 65kg/hm^2，方差分析结果表明，K4 显著高于对照，表明 K4 处理对提高玉米茎氮吸收具有较好的作用。在孕穗期，K2、K3 氮吸收量相近，两个处理均显著低于 K4 处理，表明钾肥施用量在 75～112. 5kg/hm^{2}范围内对玉米氮吸收影响不显著，但是显著低于 150kg/hm^2，表明在孕穗期提高钾肥施用量对促进玉米对氮肥的吸收具有较好的作用；K2、K3 处理氮吸收量显著高于对照，表明钾肥施用量超过 75kg/hm^{2}便可以显著提高孕穗期玉米的茎

氮吸收量；K1 处理与对照之间并无显著差异，显著低于 K2 处理，证明钾肥施用量低于 37.5kg/hm^{2}时对孕穗期玉米氮吸收量增加并无显著影响；收获期，K3、K4 处理之间无显著差异，表明钾肥施用量增加对玉米氮吸收的促进作用有限，K1、K2、K3 处理与对照之间均无显著差异，证明较低的钾肥施用量不能显著提高玉米茎的钾肥施用量。综合分析认为，K4 处理对提高玉米氮吸收量效果最佳。

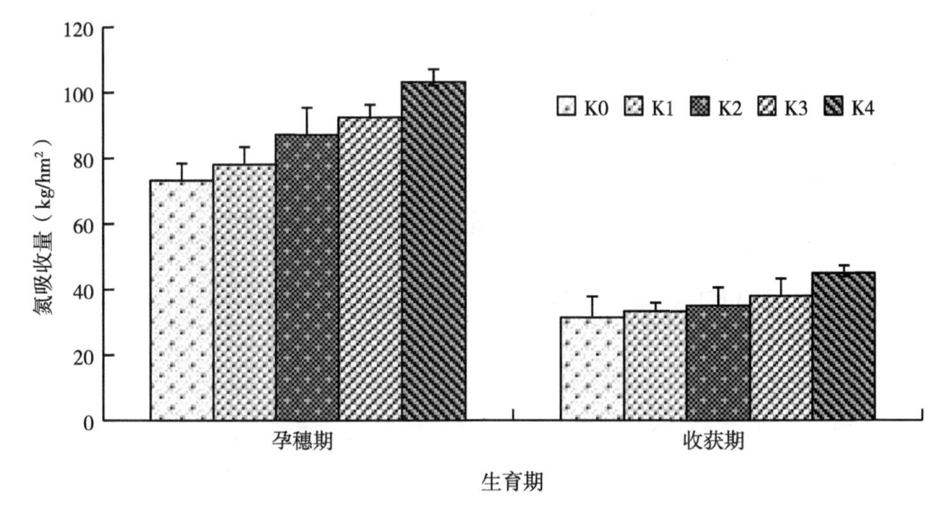

图 3-19　不同钾肥施用量对玉米茎氮吸收的影响

四、不同钾肥施用量对玉米苞叶氮吸收的影响

从玉米苞叶氮吸收变化情况上来看，氮吸收量呈现出随着钾肥施用量的增加而增加的趋势，K4 处理氮吸收量最高，与对照相比提高了 9.36kg/hm^2，方差分析结果表明，K4 处理显著高于对照，表明钾肥施用量在 150kg/hm^{2}时可以显著促进玉米苞叶氮营养的积累；K1、K2、K3 分别高于对照 1.25kg/hm^2、0.71kg/hm^{2}和 2.02kg/hm^2，方差分析结果表明，这 3 个施用钾肥处理的氮吸收量与对照之间并无显著差异，证明钾肥施用量在较低时不能显著提高玉米苞叶内的氮吸收量，因此，为促进玉米苞叶的氮吸收，增加钾肥施用量是较好的途径（图 3-20）。

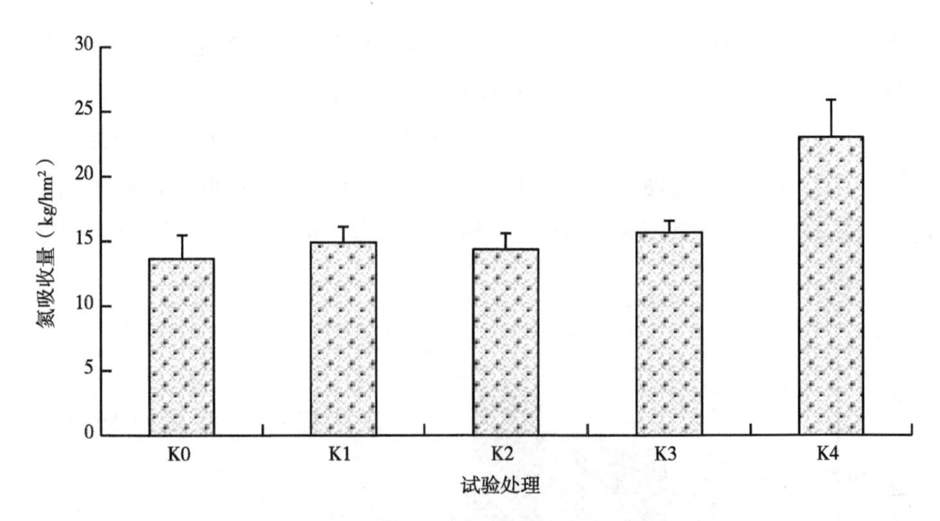

图 3-20　不同钾肥施用量对玉米苞叶氮吸收的影响

五、不同钾肥施用量对玉米雌穗氮吸收的影响

由图 3-21 可知，玉米雌穗氮吸收量表现为随着钾肥施用量的增加而增加的变化趋势，其中 K4 处理最高，与对照相比氮吸收量提高了 3.30kg/hm^2，差异显著，表明提高钾元素吸收量可以显著促进玉米雌穗对氮元素的吸收。K3 处理低于 K4 处理 1.74kg/hm^2，差异显著，表明钾肥施用量为 112.5kg/hm^{2}时

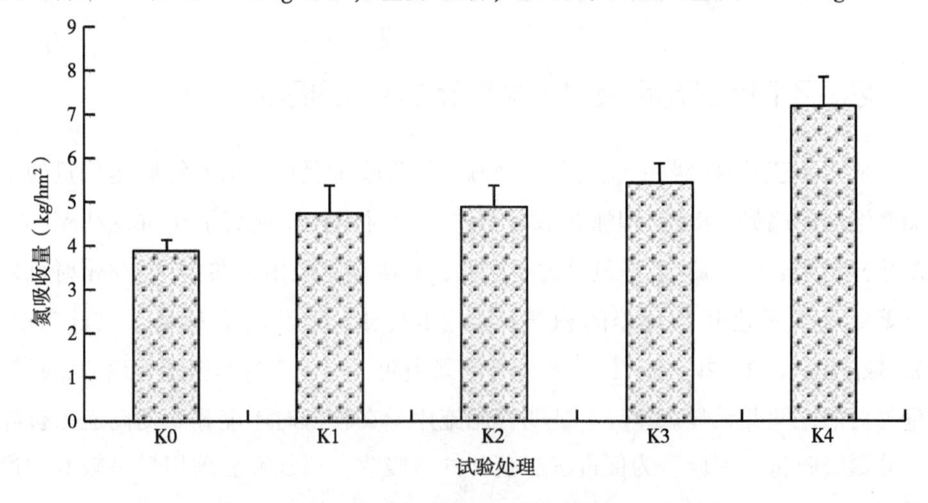

图 3-21　不同钾肥施用量对玉米雌穗氮吸收的影响

可以显著降低玉米雌穗对氮营养的吸收，从侧面也说明了增加钾肥的施用量可以促进玉米雌穗对氮营养的吸收；与此同时，K3 处理显著高于对照，证明钾肥施用量为 112.5kg/hm^{2}时也可以显著促进玉米雌穗对氮营养的吸收；K1、K2、K3 之间无显著差异，表明在钾肥较低的施用量情况下，不同钾肥施用量之间对玉米雌穗氮吸收的影响不显著；K1、K2 与对照之间并无显著差异，证明钾肥施用量低于 75kg/hm^{2}时不能显著促进玉米雌穗对氮元素的吸收。因此，为促进玉米雌穗对氮元素的吸收，钾肥施用量以 150kg/hm^{2}为宜。

六、不同钾肥施用量对玉米籽粒氮吸收的影响

从玉米籽粒变化上来看，不同钾肥施用量对玉米籽粒内氮吸收影响存在差异，表现为随着钾肥施用量的增加，玉米籽粒氮吸收量表现为先降低后升高的变化趋势，其中 K4 处理氮吸收量最高，与对照相比提高了 11.73kg/hm^2，方差分析结果表明，K4 与对照之间差异显著，证明钾肥施用量为 150.00kg/hm^{2}时可以显著提高玉米籽粒内氮肥的施用量；K2 处理的氮吸收量最低，与对照相比降低了 7.40kg/hm^2，无显著差异，K1、K3 处理氮吸收量居中，与对照之间无显著差异。从玉米籽粒氮吸收量变化上来看，较低量的施用钾肥可以导致玉米籽粒内氮吸收量降低，而较高的钾肥施用量可以促进籽粒氮元素的吸收。因此，K4 处理对促进氮吸收效果最佳（图 3-22）。

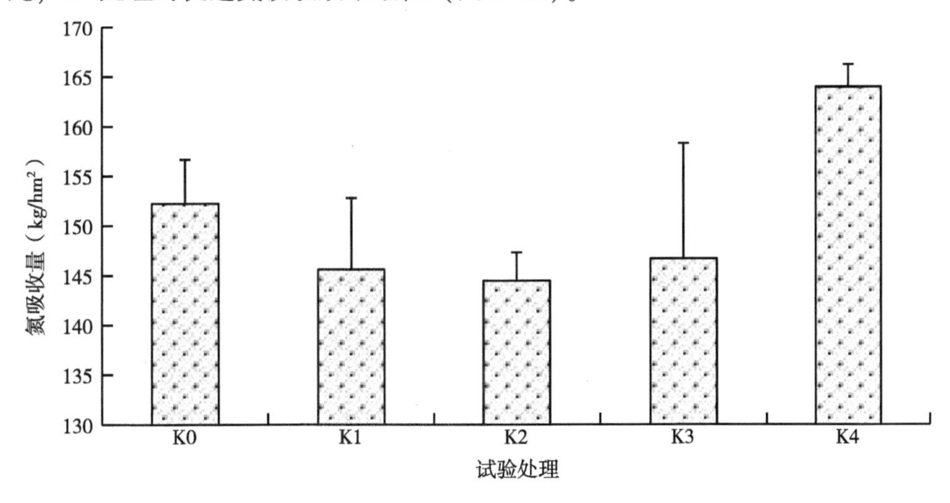

图 3-22　不同钾肥施用量对玉米籽粒氮吸收的影响

第五节　有机-无机肥配施对玉米氮吸收的影响

一、有机-无机肥配施对玉米茎氮吸收的影响

由表 3-1 可知，玉米茎氮吸收表现相对比较稳定，整个生育期升高幅度较小，不同处理在不同生育期存在较大差异。拔节期、孕穗期、灌浆期 T3 处理始终处于最高值，与对照相比分别提高了 67.71%、62.58%和 65.31%，T3 与对照之间存在显著差异，表明有机-无机配合施用对于促进这 3 个时期玉米茎内氮吸收量的增加达到了显著水平；拔节期 T2 高于 T4 处理 4.79kg/hm^2，T2 与 T4 之间无显著差异，表明这两个处理对玉米茎氮吸收的影响处于同一水平；T2 高于对照 8.78kg/hm^2，T2 与对照之间差异显著，表明当地常规施用化学肥料处理在该时期也可以显著促进玉米茎氮吸收量的增加。

表 3-1　玉米茎氮吸收　　单位：kg/hm^2

处理	拔节期	孕穗期	灌浆期	成熟期
T1	24.96c	25.84c	26.16b	27.72b
T2	33.74b	35.15b	35.79ab	42.25a
T3	41.86a	42.01a	43.25a	44.62a
T4	29.27bc	39.94a	42.66a	48.53a

孕穗期和灌浆期 T4 分别高于 T2 处理 4.79kg/hm^{2}和 6.87kg/hm^2，无显著差异，表明这两个时期不同磷肥施用量不会显著改变玉米茎氮吸收量；T2 分别高于对照 9.31kg/hm^2、9.63kg/hm^2，T2 与对照之间差异显著，表明当地常规施用化肥处理在这两个时期均可以显著促进玉米茎氮吸收量的增加；成熟期 T4 仅高于 T3 处理 3.91kg/hm^2，T4 与 T3 之间无显著差异，两个处理均显著高于对照，表明有机-无机肥料配合施用可以显著促进玉米茎内氮吸收量的增加，T2 高于对照 14.53kg/hm^2，T2 与 T1 差异显著，T2 低于 T3 处理 2.37kg/hm^2，无显著差异，表明有机-无机肥料配合施用与当地常规施肥处理之间无显著差异。从玉米茎氮吸收变化上来看，T3 处理对促进玉米茎氮吸收效果较显著。

二、有机-无机肥配施对玉米叶片氮吸收的影响

由表 3-2 可知，玉米叶片氮吸收量表现为随着生育期延后缓慢降低的变化趋势，但是不同处理之间存在差异。拔节期 T3 处于最高值，其次为 T2，两个处理之间相差 15.48kg/hm^2，差异显著，由此表明在拔节期，有机-无机肥料配施对促进玉米叶片氮吸收量的增加显著优于当地常规施肥处理；T2 高于 T4 处理 4.73kg/hm^2，T4 与 T3 无显著差异，表明不同化学肥料施用量对玉米叶片氮吸收不会产生显著影响；T4 高于对照 19.37kg/hm^2，T4 与 T1 差异显著，表明施用化学肥料也可以显著促进玉米叶片氮吸收量的增加，但是效果显著低于有机-无机肥料配合施用处理。

孕穗期 T4 处于最高值，分别高于其他 3 个处理 22.02kg/hm^2、13.29 kg/hm^{2}和 11.19kg/hm^2，其中 T2、T3、T4 显著高于对照，表明各施肥处理均可以显著促进玉米叶片氮吸收量的增加；灌浆期和成熟期 T3 始终处于最高值，与对照相比分别提高了 24.09%和 21.55%，T3 与对照之间差异显著，表明有机-无机肥料配合施用对玉米生育后期氮吸收量的增加促进效果显著，T4 分别低于 T3 处理 2.83kg/hm^{2}和 2.02kg/hm^2，T4 与 T3 之间无显著差异，表明有机-无机肥料配合施用效果与高磷肥处理处于同一水平；T2 分别高于对照 10.41kg/hm^{2}和 9.48kg/hm^2，成熟期 T2 与对照之间无显著差异，表明当地常规施肥对促进玉米叶片氮吸收量的增加效果不显著，并且效果显著低于有机-无机肥料配合施用处理。从玉米叶片氮吸收变化情况来看，T3 对促进玉米叶片氮吸收效果较显著。

表 3-2　对玉米叶氮吸收　　单位：kg/hm^2

处理	拔节期	孕穗期	灌浆期	成熟期
T1	39.98c	57.52c	54.99b	53.39b
T2	64.09b	66.25b	62.66a	60.86ab
T3	79.57a	68.35b	68.24a	62.88ab
T4	59.36b	79.54a	65.41a	64.90a

三、有机-无机肥配施对玉米雌穗氮吸收的影响

由图 3-23 可知，玉米雌穗氮吸收表现为随着生育期延后快速升高的变化趋势，在成熟期达到最高值，不同处理在不同生育期表现存在差异。孕穗期，T2 处于最高值，与对照相比提高了 2.61kg/hm^2，T2 与对照之间差异显著，表明单纯施用化学肥料处理在孕穗期可以显著促进雌穗氮吸收量的增加，效果显著优于 T3、T4 处理；T3、T4 分别低于 T2 处理 1.51kg/hm^2 和 1.43kg/hm^2，差异显著，T3、T4 均显著高于对照，表明有机-无机肥料配施对促进玉米雌穗氮吸收效果也达到了显著水平；灌浆期和成熟期 T3 处理处于最高值，与对照相比分别提高了 3.98kg/hm^2 和 2.09kg/hm^2，差异显著，表明在这两个时期有机-无机肥料配合施用对促进玉米氮吸收量的增加达到了差异显著水平，但是与单纯施用化学肥料处理相比处于同一水平，无显著差异；灌浆期 T2 高于 T4 处理 0.74kg/hm^2，差异显著，表明当地常规施肥处理在该时期对促进雌穗氮吸收量的增加达到了显著水平；成熟期 T4 高于 T2 处理 0.97kg/hm^2，T4 与 T2 无显著差异，T2 高于对照 0.97kg/hm^2，T2 与对照之间无显著差异，表明有机-无机肥料配施对促进玉米雌穗氮吸收量增加效果显著优于单纯施用化学肥料处理。

四、有机-无机肥配施对玉米苞叶氮吸收的影响

由图 3-24 可知，玉米苞叶氮吸收在生长期内表现出一直降低的变化趋势，不同处理之间存在差异，整个试验期间，T4 处理始终处于最高值，与对照相比分别提高了 16.71%、77.39%和 85.69%，T4 与对照之间差异显著，表明单纯提高无机磷肥的施用量可以显著提高玉米苞叶氮吸收量的增加；T3 分别低于 T4 处理 0.10kg/hm^2、0.82kg/hm^2 和 1.55kg/hm^2，T3 与 T4 无显著差异，T3 显著高于对照，表明有机-无机肥料配合施用可以显著提高玉米苞叶内氮吸收量的增加，但是与增加磷肥施用量处理之间处于同一水平；T2 分别高于对照 0.47kg/hm^2、2.65kg/hm^2 和 2.42kg/hm^2，T2 与对照无显著差异，由此表明有机-无机肥料配施对促进玉米苞叶氮吸收量的增加效果显著优于当地常规化学肥料处理。

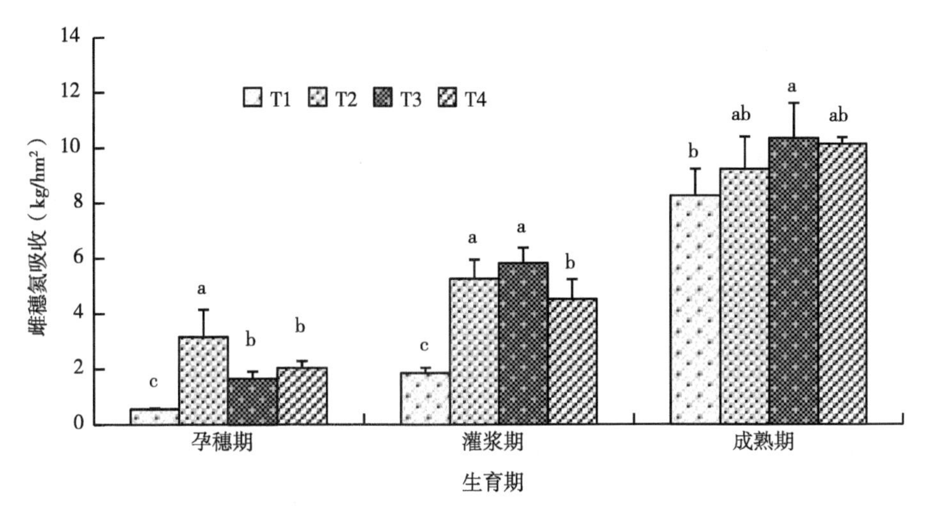

图 3-23　玉米雌穗氮吸收

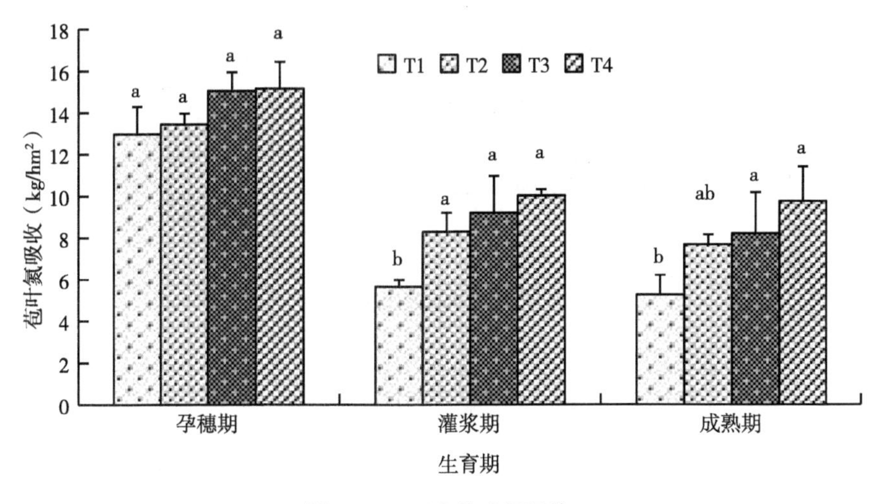

图 3-24　玉米苞叶氮吸收

五、有机-无机肥配施对玉米籽粒氮吸收的影响

由图 3-25 可知，玉米籽粒氮吸收量在成熟期达到最高值，不同处理之间存在较大差异。在灌浆期和成熟期，T4 处理始终处于最高值，与对照相比分别

提高了 15.24kg/hm^2、39.47kg/hm^2，其中在灌浆期 4 个处理之间均无显著差异，表明该生育期不同施肥处理均不会对玉米籽粒的氮吸收产生显著影响；T3 处理两个时期分别低于 T4 处理 11.79kg/hm^2、3.55kg/hm^2，T3 与 T4 无显著差异，成熟期 T3 显著高于对照，表明该处理在成熟期对促进玉米籽粒内氮吸收量的增加达到了差异显著水平，同时，T2 与 T3 之间无显著差异，表明有机-无机肥料配施对籽粒氮吸收量的增加处于同一水平，尚未达到差异显著的水平，并且高磷处理也与当地常规化学肥料处理处于同一水平，但是从绝对吸收量上来看，有机-无机肥料配施效果优于当地常规施肥处理。

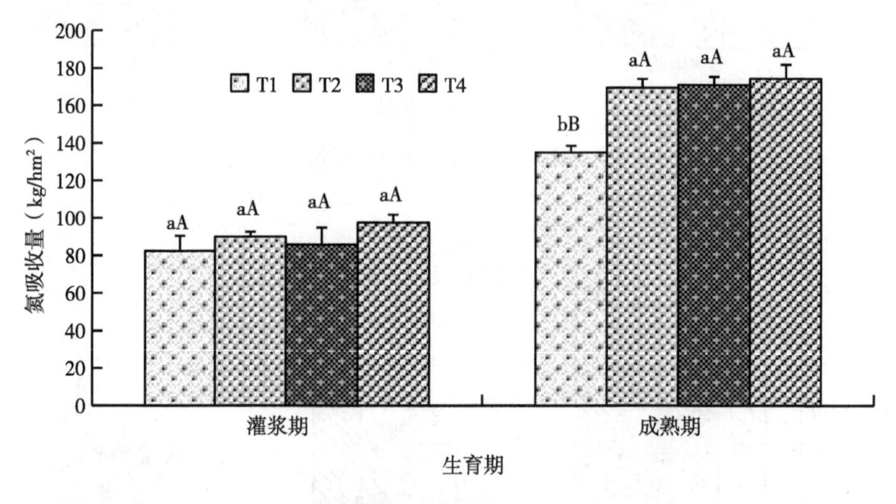

图 3-25　玉米籽粒氮吸收

六、有机-无机肥配施对玉米总氮吸收的影响

由表 3-3 可知，玉米总氮吸收表现为随着生育期延后一直增加的变化趋势，在成熟期达到最高值，不同处理在相同生育期对总氮吸收的影响不同。拔节期 T3 处理处于最高值，分别高于其他 3 个处理 56.48kg/hm^2、23.60kg/hm^2 和 32.80kg/hm^2，其中 T3 与对照之间存在显著差异，显著高于 T2、T4，表明有机-无机肥料配施对促进玉米总氮吸收效果显著优于单纯施用化学肥料处理；孕穗期至成熟期 T4 处理处于最高值，分别比对照提高了 41.04%、28.79% 和 33.16%，T4 与对照之间差异显著，T3 仅次于 T4，两个处理之间分别相差

9.61kg/hm^2、7.90kg/hm^{2}和6.79kg/hm^2，T3与T4无显著差异，T3显著高于对照，表明有机-无机肥料配施与提高磷肥施用量均可以显著促进玉米总氮吸收量的增加；孕穗期T2高于对照21.12kg/hm^2，差异显著，灌浆期和成熟期分别高于对照31.00%和59.82%，成熟期无显著差异，表明当地常规施肥处理对促进玉米总氮吸收效果显著低于有机-无机肥料配施处理。从玉米总氮吸收变化上来看，T3处理对促进玉米总氮吸收效果较显著。

表3-3　玉米总氮吸收　　单位：kg/hm^2

处理	拔节期	孕穗期	灌浆期	成熟期
T1	64.94c	96.90d	170.95b	53.39b
T2	97.83b	118.02b	201.95a	60.86ab
T3	121.42a	127.07ab	212.26a	62.88a
T4	88.63b	136.68a	220.15a	64.90a

第四章　栽培方式和施肥对玉米磷吸收的影响

第一节　栽培方式对玉米磷吸收的影响

一、不同栽培方式对玉米叶片磷吸收的影响

从不同栽培方式对玉米叶片磷吸收的影响规律来看，不同生育期存在着一定的差异。在大喇叭口期，T3 高于 T1 处理 1.19kg/hm^2，两个处理之间差异显著，T4 高于 T2 处理 0.56kg/hm^2，无显著差异；孕穗期以及灌浆期 T4 处理均低于 T2 处理，T3 均高于 T1 处理，但是所有处理之间无显著差异，成熟期 T3 比 T1 处理提高了 39.49%，无显著差异，T2 高于 T4 处理 0.11kg/hm^2，无显著差异。从叶片内磷吸收变化规律上来看，地膜补灌并不能显著提高玉米叶片内磷吸收量（图 4-1）。

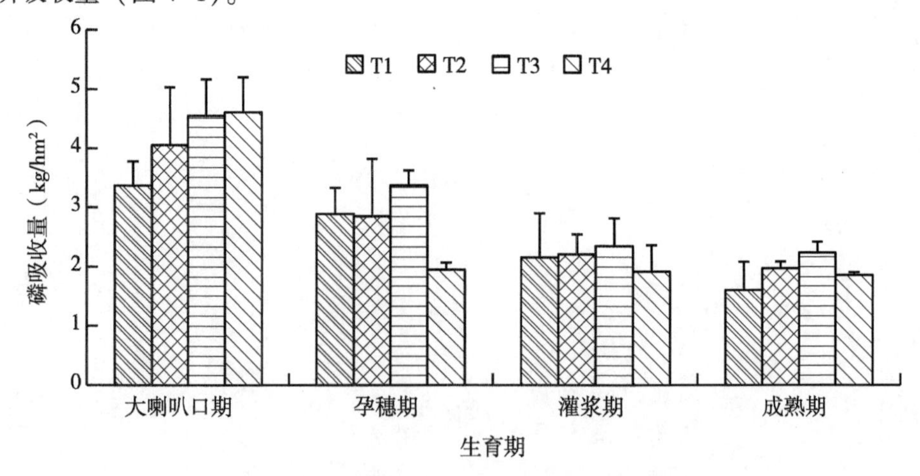

图 4-1　不同栽培方式对玉米叶片磷吸收的影响

二、不同栽培方式对玉米茎磷吸收的影响

由图 4-2 可知，玉米不同栽培方式在不同的生育期对玉米茎内磷吸收的影响存在显著差异，大喇叭口期，T3 比 T1 处理提高了 2. 19kg/hm^2，两个处理之间差异显著，T4 高于 T2 处理 1. 52kg/hm^2，无显著差异；孕穗期地膜补灌处理磷吸收量均高于雨养处理，T3、T4 处理分别高于 T1、T2 处理 1. 63kg/hm^2 和 0. 09kg/hm^2，存在显著差异；灌浆期雨养处理磷吸收量均高于地膜补灌处理，T3、T4 分别低于 T1、T2 处理 0. 97kg/hm^2 和 0. 49kg/hm^2，方差分析结果表明，4 个处理之间无显著差异；成熟期 T3 高于 T1 处理 0. 57kg/hm^2，无显著差异，T4 高于 T2 处理 0. 64kg/hm^2，无显著差异。从试验结果来看，不同栽培方式对玉米茎内磷吸收的影响在不同生育期存在较大差异。

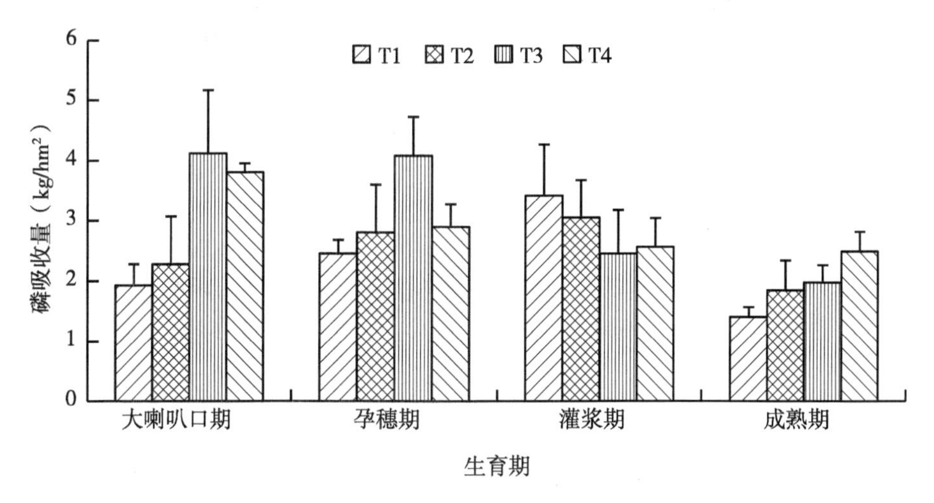

图 4-2　不同栽培方式对玉米茎磷吸收的影响

三、不同栽培方式对玉米苞叶磷吸收的影响

由图 4-3 可知，玉米苞叶磷吸收量不同栽培方式在不同生育期对玉米苞叶内磷吸收的影响存在较大差异。在孕穗期，地膜补灌处理的磷吸收量均低于雨养处理，T3、T4 分别低于 T1、T2 处理 0. 03kg/hm^2 和 0. 01kg/hm^2，两种不同栽培方式对玉米苞叶磷吸收的影响无显著差异；灌浆期 T3 处理磷吸收量降低比

较明显，与 T1 相比降低了 30.45%，两个处理之间存在显著差异，T4 低于 T2 处理 0.16kg/hm^2，无显著差异；成熟期 T3 高于 T1 处理 0.23kg/hm^2，两个处理之间差异显著，T4 高于 T2 处理 0.25kg/hm^2，无显著差异。从试验结果来看，在成熟期地膜补灌处理可以显著提高玉米苞叶内磷积累量。

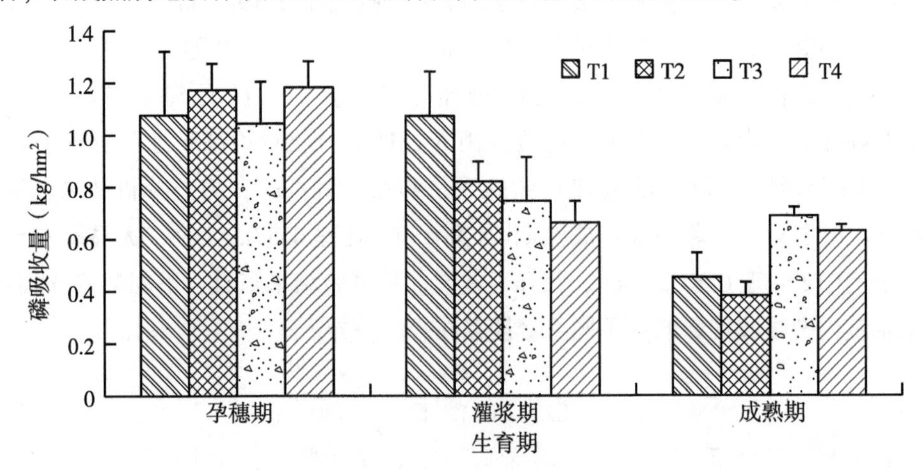

图 4-3　不同栽培方式对玉米苞叶磷吸收的影响

四、不同栽培方式对玉米雌穗磷吸收的影响

由图 4-4 可知，玉米的孕穗期和灌浆期地膜补灌处理的磷吸收量均高于雨养处理，其中孕穗期 T3 高于 T1 处理 0.47kg/hm^2，两个处理差异显著，T4 高

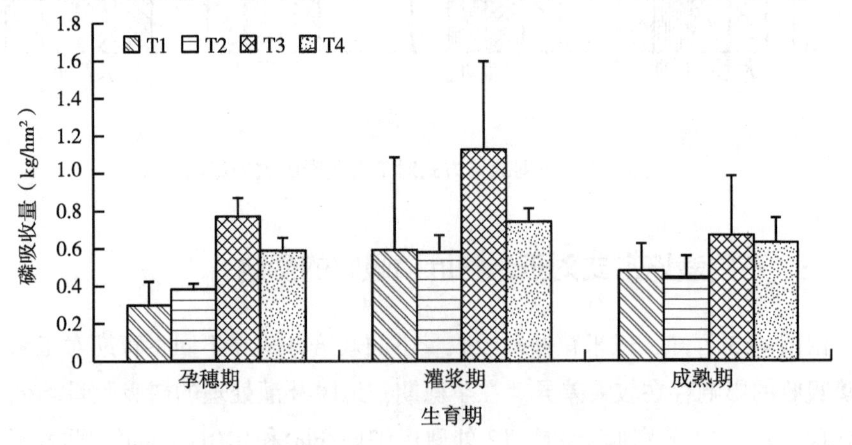

图 4-4　不同栽培方式对玉米雌穗磷吸收的影响

于T2处理0.21kg/hm^2，无显著差异；灌浆期T3、T4分别高于T1、T2处理0.53kg/hm^{2}和0.16kg/hm^2，此生育期4个处理之间无显著差异；成熟期T3高于T1处理0.19kg/hm^2，两个处理之间无显著差异，T4高于T2处理0.19kg/hm^2，无显著差异。从试验结果来看，在成熟期玉米雌穗磷吸收量地膜补灌处理高于雨养处理，但是两种栽培方式之间无显著差异。

五、不同栽培方式对玉米籽粒磷吸收的影响

由图4-5可知，玉米籽粒磷吸收量在不同的栽培方式下存在一定的差异，但是不同生育期表现不同。在灌浆期，地膜补灌处理的磷吸收量均低于雨养处理，其中T3、T4分别低于T1、T2处理0.78kg/hm^2、1.17kg/hm^2，无显著差异；成熟期T3高于T1处理1.39kg/hm^2，T4高于T2处理1.86kg/hm^2，此生育期4个处理之间无显著差异。从试验结果来看地膜补灌处理不能显著提高玉米籽粒内磷吸收量。

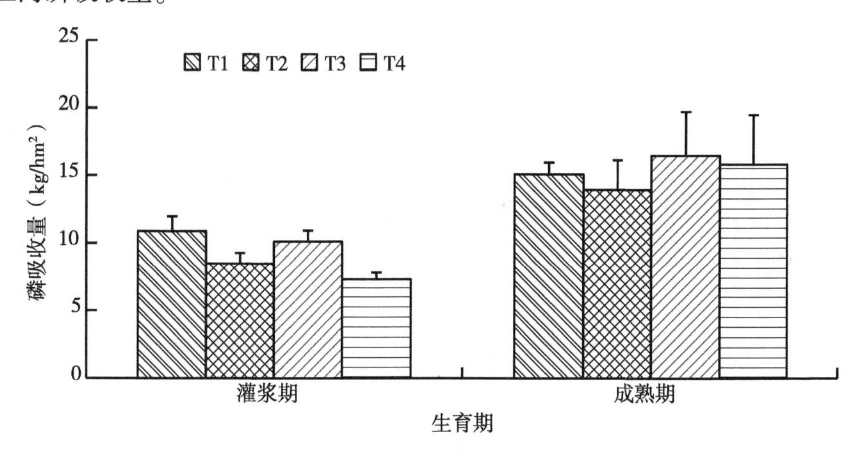

图4-5　不同栽培方式对玉米籽粒磷吸收的影响

第二节　氮肥对玉米磷吸收的影响

一、氮肥对玉米叶片磷吸收的影响

由图4-6可知，玉米叶片磷吸收量呈现出随着生育期延后而降低的变化，

在成熟期降到最低值。从不同生育期的测定结果来看，不同施氮量对玉米叶片磷吸收的影响不同。在大喇叭口期，玉米叶片磷吸收量呈现出随着施氮量的增加磷吸收量增加的变化，其中 B4 处理磷吸收量处于最高值，分别高于 B1、B2、B3 处理 1.51kg/hm^2、0.78kg/hm^{2}和 0.56kg/hm^2，方差分析结果表明，B4 显著高于对照，B2、B3 与对照之间无显著差异；孕穗期 B4 处理处于最高值，其次为 B2 处理，两个处理分别高于对照 0.75kg/hm^{2}和 0.66kg/hm^2，与对照之间无显著差异，B3 与 B1 处理之间无显著差异；灌浆期 B4 处理与对照相比提高了 58.26%，B3 低于对照 0.22kg/hm^2，方差分析结果显示，4 个处理之间无显著差异；成熟期 B4 处理磷吸收量为 2.52kg/hm^2，高于对照 0.75kg/hm^2，两个处理之间无显著差异，B2、B3 处理磷吸收量均低于对照，其中 B3 最低，低于对照 0.17kg/hm^2，4 个处理之间无显著差异。从试验结果来看，B4 处理对提高玉米叶片磷吸收量效果最佳。

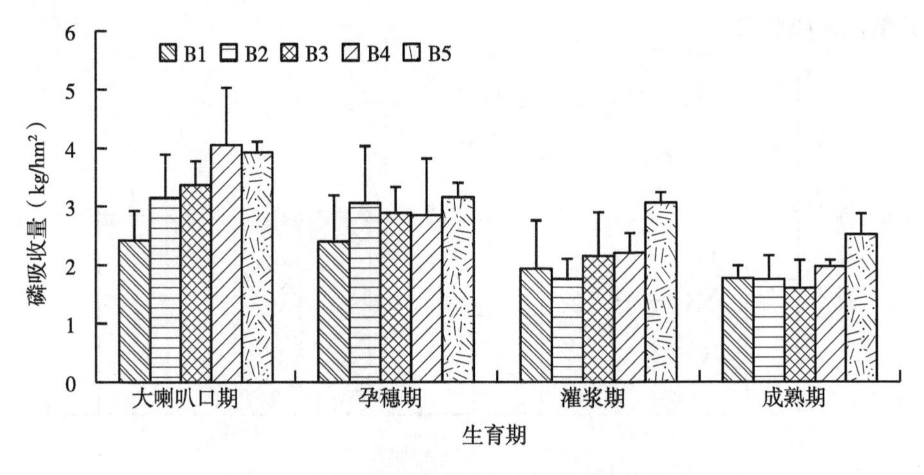

图 4-6 不同施氮量对玉米叶片磷吸收的影响

二、不同施氮量对玉米茎磷吸收的影响

由图 4-7 可知，不同施氮量对玉米茎内磷吸收的影响在不同生育期存在较大差异，大喇叭口期，B4 处理磷积累量处于最高值，B2 处理次之，两个处理分别高于对照 1.77kg/hm^2、0.95kg/hm^2，方差分析结果表明，4 个处理之间无显著差异；孕穗期 B2 处理处于最高值，高于对照 0.32kg/hm^2，无显著差异，

B3、B44 处理分别低于对照 0.67kg/hm²和 0.60kg/hm²，无显著差异；灌浆期 B4 处理比对照提高了 38.49%，其次为 B3 处理，高于对照 0.70kg/hm²，B2 和 B1 处理磷吸收量与对照相近，4 个处理之间无显著差异；成熟期 B4 处理高于对照 1.07kg/hm²，两个处理与对照之间均无显著差异，显著高于 B2、B3 处理，B2、B3 处理分别低于对照 0.04kg/hm²和 0.23kg/hm²，无显著差异。从试验结果来看，B4 处理对提高玉米茎内磷吸收量效果最佳。

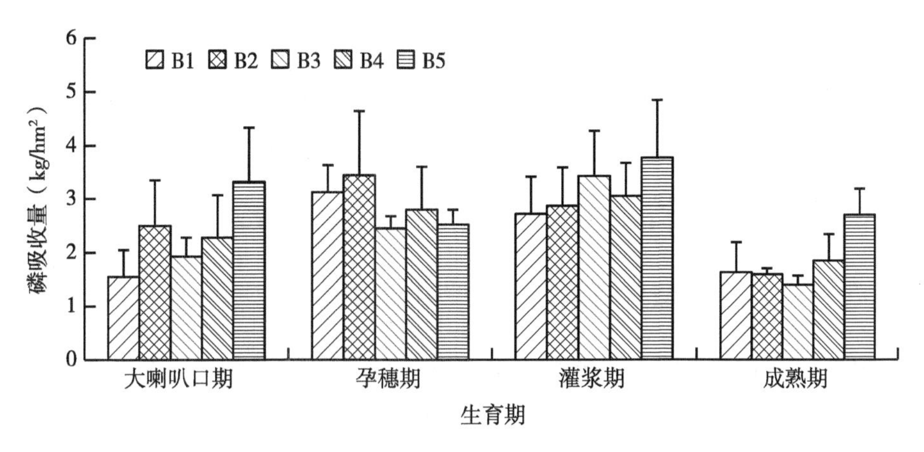

图 4-7　不同施氮量对玉米茎磷吸收的影响

三、不同施氮量对玉米苞叶磷吸收的影响

由图 4-8 可知，玉米苞叶内磷吸收量呈现出随着生育期延后而降低的变化，不同生育期氮肥使用量不同玉米苞叶磷吸收量存在一定的差异。孕穗期 B2 处理磷吸收量处于最高值，其次为 B4 处理，两个处理分别高于对照 0.77 kg/hm²和 0.43kg/hm²，其中 B2 处理显著高于对照，B3、B4、B1 处理之间无显著差异；灌浆期 B3 处理最高，其次为 B4 处理，两个处理分别高于对照 0.27kg/hm²和 0.14kg/hm²，无显著差异，B2 与对照之间无显著差异；成熟期 B4 处理处于最高值，与对照相比提高了 55.83%，两个处理之间无显著差异，B2、B3 处理与对照之间无显著差异，与 B4 处理之间无显著差异。从试验结果来看，不同施氮量对玉米茎内磷吸收的影响存在较大差异。

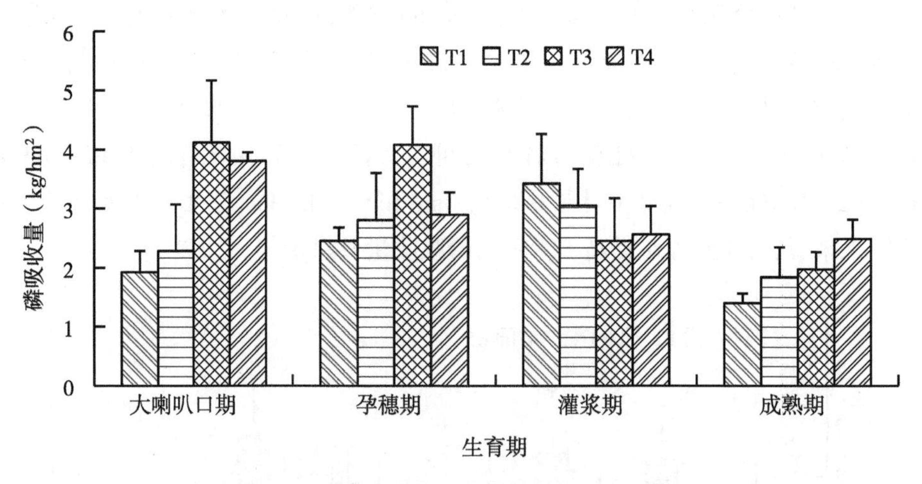

图 4-8　不同施氮量对玉米苞叶磷吸收的影响

四、不同施氮量对玉米轴磷吸收的影响

由图 4-9 可知，玉米轴磷吸收量在不同生育期不同处理之间存在较大差异，孕穗期 B4 处理磷吸收量处于最高值，B2 处理次之，两个处理分别比对照提高 4. 12 倍、4. 02 倍，两个处理之间无显著差异，均显著高于对照，B3、B1 处理之间无显著差异，B3 显著与 B2、B4 处理之间无显著差异；灌浆期 B4 处理磷吸收量处于最高值，与对照相比提高了 40. 71%，两个处理之间无显著差异，B3 低于

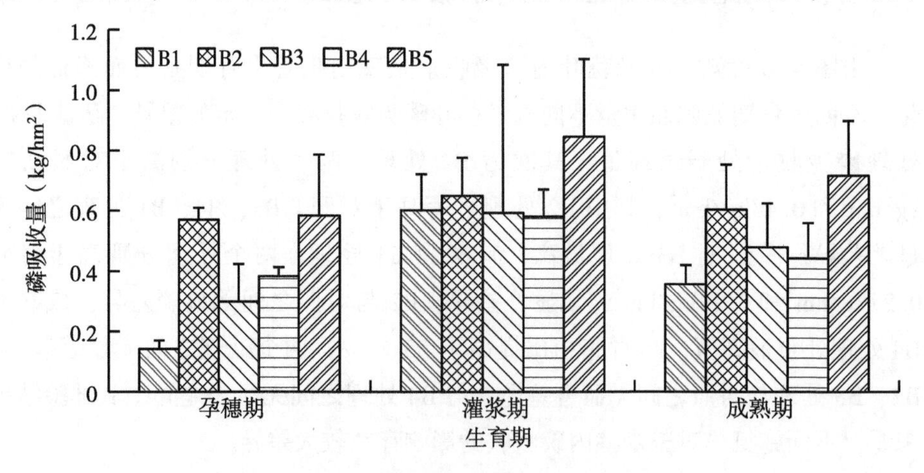

图 4-9　不同施氮量对玉米轴磷吸收的影响

对照 0. 01kg/hm^2，2 个处理之间无显著差异；成熟期 B4 处理磷吸收量最高，B2 处理次之，两个处理分别高于对照 100. 83%和 69. 18%，4 个处理之间无显著差异。从试验结果来看，B4 处理对提高玉米轴中磷吸收量效果最佳。

五、不同施氮量对玉米籽粒磷吸收的影响

由图 4-10 可知，不同施氮量均可以提高玉米籽粒中的磷吸收量，在灌浆期，B4 处理的磷吸收量处于最高值，其次为 B3 处理，两个处理分别高于对照 4. 86kg/hm^{2}和 3. 70kg/hm^2，其中 B4 处理显著高于对照，B3、B2 处理与对照之间无显著差异；成熟期与灌浆期相似，B4、B3 处理分别高于对照 4. 90kg/hm^{2}和 3. 96kg/hm^2，方差分析结果表明，B4 处理显著高于对照，B2、B3 处理与对照之间无显著差异，与 B4 处理之间无显著差异。从试验结果来看，B4 处理对提高玉米籽粒磷吸收量效果最佳。

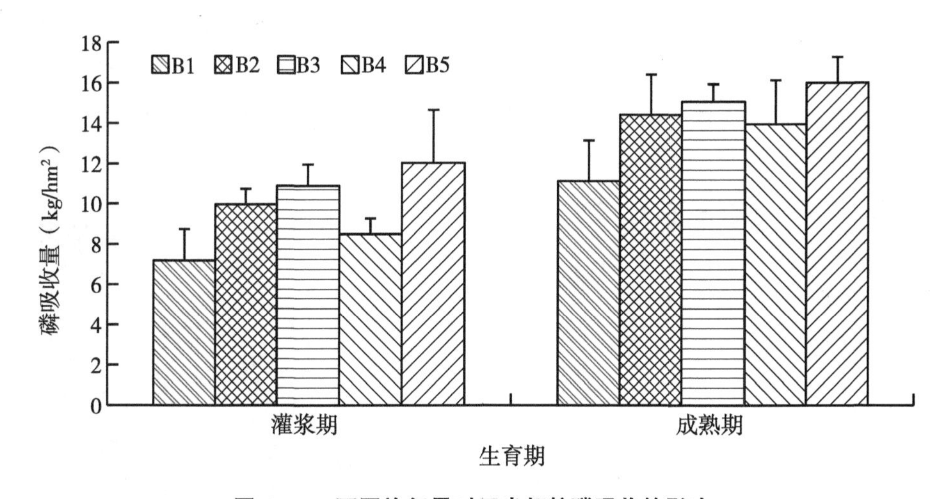

图 4-10　不同施氮量对玉米籽粒磷吸收的影响

第三节　磷肥对玉米磷吸收的影响

一、不同磷肥施用量对玉米总磷吸收的影响

由图 4-11 可知，玉米磷吸收量呈现出随着生育期延后一直增加的变化趋

势，但是磷肥施用量不同玉米总磷吸收量也存在差异。拔节期玉米磷吸收量处于生育期的最低值，此时 P4 处理磷吸收量处于最高值，达到了 37.68kg/hm^2，与对照相比提高了 17.02kg/hm^2，差异显著，P3 低于 P2 处理 2.49kg/hm^2，无显著差异，P3 显著高于对照，P1 低于 P3 处理 1.66kg/hm^2，无显著差异，P1 与对照之间无显著差异；孕穗期之后玉米磷吸收量呈现出随着磷肥施用量的增加而升高的变化趋势，在孕穗期 P3 处理高于对照 17.80kg/hm^2，差异显著，P2 低于 P3 处理 6.36kg/hm^2，差异显著，P2 与 P1 之间无显著差异，两个处理分别高于对照 6.69kg/hm^2 和 11.44kg/hm^2，差异显著；灌浆期 P3 处理与对照相比提高了 35.72%，差异显著，P1、P2 分别低于 P3 处理 17.67kg/hm^2 和 11.23kg/hm^2，无显著差异，P1、P2 与对照之间无显著差异；成熟期 5 个处理的总磷吸收量分别达到了 99.46kg/hm^2、125.75kg/hm^2、130.28kg/hm^2、136.10kg/hm^{2}和 136.36kg/hm^2，其中 P3 比对照提高了 36.85%，差异显著，P2 低于 P3 处理 5.82kg/hm^2，无显著差异，P2 显著高于对照，P1 低于 P3 处理 10.35kg/hm^2，无显著差异，P1、P4 与对照之间差异显著。从试验结果来看，施用磷肥可以显著提高玉米总磷吸收量，其中 P3、P4 处理效果最佳。

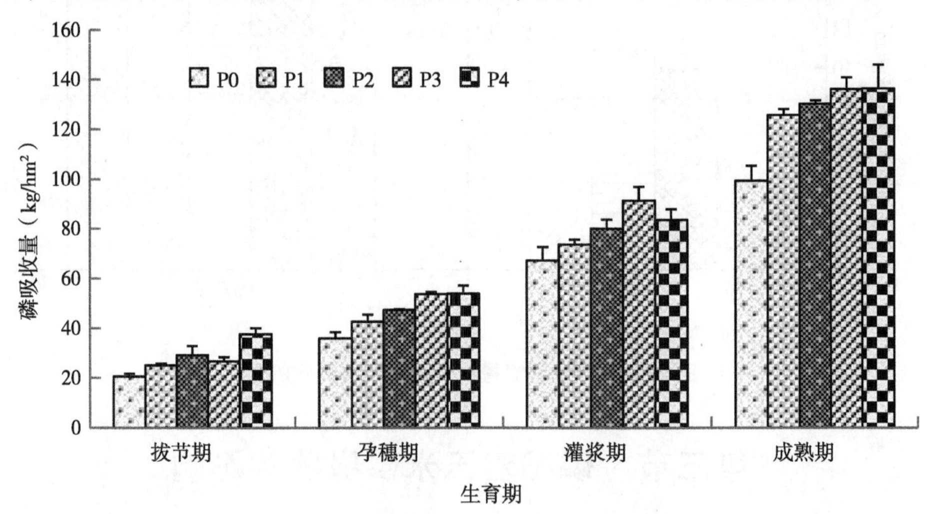

图 4-11　不同施磷量对玉米总磷吸收的影响

二、不同磷肥施用量对玉米茎内磷吸收的影响

由图 4-12 可知，玉米茎内磷吸收量呈现出随着生育期延后而增加的变化

趋势，在成熟期达到最高值，不同磷肥施用量对玉米茎内磷吸收的影响不同。拔节期，P4 处理处于最高值，分别高于其他 4 个处理 10.31kg/hm^2、10.93 kg/hm^2、6.74kg/hm^{2}和 10.56kg/hm^2，其中 P2、P4 处理显著高于对照，P1、P3 与对照之间无显著差异，P3 显著低于 P2 处理；孕穗期之后玉米磷吸收量呈现出随着磷施用量的增加而增加的变化，孕穗期 P3 处理高于对照 9.57kg/hm^2，差异显著，P2 低于 P3 处理 3.63kg/hm^2，无显著差异，P2 显著高于对照，P1 低于 P2 处理 2.74kg/hm^2，无显著差异，P1 与对照之间无显著差异；灌浆期 P3 与对照相比提高了 68.06%，差异显著，P1、P2 分别低于 P3 处理 8.16 kg/hm^{2}和 4.08kg/hm^2，其中 P2 与 P3 之间无显著差异，P1 显著低于 P3 处理，P1、P2 与对照之间无显著；成熟期 5 个处理的磷吸收量分别达到了 20.81 kg/hm^2、24.73kg/hm^2、25.89kg/hm^2、26.87kg/hm^{2}和 27.73kg/hm^2，P3 高于对照 8.42kg/hm^2，差异显著，P1、P2 分别高于对照 3.93kg/hm^{2}和 5.08 kg/hm^2，无显著差异，P1、P2 与 P3 之间无显著差异，P4 显著高于对照；从试验结果来看，P3、P4 处理可以显著提高玉米茎内的磷吸收量。

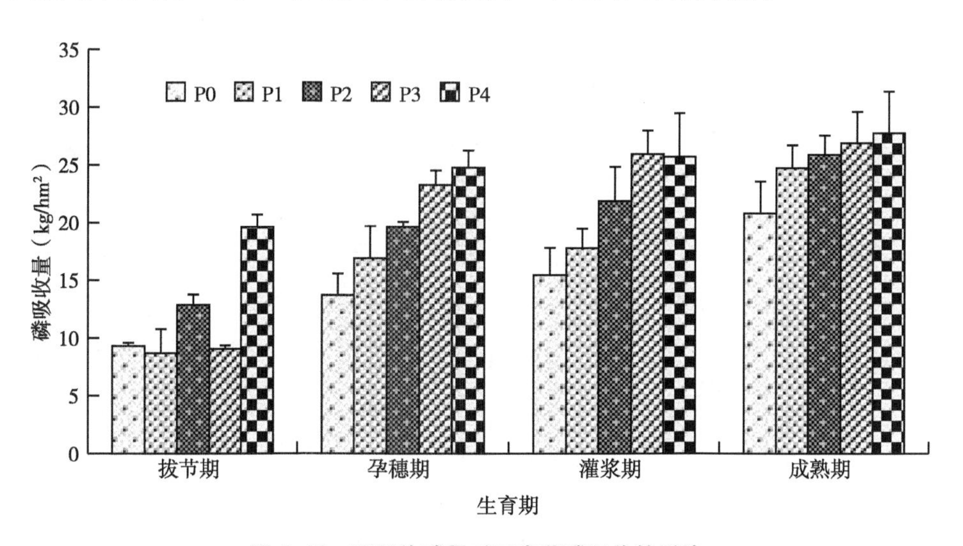

图 4-12 不同施磷量对玉米茎磷吸收的影响

三、不同磷肥施用量对玉米叶磷吸收的影响

由图 4-13 可知，玉米叶片内磷吸收量呈现出随着生育期延后而一直增加

的变化趋势，不同磷肥施用量对玉米叶片磷吸收量影响不同，同时各生育期玉米磷吸收量呈现出随着磷肥施用量的增加而增加。拔节期，P3 处理分别高于 P0、P1、P2 处理 6.36kg/hm^2、1.29kg/hm^{2}和 1.33kg/hm^2，其中 4 个磷肥处理之间无显著差异，均显著高于对照；孕穗期 P3 处理与对照相比提高了 32.34%，差异显著，P1、P2 分别高于对照 1.93kg/hm^{2}和 1.78kg/hm^2，无显著差异，两个处理显著低于 P3 处理，P4 高于对照 5.78kg/hm^2，差异显著；灌浆期 P1、P2 处理与对照相近，两个处理分别高于对照 1.05kg/hm^2 和 1.44 kg/hm^2，无显著差异，P3 处理处于最高值，高于对照 5.34kg/hm^2，差异显著，P2 显著低于 P3 处理；成熟期 5 个处理的磷吸收量分别达到了 23.50kg/hm^2、25.10kg/hm^2、27.60kg/hm^2、29.78kg/hm^{2}和 30.92kg/hm^2，其中 P3 处理与对照相比提高了 6.28kg/hm^2，差异显著，P2 低于 P3 处理 2.10kg/hm^2，无显著差异，P2 高于对照 4.18kg/hm^2，无显著差异，P1 高于对照 1.60kg/hm^2，无显著差异，P1 显著低于 P3 处理，P4 显著高于对照。从试验结果来看，P3、P4 对提高玉米叶片内磷吸收量效果最显著。

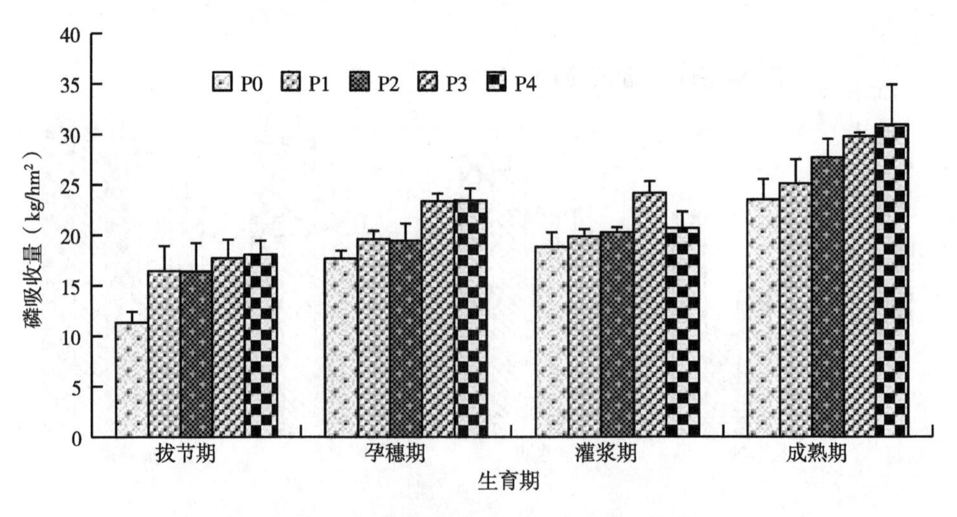

图 4-13　不同施磷量对玉米叶片磷吸收的影响

四、不同磷肥施用量对玉米雌穗磷吸收的影响

由图 4-14 可知，玉米雌穗磷吸收量随着生育期延后呈现出一直增加的变化，

成熟期达到最高值，不同磷施用量雌穗的磷吸收量存在差异。孕穗期 P2 处理磷吸收量处于最高值，达到了 2.72kg/hm^2，与对照相比提高了 190.13%，差异显著，P3 低于 P2 处理 1.32kg/hm^2，无显著差异，P1 显著低于 P2 处理，P1、P3 与对照之间无显著差异；灌浆期 P2 高于对照 1.58kg/hm^2，差异显著，P3 低于 P2 处理 0.54kg/hm^2，差异显著，P1、P3 分别高于对照 0.63kg/hm^2、1.58 kg/hm^2，差异显著，P1、P3 之间无显著差异；成熟期 5 个处理的磷吸收量分别达到 2.66kg/hm^2、2.56kg/hm^2、2.88kg/hm^2、3.51kg/hm^2 和 3.63kg/hm^2，其中 P2、P3 分别高于对照 0.22kg/hm^2 和 0.86kg/hm^2，无显著差异，P1 低于对照 0.10kg/hm^2，无显著差异，P4 显著高于对照。从试验结果来看，雌穗磷吸收量在孕穗期和灌浆期 P2 处理促进效果最佳，成熟期 P3、P4 处理促进效果最佳。

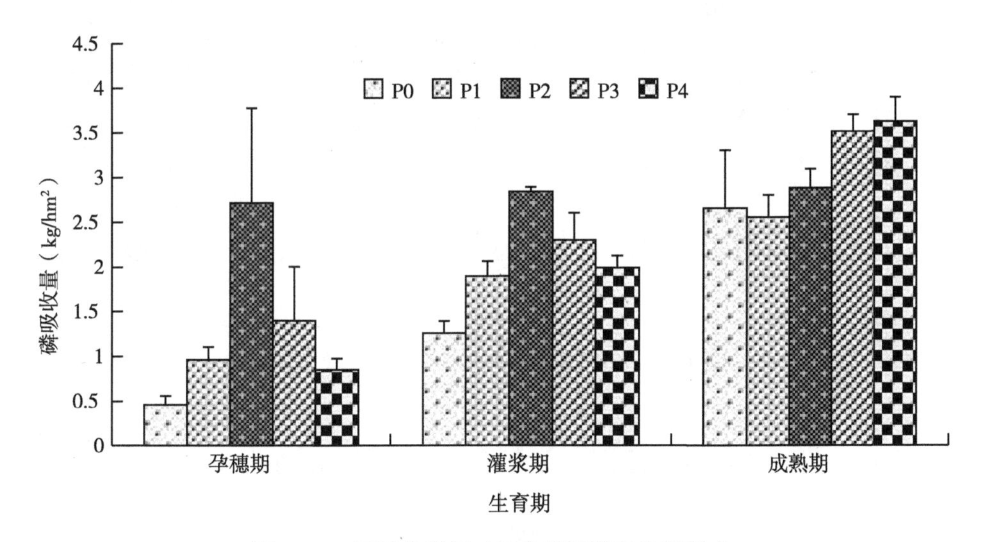

图 4-14　不同施磷量对玉米雌穗磷吸收的影响

五、不同磷肥施用量对苞叶磷吸收的影响

由图 4-15 可知，玉米苞叶磷吸收量呈现出随着生育期延后而增加的变化，不同处理之间磷吸收量呈现出随着磷施用量的增加而增加的变化。孕穗期 P2、P3 处理磷吸收量相近，仅相差 0.13kg/hm^2，无显著差异，P1、P2、P3 处理分别高于对照 1.06kg/hm^2、1.46kg/hm^{2}和 1.59kg/hm^2，无显著差异；灌浆期 P3 高于对照 2.45kg/hm^2，差异显著，P1、P2 分别低于 P3 处理 1.39kg/hm^2 和 0.92

kg/hm^2，无显著差异，P1、P2与对照之间无显著差异；成熟期5个处理的磷吸收量分别为4.96kg/hm^2、6.35kg/hm^2、6.96kg/hm^2、7.57kg/hm^{2}和7.36kg/hm^2，其中P3高于P2处理0.61kg/hm^2，无显著差异，两个处理分别高于对照2.00 kg/hm^{2}和2.62kg/hm^2，差异显著，P1仅高于对照1.39kg/hm^2，无显著差异，P1与P3处理之间无显著差异，P4显著高于对照。从试验结果来看，施用磷肥可以显著提高玉米苞叶中的磷吸收量，其中P3处理促进效果最佳。

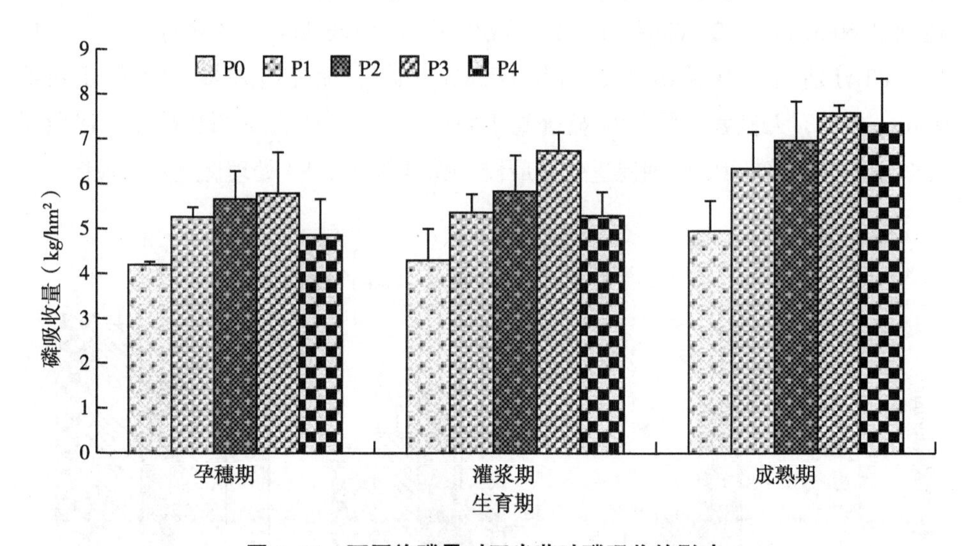

图4-15 不同施磷量对玉米苞叶磷吸收的影响

六、不同磷肥施用量对玉米籽粒磷吸收的影响

由图4-16可知，玉米籽粒磷吸收量呈现出随着磷肥施用量增加而增加的变化趋势，在成熟期各处理达到最高值。灌浆期，5个处理的磷吸收量相近，其中P3处于最高值，分别高于其他4个处理4.70kg/hm^2、3.42kg/hm^2、2.87kg/hm^{2}和2.29kg/hm^2，所有处理之间均无显著差异，证明在灌浆期不同磷肥施用量不会显著影响玉米籽粒的磷吸收变化规律；成熟期5个处理的磷吸收量分别达到了47.53kg/hm^2、67.01kg/hm^2、66.86kg/hm^2、68.36kg/hm^{2}和66.72kg/hm^2，其中P1、P2、P3分别高于对照19.48kg/hm^2、19.33kg/hm^2、20.83kg/hm^2、和19.19kg/hm^2，差异显著，其中4个施用磷肥处理之间无显著差异，均显著高于对照。从试验结果来看，施用磷肥可以显著提高玉米籽粒中

的磷吸收量，但是不同处理之间并无显著差异，其中 P3 处理磷吸收量最高。

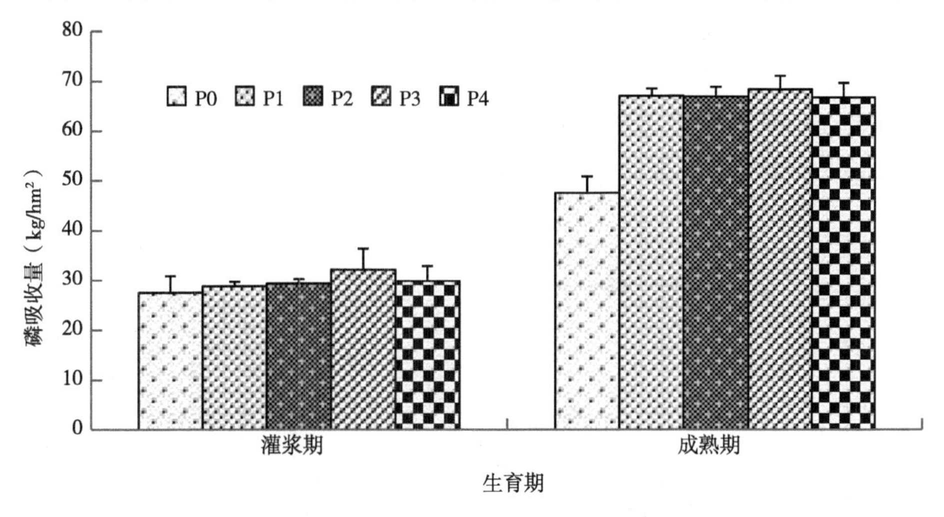

图 4-16　不同施磷量对玉米籽粒磷吸收的影响

第四节　钾肥对玉米磷吸收的影响

一、不同施钾量对玉米总磷吸收的影响

由图 4-17 可知，玉米总磷吸收量表现为收获期高于孕穗期，证明随着玉米生育期的延长，玉米植株内磷吸收量不断升高的变化趋势，同时不同钾肥施用量对玉米植株总磷吸收影响不同，在孕穗期、收获期，K4 处理的总磷吸收量最高，与对照相比分别提高了 15.22kg/hm^{2}和 21.35kg/hm^2，方差分析结果表明，K4 与对照之间差异显著，证明该处理对提高玉米植株总磷吸收量效果显著；K3 处理在两个月份磷总积累量分别低于 K4 处理 7.11kg/hm^{2}和 6.09 kg/hm^2，方差分析结果表明，两个处理之间差异显著，表明将钾肥的施用量降低至 112.50kg/hm^{2}时会导致玉米磷吸收量的显著降低；孕穗期 K2 处理显著低于 K3 处理，证明在玉米生长前期，降低钾肥的施用量可以导致玉米总磷积累量的显著降低，同时，K2 处理显著高于对照，证明钾肥施用量达到 75.00 kg/hm^{2}时也可以显著提高孕穗期玉米总磷吸收量，同时 K1 处理与对照之间无显著差异，表明钾肥施用量为 37.50 kg/hm^{2}时对孕穗期玉米总磷吸收提高效果

不显著；收获期 K2、K3 之间无显著差异，显著高于对照，表明钾肥施用量在 75.00～112.50kg/hm²范围内不同钾肥施用量对玉米总磷吸收的影响差异不显著；收获期 K1 与对照之间无显著差异，显著低于 K2 处理，表明钾肥施用量为 37.50kg/hm²时对玉米总磷吸收影响不显著，并且只有在钾肥施用量超过 75.00kg/hm²时才能显著提高玉米总磷吸收。

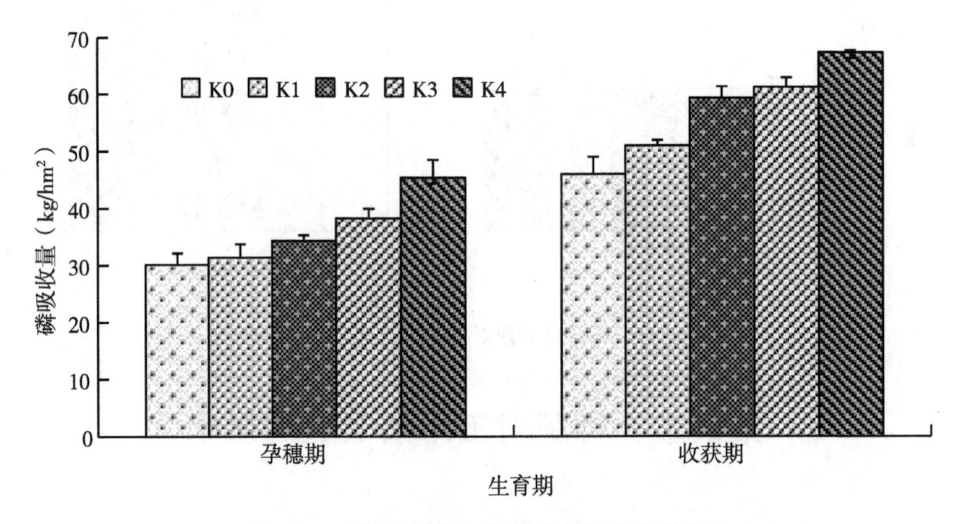

图 4-17　不同施钾量对玉米总磷吸收的影响

二、不同施钾量对玉米叶片磷吸收的影响

由图 4-18 可知，玉米叶片磷吸收量在孕穗期、收获期均表现出随着钾肥施用量增加磷积累量增加的变化趋势，同时，收获期叶片磷积累量低于孕穗期，表明磷在玉米叶片内也会发生转移的现象。从磷吸收量上来看，K4 处理的磷吸收量在两个时期均处于最高值，与对照相比分别提高了 3.77kg/hm²和 3.48kg/hm²，方差分析结果表明，K4 处理显著高于对照；K1、K2、K3 处理的磷吸收量与对照相似，无显著差异。从玉米叶片磷吸收量变化上来看，钾施用量在 112.5kg/hm²以下时对玉米叶片磷吸收量的增加效果并不显著，当钾施用量达到 150.00kg/hm²时才可以显著提高玉米叶片内磷元素的吸收量。从不同钾肥施用量对玉米磷吸收影响规律上来看，在 112.5kg/hm²以下时钾肥施用量不同并不会对玉米叶片的磷吸收量变化产生影响，并且不同钾肥施用量处理间磷

营养的吸收量差距较小，表明只有增大钾肥的施用量才能显著促进玉米叶片内磷元素的吸收，本试验表明钾肥施用量为 150. 00kg/hm²时对促进玉米叶片磷吸收效果最佳。

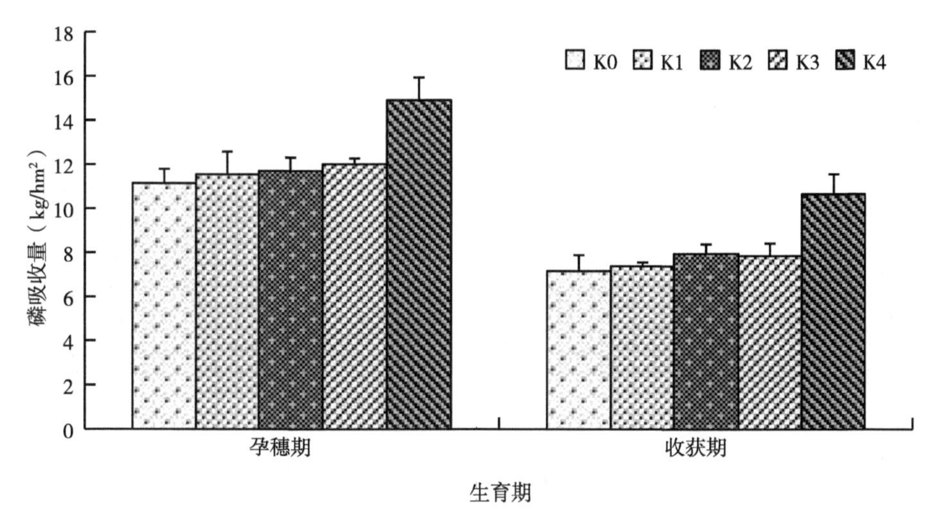

图 4-18　不同施钾量对玉米叶片磷吸收的影响

三、不同施钾量对玉米茎磷吸收的影响

由图 4-19 可知，玉米茎磷吸收量表现为收获期低于孕穗期，与叶片磷吸收变化规律相似，表明磷元素在玉米茎内在生育后期也会发生流失的现象，表明磷元素在玉米植株内也会发生转移；从不同处理对玉米茎内磷吸收的影响上来看，K4 处理在孕穗期、收获期均处于最高值，与对照相比分别提高了 11. 45kg/hm²和 6. 37kg/hm²，方差分析结果表明，K4 处理显著高于对照，表明在试验地区钾肥施用量达到 150. 00kg/hm²时可以显著提高玉米茎内的磷吸收量；孕穗期，K3 处理高于对照 7. 23kg/hm²，差异显著，同时 K3 处理显著低于 K4 处理，表明钾肥施用量的差异也会影响玉米茎内的磷吸收变化；K1、K2 处理之间无显著差异，表明钾肥施用量在 75. 00kg/hm²以下时不同钾施用量对玉米茎内磷吸收影响并不显著；收获期 K2、K3、K4 处理之间无显著差异，显著高于对照，表明在成熟期钾肥施用量在 75. 00kg/hm²以上时不同钾肥施用量对玉米茎内磷吸收量的影响差异不显著；K1 处理高于对照 0. 54kg/hm²，差异不

显著，表明钾肥施用量为37.50kg/hm²时整个生长季节对玉米茎磷吸收均无显著促进作用。综合来看，K4处理对提高玉米茎磷吸收量效果最佳。

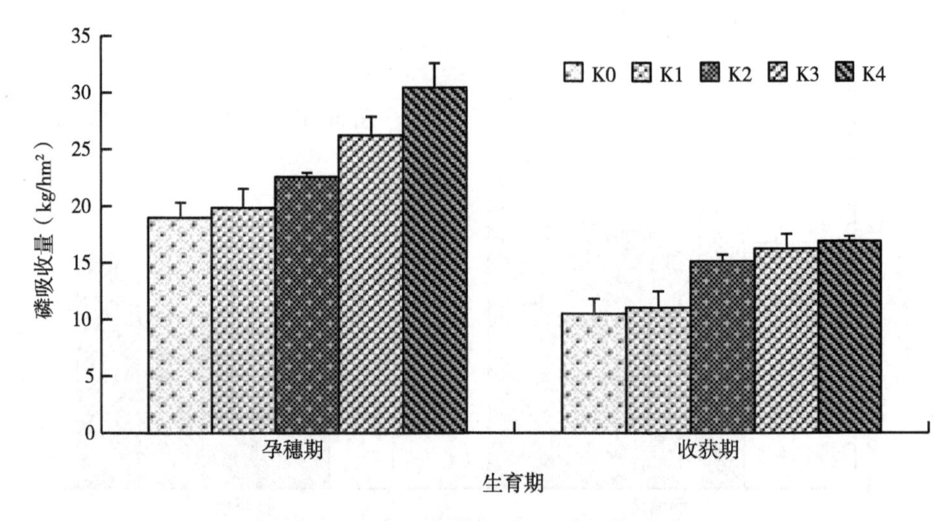

图4-19 不同施钾量对玉米茎磷吸收的影响

四、不同施钾量对玉米苞叶磷吸收的影响

由图4-20可知，玉米苞叶内磷吸收量表现为随着钾肥施用量的增加而增加的变化趋势，其中K4处理的磷吸收量处于最高值，与对照相比提高了2.75kg/hm²，方差分析结果表明，K4与对照之间差异显著，表明钾肥施用量为150.00kg/hm²时对提高玉米苞叶内磷吸收量效果显著；K3低于K4处理0.60kg/hm²，无显著差异，表明钾肥施用量超过112.5kg/hm²时对提高玉米苞叶内磷吸收量效果不显著；K2低于K3处理0.34kg/hm²，无显著差异，K2显著低于K4处理，表明钾肥施用量达到150.00kg/hm²时对促进玉米苞叶内磷吸收增加效果比75.00kg/hm²时效果显著；K2处理的磷吸收量显著高于对照，表明钾肥施用量达到75.00kg/hm²时仍然可以显著促进玉米苞叶内磷吸收量的增加；K1处理仅高于对照0.68kg/hm²，无显著差异，表明钾肥施用量为37.50kg/hm²时不能显著促进玉米苞叶对磷元素的吸收。综合分析认为，钾肥施用量为150.00kg/hm²时对促进玉米苞叶内钾吸收效果显著。

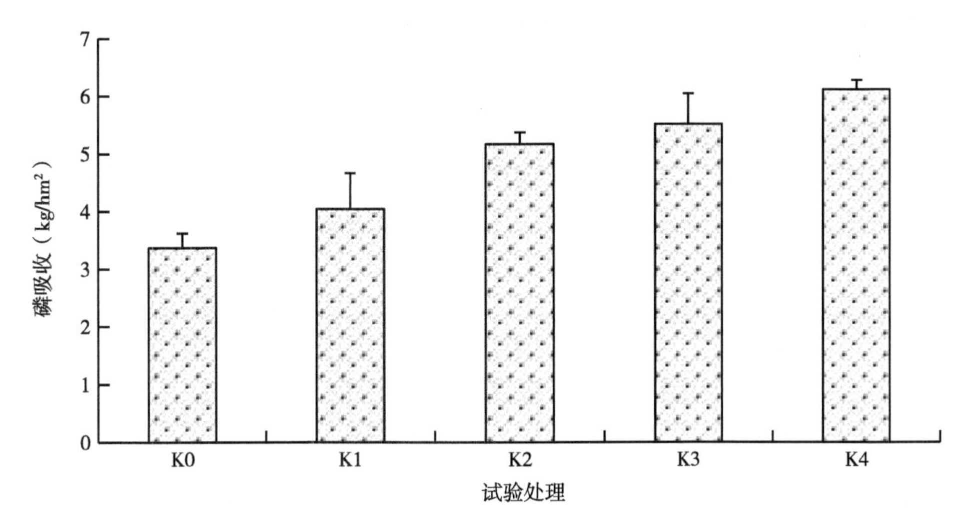

图 4-20　不同施钾量对玉米苞叶磷吸收的影响

五、不同施钾量对玉米雌穗磷吸收的影响

由图 4-21 可知，玉米雌穗内磷吸收量表现为随着钾肥施用量的增加而增加的变化趋势，其中 K4 处理磷吸收量最高，与对照相比提高了 0. 83kg/hm^2，差异显著，表明钾肥施用量为 150. 00kg/hm^{2}时可以显著促进玉米雌穗内磷吸收

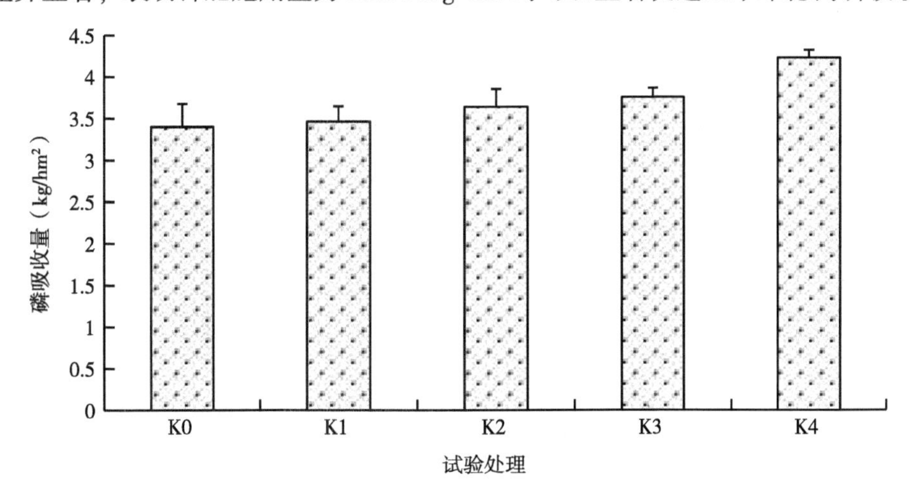

图 4-21　不同施钾量对玉米雌穗磷吸收的影响

量的增加；K1、K2、K3 处理磷吸收量与对照相近，分别高于对照 0.06 kg/hm^2、0.24kg/hm^{2}和 0.35kg/hm^2，方差分析结果表明，这 3 个处理与对照之间均无显著差异，表明钾肥施用量低于 112.5kg/hm^{2}时不能显著促进玉米雌穗内磷吸收量的增加，同时不同钾肥施用量之间无显著差异，表明在较低钾肥施用条件下，不同钾肥施用量之间对玉米雌穗磷吸收的影响处于同一个水平。综合分析玉米雌穗磷吸收变化规律来看，K4 处理对促进玉米雌穗磷吸收效果最佳。

六、不同施钾量对玉米籽粒磷吸收的影响

由图 4-22 可知，玉米籽粒内磷吸收量变化表现为随着钾肥施用量的增加而增加的变化趋势，其中 K4 处理的磷吸收量处于最高值，与对照相比提高了 7.93kg/hm^2，方差分析结果表明，K4 处理显著高于对照，表明提高钾肥施用量可以显著促进玉米籽粒对磷元素的吸收；K2、K3 处理磷吸收量相近，两个处理之间仅相差 0.49kg/hm^2，无显著差异，同时，K2、K3 与 K4 处理之间无显著差异，表明钾肥施用量超过 75.00kg/hm^{2}时不同钾肥施用量对玉米籽粒内磷吸收的影响处于同一水平；K1 处理低于 K2 处理 2.36kg/hm^2，无显著差异，同时 K2 处理显著高于对照，表明施用钾肥可以显著促进玉米籽粒内磷元素的

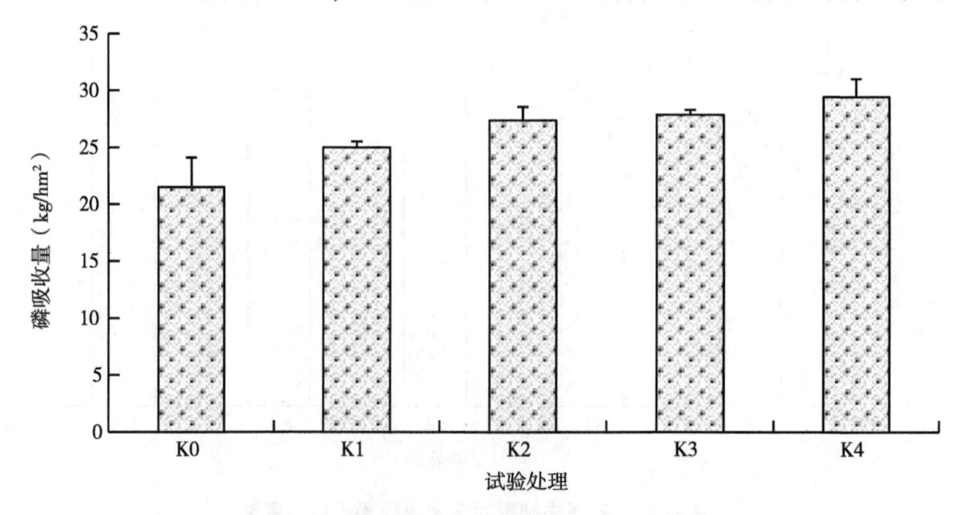

图 4-22　不同施钾量对玉米籽粒磷吸收的影响

吸收，但是钾肥施用量低于 112. 50kg/hm^{2}时不同钾肥施用量对玉米籽粒内磷营养的吸收影响差异不显著；K1 处理显著低于 K4 处理，表明钾肥施用量达到 150. 00kg/hm^{2}时才可以显著提高玉米籽粒内的磷吸收量。综合分析认为，K4 处理对促进玉米籽粒磷吸收效果最佳。

第五节　有机-无机肥对玉米磷吸收的影响

一、有机-无机肥配施对玉米茎磷吸收的影响

由表 4-1 可知，玉米茎磷表现出一直增加的变化趋势，在成熟期达到最高值，不同处理对茎磷吸收的影响不同。拔节期至孕穗期，T3 处于最高值，与对照相比分别提高了 110. 60% 和 80. 84%，差异显著，表明这两个时期有机-无机肥料配施对促进玉米茎磷吸收量增加效果达到了差异显著水平；T2 分别低于 T3 处理 6. 74kg/hm^{2}和 5. 14kg/hm^2，无显著差异，T2 与对照之间无显著差异，表明常规施用无机肥与对照处于同一水平，也表明有机-无机肥料配施效果优于当地常规施用化学肥料处理；拔节期 T4 低于对照 0. 25 kg/hm^2，无显著差异，孕穗期 T4 高于对照 9. 57kg/hm^2，无显著差异，表明单纯提高磷肥施用量不会显著促进这两个时期玉米茎磷吸收量的显著升高；灌浆期 T4 高于 T3 处理 0. 23kg/hm^2，无显著差异，两个处理分别高于对照 10. 27kg/hm^{2}和 10. 50 kg/hm^2，差异显著，表明增加磷肥施用量与有机-无机肥料配施对促进玉米茎磷吸收量增加处于同一水平，两个处理的效果均显著优于对照；T2 低于 T3 处理 3. 86kg/hm^2，无显著差异，T2 与对照之间无显著差异，表明有机-无机肥料配施效果显著优于当地常规施肥处理；成熟期 T3 处于最高值，分别高于其他 3 个处理 6. 93kg/hm^2、1. 84kg/hm^2 和 0. 86 kg/hm^2，其中 T2、T3、T4 之间无显著差异，T3 处理均显著高于对照，表明在成熟期有机-无机肥料配施对促进玉米茎磷吸收效果显著优于当地常规施肥处理和对照。从茎磷吸收变化上来看，有机-无机肥料配施对促进玉米茎磷吸收效果较显著。

表 4-1　玉米茎磷吸收　　单位：kg/hm²

处理	拔节期	孕穗期	灌浆期	成熟期
T1	9. 32c	13. 71c	15. 43b	20. 81b
T2	12. 88b	19. 64b	21. 86a	25. 89ab
T3	19. 62a	24. 79a	25. 70a	27. 73a
T4	9. 06c	23. 27a	25. 94a	26. 87a

二、有机-无机肥配施对玉米叶片磷吸收的影响

由表 4-2 可知，玉米叶片磷吸收表现为随着生育期延后一直增加的变化趋势，在成熟期达到最高值，不同处理之间存在差异。拔节期和孕穗期，T3 处理处于最高值，与对照相比分别提高了 59. 27% 和 32. 78%，差异显著，表明有机-无机肥料配施对促进玉米叶片磷吸收与对照相比达到了差异显著水平；T4 分别低于 T3 处理 0. 36kg/hm² 和 0. 08kg/hm²，无显著差异，T4 显著高于对照，表明提高磷肥施用量后也可以显著促进玉米对磷营养的吸收；T2 分别高于对照 5. 03kg/hm² 和 1. 78kg/hm²，其中拔节期 T2 显著高于对照，孕穗期 T2 与对照之间无显著差异，表明有机-无机肥料配施效果显著优于当地常规施肥处理；灌浆期 T4 处于最高值，分别高于其他 3 个处理 5. 34kg/hm²、3. 90kg/hm² 和 3. 50kg/hm²，差异显著，T2、T3 与对照之间无显著差异，表明该时期增加磷肥施用量可以显著促进玉米对磷营养的吸收；成熟期 T3 处于最高值，与对照相比提高了 31. 58%，T3 与对照之间差异显著，T4 仅次于 T3，两个处理之间相差 1. 14kg/hm²，无显著差异，T2 低于 T4 处理 2. 10kg/hm²，无显著差异，T2 与对照之间无显著差异，表明有机-无机肥料配施对促进玉米叶片磷吸收效果显著优于对照和当地常规施肥处理。从叶片磷吸收变化上来看，有机-无机肥料配施处理效果较显著。

表 4-2　玉米叶片磷吸收　　单位：kg/hm²

处理	拔节期	孕穗期	灌浆期	成熟期
T1	11. 34b	17. 64b	18. 81b	23. 50b
T2	16. 37a	19. 42b	20. 24b	27. 68ab

（续表）

处理	拔节期	孕穗期	灌浆期	成熟期
T3	18.06a	23.42a	20.65b	30.92a
T4	17.70a	23.34a	24.15a	29.78a

三、有机-无机肥配施对玉米雌穗磷吸收的影响

由图4-23可知，玉米雌穗磷吸收表现出升高的变化趋势，在成熟期达到最高值，其中不同处理对雌穗磷吸收的影响存在差异。孕穗期和灌浆期，T2处理处于最高值，与对照相比分别提高了2.25kg/hm^{2}和1.58kg/hm^2，差异显著，表明当地常规化学肥料处理在该生育期可以显著促进玉米雌穗对磷营养的吸收；T4仅次于T2，两个时期分别相差1.33kg/hm^{2}和0.54kg/hm^2，其中孕穗期差异显著，灌浆期无显著差异，表明增加磷肥施用量仅在生育前期会显著促进玉米雌穗对磷营养的吸收，到了灌浆期差异不显著；T3分别高于对照0.39kg/hm^2、0.73kg/hm^2，灌浆期差异显著，表明有机-无机肥料配施对促进玉米雌穗磷吸收具有显著效果；成熟期T3处于最高值，与对照相比提高了0.97kg/hm^2，差异显著，T4低于T3处理0.11kg/hm^2，无显著差异，T4显著高于

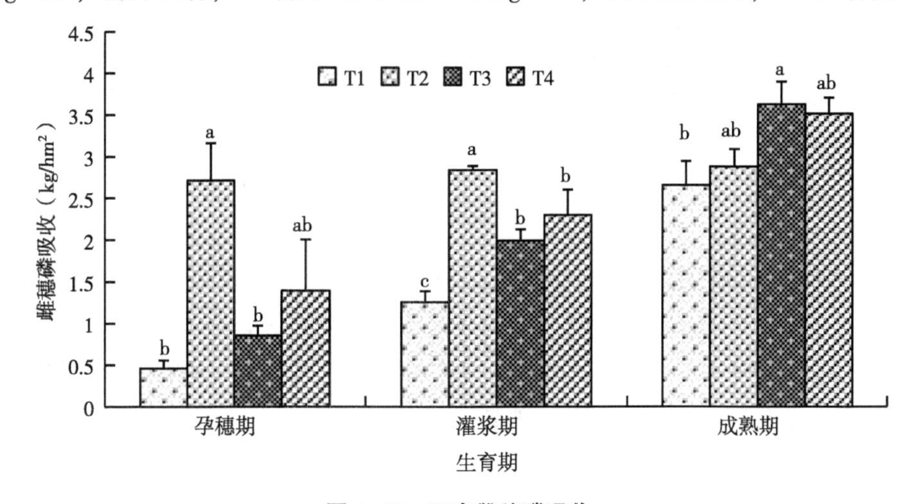

图4-23　玉米雌穗磷吸收

对照，T2 高于对照 0. 22kg/hm²，无显著差异，表明有机–无机肥料配施对促进玉米雌穗磷吸收效果显著优于当地常规施肥处理和对照。从玉米雌穗磷吸收变化上来看，有机–无机肥料配施对促进雌穗磷吸收效果较显著。

四、有机–无机肥配施对玉米苞叶磷吸收的影响

由图 4–24 可知，苞叶磷吸收量表现为随着生育期延后一直增加的变化趋势，在成熟期达到最高值，不同处理之间存在显著差异。在孕穗期、灌浆期、成熟期，T4 处理磷吸收量处于最高值，与对照相比分别提高了 37. 87%、56. 98%和 52. 81%，T4 与对照之间差异显著，表明单纯提高磷肥的施用量可以显著促进玉米苞叶内磷吸收量的增加。

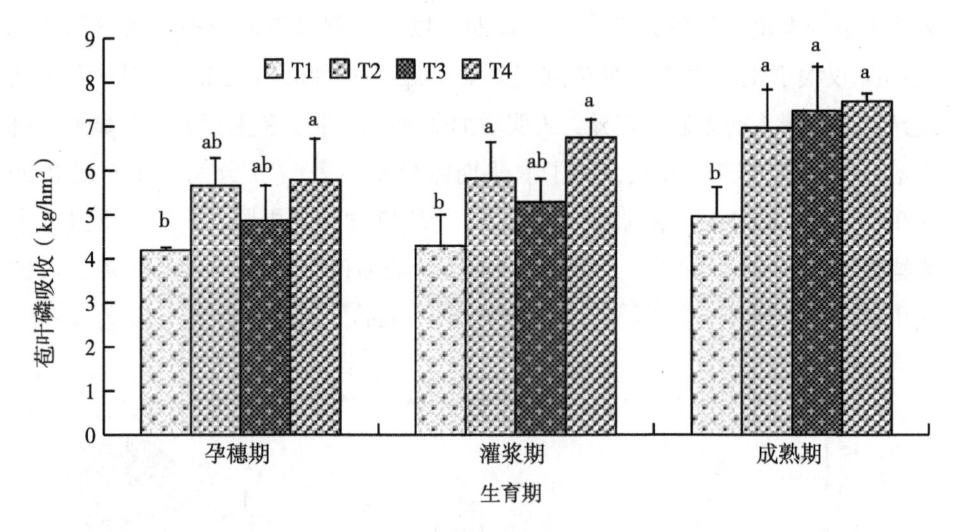

图 4–24　玉米苞叶磷吸收

在孕穗期和灌浆期 T2 仅次于 T4 处理，两个时期分别相差 0. 13kg/hm² 和 0. 92kg/hm²，无显著差异，T2 显著高于对照，表明单纯施用化学肥料处理对促进苞叶磷吸收效果显著，但是增加磷肥施用量后，玉米苞叶磷吸收量仍然与当地常规施肥处于同一水平；T3 分别高于对照 0. 66kg/hm² 和 0. 99kg/hm²，T3 与对照间无显著差异；成熟期 T3 高于对照 2. 40kg/hm²，T3 与 T1 差异显著，T3 与 T4 之间无显著差异，T2 高于对照 2. 00kg/hm²，T2 与对照差异显著，表明有机–无机肥料配施对玉米苞叶磷吸收的影响与当地常规施肥处理处于同一水平，

显著优于对照。从苞叶磷吸收变化上来看，有机-无机肥料配施对促进玉米苞叶磷吸收与对照相比差异达到了显著水平。

五、有机-无机肥配施对玉米籽粒磷吸收的影响

由图 4-25 可知，玉米籽粒磷吸收量表现出一直升高的变化趋势，成熟期达到最高值，不同处理之间存在差异。灌浆期和成熟期 T4 处理一直处于最高值，与对照相比分别提高了 4. 69kg/hm^{2}和 20. 83kg/hm^2，其中灌浆期无显著差异，成熟期存在显著差异，表明单纯提高磷肥施用量可以显著促进玉米籽粒磷吸收量的增加。T3 分别低于 T4 处理 2. 28kg/hm^{2}和 1. 64kg/hm^2，T3 与 T4 无显著差异，表明有机-无机肥料配施与提高磷肥施用量处理对玉米籽粒磷吸收量增加处于同一水平；T2 分别高于对照 1. 83kg/hm^{2}和 19. 33kg/hm^2，灌浆期无显著差异，成熟期差异显著，表明当地常规施肥处理也可以显著促进成熟期玉米籽粒磷吸收量的增加，但是绝对吸收量低于有机-无机肥料配合施用处理。从玉米籽粒磷吸收变化上来看，T3、T4 处理优于 T2 处理。

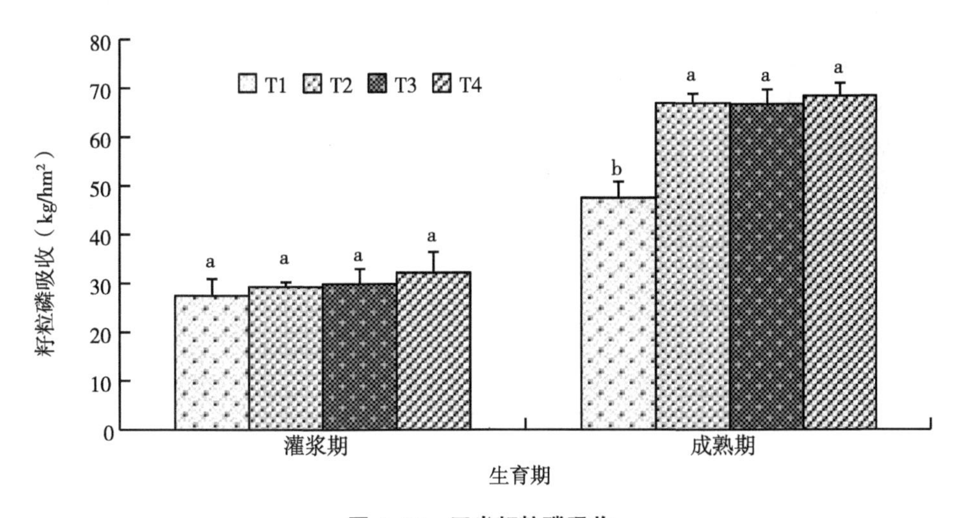

图 4-25　玉米籽粒磷吸收

六、有机-无机肥配施对玉米总磷吸收的影响

由表 4-3 可知，玉米总磷吸收量表现出随着生育期延后一直增加的变化趋

势，在成熟期达到最高值，不同处理在同一生育期表现不同。拔节期和孕穗期，T3 处于最高值，与对照相比分别提高了 82.43%和 49.77%，T3 与对照差异显著，表明有机-无机肥料配合施用在这两个时期对促进玉米总磷吸收量增加效果达到了差异显著水平；拔节期，T2 高于 T4 处理 2.49kg/hm^2，无显著差异，T4 高于对照 6.11kg/hm^2，无显著差异，表明单纯增加磷肥施用量不会显著促进这两个生育期内玉米总磷吸收量的增加；孕穗期，T4 低于 T3 处理 0.12kg/hm^2，无显著差异，T4 高于 T2 处理 6.36kg/hm^2，无显著差异，T2 高于对照 11.44kg/hm^2，差异显著；灌浆期 T4 处于最高值，分别高于其他 3 个处理 24.03kg/hm^2、11.23kg/hm^{2}和 7.78kg/hm^2，其中 T3、T4 之间无显著差异，T3、T4 与对照之间存在显著差异，T2 与对照之间无显著差异，表明有机-无机肥料配施对促进玉米总磷吸收效果显著优于当地常规施肥处理，单纯提高磷肥施用量并不能显著提高玉米总磷吸收量的增加，也表明施用有机肥对促进玉米总磷吸收具有显著的促进作用；成熟期 T3 高于 T4 处理 0.26kg/hm^2，无显著差异，两个处理均显著高于对照，表明有机-无机肥料配施对促进玉米总氮吸收量增加效果显著优于对照，也显著优于当地常规施肥处理，增加磷肥施用量对总磷吸收的促进作用不显著。从玉米总磷吸收变化上来看，T3 处理对促进玉米总磷吸收效果较显著。

表 4-3　地上部玉米总磷吸收　　单位：kg/hm^2

处理	拔节期	孕穗期	灌浆期	成熟期
T1	20.65c	36.00c	67.29c	99.46b
T2	29.25b	47.44b	80.09b	130.28a
T3	37.68a	53.92a	83.54ab	130.36a
T4	26.76b	53.80a	91.32a	136.10a

第五章　栽培方式和施肥对玉米钾吸收的影响

第一节　不同栽培方式对玉米钾吸收的影响

一、不同栽培方式对玉米叶片钾吸收的影响

由图 5-1 可知，不同栽培方式对玉米钾吸收的影响在不同生育期存在一定的差异，大喇叭口期 T3 高于 T1 处理 30. 55kg/hm^2，无显著差异，T2 高于 T4 处理 17. 85kg/hm^2，无显著差异；孕穗期 T3 高于 T1 处理 33. 36kg/hm^2，T4 低于 T2 处理 25. 43kg/hm^2，方差分析结果表明，4 个处理之间无显著差异；灌浆期地膜补灌处理的钾吸收量均高于雨养处理，但是 4 个处理之间无显著差异；成熟期 T3 比 T1 处理提高 72. 75%，无显著差异，T2 高于 T4 处理 12. 89 kg/hm^2，无显著差异。从成熟期试验结果来看，地膜补灌处理钾吸收量高于雨

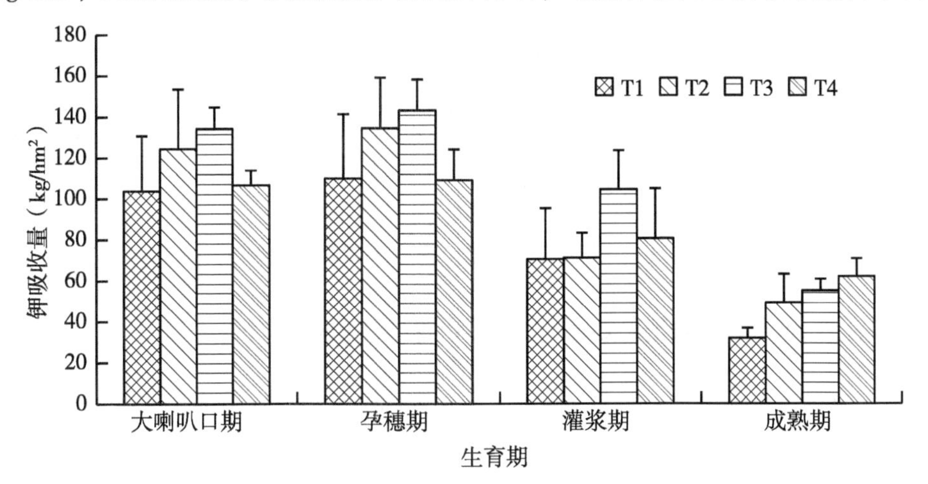

图 5-1　不同栽培方式对玉米叶片钾吸收的影响

养处理，但是两种栽培方式之间无显著差异。

二、不同栽培方式对玉米茎钾吸收的影响

由图 5-2 可知，不同栽培方式对玉米茎内钾吸收的影响在不同生育期也存在一定的差异，大喇叭口期，T3 高于 T1 处理 43.67kg/hm^2，两个处理之间差异极显著，T2 高于 T4 处理 18.11kg/hm^2，两个处理之间无显著差异；孕穗期与拔节期相似，其中 T3 高于 T1 处理 58.52kg/hm^2，两个处理之间差异显著，T2 高于 T4 处理 13.26kg/hm^2，两个处理之间无显著差异；灌浆期 T3 高于 T1 处理 53.52kg/hm^2，T4 低于 T2 处理 11.45kg/hm^2，4 个处理之间无显著差异；成熟期 T3 高于 T1 处理 12.16kg/hm^2，T4 高于 T2 处理 21.54kg/hm^2，所有处理之间无显著差异。从试验结果来看，仅在玉米的成熟期地膜补灌处理可以提高玉米茎内的钾吸收量，但是差异不显著。

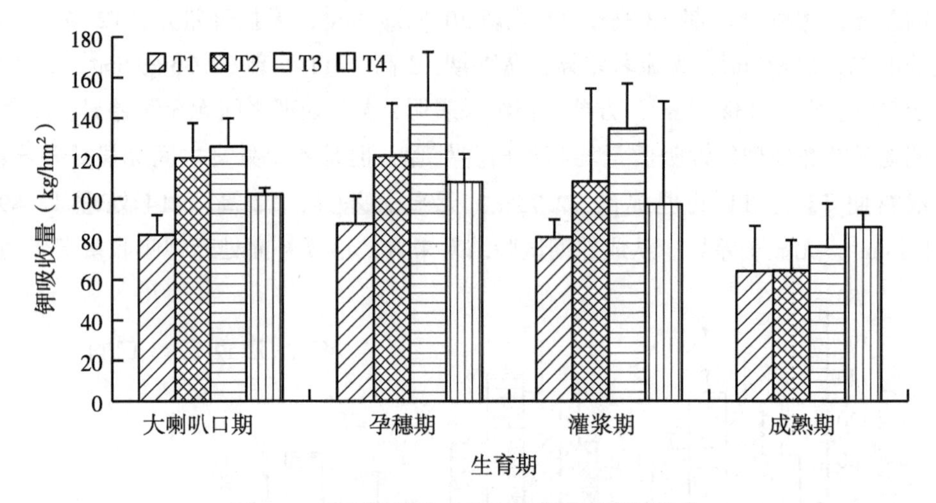

图 5-2　不同栽培方式对玉米茎钾吸收的影响

三、不同栽培方式对玉米苞叶钾吸收的影响

由图 5-3 可知，不同栽培方式对玉米苞叶钾吸收的影响不同生育期存在一定的差异，孕穗期 T1 高于 T3 处理 16.93kg/hm^2，两个处理之间无显著差异，T4 高于 T2 处理 4.86kg/hm^2，无显著差异；灌浆期和成熟期 T1 分别高于 T3 处理 4.14kg/hm^{2}和

6. 51kg/hm^2，无显著差异，T4 高于 T2 处理 6. 52kg/hm^{2}和 3. 14kg/hm^2，无显著差异。从试验结果来看，地膜滴灌处理对玉米苞叶钾吸收的影响不显著。

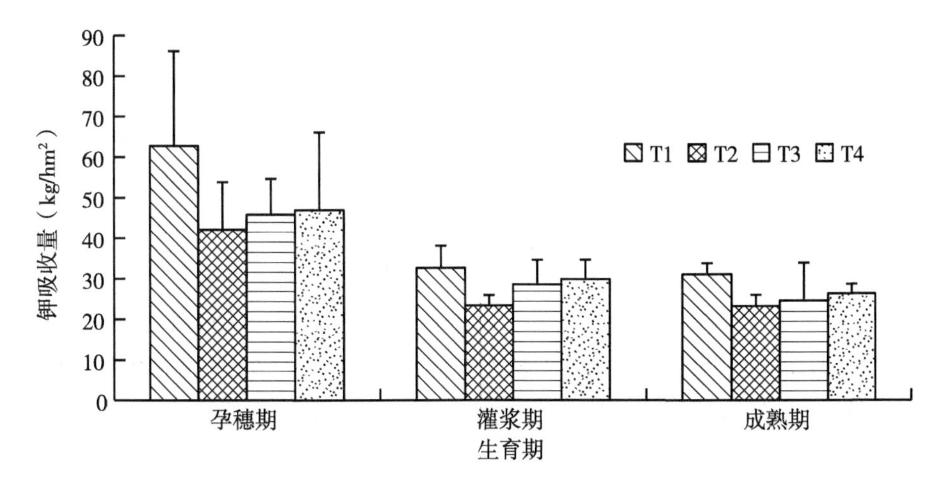

图 5-3　不同栽培方式对玉米苞叶钾吸收的影响

四、不同栽培方式对玉米雌穗钾吸收的影响

由图 5-4 可知，不同栽培方式对玉米雌穗钾吸收的影响在不同生育期存在差异。在孕穗期，T3、T4 分别比 T1、T2 处理提高 51. 86%和 8. 26%，4 个处理之间无显著差异；灌浆期与孕穗期相似，T3、T4 分别高于 T1、T2 处理

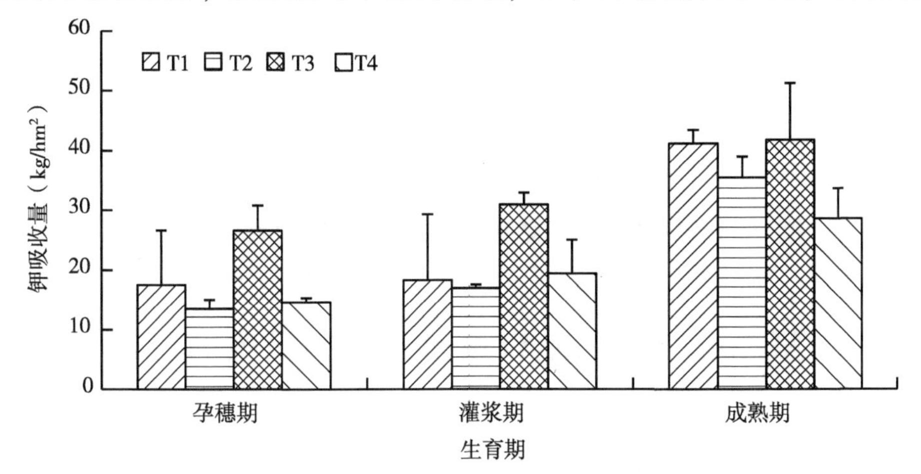

图 5-4　不同栽培方式对玉米雌穗钾吸收的影响

12.60kg/hm²和2.46kg/hm²，所有处理之间无显著差异；成熟期T3高于T1处理0.61kg/hm²，无显著差异，T4低于T2处理6.87kg/hm²，无显著差异。从雌穗钾吸收变化上来看，地膜补灌对提高玉米雌穗钾吸收量效果不显著。

五、不同栽培方式对玉米籽粒钾吸收的影响

由图5-5可知，玉米籽粒中钾吸收量变化受到不同栽培方式的影响，在不同生育期存在一定的差异，灌浆期地膜补灌处理的钾吸收量低于雨养处理，其中T3、T4分别低于T1、T2处理31.08kg/hm²和23.89kg/hm²，方差分析结果表明，雨养处理籽粒中钾吸收量显著高于地膜补灌处理；成熟期T3高于T1处理28.08kg/hm²，两个处理之间无显著差异，T4高于T2处理26.84kg/hm²，两个处理之间无显著差异。从试验结果来看，地膜补灌处理对提高玉米籽粒中钾吸收量效果不显著。

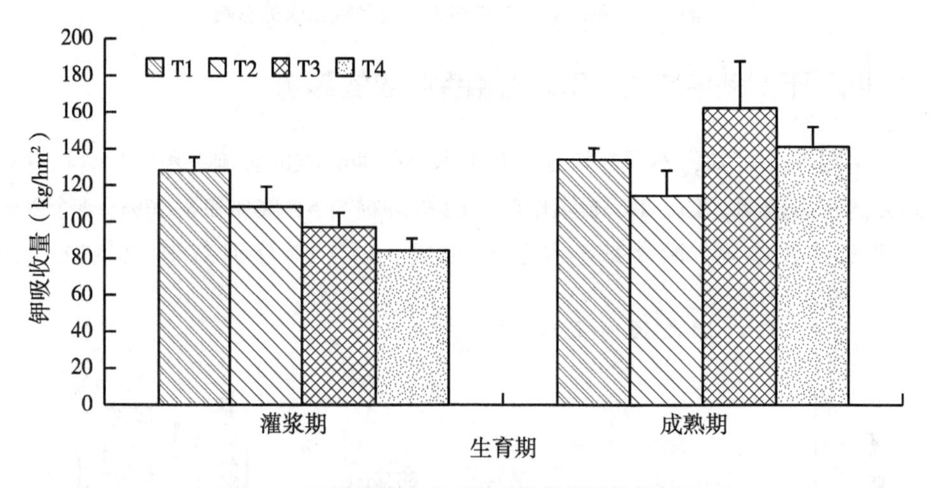

图5-5 不同栽培方式对玉米籽粒钾吸收的影响

第二节 不同施氮量对玉米钾吸收的影响

一、不同施氮量对玉米叶片钾吸收的影响

由图5-6可知，玉米叶片内钾吸收量呈现出随着生育期延后逐渐降低的变

化趋势，成熟期各处理的叶片钾吸收量降至最低值。从不同施氮量对叶片钾吸收量的影响上来看，不同生育期氮肥施用量不同玉米叶片的钾吸收量也存在差异，大喇叭口期，B4 处理钾吸收量处于最高值，其次为 B3 处理，两个处理分别高于对照 59.02kg/hm^{2}和 37.37kg/hm^2，无显著差异，B4 处理显著高于对照，B2、B3 与对照之间无显著差异，与 B4 处理之间无显著差异；孕穗期 B4 处理处于最高值，B2 处理次之，两个处理之间相差 3.67kg/hm^2，此生育期 4 个处理之间无显著差异；灌浆期所有处理之间无显著差异，其中 B4 处理钾吸收量最高，高于对照 14.88kg/hm^2，成熟期 B4 处理钾吸收量处于最高值，与对照相比提高了 115.09%，显著高于对照和其他 3 个施肥处理，B2 处理钾吸收量高于对照 12.96kg/hm^2，B3 处理低于对照 4.10kg/hm^2，无显著差异。从玉米叶片钾吸收量变化上来看，B4 处理对促进叶片钾吸收量效果最佳。

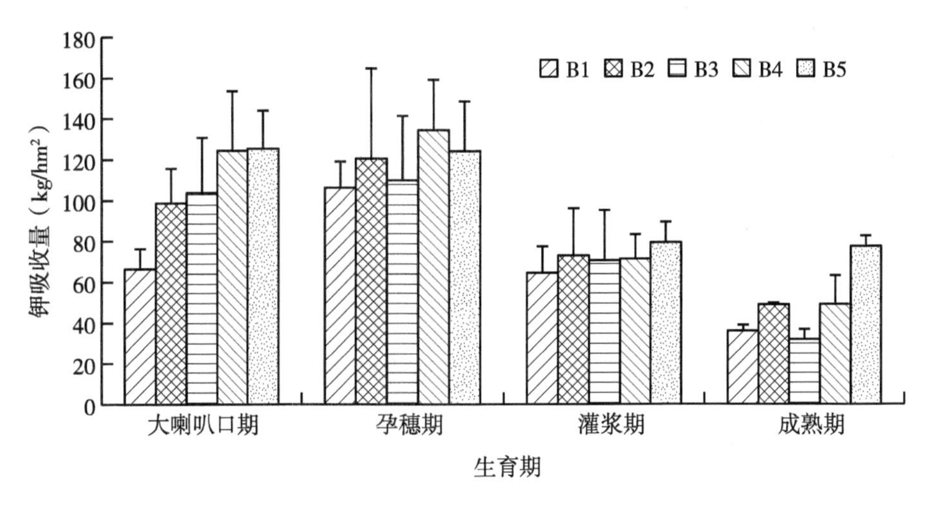

图 5-6　不同施氮量对玉米叶片钾吸收的影响

二、不同施氮量对玉米茎钾吸收的影响

由图 5-7 可知，不同施氮量对玉米茎内钾吸收的影响在不同生育期存在一定的差异，大喇叭口期，对照钾吸收量最低，B4 最高，其次为 B2 处理，两个处理分别比对照提高了 50.44kg/hm^{2}和 39.71kg/hm^2，两个处理之间无显著差异，显著高于对照，B3 与对照之间无显著差异；孕穗期 B3 处理茎钾吸收量最

低，低于对照 19.29kg/hm²，其余处理均高于对照，但 4 个处理之间无显著差异；灌浆期 B4 处理钾吸收量最高，其次为 B2 处理，但是所有处理之间无显著差异；成熟期 B4 处理钾吸收量最高，与对照相比钾吸收量提高了 57.98 kg/hm²，差异显著，B2 与对照之间无显著差异，显著低于 B4 处理，B3 处理与对照之间无显著差异，与 B4 处理之间无显著差异。从成熟期玉米茎内钾吸收量变化上来看，B4 处理对提高茎内钾吸收量效果最佳。

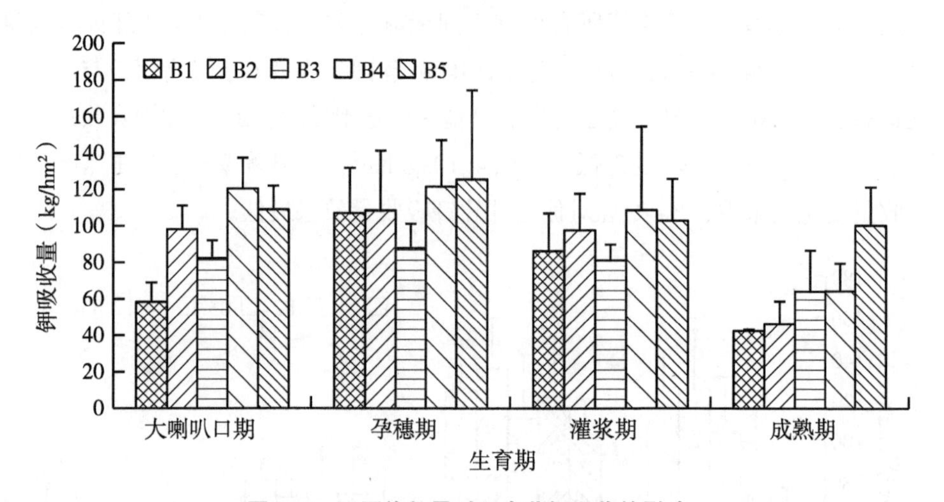

图 5-7　不同施氮量对玉米茎钾吸收的影响

三、不同施氮量对玉米苞叶钾吸收的影响

由图 5-8 可知，玉米钾吸收量呈现出随着生育期延后而降低的变化，不同施氮量在不同生育期钾吸收量存在一定的差异。孕穗期 B3 处理钾吸收量处于最高值，高于对照 23.28kg/hm²，两个处理之间无显著差异，B4 处理低于对照 4.66kg/hm²，两个处理之间无显著差异；灌浆期 B2 处理处于最高值，其次为 B3 处理，两个处理之间分别高于对照 10.40kg/hm²、8.38kg/hm²，无显著差异，B4 处理高于对照 4.68kg/hm²，无显著差异；成熟期 B3 处理钾吸收量最高，与对照相比提高了 78.17%，两个处理之间差异显著，其次为 B4 处理，低于 B3 处理 6.06kg/hm²，无显著差异，显著高于对照，B2 处理显著高于对照，显著低于 B3 处理。从试验结果来看，玉米 B3 处理对提高玉米苞叶钾吸收量效果最佳。

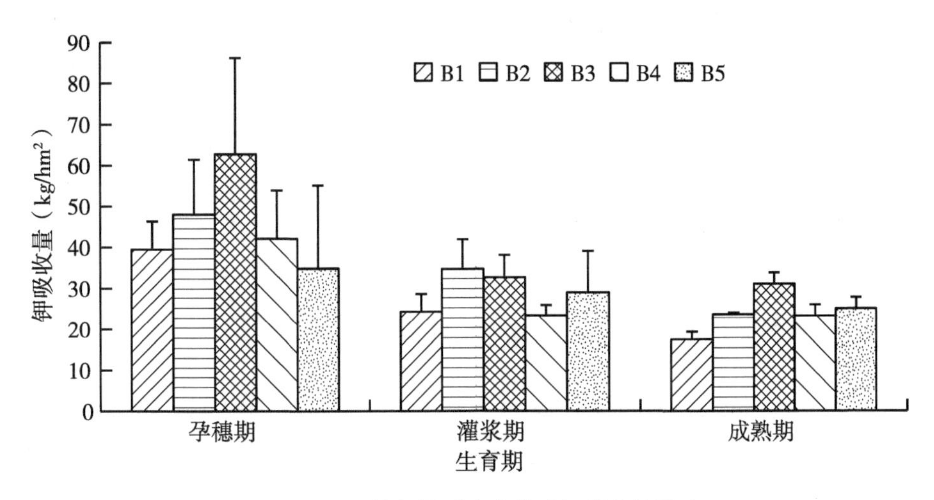

图 5-8　不同施氮量对玉米苞叶钾吸收的影响

四、不同施氮量对玉米雌穗钾吸收的影响

由图 5-9 可知，玉米雌穗钾吸收量呈现出一直增加的变化，成熟期达到了最高值，孕穗期对照钾吸收量处于最低值，B3 处于最高值，其次为 B2 处理，两个处理分别高于对照 10.80kg/hm^2和 10.32kg/hm^2，3 个处理之间无显著差异，B4 处理与对照之间无显著差异，与 B3 处理之间无显著差异；灌浆

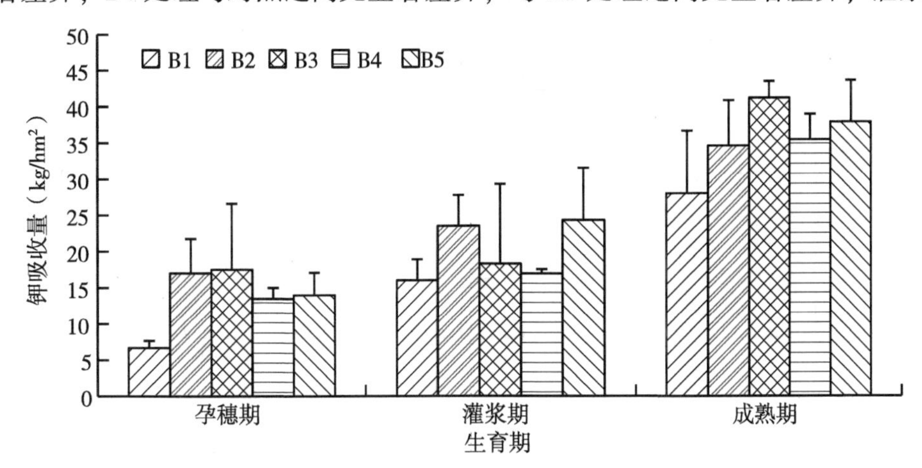

图 5-9　不同施氮量对玉米雌穗钾吸收的影响

期 B4 处于最高值，B2 次之，两个处理分别高于对照 8.29kg/hm^2、和 7.47kg/hm^2，4 个处理之间无显著差异；成熟期 B3 处理钾吸收量比对照提高了 19.98kg/hm^2，两个处理之间无显著差异，其次为 B4 处理，高于对照 9.86kg/hm^2，两个处理之间无显著差异，B4 与 B3 处理之间无显著差异，B2 与对照之间无显著差异。从试验结果来看，B3、B4 处理对提高玉米雌穗钾吸收量效果最佳。

五、不同施氮量对玉米籽粒钾吸收的影响

由图 5-10 可知，不同施氮量对玉米籽粒内钾吸收的影响不同，从试验结果来看，B4 处理的钾吸收量在两个生育期均处于最高值，分别高于对照 66.65kg/hm^{2}和 47.31kg/hm^2，方差分析结果表明，两个处理之间存在显著差异；灌浆期 B3 处理仅次于 B4 处理，两个处理之间相差 10.47kg/hm^2，无显著差异，显著高于对照，B2 处理与对照之间差异显著，与 B4 处理之间无显著差异。成熟期 B2、B3 处理钾吸收量相近，两个处理之间相差 1.32kg/hm^2，无显著差异，显著高于对照，与 B4 处理之间无显著差异。从玉米籽粒钾吸收变化上来看，B4 处理对促进玉米籽粒钾吸收效果最佳。

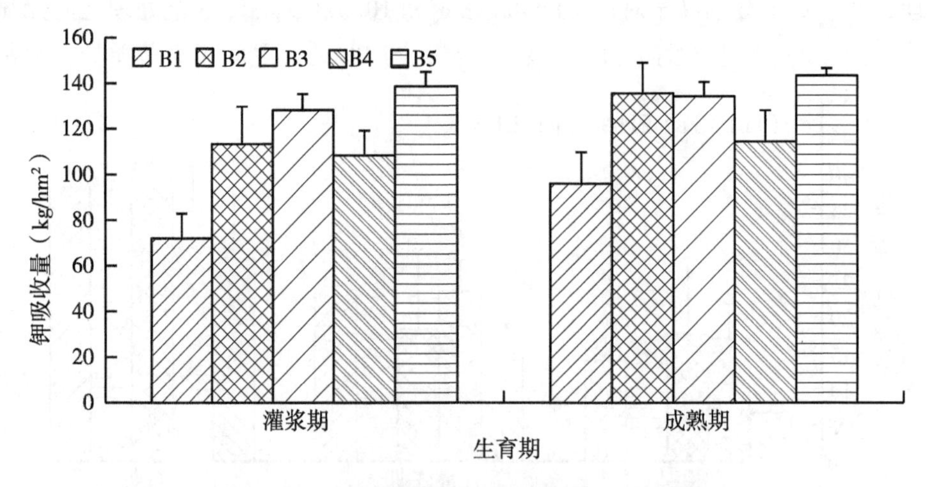

图 5-10　不同施氮量对玉米籽粒钾吸收的影响

第三节　不同磷施用量对玉米钾吸收的影响

一、不同磷肥施用量对玉米总钾吸收的影响

由图 5-11 可知，随着生育期延后，玉米总钾吸收量呈现出一直升高的变化趋势，在成熟期达到最高值，不同磷肥施用量对钾吸收量的影响不同。在拔节期，P2 处理磷吸收量最高值，达到了 119. 28kg/hm^2，高于对照 44. 33 kg/hm^2，差异极显著，P3、P1 处理之间无显著差异，两个处理分别低于 P2 处理 35. 07kg/hm^{2}和 26. 66kg/hm^2，差异显著，P1、P3 与对照之间无显著差异，P4 显著高于对照；孕穗期之后玉米总钾吸收量呈现出随着磷肥施用量的增加而增加的变化趋势，P3 处理的总钾吸收量最高，孕穗期 P3 高于 P2 处理 3. 26kg/hm^2，无显著差异，两个处理分别高于对照 52. 86kg/hm^2 和 56. 12 kg/hm^2，差异显著，P1 低于 P2 处理 37. 05kg/hm^2，差异显著，P1 高于对照 15. 80kg/hm^2，差异显著；灌浆期 P3 高于 P2 处理 8. 58kg/hm^2，无显著差异，两个处理分别高于对照 53. 49kg/hm^{2}和 62. 07kg/hm^2，差异显著，P1 低于 P2 处理 36. 22kg/hm^2，差异显著，P1 高于对照 17. 27kg/hm^2，差异显著，表明在孕

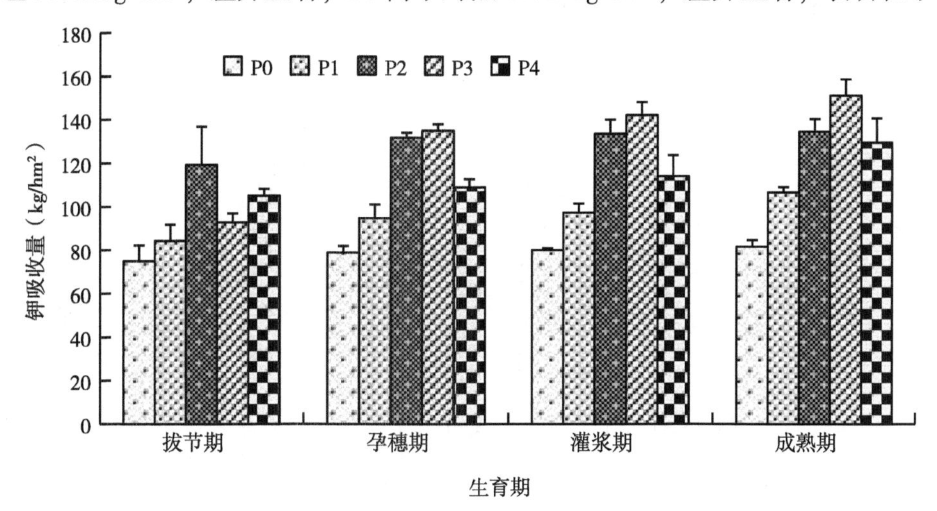

图 5-11　不同磷肥施用量对玉米总钾吸收的影响

穗期和灌浆期所有施用磷肥处理均可以显著提高玉米的总钾吸收量；在成熟期5个处理的磷吸收量分别达到了81.59kg/hm^2、106.63kg/hm^2、134.59kg/hm^2、151.11kg/hm^{2}和129.51kg/hm^2，其中P3高于P2处理16.52kg/hm^2，无显著差异，两个处理分别高于对照53.00kg/hm^{2}和69.52kg/hm^2，差异显著，P1处理高于对照25.04kg/hm^2，差异显著，P4显著高于对照。从试验结果来看，施用磷肥可以显著提高玉米总钾吸收量，其中P3处理促进效果最佳。

二、不同磷肥施用量对玉米茎钾吸收的影响

由图5-12可知，玉米茎内钾吸收量呈现出随着生育期延后先升高后降低的变化趋势，各处理的钾吸收在孕穗期达到最高值，不同磷施用量对钾吸收量影响不同。在拔节期，P2处理钾吸收量处于最高值，与对照相比提高了18.39kg/hm^2，差异显著，P1、P3分别低于P3处理16.24kg/hm^{2}和16.14kg/hm^2，无显著差异，P1、P3与对照之间无显著差异，P4显著高于对照；孕穗期P2、P3处理钾吸收量相近，2个处理之间相差0.80kg/hm^2，无显著差异，两个处理分别高于对照30.85kg/hm^{2}和30.05kg/hm^2，差异显著，P1高于对照7.13kg/hm^2，差异显著，P1显著低于P2处理；灌浆期P2、P3处理之间无显著差异，两个处理分别高于对照34.67kg/hm^{2}和34.78kg/hm^2，差异显著，P1

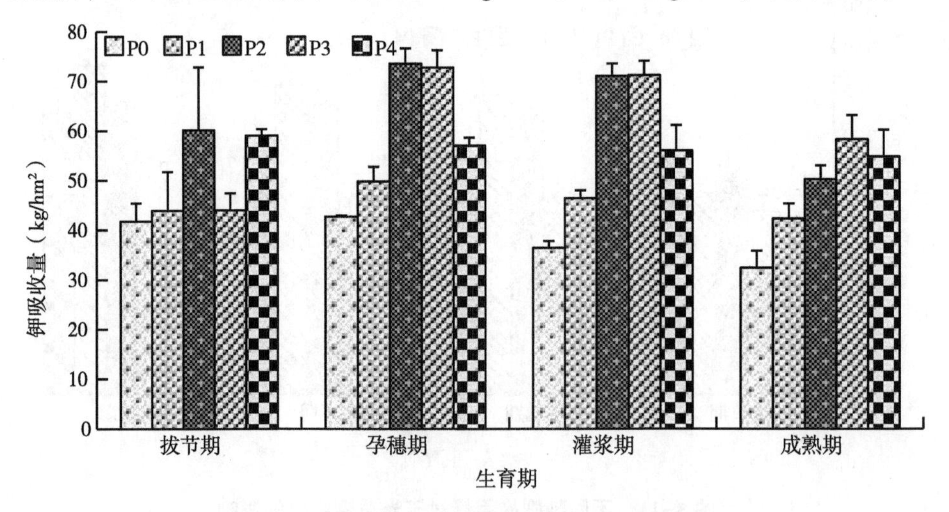

图5-12 不同磷肥施用量对玉米茎钾吸收的影响

低于 P2 处理 24.65kg/hm²，差异显著，P1 高于对照 10.01kg/hm²，差异显著，P4 显著高于对照；成熟期 5 个处理的钾吸收量分别达到了 32.36kg/hm²、42.32kg/hm²、50.28kg/hm²、58.36kg/hm²和 54.86kg/hm²，呈现出随着磷肥施用量增加而增加的变化趋势，P3 高于 P2 处理 8.08kg/hm²，无显著差异，两个处理分别高于对照 17.92kg/hm²和 26.00kg/hm²，差异显著，P1 低于 P2 处理 7.96kg/hm²，无显著差异，P1 高于对照 9.96kg/hm²，差异显著，P4 显著高于对照。从试验结果来看，施用磷肥可以显著提高玉米茎内钾吸收量，其中 P3 处理提高效果最佳。

三、不同磷肥施用量对玉米叶片钾吸收的影响

由图 5-13 可知，玉米叶片内磷吸收量呈现出随着生育期延后而降低的变化趋势，在成熟期达到最低值，不同磷肥施用量对玉米叶片内钾吸收的影响不同。在拔节期，P2 处理钾吸收量最高，达到了 59.13kg/hm²，高于 P3 处理 10.51kg/hm²，差异显著，P3 高于 P1 处理 8.31kg/hm²，无显著差异，P2、P3 分别高于对照 25.93kg/hm² 和 15.42kg/hm²，差异显著，P1 仅高于对照 7.11kg/hm²，无显著差异，P4 显著高于对照；孕穗期之后叶片内钾吸收量呈现出随着磷肥施用量的增加而升高的变化趋势，在孕穗期 P3 高于 P2 处理

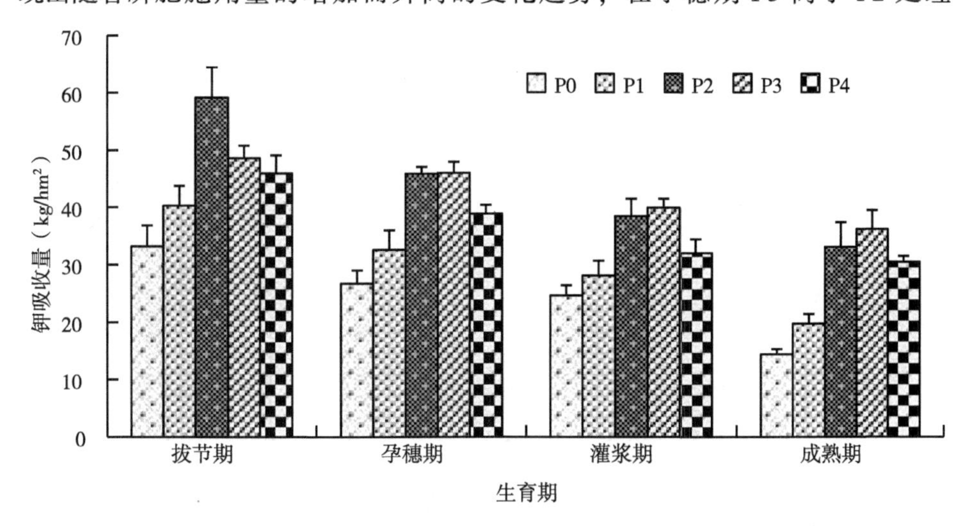

图 5-13 不同磷肥施用量对玉米叶片钾吸收的影响

0.13kg/hm²，无显著差异，两个处理分别高于对照 19.18kg/hm² 和 19.31 kg/hm²，差异显著，P1 高于对照 5.86kg/hm²，无显著差异，P1 显著低于 P2 处理，P4 显著低于 P3 处理；灌浆期 P2、P3 处理之间无显著差异，两个处理相差 1.45kg/hm²，分别高于对照 13.79kg/hm² 和 15.25kg/hm²，差异显著，P1 仅高于对照 3.43kg/hm²，无显著差异，P1 显著低于 P2 处理；成熟期 5 个处理的钾吸收量分别为 14.35kg/hm²、19.76kg/hm²、33.07kg/hm²、36.20kg/hm² 和 30.48kg/hm²，其中 P2、P3 之间无显著差异，两个处理分别高于对照 18.72 kg/hm² 和 21.85kg/hm²，差异显著，P1 高于对照 5.41kg/hm²，无显著差异，P1 显著低于 P2 处理，P4 显著高于对照。从试验结果来看，施用磷肥可以显著促进玉米叶片对钾的吸收，其中 P3 处理促进效果最佳。

四、不同磷肥施用量对玉米雌穗钾吸收的影响

由图 5-14 可知，玉米雌穗钾吸收量呈现出随着生育期延后而升高的变化趋势，在成熟期达到最高值，不同磷肥施用量对玉米雌穗钾吸收的影响不同。孕穗期所有处理的钾吸收量处于较低值，其中 P2 处理处于最高值，与对照相比提高了 1.43kg/hm²，差异显著，P3 低于 P2 处理 0.30kg/hm²，无显著差异，P1 高于对照 0.63kg/hm²，差异显著，P1 显著低于 P3 处理；灌浆期 P3 处理处

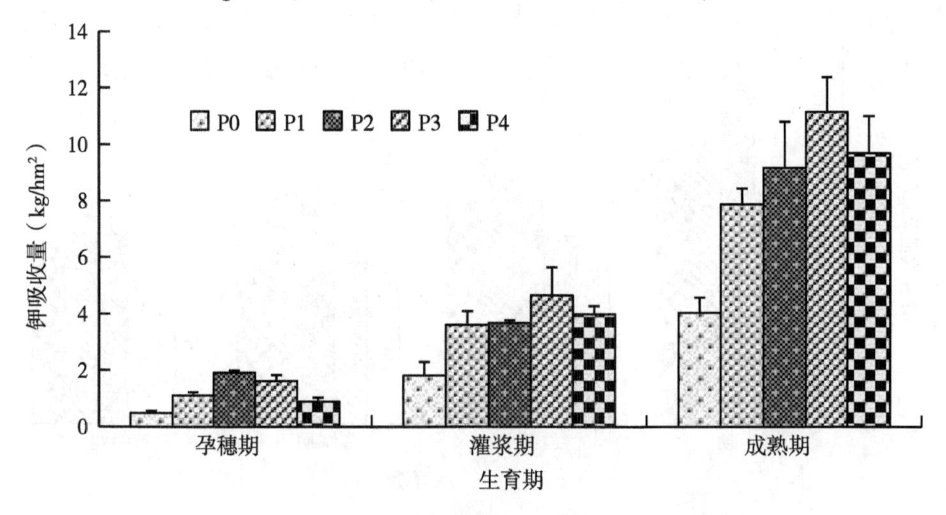

图 5-14　不同磷肥施用量对玉米雌穗钾吸收的影响

于最高值，分别高于 P1、P2 处理 1.04kg/hm^{2}和 0.97kg/hm^2，无显著差异，3 个处理分别高于对照 1.80kg/hm^2、1.87kg/hm^{2}和 2.84kg/hm^2，差异显著，P4 显著高于对照，表明该生育期所有施用磷肥处理均可以显著提高玉米磷吸收量；成熟期表现出随着磷肥施用量增加钾吸收量增加的变化，5 个处理钾吸收量分别达到 4.04kg/hm^2、7.88kg/hm^2、9.18kg/hm^2、11.15kg/hm^2 和 9.70 kg/hm^2，其中 P3 高于对照 7.11kg/hm^2，差异显著，P3 高于 P2 处理 1.97 kg/hm^2，无显著差异，P2 显著高于对照，P1 高于对照 3.84kg/hm^2，差异显著。从试验结果来看，施用磷肥可以显著提高玉米雌穗的钾吸收量，其中 P3 处理促进效果最佳。

五、不同磷肥施用量对玉米苞叶钾吸收的影响

由图 5-15 可知，玉米苞叶钾吸收量呈现出随着生育期延后而降低的变化趋势，在成熟期达到最低值，其中不同磷肥施用量对玉米苞叶内钾吸收的影响不同。在孕穗期，P3 处理钾吸收量最高，达到了 14.61kg/hm^2，高于对照 5.63kg/hm^2，差异显著，P1 低于 P3 处理 3.44kg/hm^2，差异显著，P1、P2 分别高于对照 2.18kg/hm^{2}和 1.40kg/hm^2，无显著差异，P4 显著高于对照；灌浆期之后玉米钾吸收量呈现出随着磷施用量的增加而升高的变化，其中在灌浆期

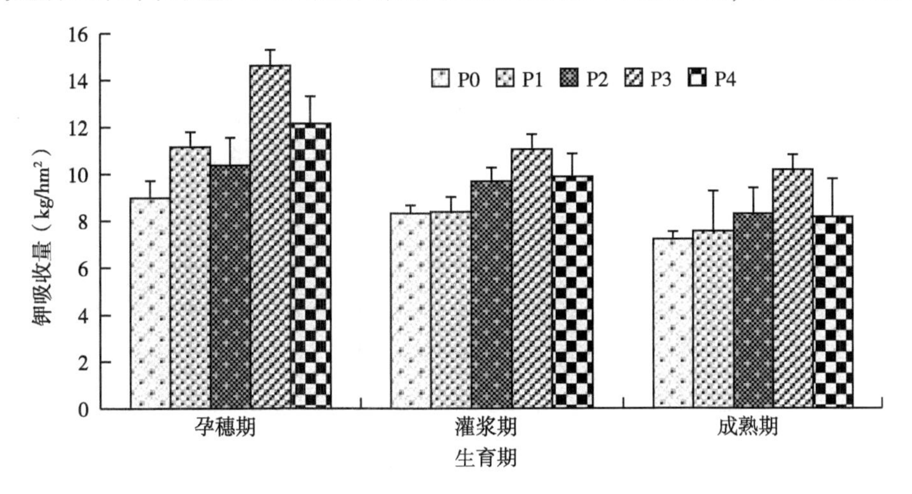

图 5-15　不同磷肥施用量对玉米苞叶钾吸收的影响

P3 处理高于对照 2.73kg/hm²，差异显著，P2 低于 P3 处理 1.35kg/hm²，无显著差异，P1、P2 分别高于对照 0.07kg/hm² 和 1.37kg/hm²，无显著差异，成熟期 5 个处理的钾吸收量分别达到了 7.22kg/hm²、7.56kg/hm²、8.29kg/hm²、10.18kg/hm² 和 8.17kg/hm²，其中 P3 高于对照 2.96kg/hm²，差异显著，P1 与对照相近，两个处理之间仅相差 0.34kg/hm²，无显著差异。从试验结果来看，P3 处理对提高苞叶内钾吸收量效果最佳。

六、不同磷施用量对玉米籽粒钾吸收的影响

由图 5-16 可知，玉米籽粒钾吸收量呈现出随着生育期延后一直增加的变化趋势，在成熟期达到最高值，不同磷肥施用量对钾吸收的影响不同。灌浆期 P3 钾吸收量达到了 15.29kg/hm²，与对照相比提高了 6.46kg/hm²，差异显著，P1、P2 分别低于 P3 处理 4.50kg/hm² 和 4.67kg/hm²，无显著差异，这两个处理分别高于对照 1.96kg/hm² 和 1.79kg/hm²，无显著差异；成熟期 5 个处理的钾吸收量分别达到了 23.62kg/hm²、29.12kg/hm²、33.77kg/hm²、35.22kg/hm² 和 26.30kg/hm²，其中 P3 比对照提高了 49.08%，差异显著，P2 低于 P3 处理 1.45kg/hm²，无显著差异，P2 高于对照 10.14kg/hm²，无显著差异，P1 仅高于对照 5.49kg/hm²，无显著差异，P4 与对照之间无显著差异。从试验结果来

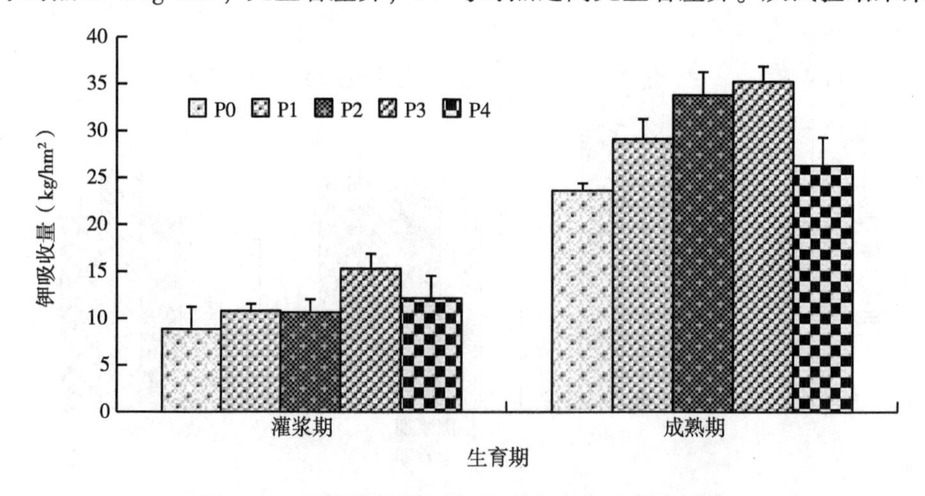

图 5-16　不同磷肥施用量对玉米籽粒钾吸收的影响

看，P3 处理可以显著提高籽粒内的钾吸收量。

第四节　不同施钾量对玉米钾吸收的影响

一、不同施钾量对玉米总钾吸收的影响

由图 5-17 可知，玉米总钾吸收量表现为随着生育期延后而逐渐增加的变化，在收获期成熟期达到最高值，同时，不同钾施用量对玉米总钾吸收量的影响不同，其中 K4 处理的钾吸收量最高，两个时期分别高于对照 58.30kg/hm^{2}和 80.27kg/hm^2，差异显著，表明该钾肥施用量对提高玉米总钾吸收效果显著；孕穗期 K3 低于 K4 处理 17.96kg/hm^2，差异显著，表明降低钾肥施用量可以使玉米总钾吸收量降低，同时 K3 处理高于对照 40.34kg/hm^2，差异显著，表明钾肥施用量为 112.50kg/hm^{2}时可以显著促进玉米总钾吸收；K2 处理低于 K3 处理 17.94kg/hm^2，差异显著，表明钾肥施用量继续降低可以导致玉米总钾吸收量的显著降低，同时，K2 处理显著高于对照，表明钾肥施用量为 75.00kg/hm^{2}时可以显著提高玉米总钾积累；K1 高于对照 10.34kg/hm^2，无显著差异，表明该施肥量不能显著促进玉米对钾元素的吸收；收获期 K3 处理低于 K4 处理

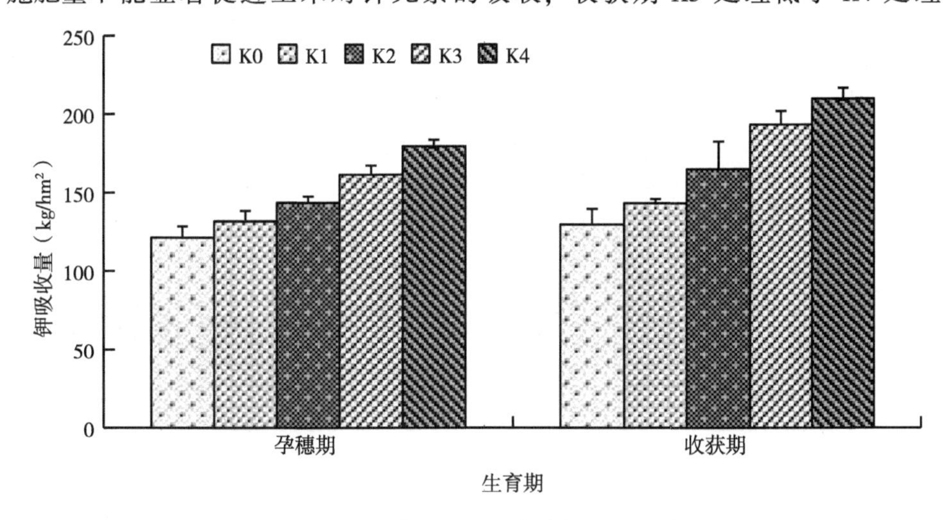

图 5-17　不同施钾量对玉米总钾吸收的影响

16.55kg/hm²，无显著差异，表明钾肥施用量在112.50kg/hm²以上继续提高钾肥施用量对玉米总钾吸收的促进作用并不显著，同时K3处理显著高于对照；K2低于K3处理28.28kg/hm²，差异显著，同时K2显著高于对照，表明该钾肥施用量对促进玉米总钾积累具有显著效果；K1高于对照13.78kg/hm²，无显著差异，K1显著低于K2处理，表明在成熟期钾肥施用量为37.50kg/hm²时对促进玉米总钾吸收效果不显著。综合来看，K3、K4处理对促进玉米总钾吸收量提高效果最显著。

二、不同施钾量对玉米叶片钾吸收的影响

由图5-18可知，玉米叶片内钾吸收量表现为成熟期低于营养生长期，这可能与钾元素在植物体内属于可以移动的营养元素有关，同时不同钾施用量对玉米叶片内钾吸收量影响不同，表现为随着钾肥施用量的增加而增加的变化趋势，其中两个时期K4处理的钾吸收量均处于最高值，与对照相比分别提高了14.53kg/hm²和3.49kg/hm²，方差分析结果表明，K4显著高于对照，表明该施钾量对促进玉米叶片钾肥吸收量提高效果显著；孕穗期K3低于K4处理1.78kg/hm²，无显著差异，显著高于对照，表明在孕穗期钾肥施用量在112.50kg/hm²以上均可以提高玉米叶片内钾积累量；K1、K2分别高于对照

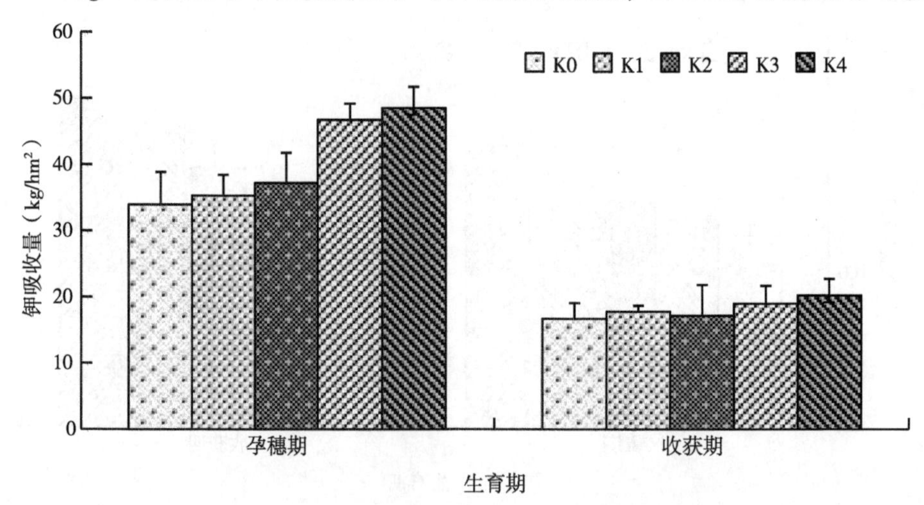

图5-18　不同钾吸收量对玉米叶片钾吸收的影响

1.34kg/hm^{2}和3.26kg/hm^2，无显著差异，表明钾肥施用量在75.00kg/hm^{2}以下对玉米叶片钾积累量影响不显著；收获期K1、K2、K3处理分别低于K4处理2.41kg/hm^2、3.04kg/hm^{2}和1.19kg/hm^2，差异显著，表明在成熟期钾肥施用量低于112.50kg/hm^{2}以下时会显著低于150.00kg/hm^{2}处理，同时K1、K2、K3处理与对照之间无显著差异，表明钾肥施用量低于112.50kg/hm^{2}时对玉米叶片成熟期钾吸收量增加效果不显著。

三、不同施钾量对玉米茎钾吸收的影响

由图5-19可知，玉米茎内钾吸收量在收获期低于孕穗期，表明钾元素在玉米茎内发生了转移，同时，不同钾处理对玉米茎内钾吸收影响不同，两个时期K4处理的钾吸收量始终处于最高值，分别高于对照43.76kg/hm^{2}和51.80kg/hm^2，方差分析结果表明，K4处理在两个时期均显著高于对照，表明钾肥施用量在150.00kg/hm^{2}时对促进玉米茎钾吸收量增加效果显著；孕穗期K3低于K4处理8.44kg/hm^2，无显著差异，两个处理均显著低于K4处理，表明钾肥施用量降低后可以显著降低玉米茎对钾元素的吸收量，同时K2、K3处理显著高于对照，表明钾肥施用量超过75.00kg/hm^{2}时可以显著提高玉米茎内的钾吸收量；K1处理显著低于K2处理，K1与对照之间无显著差异，表明钾

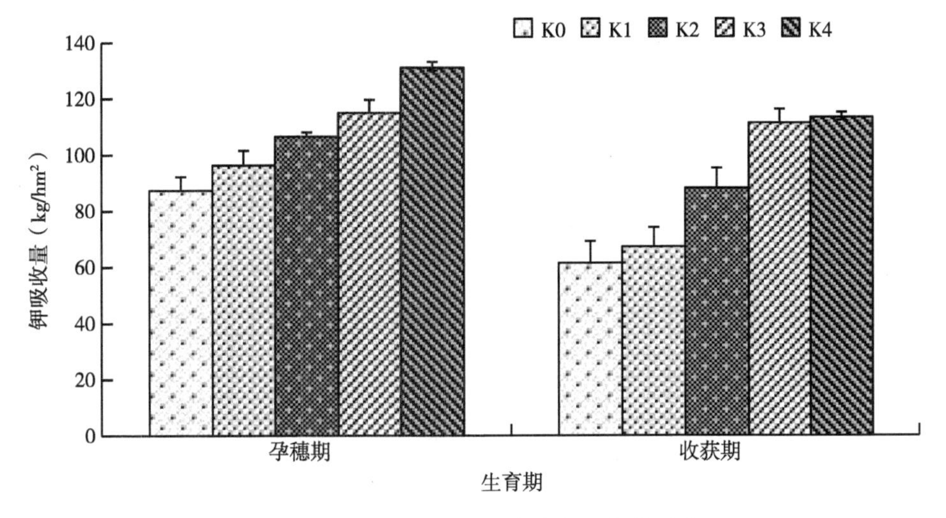

图5-19 不同施钾量对玉米茎钾吸收的影响

肥施用量为37.50kg/hm^{2}时对提高玉米茎内钾吸收效果不显著；收获期K3低于K4处理1.95kg/hm^2，无显著差异，两个处理均显著高于对照，表明钾肥施用量超过112.50kg/hm^{2}后再增加钾肥施用量对玉米茎内钾吸收量的增加效果并不显著；K2低于K3处理23.12kg/hm^2，差异显著，表明钾肥施用量降低至75.00kg/hm^{2}时会导致玉米茎内钾吸收量显著降低；K1低于K2处理20.98kg/hm^2，无显著差异，K1与对照之间无显著差异，表明钾肥施用量为37.50kg/hm^{2}时对玉米茎内钾吸收的促进作用不显著。从玉米茎内钾吸收变化上来看，K4处理对提高茎内钾吸收量效果最佳。

四、不同施钾量对玉米苞叶钾吸收的影响

由图5-20可知，玉米苞叶内钾吸收量不同处理之间存在较大差异，其中，K4处理钾吸收量最高，高于对照11.03kg/hm^2，差异显著，表明该施钾量对玉米苞叶钾吸收促进作用显著，K3低于K4处理5.81kg/hm^2，差异显著，表明钾肥施用量降低至112.50kg/hm^{2}时会导致玉米苞叶内钾吸收量显著降低，同时K3处理显著高于对照，表明钾肥施用量达到112.50kg/hm^{2}时可以显著提高玉米苞叶内钾吸收量，对促进玉米苞叶钾吸收效果显著；K1、K2处理分别高于对照3.23kg/hm^{2}和0.85kg/hm^2，方差分析结果证明，K1显著

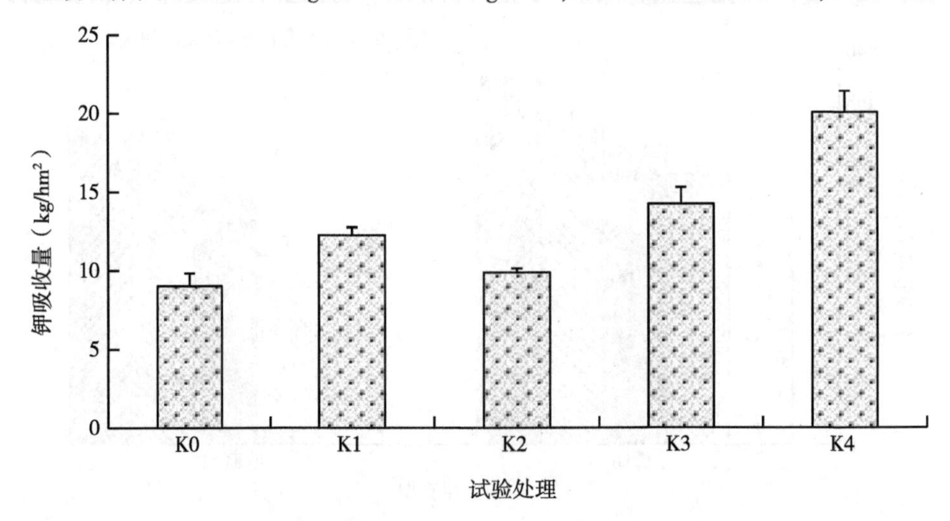

图5-20　不同施钾量对玉米苞叶钾吸收的影响

高于对照，K2 与对照之间无显著差异，表明钾肥施用量在较低情况下对苞叶钾吸收影响规律性不强。从苞叶钾吸收变化上来看，K4 处理对提高玉米苞叶钾吸收量效果最佳。

五、不同施钾量对玉米雌穗钾吸收的影响

由图 5-21 可知，玉米雌穗钾吸收量表现为随着钾施用量的增加而增加的变化趋势，K4 处理的钾吸收量最高，与对照相比提高了 0.76kg/hm²，方差分析结果表明，K4 显著高于对照，表明钾肥施用量为 150.00kg/hm²时可以显著促进玉米雌穗内钾吸收量的增加；K3 低于 K4 处理 0.23kg/hm²，无显著差异，显著高于对照，表明钾肥施用量为 112.50kg/hm²也可以显著提高玉米雌穗的钾吸收，同时钾肥施用量超过 112.50kg/hm²时增加钾肥的施用量对玉米雌穗钾吸收促进作用会降低；K1、K2 处理分别高于对照 0.04kg/hm²和 0.22kg/hm²，无显著差异，表明钾肥施用量在 75.00kg/hm²以下对玉米雌穗内钾吸收量增加的促进作用不显著；K1、K2 处理之间无显著差异，表明钾肥施用量在 75.00 kg/hm²以下时不同钾肥施用量对玉米雌穗钾吸收影响不显著。从玉米钾吸收变化上来看，K3、K4 处理对提高玉米雌穗钾吸收量效果最佳。

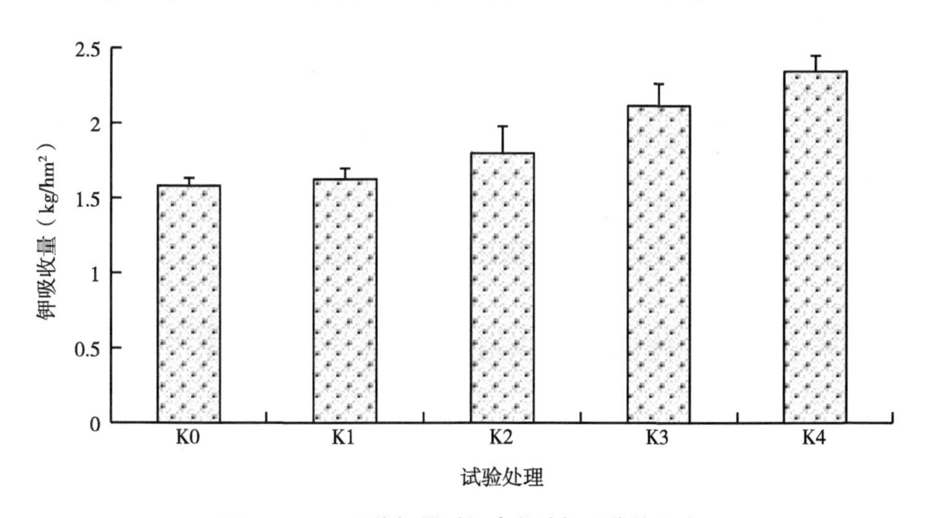

图 5-21　不同施钾量对玉米雌穗钾吸收的影响

六、不同施钾量对玉米籽粒钾吸收的影响

由图5-22可知，玉米籽粒内钾吸收量表现为随着钾施用量的增加而增加的变化趋势，其中K4处理处于最高值，与对照相比提高了13.19kg/hm^2，差异显著，表明钾肥施用量达到150.00kg/hm^{2}时可以显著提高玉米籽粒内钾吸收量；K1、K2、K3处理分别低于K4处理9.51kg/hm^2、6.00kg/hm^{2}和7.37kg/hm^2，无显著差异，表明不同钾肥施用量对玉米籽粒内钾吸收的影响不会出现显著差异，但是K1、K2、K3处理与对照之间无显著差异，表明较低的施钾量对玉米籽粒钾吸收量的提高效果不显著。从玉米籽粒钾吸收情况来看，K4处理对促进玉米籽粒钾吸收效果最佳。

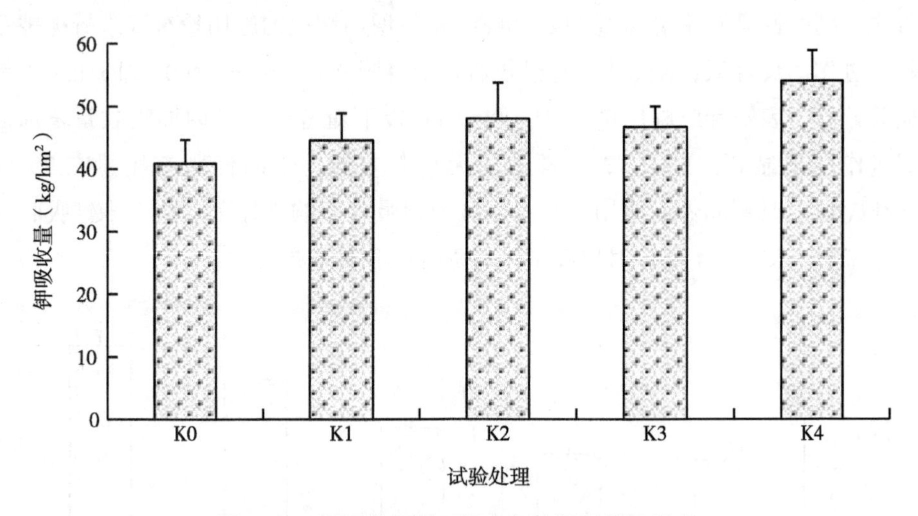

图5-22　不同施钾量对玉米籽粒钾吸收的影响

第五节　有机-无机配施对玉米钾吸收的影响

一、有机-无机肥配施对玉米茎钾吸收的影响

由表5-1可知，玉米茎钾吸收表现出略有降低的变化趋势，不同处理在不同生育期对茎钾吸收的影响不同。拔节期、孕穗期，T2处于最高值，与对照相

比分别提高了 18. 39kg/hm^2、30. 85kg/hm^2，差异显著，拔节期 T3 与 T2 之间无显著差异，表明有机–无机肥料配合施用可以在拔节期显著促进玉米茎钾吸收量的增加，但此生育期有机–无机肥料配合施用对钾吸收的影响处于同一水平；拔节期 T3 高于 T4 处理 15. 10kg/hm^2，差异显著，表明有机–无机肥料配合施用效果优于提高磷肥处理；孕穗期 T4 低于 T2 处理 0. 80kg/hm^2，无显著差异，两个处理均显著高于对照，T3 高于对照 14. 36kg/hm^2，差异显著，表明孕穗期有机–无机肥料配施与提高磷肥处理对玉米茎钾吸收的影响处于同一水平，显著高于对照。

表 5–1　不同有机–无机配施对玉米茎钾吸收的影响　　单位：kg/hm^2

处理	拔节期	孕穗期	灌浆期	成熟期
T1	41. 75b	42. 70c	36. 39c	32. 36b
T2	60. 15a	73. 55a	71. 06a	50. 28a
T3	59. 11a	57. 06b	56. 05b	54. 86a
T4	44. 01b	72. 75ab	71. 18a	58. 36a

灌浆期至成熟期 T4 处于最高值，与对照相比分别提高了 34. 78kg/hm^2 和 26. 00kg/hm^2，差异显著，灌浆期 T2、T3 分别高于对照 34. 67kg/hm^2 和 19. 66kg/hm^2，差异显著，T3、T4、T2 之间无显著差异，表明不同磷肥施用方式不会显著影响玉米茎钾吸收量变化，但是与对照相比均达到了差异显著的水平；成熟期 T3 低于 T4 处理 3. 50kg/hm^2，无显著差异，T3 显著高于对照，T2 分别高于对照 17. 92kg/hm^2，差异显著，表明提高磷肥施用量可以一定程度上提高玉米茎钾吸收量的增加，但是与常规施肥处理相比并未达到差异显著水平，有机–无机肥料配施后玉米茎内钾吸收量与常规施肥处理相比得到了提高，与对照相比差异达到了显著水平。

二、有机–无机肥配施对玉米叶片钾吸收的影响

由表 5–2 可知，玉米叶片钾吸收表现出随着生育期延后一直降低的变化趋势，在成熟期达到最低值，不同处理之间存在显著差异。拔节期，T2 处理处于最高值，与对照相比提高了 25. 93kg/hm^2，差异显著，T4 高于 T3 处理 2. 65

kg/hm²，无显著差异，两个处理与 T2 之间差异显著，表明各施肥处理均可以显著促进玉米叶片内钾吸收量的增加；T3、T4 与对照之间存在显著差异，表明有机-无机肥料配施在该生育期对促进叶片钾吸收效果显著；孕穗期至成熟期 T4 处理一直处于最高值，3 个生育期分别高于对照 19.31kg/hm²、15.25 kg/hm²和 21.85kg/hm²，差异显著，表明提高磷肥施用量显著促进了玉米叶片对钾营养的吸收；T2 仅次于 T4，3 个生育期分别相差 0.13kg/hm²、1.45 kg/hm²和 3.13kg/hm²，无显著差异，表明增加磷肥施用量对玉米叶钾吸收的影响与常规施肥处于同一水平；T3 分别低于 T4 处理 7.15kg/hm²、7.91kg/hm²和 5.72 kg/hm²，无显著差异，T3 显著高于对照，表明有机-无机肥料配施可以显著促进玉米叶片钾吸收量的增加。从叶片变化上来看，3 个施肥处理对玉米叶片钾吸收的影响处于同一水平。

表 5-2　不同有机-无机肥配施对玉米叶片钾吸收的影响　单位：kg/hm²

处理	拔节期	孕穗期	灌浆期	成熟期
T1	33/20c	26.73c	24.68c	14.35c
T2	59.13a	45.91a	38.45a	33.07ab
T3	45.97b	38.89b	32.01b	30.48b
T4	48.62b	46.04a	39.92a	36.20a

三、有机-无机肥配施对玉米雌穗钾吸收的影响

由图 5-23 可知，玉米雌穗钾吸收量表现为随着生育期延后快速升高的变化趋势，不同处理之间存在显著差异。孕穗期 T2 处于最高值，其次为 T4 处理，两个处理分别高于对照 1.43kg/hm²和 1.31kg/hm²，差异显著，T3 低于 T4 处理 0.73kg/hm²，无显著差异，表明有机-无机肥料配施对玉米雌穗钾吸收的影响与提高磷肥施用量处理处于同一水平。

灌浆期 T4 处于最高值，分别高于其他 3 个处理 2.84kg/hm²、0.97kg/hm²和 0.66kg/hm²，T2、T3 与 T4 处理之间无显著差异，表明这 3 个处理对玉米雌穗钾吸收的影响处于同一水平，显著高于对照；成熟期 T3 低于 T4 处理 1.45kg/hm²，无显著差异，两个处理均与对照之间存在显著差异，表明有机-

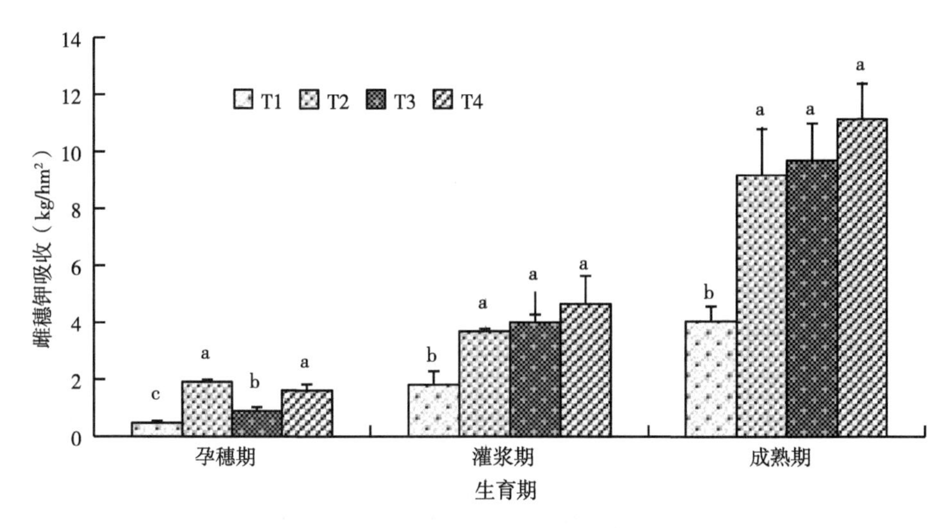

图 5-23 不同有机-无机肥配施对玉米雌穗钾吸收的影响

无机肥料配施可以显著促进玉米雌穗钾吸收量的增加，同时该处理与提高磷肥施用量处理处于同一水平，表明有机-无机肥料配施效果优于单纯施用化学肥料处理。从玉米雌穗钾吸收变化上来看，T3、T4 处理效果优于 T2 处理。

四、有机-无机肥配施对玉米苞叶钾吸收的影响

由图 5-24 可知，玉米苞叶钾吸收呈现出随着生育期延后一直降低的变化趋势，成熟期达到最低值，不同处理之间存在显著差异。从试验结果来看，T4 处理始终处于最高值，3 个生育期分别高于对照 5. 63kg/hm^2、2. 73kg/hm^2 和 2. 96kg/hm^2，差异显著，表明提高磷肥施用量可以显著促进玉米苞叶对钾吸收量的增加；T3 仅次于 T4，3 个生育期分别高于对照 3. 17kg/hm^2、1. 57kg/hm^2 和 0. 95kg/hm^2，差异显著，表明有机-无机肥料配施对促进玉米苞叶钾吸收量提高显著优于对照，并且该处理与高磷施肥处理处于同一水平，所以建议生产中采用有机-无机肥料配施的施肥方法；T2 分别低于 T4 处理 4. 23kg/hm^2、1. 35kg/hm^2 和 1. 88kg/hm^2，无显著差异，表明提高磷肥施用量并未显著促进玉米苞叶对钾营养的吸收。从试验结果来看，有机-无机肥料配施对促进玉米苞叶钾吸收量增加效果较好。

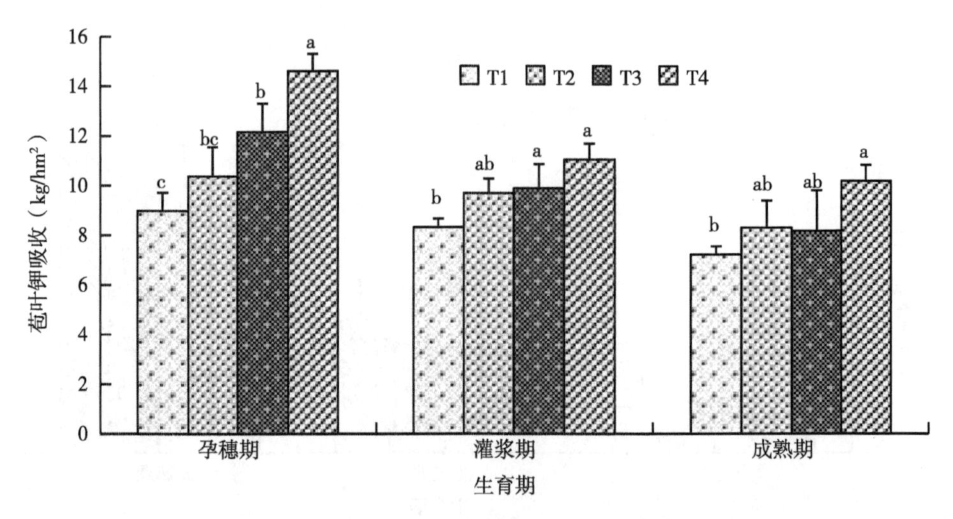

图 5-24 不同有机-无机肥配施对玉米苞叶钾吸收的影响

五、有机-无机肥配施对玉米籽粒钾吸收的影响

由图 5-25 可知，玉米籽粒钾吸收量随着生育期延后一直增加的变化趋势，在成熟期达到最高值。其中 T4 处理始终处于最高值，与对照相比分别提高了 73.17%和 49/08%，差异显著，表明提高磷肥施用量也显著促进了玉米籽粒对钾营养的吸收；灌浆期 T3 低于 T4 处理 3.15kg/hm^2，无显著差异，表明有机-

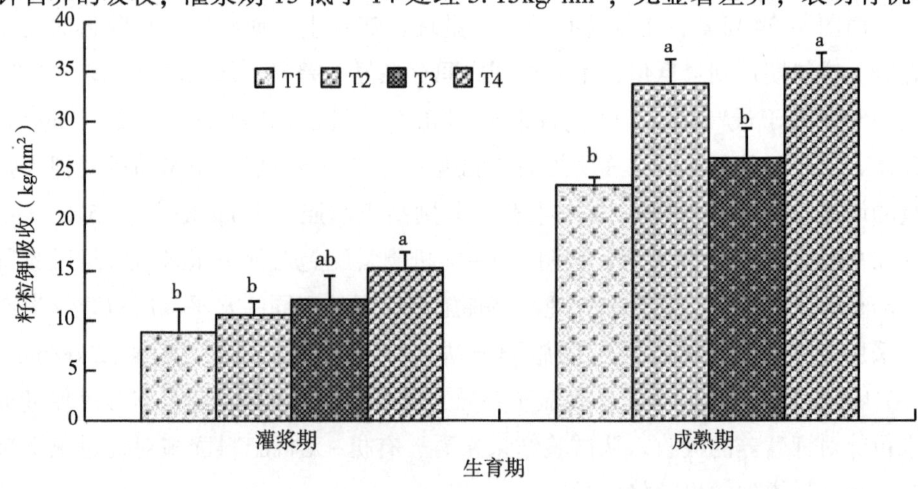

图 5-25 不同有机-无机肥配施对玉米籽粒钾吸收的影响

无机肥料配施与提高磷肥处理处于同一水平，但因T3处理磷肥施用量较低，因此T3处理优于T4处理。成熟期T2低于T4处理1.45kg/hm²，无显著差异，T2显著高于对照，T3高于对照2.68kg/hm²，无显著差异，表明有机-无机肥料配施不会显著促进玉米籽粒钾吸收量的增加。从玉米籽粒钾吸收情况来看，T4对促进玉米籽粒钾吸收效果较显著。

六、有机-无机肥配施对玉米总钾吸收的影响

由表5-3可知，玉米总钾积累在整个生育期变化相对比较稳定，呈现出略有升高的变化趋势，成熟期达到最高值，不同处理对玉米总钾吸收的影响不同。拔节期，T2处理处于最高值，其次为T3，两个处理分别高于对照44.33kg/hm²和30.13kg/hm²，差异显著，表明有机-无机肥料配施处理在拔节期可以显著促进玉米总钾吸收量的增加，但是该生育期与单纯施用化学肥料处理处于同一水平；T4高于对照17.67kg/hm²，无显著差异，表明提高磷肥施用量不能显著提高玉米总钾吸收量；孕穗期至成熟期T4处理钾吸收量始终处于最高值，与对照相比分别提高了71.13%、77.56%和85.20%，差异显著，表明玉米生育后期提高磷肥施用量可以显著促进玉米总钾吸收量的增加。

表5-3　不同有机-无机肥配施对玉米总钾吸收的影响　　单位：kg/hm²

处理	拔节期	孕穗期	灌浆期	成熟期
T1	74.96c	78.89c	80.03c	81.59c
T2	119.28a	131.75a	133.52a	134.59b
T3	105.08ab	108.98b	114.08b	129.51b
T4	92.63bc	135.00a	142.09a	151.11a

T2仅次于T4，3个生育期分别低于T4处理3.26kg/hm²、8.58kg/hm²和16.52kg/hm²，无显著差异，T2显著高于对照，表明当地常规施肥处理与高磷处理对促进玉米总钾吸收处于同一水平；T3分别低于T2处理22.76 kg/hm²、19.44kg/hm²和5.08kg/hm²，T3显著高于对照，表明有机-无机肥料配施可以显著促进玉米总钾吸收量的增加，但是在成熟期与当地常规化学施肥处理处于同一水平，也表明有机-无机肥料配施对促进玉米钾吸收效果不显著。

第六章　栽培方式与施肥对玉米产量及品质的影响

第一节　不同栽培方式对玉米产量及品质的影响

一、不同栽培方式对玉米产量构成因素的影响

由表 6-1 可知，不同栽培方式对玉米穗经济性状会产生一定的影响，穗长 T3 高于 T1 处理 0.51cm，无显著差异，T2 高于 T4 处理 0.82 cm，无显著差异；穗行数 T3 低于 T1 处理 0.22 行，无显著差异，T4 高于 T2 处理 1.34 行，无显著差异；穗粗 T3 高于 T1 处理 0.83 cm，差异显著，T2 高于 T4 处理 0.03 cm，无显著差异，表明覆膜补灌可以提高玉米穗粗度；行粒数 T3 低于 T1 处理 1.33 粒，无显著差异，T4 高于 T2 处理 2.00 粒，无显著差异；秃尖长度 T3 低于 T1 处理 0.55 cm，无显著差异，T4 低于 T2 处理 0.12 cm，无显著差异，表明地膜补灌可以降低玉米穗的秃尖长度。

表 6-1　不同栽培方式对玉米产量构成因素的影响

处理	穗长（cm）	穗行数（行）	穗粗（cm）	行粒数（粒）	秃尖长度（cm）
T1	19.39aA	18.44aA	4.82bB	37.33aA	1.08abA
T2	19.14aA	17.33aA	4.80bB	33.33bA	1.43aA
T3	19.90aA	18.22aA	5.66aA	36.00abA	0.53bA
T4	18.32aA	18.67aA	4.77bB	35.33abA	1.31aA

二、不同栽培方式对玉米产量性状的影响

由表 6-2 可知，不同栽培方式对玉米产量性状有一定的影响，从穗重上来

看，地膜补灌处理的穗重高于雨养处理，其中T3、T4处理分别高于T1、T2处理14.98 g和0.38 g，方差分析结果显示，T3与T1处理之间无显著差异，T2与T4处理之间无显著差异；穗粒重T3高于T1处理12.74 g，无显著差异，T4低于3.08 g，无显著差异；从出籽率上来看，地膜补灌处理的出籽率低于雨养处理，千粒重T3比T1提高了17.40 g，两个处理之间差异显著，T4低于T2处理42.70g，两个处理之间差异显著；从不同栽培方式对玉米产量的影响上来看，地膜补灌处理可以提高玉米产量，T3、T4处理分别比T1、T2处理提高1 516.76 kg/hm^2和1 933.50kg/hm^2，方差分析结果显示，4个处理之间无显著差异。

表6-2　不同栽培方式对玉米产量性状的影响

处理	穗重（g）	穗粒重（g）	出籽率（%）	千粒重（g）	产量（kg/hm^2）
T1	339.70abA	281.76abA	83.12aA	448.27bA	9 655.86aA
T2	299.62bA	252.27bA	84.31aA	461.63abA	8 784.95aA
T3	354.68aA	294.50aA	83.07aA	465.67aA	11 172.62aA
T4	300.00bA	249.19bA	83.16aA	418.93cB	10 718.45aA

三、不同栽培方式对玉米品质的影响

由表6-3可知，地膜补灌处理会对玉米籽粒品质产生显著影响，从还原糖含量上来看，地膜补灌可以降低籽粒中还原糖含量，T3、T4分别低于T1、T2处理0.07%和0.55%，其中，T2显著高于T4处理，T3与T1处理之间无显著差异；淀粉含量T3低于T1处理2.96%，无显著差异，T4低于T2处理3.95%，无显著差异；蛋白质含量地膜补灌处理均高于雨养处理，T3、T4分别高于T1、T2处理0.94%和0.85%，无显著差异；可溶性糖含量T3高于T1处理4.51%，T4低于T2处理0.19%。从试验结果来看，地膜补灌对玉米籽粒品质无显著影响。

表6-3　不同栽培方式对玉米品质的影响　　单位：%

处理	还原糖	淀粉	蛋白质	可溶性糖
T1	0.25bB	67.00aA	9.00cB	9.36aA

（续表）

处理	还原糖	淀粉	蛋白质	可溶性糖
T2	0.71aA	67.00aA	9.30bcAB	11.71aA
T3	0.18bB	64.04aA	9.94abAB	13.87aA
T4	0.16bB	63.05aA	10.15aA	11.52aA

第二节　不同施氮量对玉米产量及品质的影响

一、不同施氮量对玉米产量构成因素的影响

由表6-4可知，玉米穗经济性状因施氮量不同存在一定的差异，玉米穗长表现为施用氮肥处理均低于对照，其中B4处理处于最低值，与对照相比降低了0.35cm，方差分析结果表明，4个处理之间无显著差异，表明不同氮肥施用量对玉米穗长无显著影响；玉米穗行数B2处理处于最高值，与对照相比提高了1.12行，无显著差异，B3处理与对照相同，B4处理低于对照1.11行，无显著差异；穗粗B2处于最高值，其次为B1处理，两个处理之间相差0.59cm，差异显著；B2显著高于B3和B4处理，B4低于对照0.08 cm，无显著差异；行粒数B2、B3处理相同，两个处理均高于对照3.77粒，差异显著，B4与对照相同；秃尖长度B2处理最低，B4处理最高，两个处理相差0.46 cm，方差分析结果表明，所有处理之间无显著差异。

表6-4　不同施氮量下玉米产量构成因素分析

处理	穗长（cm）	穗行数（行）	穗粗（cm）	行粒数（粒）
B1	19.49aA	18.44abA	4.88bAB	33.56bA
B2	19.07aA	19.56aA	5.47aA	37.33aA
B3	19.39aA	18.44abA	4.82bB	37.33aA
B4	19.14aA	17.33bA	4.80bB	33.33bA

二、不同施氮量对玉米产量性状的影响

由表 6-5 可知，玉米穗重仅 B3 处理高于对照 2.13g，其他几个施肥处理均低于对照，但是所有处理之间无显著差异；穗粒重 B3 处理高于对照 3.82 g，无显著差异，B4 处于最低值，低于对照 14.97 g，两个处理之间无显著差异，证明不同施氮量并不会显著影响玉米的穗重和穗粒重；从出籽率上来看，施用氮肥处理的出籽率均高于对照，其中 B4 处理最高，与对照相比差异显著，但是不同施氮量处理之间无显著差异；千粒重各施肥处理均低于对照，其中，B2 处理处于最低值，显著低于对照，B3 显著低于对照，B4 处理与对照之间无显著差异；产量 B4 处理最高，高于对照 2 782.85kg/hm^2，两个处理之间差异显著，B2、B3、B4 处理之间无显著差异，显著高于对照。

表 6-5　不同施氮量对玉米产量性状的影响

处理	穗重（g）	穗粒重（g）	出籽率（%）	千粒重（g）	产量（kg/hm^2）
B1	337.57aA	277.94aA	82.35bA	474.23aA	7 833.00bB
B2	320.54aA	266.99aA	83.32abA	430.57cB	9 707.33aAB
B3	339.70aA	281.76aA	83.12abA	448.27bcAB	9 655.86aAB
B4	299.62aA	252.27aA	84.31aA	461.63abA	10 615.85aA

三、不同施氮量对玉米品质的影响

由表 6-6 可知，不同施氮量对玉米籽粒品质的影响不同，还原糖含量 B1、B2、B4 处理相同，均为 0.23%，B3 处理高于对照 0.03%，无显著差异；淀粉含量 B3 处理最高，与对照相比提高了 0.99%，两个处理之间无显著差异，B2、B4 处理分别低于对照 2.63%和 2.96%，无显著差异；蛋白质含量 B4 处理处于最低值，低于对照 0.95%，无显著差异，B3 处理最高，高于对照 0.60%，无显著差异；可溶性糖含量 B2 处理高于对照 1.85%，无显著差异，B3、B4 处理分别低于对照 1.84%和 1.47%，方差分析结果显示，所有处理之间无显著差异。

表 6-6　不同施氮量对玉米品质的影响　　单位:%

处理	还原糖	淀粉	蛋白质	可溶性糖
B1	0.23aA	66.01aA	8.40aA	11.20aA
B2	0.23aA	63.38aA	8.91aA	13.05aA
B3	0.26aA	67.00aA	9.00aA	9.36aA
B4	0.23aA	63.05aA	7.45aA	9.73aA

第三节　不同磷肥和有机肥对玉米产量及品质的影响

一、不同磷肥施用量对玉米产量性状的影响

玉米产量性状变化从一个侧面反映了施用磷肥对玉米产量构成的影响，从试验结果来看，施用磷肥量不同会影响玉米产量性状的各项指标变化。从穗行数变化上来看，施用磷肥处理的穗行数与对照相比有所升高，但是升高幅度较小，其中 P3 处理高于对照 1.25 行，所有处理之间无显著差异，表明磷肥施用量不同不会显著影响玉米的穗行数变化；行粒数变化与穗行数相似，其中对照行粒数最低，P3 最高，高于对照 4.09 粒，差异显著，P1、P2 与对照之间无显著差异，表明施用磷肥可以显著影响玉米的行粒数变化；从出籽率变化上来看，增加磷肥施用量可以提高玉米的出籽率，3 个处理分别比对照提高了 2.33%、2.91%和 4.39%，所有处理之间无显著差异，表明施用磷肥对玉米出籽率并无显著影响；千粒重表现为随着磷肥施用量增加而增加的变化趋势，其中 P3 高于对照 54.53 g，差异显著，P1、P2 与对照相比差异不显著，表明当磷肥施用量达到 P3 水平时才会显著提高玉米千粒重；产量 3 个施肥处理均高于对照，其中 P3 处理最高，其次为 P1 处理，两个处理分别高于对照 2 512.80 kg/hm^2和 1 909.73kg/hm^2，无显著差异，表明磷肥施用量不同不会显著提高玉米的产量（表 6-7）。

表 6-7　不同施磷量下玉米产量性状变化分析

处理	穗行数（行）	行粒数（粒）	出籽率（%）	千粒重（g）	产量（kg/hm²）
P0	17.42aA	33.24bA	80.23aA	423.68bA	15 292.19aA
P1	18.22aA	35.21abA	82.46aA	452.38abA	17 201.92aA
P2	18.44aA	36.11abA	83.14aA	466.78abA	16 656.29aA
P3	18.67aA	37.33aA	84.62aA	478.21aA	17 804.99aA
P4	18.38aA	36.69abA	83.99aA	467.82abA	16 798.57aA

二、不同磷肥施用量对玉米品质的影响

由表 6-8 可知，磷肥施用量不同对玉米不同品质指标影响不同，其中还原糖含量 P3 最高，与对照相比提高了 0.06%，无显著差异，P1 提高幅度最小，仅为 0.01%，表明该施肥量对还原糖影响较小；淀粉含量表现为 P3 最高，分别高于 P 0、P1、P2、P4 处理 6.13%、4.03%、2.14%和 2.77%，所有处理之间均无显著差异，表明施用磷肥不能显著提高玉米籽粒内的淀粉含量；玉米增加磷肥施用量一定程度上可以促进籽粒中蛋白质含量的增加，试验结果表明，P3 处理蛋白质含量最高，分别高于其他 4 个处理 0.90%、0.45%、0.72%和 0.40%，所有处理之间并无显著差异，表明增加施磷量不能显著改变玉米籽粒内的蛋白质含量；可溶性糖含量表现为随着磷肥施用量的增加而增加的变化，4 个施用磷肥处理分别高于对照 0.62%、1.33%、2.48%和 1.04%，所有处理之间均无显著差异。综合分析认为，增加磷肥施用量可以提高玉米籽粒的品质，但是与对照差异不显著。

表 6-8　不同施磷量对玉米品质的影响　　单位:%

处理	还原糖	淀粉	蛋白质	可溶性糖
P0	0.21aA	59.21aA	8.11aA	8.65aA
P1	0.22aA	61.31aA	8.83aA	9.27aA
P2	0.25aA	63.20aA	8.56aA	9.98aA
P3	0.27aA	65.34aA	9.01aA	11.13aA
P4	0.26aA	62.57aA	8.61aA	9.69aA

三、不同有机肥与无机肥配施对玉米产量的影响

由图 6-1 可知，有机-无机肥配合处理的产量与对照相比提高了 18.31%，两个处理之间差异显著，有机-无机肥配合处理比高施磷处理提高了 1.61%，方差分析结果表明，两个处理之间无显著差异，有机-无机肥配合处理比常规施肥处理提高了 8.62%，两个处理之间差异显著。从玉米的产量变化上来看，有机-无机肥配合处理对促进玉米产量提高效果优于高磷肥处理，表明磷肥施用量过高对产量提高不显著，有机-无机肥配合处理产量提高幅度与当地常规施肥处理相比达到了差异显著水平，表明有机-无机肥配合施用对促进玉米产量的提高效果最佳，因此建议生产中采取有机-无机肥配合施肥的方式。

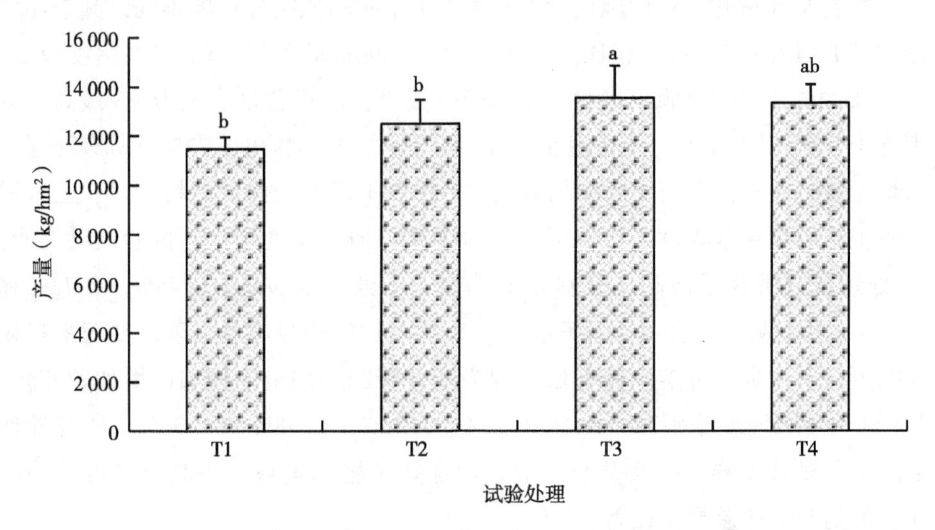

图 6-1　不同有机-无机处理下玉米产量分析

第四节　不同钾肥施用量对玉米产量及品质的影响

一、不同钾肥施用量对玉米产量的影响

由图 6-2 可知，不同钾肥施用量对玉米产量的影响存在差异，其中 K2、K4 处理的产量相近，两个处理之间相差 631.34kg/hm^2，无显著差异，同时 K2

与对照相比提高了 2 532. 34kg/hm²，方差分析结果表明，K2、K4 处理均显著高于对照，证明 K2、K4 处理对玉米产量的影响处于同一水平；K1、K3 处理产量与对照之间无显著差异，证明这两个施肥处理不会显著促进玉米产量的提高，并且 K3、K4 处理之间无显著差异，说明钾肥施用量的变化对玉米产量的影响处于同一水平。综合分析来看，K2、K4 处理对提高玉米产量效果最佳。

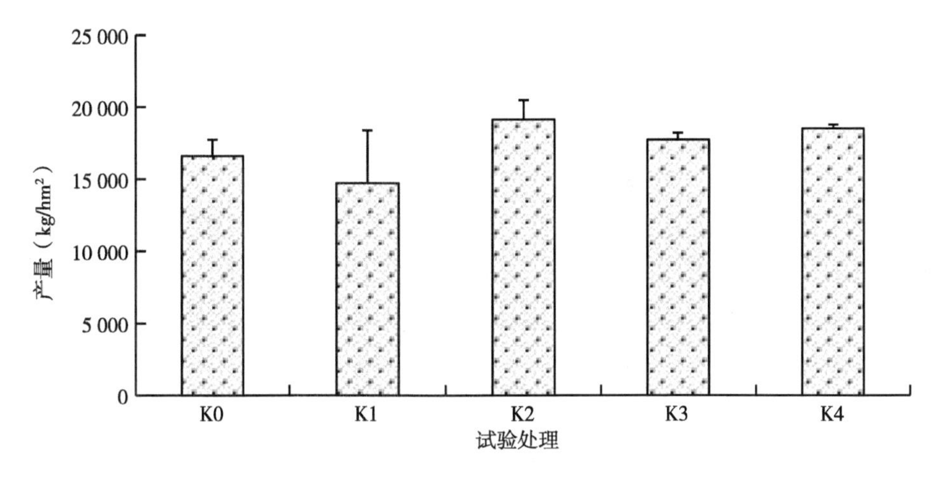

图 6-2　不同施钾量对玉米产量的影响

二、不同钾肥施用量对玉米穗行粒数的影响

由图 6-3 可知，玉米穗行数变化表现为随着钾肥施用量的增加先升高后降

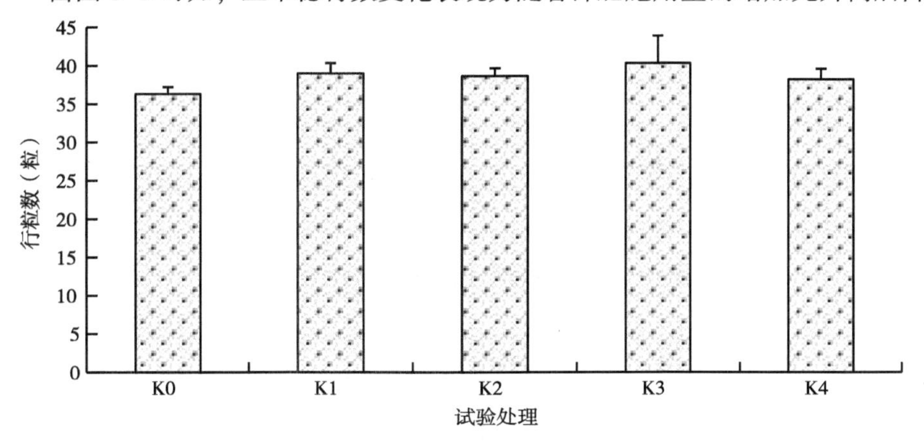

图 6-3　不同钾肥施用量对玉米行粒数的影响

低的变化趋势，其中 K3 处理的行粒数处于最高值，与对照相比提高了 4 行，差异显著，同时 K1、K2、K3、K4 之间无显著差异，表明不同钾肥施用量对玉米穗行粒数的影响处于同一水平，同时 K1、K2、K4 处理与对照之间无显著差异，证明该施肥量不能显著促进玉米穗行粒数的增加。因此，K3 对提高玉米穗行粒数效果最佳。

三、不同钾肥施用量对玉米穗行数的影响

由图 6-4 可知，不同钾肥施用量对玉米穗行数影响不同，从试验结果来看，K3 处理的穗行数最高，高于对照 0.53 行，K4 处理低于 K3 处理 0.07 行，两个处理之间无显著差异，同时两个处理均显著高于对照，表明这两个处理对提高玉米穗行数效果较显著；K1、K3 处理穗行数低于对照，但是与对照之间无显著差异，表明这两个处理对提高穗行数效果不明显。因此，K3、K4 处理对提高玉米穗行数效果最佳。

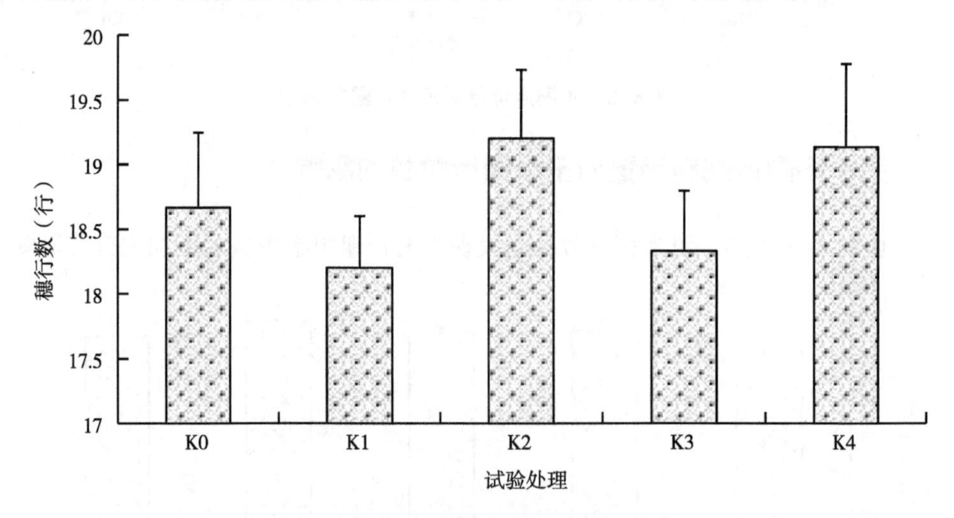

图 6-4　不同钾肥施用量对玉米穗行数的影响

四、不同钾肥施用量对玉米穗长的影响

由图 6-5 可知，玉米穗长表现出随着钾肥施用量的增加而增加的变化，其中 K4 处理的穗长最高，与对照相比提高了 1.34cm，方差分析结果表明，K4

处理显著高于对照，表明钾肥施用量为 150.00kg/hm²时对玉米穗长增加的促进作用可以达到显著水平；K1、K2、K3 处理与 K4 之间无显著差异，表明不同钾肥施用量之间对玉米穗长的影响处于同一水平；K1、K2、K3 处理分别高于对照 0.57cm、0.90cm 和 0.86cm，无显著差异，表明钾肥施用量在 112.50 kg/hm²以下对促进玉米穗长增加效果不显著，与对照处于同一水平，因此，K4 处理对提高玉米穗长效果最佳。

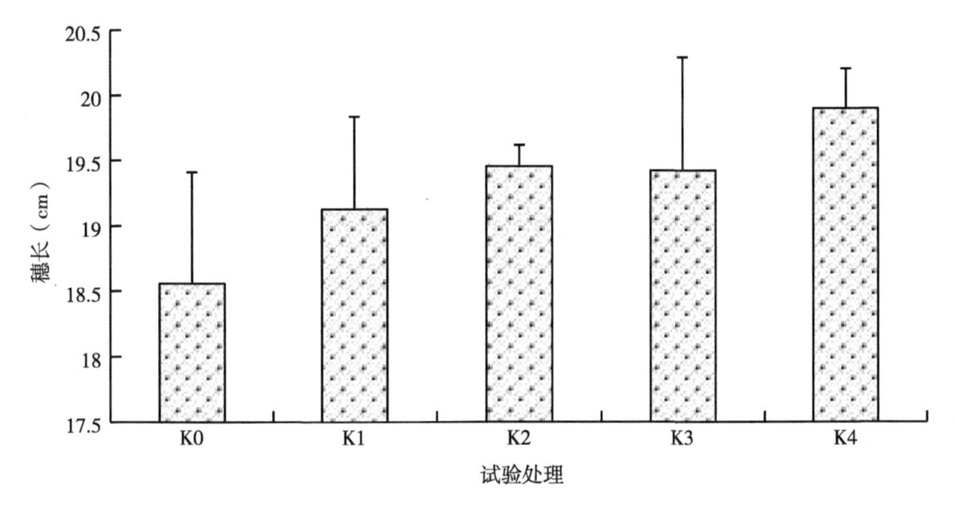

图 6-5　不同钾肥施用量对玉米穗长的影响

五、不同钾肥施用量对玉米穗直径的影响

由图 6-6 可知，玉米穗直径变化因施钾量的不同而不同，从试验结果来看，K2 处理的穗直径处于最高值，与对照相比提高了 0.20cm，方差分析结果表明，K2 与对照之间无显著差异；K3、K4 分别高于对照 0.04cm 和 0.01cm，无显著差异，K1 低于对照 0.07cm，无显著差异，表明不同钾肥施用量对玉米穗直径影响不显著。

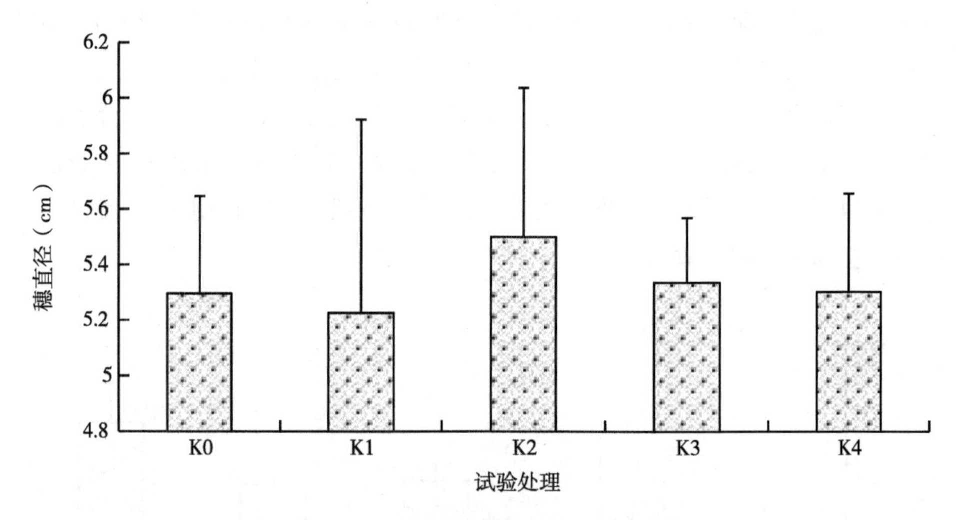

图 6-6　不同钾肥施用量对玉米穗直径的影响

第七章　氮肥与水分互作对膜下滴灌玉米生长发育及养分利用的影响

第一节　试验设计

一、试验地点及供试土壤

试验地点设在黑龙江省肇州县水务局水利科学研究所园区内（黑龙江省肇州县肇州镇），该园区海拔150m，无霜期143天。生育期降水量427.6mm，全年日照2 899.4时，年平均活动积温2 800℃，属于典型的大陆性温带半干旱气候。供试土壤为黑钙土，土壤有机质22.0g/kg，碱解氮147mg/kg，有效磷26.2mg/kg，速效钾124.9mg/kg，pH值=7.28。玉米品种为龙育3号，前茬作物为玉米。

二、试验设计

田间试验采用地膜覆盖。地膜覆盖设施氮量和灌水量两个因素。施氮量设N0、N1、N2、N3 4个水平，施氮量分别为0kg/hm^2、120kg/hm^2、150kg/hm^2、180kg/hm^2。灌水量分别为0kg/hm^2、384kg/hm^2、673kg/hm^2、992m^3/hm^2。试验共16个处理，3次重复，随机区组设计。P_2O_5用量为150kg/hm^2，K_2O用量为75kg/hm^2。供试肥料氮肥为尿素，磷肥为过磷酸钙，不施用任何有机肥料。玉米氮肥1/2作为基肥，1/2在大喇叭口期进行追肥，磷钾肥作为基肥一次性施入。追肥通过膜下滴灌施入田中。试验采用小区试验，播种前对试验地进行旋耕、划区、起垄和施基肥等作业，旋耕深度30cm左右。播种后先进行封闭灭草，同时铺设滴灌带和覆膜，滴灌带铺设在大垄中间，每条滴灌带滴灌两行玉米，利用水压表控制灌水量。每小区3垄、垄长10m，株距0.24m，垄距

1.3m，（64 110株/hm^2），试验采用大垄双行栽培。不同灌水量小区间有两垄玉米作保护行，防止水分侧渗。5 月 3 日播种，7 月 3 日追肥，8 月 10 日进行灌溉，10 月 8 日收获。

三、样品处理

试验取地上整株样品分别于玉米拔节期、大喇叭口期、孕穗期、灌浆期、成熟期 5 个时期，将植株样品按照茎、叶、穗轴、苞叶、籽粒 5 个器官进行分开清洗、晾干，然后标记放入烘箱，105℃杀青半个小时，70℃恒温烘干，烘干后称其干重，利用植物粉碎机进行粉碎，放入自封袋待化验分析。小区测产；取测产区中间 1 垄连续 10 株玉米测产。

四、测定项目

氮的测定方法：过氧化氢-硫酸消煮，半微量凯氏定氮法。

磷的测定方法：过氧化氢-硫酸消煮，钒钼黄比色法。

钾的测定方法；过氧化氢-硫酸消煮，火焰光度计法。

可溶性糖的测定方法：蒽酮法。

还原糖的测定方法：斐林试剂比色法。

淀粉的测定方法：$CaCl_2$-AOAc 浸提、旋光法。

蛋白质的测定方法：过氧化氢-硫酸消煮，半微量凯氏定氮法。

株高：指玉米地上部分地面至植株雄穗尖的高度，每处理取玉米 5 株，求平均值。

干物质：在各生育期每个处理取地上植株 3 株，按器官洗净、杀青、烘干、称重。

叶绿素：在各生育期利用 SPAD 仪测叶片 SPAD 值，每处理选 5 株，求平均值。

穗长：取每小区测产的果穗 W 直尺测量其长度，取平均值。

穗粗：取每小区测产的果穗巧游标卡尺测量，取平均值。

穗行数：取每小区测产的果穗数其行数，取平均值。

行粒数：取每小区测产的果穗数其粒数，取平均值。

秃尖长度；取每小区测产的果穗用直尺测量其长度，取平均值。

穗重：取每小区测产的果穗称重，取平均值。

穗粒重：取每小区测产的果穗脱粒后称重，取平均值。

百粒重；取每小区测产的果穗脱粒后，数出 100 粒称重，重复 3 次，取平均值。

第二节　氮肥与水分互作对膜下滴灌玉米生长发育的影响

一、不同水氮组合对玉米株高和叶绿素含量的影响

玉米株高随着生育期的进程而增加，在孕穗期达到最大值 323. 33cm，在同一生育期内，玉米株高随着施氮量的增加而增加。N1 与 N0 比较，3 个生育期玉米株高分别增加了 17. 67%、11. 97%和 9. 97%；N2 与 N2 比较，3 个生育期玉米株高分别增加了 22. 52%、16. 24%和 11. 36%；N3 与 N0 相比，3 个生育期玉米株高分别增加了 26. 33%、20. 85%和 12. 40%。N3 处理玉米株高变化增长较快。方差分析结果显示，在拔节期和大喇叭口期，施氮处理显著高于不施氮处理。施氮处理中，N2 处理与其他施肥处理差异不显著，N3 处理显著高于 N1 处理。在孕穗期，施氮处理间玉米株高差异不显著，N2、N3 处理显著高于 N0 处理。从试验结果来看，在拔节期、大喇叭口期氮肥对玉米株高作用明显，在孕穗期氮肥对玉米株高作用不明显。

玉米叶绿素含量在各生育期随着施氮量的增加而增加，N1、N2 和 N3 与 N0 相比，玉米叶绿素含量在拔节期、大喇叭口期、孕穗分别增加了 16. 17%、21. 26%、27. 73%；27. 79%、34. 04%、45. 12%；45. 22%、51. 44% 和 52. 23%。N3 处理明显增加了叶绿素含量。在拔节期，N3 处理玉米叶绿素含量显著高于其他各处理；在大喇叭口期、孕穗期，施氮处理玉米叶绿素含量显著高于不施氮处理，施氮处理间差异不显著。由此可见，在拔节期氮肥对叶绿素含量的作用明显，在大喇叭口期、孕穗期施氮过多对叶绿素含量的增加作用不大。

8 月 10 日对玉米试验田进行了不同水量的补灌，在灌浆期用 spad 仪测定

叶片叶绿素的含量。玉米灌浆期叶绿素最高的水氮组合是 W1N3，叶绿素含量为 5.61mg/g。在 N0、N 1 和 N3 处理中，W1 与 W2 处理玉米叶绿素含量差异不显著，但显著高于其他各处理；在 N2 处理中，W1 处理玉米叶绿素含量显著高于其他各水分处理。W1 处理效果最佳。在 W0、W1 和 W3 处理中，施氮处理玉米叶绿素含量显著高于 N0 处理，施氮处理间差异不显著；在 W2 处理中，N3 与 N1 处理差异不显著，但显著高于其他各处理。N1 处理效果最佳。此结果说明施氮多少对灌浆期叶片叶绿素含量影响不大，充足的水分可有效增加叶绿素的含量，但水分过多影响玉米的生长，其叶绿素含量降低。

二、不同水氮组合对玉米茎、叶干物质积累量的影响

玉米茎干物质积累量在各生育期随着施氮量的增加而增加。在拔节期，N1、N2、N3 与 N0 比较，玉米茎干物质积累量分别显著增加了 75.15%、87.40%和 116.57%，但施氮处理间差异不显著。在大喇叭口期，N1、N2 和 N3 与 N0 比较，玉米茎干物质积累量分别增加了 4.62%、15.30%和 43.25%，N3 与 N2 处理玉米茎干物质积累量差异不显著，但显著高于其他各处理。在孕穗期，N1 和 N3 与 N0，茎干物质积累量分别显著增加了 47.86%、54.97%和 57.97%，但施氮处理间差异不显著。不同灌水和施氮处理下，玉米灌浆期茎干物质积累量最高的水氮组合是 W1N3，达 6933.36kg/hm^2。在 N1 处理中，W1 与 W2、W3 处理玉米茎干物质积累量差异不显著，但显著高于 W0 处理；在其他施肥处理中，各处理间差异不显著。W1 处理茎干物质积累量均高于其他各水分处理，W1 处理效果最佳。在相同灌水处理中，玉米灌浆期茎干物质积累量随着施氮量的增加而增加。在 W1 处理中，施氮处理玉米茎干物质积累量显著高于 N0 处理，施氮处理间差异不显著；在其他水分处理中，各处理间差异不显著。N1 处理效果最佳。

玉米成熟期茎干物质积累特征与灌浆期相似，在相同施氮处理中，玉米成熟期茎干物质积累量随着灌水量的增加而呈现先增加后降低的趋势。在相同灌水处理中，玉米成熟期茎干物质积累量随着施氮量的增加而增加。在 N0、N2 处理中，各水分处理间差异不显著；在 N1、N3 处理中，W1 与 W2、W3 处理玉米茎干物质积累量差异不显著，但显著高于不灌水处理。W1 处理效果最佳。

在 W0、W1 和 W2 处理中，N3 与 N2 处理玉米茎干物质积累量差异不显著，但显著高于其他各处理；在 W3 处理中，N3 与 N1、N2 处理玉米茎干物质积累量差异不显著，但显著高于 N0 处理。N3 处理效果最佳。综合肥水效应，玉米成熟期茎干物质积累量最高的水氮组合是 W1N3，最高值为 5 695.11 kg/hm^2。从茎干物质积累来看，随着施氮量的增加，玉米茎干物质积累量在各生育期也呈增加的趋势，在拔节期、孕穗期氮肥对茎干物质积累量的增加作用不大，在大喇叭口期氮肥对茎干物质积累量作用明显。在相同施氮处理中，玉米灌浆期、成熟期茎干物质积累量随着灌水量的增加而呈现先增加后降低的趋势。在相同灌水处理中，玉米灌浆期、成熟期茎干物质积累量随着施氮量的增加而增加。两个时期茎干物质积累量最高的水氮组合为 W1N3。

玉米叶片干物质积累量在各生育期随着施氮量的增加而增加。在拔节期，N1、N2 和 N3 与 N0 比较，玉米叶片干物质积累量分别显著增加了 71.53%、92.69%和 96.87%；在大喇叭口期，N1、N2 和 N3 与 N0 比较，玉米叶片干物质积累量分别增加 19.64%、38.04%和 41.93%；在孕穗期，N1、N3 和 N3 相比较，玉米叶片干物质积累量分别显著增加了 35.01%、45.75%和 65.72%。方差分析结果显示，在拔节期，N3 与 N2 处理玉米叶片干物质积累量无显著差异，但显著高于其他各处理；在大喇叭口期，施氮处理间无显著差异，N2、N3 处理玉米叶片干物质积累量显著高于 N0 处理；在孕穗期，施氮处理间叶片干物质积累量差异不显著，但显著高于不施氮处理。从试验结果来看，N3 处理对提高叶片干物质积累量效果最佳。

不同水氮处理下，玉米灌浆期叶片干物质积累量最高的水氮组合是 W1N3，最高值为 4 424.66 kg/hm^2。在氮肥水平一定的条件下，各水分处理间玉米叶片干物质积累量差异不显著。在 W0、W1 处理中，N3 处理与其他施肥处理差异不显著，但显著高于 N0 处理；在 W2、W3 处理中，各施肥处理间差异不显著。不同水氮处理下，玉米成熟期叶片干物质积累量最高的水氮组合是 W1N3，最高值为 5 310.66kg/hm^2。在 N0、N1 和 N2 处理中，各水分处理间玉米叶片干物质积累量差异不显著；在 N3 处理中，W1 与 W2 处理玉米叶片干物质积累量差异不显著，但显著高于其他各处理。在 W0、W2 处理中，N3 与 N2 处理玉米叶片干物质积累量差异不显著，但显著高于其他各处理：在 W1 处理中，N3 处理玉米叶片干物质积累量显著高于其他各处理：在 W3 处理中，N3 与 N1、N2

处理玉米叶片干物质积累量差异不显著，但显著高于 N0 处理。从叶片干物质积累来看，随着施氮量的增加，玉米叶片干物质积累量在各生育期也呈增加的趋势，在拔节期氮肥对叶片干物质积累量作用明显，在大喇叭口期、孕穗期氮肥对叶片干物质积累量的增加作用不大。在相同施氮处理中，玉米灌浆期、成熟期叶片干物质积累量随着灌水量的增加而呈现先增加后降低的趋势。在相同灌水处理中，玉米灌浆期、成熟期叶片干物质积累量随着施氮量的增加而增加。两个时期叶片干物质积累量最高的水氮组合为 W1N3。

三、不同水氮组合对玉米轴、苞叶及籽粒干物质积累量的影响

不同施氮和灌水条件下，玉米灌浆期穗轴干物质积累量最高的水氮组合是 W1N3，达 2 311.81 kg/hm^2。在 N0、N2 和 N3 处理中，各水分处理间穗轴干物质积累量差异不显著；在 N1 处理中，W1 处理穗轴干物质积累量显著高于 W3 处理。在 W0 处理中，N3 处理穗轴干物质积累量显著高于 N0 处理，N2 处理与 N3 和 N0 处理差异不显著；在 W1 处理中，施氮处理穗轴干物质积累量显著高于不施氮处理，施氮处理间差异不显著；在 W2 和 W3 处理中，N3 与 N2 处理间差异不显著，但均显著高于 N0 处理。不同水氮处理下，玉米成熟期穗轴干物质积累量最高的水氮组合是 W1N3，最高值为 2 334.6 kg/hm^2。同一施氮处理中，各水分处理穗轴干物质积累量差异不显著。在 W0、W1 和 W3 处理中，N3 与 N2 处理穗轴干物质积累量差异不显著，但显著高于其他各处理，N1 与 N0 处理间差异不显著；在 W2 处理中，N3 处理显著高于其他各处理，N2 与 N1 处理差异不显著，但显著高于 N0 处理。从穗轴干物质积累来看，在相同灌水处理中，随着施氮量的增加，玉米穗轴干物质积累量也呈增加的趋势，由玉米两个时期穗轴干物质积累量来看，氮肥的效应大于水分的效应。水氮在一定范围内组合表现出正交互作用，可有效促进玉米的生长发育，两项指标的最大值所对应的处理是 W1N3。

不同水氮处理下，玉米灌浆期苞叶干物质积累量最高的水氮组合是 W1N3，最高值为 22 004.30kg/hm^2。在 N0、N1、N2 处理中，各水分处理间苞叶干物质积累量差异不显著；在 N3 处理中，W1 与 W2、W3 处理苞叶干物质积累量无显著差异，但显著高于 W0 处理。在 W0、W2 处理中，施肥处理间差异不显

著，N3 处理苞叶干物质积累量显著高于 N0 处理，N1 和 N2 与 N0 处理苞叶干物质积累量差异不显著；在 W1 处理中，施氮处理间差异不显著，施氮处理苞叶干物质积累量显著高于不施氮处理；在 W3 处理中，各施肥处理间苞叶干物质积累量差异不显著。不同水氮处理下，玉米成熟期苞叶干物质积累量最高的水氮组合是 W1N3，最高值为 1 937. 58kg/hm^2。在 N0、N1 和 N2 处理中，各水分处理间苞叶干物质积累量差异不显著；在 N3 处理中，W1 与 W2、W3 处理苞叶干物质积累量无显著差异，但显著高于 W0 处理。在 W0 处理中，N3 与 N2 处理苞叶干物质积累量无显著差异，但均显著高于 N0 处理；在 W1 处理中，N3 处理显著高于其他处理；在 W2、W3 处理中，N3 显著高于 N0 处理。从苞叶干物质积累来看，在相同灌水处理中，随着施氮量的增加，玉米苞叶干物质积累量也呈增加的趋势；在相同施氮处理中，随着灌水量的增加，玉米苞叶干物质积累量也呈现出先增加后降低的趋势，氮肥的效应大于水分的效应，两项指标的最大值所对应的处理是 W1N3。

在同一施氮处理中，各水分处理间玉米籽粒干物质积累量差异不显著。在同一灌水处理中，玉米籽粒干物质积累量随着施氮量的增加而增加，在 W0、W1、W2 处理中，施氮处理显著高于 N0 处理，施氮处理间差异不显著；在 W3 处理中，N3 与 N2 处理差异不显著，但均显著高于其他各处理，N1 与 N0 处理差异不显著。综合肥水效应，玉米灌浆期籽粒干物质积累量最高的水氮组合是 W1N3，最高值为 13 820. 33kg/hm^2。玉米成熟期籽粒干物质积累与灌浆期相似，在同一施氮处理中，各水分处理间玉米籽粒干物质积累量差异不显著。在同一灌水处理中，玉米籽粒干物质积累量随着施氮量的增加而增加，在 W0 处理中，施氮处理显著高于不施氮处理，施氮处理间差异不显著；在 W1 处理中，N3 与 N3 处理间差异不显著，但均显著高于其他各处理，N1 与 N0 处理差异不显著；在 W2、W3 处理中，N3 与 N2 处理间玉米籽粒干物质积累量差异不显著，但显著高于其他各处理，N2 与 N1 处理差异不显著，N1 与 N0 处理差异不显著。综合肥水效应，玉米成熟期籽粒干物质积累量最高的水氮组合是 W1N3，最高值为 17 056. 47 kg/hm^2。从籽粒干物质积累来看，在两个时期同一施氮处理中，各水分处理间玉米籽粒干物质积累量差异不显著。氮肥的效应大于水分的效应，两个时期籽粒干物质积累量最高的水氮组合均是 W1N3。

四、不同水氮组合对玉米各器官氮积累量的影响

玉米茎氮积累量在3个生育时期的测定分析结果认为，N1与对照N0比较，3个生育时期茎氮积累量分别增加了117.68%、146.38%和144.45%；N2与N0比较，3个生育时期茎氮积累量分别增加了185.43%、232.87%和159.75%；N3与N0比较，3个生育时期茎氮积累量分别增加了222.64%、262.26%和206.19%。N3明显增加了茎秆氮积累量，在生育各时期，茎氮积累量随着施氮量的增加而增加，拔节期，施氮处理显著高于不施氮处理，施氮处理中N3与N2处理差异不显著，但显著高于N1处理。大喇叭口期，施氮处理茎氮积累量显著高于不施氮处理，施氮处理间差异不显著。孕穗期，N3处理显著高于不施氮处理。玉米灌浆期茎氮积累量最高的水氮组合是W1N3，氮积累量为19.19kg/hm^2。在灌水量相同的条件下，随着施氮量的增加，玉米茎氮积累量也呈增加趋势，在W0、W3处理中，各处理间茎氮积累量差异不显著；在W1、W2处理中，N3处理茎氮积累量显著高于不施氮处理。在施氮量相同的条件下，各水分处理间茎氮积累量差异不显著。玉米成熟期茎氮积累量最高的水氮组合是W1N3，氮积累量为20.06kg/hm^2。在灌水量相同的条件下，随着施氮量的增加，玉米茎氮积累量基本也呈增加趋势。在W2、W3处理中，各处理间茎氮积累量差异不显著；在W0、W1处理中，N3处理茎氮积累量显著高于不施氮处理。在施氮量相同的条件下，W1处理茎氮积累量相对较高，与其他处理相比差异不显著。从茎氮积累来看，施用氮肥可显著提高玉米茎的氮积累量，在拔节期氮肥对茎氮积累作用明显，在大喇叭口期、孕穗期氮肥对茎氮积累的增加作用不大。在相同施氮处理中，玉米茎氮积累随着灌水量的增加，茎氮积累量呈现由低-高-低的趋势，在相同灌水处理中，随着施氮量的增加，茎秆氮积累量呈增加趋势。两个时期茎氮积累量最高的水氮组合为W1N3。

玉米植株叶片氮积累量在各生育时期随着施氮量的增加而增加，N1与N0比较，3个生育时期叶片氮积累量分别增加了111.44%、125.94%和169.24%。N2与N0比较，3个生育时期叶片氮积累量分别增加了123.33%、187.77%和194.10%。N3与N0比较，3个生育时期叶片氮积累量分别增加了146.42%、221.21%和250.03%。N3明显增加了叶片氮含量。拔节期，施氮处理显著高于

不施氮处理，施氮处理间差异不显著；大喇叭口期，施氮处理叶片氮积累量显著高于不施氮处理，施氮处理中 N3 与 N2 处理差异不显著，但显著高于 N1 处理；孕穗期，施氮处理显著高于不施氮处理，施氯处理中 N3 处理显著高于其他施肥处理。在氮肥水平相同的条件下，玉米叶片氮积累量随着水分水平的提高而呈现出先升高后降低的趋势，W1 处理的叶片氮积累量最高，但各水分处理间差异不显著。在水分水平相同的条件下，随着施氮量的增加，叶片氮积累量增加，W1N3 处理最高，且与其他施氮处理间差异不显著。综合肥水效应，玉米灌浆期叶片氮积累量最高的水氮组合是 W1N3，最高值为 62.33kg/hm^2。玉米成熟期叶片氮积累特征与灌浆期相似，在各施肥处理中，W1 处理的叶片氮积累量最高。从灌水情况來看，施氮处理叶片氮积累量均高于不施氮处理，基本以 N3 处理较高，各施氮处理间差异不显著。在成熟期叶部氮积累量仍表现为 W1N3 处理最高为 39.25kg/hm^2。从叶片氮积累量来看，施用氮肥可以显著提高玉米叶片的氮积累量，在拔节期氮肥对叶片氮积累的增加作用不大，在大喇叭口期、孕穗期氮肥对叶片氮积累作用明显。在相同灌水处理中，随着施氮量的增加，玉米叶片氮积累量也呈增加的趋势，施氮量的高低对氮素在叶部的积累影响相对较大，并且对灌浆期的影响大于成熟期。两个时期茎氮积累量最高的水氮组合为 W1N3。

玉米灌浆期穗轴氮积累特征与叶片氮积累相似，在各施肥处理中，W1 处理的叶片氮积累量最高，各水分处理间穗轴氮积累量差异不显著。在各水分处理中，玉米穗轴氮积累量随着施氮量的增加而增加。在 W0、W2 和 W3 处理中，各施肥处理间穗轴氮积累量差异不显著；在 W1 处理中，施氮处理间差异不显著，但显著高于不施氮处理。综合肥水效应，玉米灌浆期穗轴氮积累量最高的水氮组合是 W1N3，最高值为 7.31kg/hm^2。玉米成熟期穗轴氮积累量最高的水氮组合是 W1N3，氮积累量为 8.13kg/hm^2。在氮肥水平相同的条件下，玉米穗轴氮积累量随着水分水平的提高而呈现出先升高后降低的趋势，均以 W1 处理的穗轴氮积累量最高，在 N0、N3 处理中，各水分处理间穗轴氮积累量差异不显著；在 N1、N2 处理中，W1 与 W3 处理玉米穗轴氮积累量无显著差异，但显著高于其他各处理。W1 处理效果最佳。在 W0 处理中，N3 与 N2 处理间玉米穗轴氮积累量差异不显著，但显著高于其他各处理，N1 与 N0 处理差异不显著；在 W1、W2 和 W3 处理中，施氮处理间玉米穗轴氮积累量差异不显著，

N3 与 N2 处理玉米穗轴氮积累量显著高于 N0 各处理，N1 与 N0 处理差异不显著。从穗轴氮积累量来看，在氮肥水平相同的条件下，玉米穗轴氮积累量随着水分水平的提高而呈现出先升高后降低的趋势，均以 W1 处理的穗轴氮积累量最高，在水分水平相同的条件下，随着施氮量的增加，玉米穗轴氮积累量也呈增加的趋势。由玉米两个时期穗轴的氮积累量来看，氮肥的效应大于水分的效应。两个时期穗轴的氮积累量最高的水氮组合是 W1N3。

玉米灌浆期苞叶氮积累特征与穗轴氮积累相似，在各施肥处理中，W1 处理的叶片氮积累量最高，各水分处理苞叶氮积累量差异不显著。在各水分处理中，玉米苞叶氮积累量随着施氮量的增加而增加。在 W1 处埋中，施氮处理苞叶氮积累量显著高于 N0 处理；在 W2 处理中，N3 处理苞叶氮积累量显著高于 N0 处理，其他施氮处理苞叶氮积累量与 W1 处理差异不显著。综合肥水效应，玉米灌浆期苞叶氮积累量最高的水氮组合是 W1N3，最高值为 5. 19kg/hm^2。玉米成熟期苞叶氮积累量最高的水氮组合是 W1N3，氮积累量为 4. 87kg/hm^2。在氮水平相同的条件下，玉米苞叶积累量随着水分水平的提高而呈现出先升高后降低的趋势，均以 W1 处理的苞叶氮积累量最高，各水分处理间苞叶氮积累量差异不显著。在各水分处理中，玉米苞叶氮积累量随着施氮量的增加而增加。在 W2、W3 处理中，各施肥处理间玉米苞叶氮积累量差异不显著；在 W0 处理中，施氮处理间玉米苞叶氮积累量差异不显著，N3 处理玉米苞叶氮积累量显著高于 N0 处理，其他施氮处理与 N0 处理差异不显著；在 W1 处理中，N3 和 N2 处理玉米卷叶氮积累量显著高于 N0 处理，N1 与 N0 处理差异不显著。从苞叶氮积累量来看，在氮肥水平相同的条件下，玉米苞叶氮积累量随着水分水平的提高而呈现出先升高后降低的趋势，均以 W1 处理的苞叶氮积累量最高，在水分水平相同的条件下，随着施氮量的增加，玉米苞叶氮积累量也呈增加的趋势。由玉米两个时期苞叶的氮积累量来看，氮肥的效应大于水分的效应。两个时期苞叶的氮积累量最高的水氮组合是 W1N3。

玉米灌浆期籽粒氮积累量最高的水氮组合是 W1N3，氮积累量为 193. 62 kg/hm^2。在同一施氮处理中，各灌水处理间籽粒氮积累量差异不显著。在 W0 处理中，施氮处理间籽粒氮积累量差异不显著，N3 处理籽粒氮积累量显著高于 N0 处理，其他施氮处理与 N0 处理差异不显著；在 W1 处理中，施氮处理间籽粒氮积累量差异不显著，施氮处理籽粒氮积累量显著高于不施氮处理；在

W2、W3 处理中，N3 和 N2 处理玉米籽粒氮积累量显著高于 N0 处理，N1 与 N0 处理差异不显著。玉米成熟期籽粒氮积累量最高的水氮组合是 W1N3，氮积累量为 254.97kg/hm^2。在同一施氮处理中，各灌水处理间籽粒氮积累量差异不显著。在 W1 处理中，N3 与 N2 处理籽粒氮积累量无显著差异，但均显著高于其他各处理，N1 与 N0 处理差异不显著。在 W0、W2 和 W3 处理中，N3 与 N2 处理籽粒氮积累量无显著差异，但显著高于 N0 处理，N2 与 N1 处理和 N1 与 N0 处理间差异不显著。从籽粒氮积累量来看，随着施氮量的增加，籽粒氮积累量依次增加，施氮肥多，转入籽粒中的氮素也多；随着灌水量的增加，籽粒氮积累量呈现先增后降的特征，灌水过多，籽粒氮积累量减少。试验结果表明，施氮量对玉米籽粒氮积累量的影响较大，水分的影响相对较小。不施氮及低氮处理，水分的作用相对较小，施氮量高时，水分的作用相对较大，适宜的水分条件有利于提高氮肥肥效。水氮在一定范围内组合表现出正交互作用，其中氮肥的效应大于水分的效应，水分过多二者的正交互作用减弱。

五、不同水氮组合对玉米各器官磷积累量的影响

在各生育期玉米茎磷积累量随着施氮量的增加而增加，在拔节期，N1、N2 和 N3 与 N0 比较，玉米茎磷积累量分别显著增加了 69.12%、71.87% 和 102.40%；在大喇叭口期，N1、N2 和 N3 与 N0 比较，玉米茎磷积累量分别显著增加了 44.33%、96.46%和 156.82%；在孕穗期，N1、N2 和 N3 与 N0 比较，玉米茎磷积累量分别显著增加了 31.22%、115.62%和 140.29%。N3 处理玉米茎磷积累量的变化增长较快。方差分析结果显示，在拔节期，N3 处理玉米茎磷积累量显著高于 N0 处理，其他施氮处理与 N0 处理玉米茎磷积累量差异不显著；在大喇叭口期，N3 处理玉米茎磷积累量显著高于其他各处理，N2 与 N1 处理玉米茎磷积累量差异不显著，但显著高于 N0 处理；在孕穗期，N3 与 N2 处理玉米茎磷积累量差异不显著，但显著高于其他各处理，N2 与 N1 处理玉米茎磷积累量差异不显著，但显著高于 N0 处理。玉米灌浆期茎磷积累量最高的水氮组合是 W1N3，磷积累量为 14.54kg/hm^2。同一水分处理中，玉米茎磷积累量随着施氮量的增加而增加，N3 处理效果最好；同一施氮处理中，玉米茎磷积累量随着灌水量的增加而呈现出低-高-低的变化趋势，处理效果最好。方

差分析结果显示，同一施氮处理中，各水分处理间差异不显著；在 W1 处理中，N3 处理玉米茎磷积累量显著高于 N0 处理，施氮处理间玉米茎磷积累量差异不显著，在其他水分处理中，各施肥处理间玉米茎磷积累量差异不显著。玉米成熟期茎磷积累量最高的水氮组合是 W1N3，磷积累量为 7.33kg/hm^2。玉米成熟期茎磷积累量与灌浆期相似，同一水分处理中，玉米茎磷积累量随着施氮量的增加而增加，N3 处理效果最好，同一施氮处理中，玉米茎磷积累量随着灌水量的增加而呈现出低-高-低的变化趋势，W1 处理效果最好。方差分析结果显示，同一施氮处理中，各水分处理间玉米茎磷积累量差异不显著；同一灌水处理中，各施氮处理间玉米茎磷积累量差异不显著。从茎磷积累量来看，在拔节期氮肥对茎磷积累的增加作用不大，在大喇叭口期、孕穗期氮肥对茎磷积累作用明显。在施肥量相同的条件下，玉米茎磷积累量随着水分水平的提高而呈现出先升高后降低的趋势，均以 W1 处理的茎磷积累量最高，在灌水量相同的条件下，随着施氮量的增加，玉米茎磷积累量也呈增加的趋势。由玉米两个时期茎磷积累量来看，氮肥的效应大于水分的效应。玉米两个时期两项指标的最大值所对应的处理是 W1N3。

玉米叶片磷积累量在各生育期随着施氯量的增加而增加，在拔节期，N1、N2 和 N3 与 N0 比较，玉米叶片磷积累量分别显著增加了 93.04%、105.27%和 121.03%；在大喇叭口期，N1、N2 和 N3 与 N0 比较，玉米叶片磷积累量分别显著增加了 11.86%、26.61%和 55.13%；在孕穗期，N1、N2 和 N3 与 N0 比较，玉米叶片磷积累量分别显著增加了 35.36%、43.76%、和 94.03%。N3 处理玉叶片磷积累量的变化增长较快。方差分析结果显示，在拔节期，施氮处理间玉米叶片磷积累量差异不显著，但均显著高于不施氮处理；在大喇叭口期，N3 与 N2 处理玉米叶片磷积累量差异不显著，但显著高于其他各处理，其他各处理间玉米叶片磷积累量差异不显著；在孕穗期，N3 处理玉米叶片磷积累量显著高于 N0 处理，其他施氮处理与 N0 处理差异不显著。从试验结果来看，施氮处理促进玉米叶片磷的积累，N3 可显著提高玉米叶片磷的吸收量。玉米灌浆期叶片磷的积累与玉米灌浆期茎磷的积累相似，玉米灌浆期叶片磷积累量最高的水氮组合是 W1N3，磷积累量为 13.67kg/hm^2。同一水分处理中，玉米叶片磷积累量随着施氮量的增加而增加，N3 处理效果最好；同一施氮处理中，玉米叶片磷积累量随着灌水量的增加而呈现出低-高-低的变化趋势，W1 处理效果最好。方差分析结果显示，同一施氮处理中，各水分处理间玉米叶片磷积累量差异不显著；在 W1 处理中，N3 处理玉米叶片磷积累量显著高于 N0 处理，施氮处理间玉米叶片磷积累量差异不显著。玉米成熟期叶片磷积累量最高的水氮组合是 W1N3，磷积累量为 8.70kg/hm^2。玉米成熟期叶片磷积累量与灌浆期巧似，同一水分处理中，玉米叶片磷积累量随着施氮量的增加而增加，N3 处理效果最好，同一施氮处理中，玉米叶片磷积累量随着灌水量的增加而呈现出低-高-低的变化趋势，W1 处理效果最好。方差分析结果显示，同一施氮处理中，各水分处理间玉米叶片磷积累量差异不显著；同一灌水处理中，各施氮处理间玉米叶片磷积累量差异不显著。从叶片磷积累量来看，在拔节期、孕穗期氮肥对叶片磷积累的增加作用不大，在大喇叭口期氮肥对叶片磷积累作用明显。在同一施氮处理中，W1 处理的叶片磷积累量最高，在同一水分处理中，随着施氮量的增加，玉米叶片磷积累量也呈增加的趋势。玉米两个时期叶片磷积累量最高的水氮组合是 W1N3。

玉米灌浆期穗轴磷积累量最高的水氮组合是 W1N3，磷积累量为 1.74 kg/hm^2。同一水分处理中，玉米穗轴磷积累量随着施氮量的增加而增加，N3 处理效果最好，同一施氮处理中，玉米穗轴磷积累量随着灌水量的增加而呈现出低-高-低的变化趋势，W1 处理效果最好。方差分析结果显示，同一施氮处理中，各水分处理间玉米穗轴磷积累量差异不显著；同一灌水处理中，各施氮处理间玉米穗轴磷积累量差异不显著。玉米成熟期穗轴磷积累量最高的水氮组合是 W1N3，磷积累量为 2.50kg/hm^2。同一水分处理中，玉米穗轴磷积累量随着施氮量的增加而增加，N3 处理效果最好。方差分析结果显示，在 N0 和 N2 处理中，灌水处理间玉米穗轴磷积累量差异不显著，W3 处理玉米穗轴磷积累量湿著高于 W0 处理，其他灌水处理与 W0 处理玉米穗轴磷积累量差异不显著；在 N3 处理中，灌水处理间玉米穗轴磷积累量差异不显著，W1 处理玉米穗轴磷积累量显著高于 W0 处理，其他灌水处理与 W0 处理玉米穗轴磷积累量差异不显著；在 N1 处理中，各水分处理间玉米穗轴磷积累量差异不显著。在同一水分处理中，N3 处理玉米穗轴磷积累量显著高于其他各处理，N2 与 N1 处理玉米穗轴磷积累量无显著差异，但显著高于 N0 处理。从穗轴磷积累量来看，在氮肥水平相同的条件下，玉米穗轴磷积累量随着水分水平的提高而呈现出先升高后降低的趋势，均以 W1 处理的叶片磷积累量最高，在水分水平相同的条件下，随着施氮量的增加，玉米穗轴磷积累量也呈增加的趋势。玉米两个时期穗轴磷积累量最高的水氮组合是 W1N3。

玉米灌浆期苞叶磷积累量最高的水氮组合是 W1N3，磷积累量为 2.68 kg/hm^2。在 N0、N1 处理中，各水分处理间玉米灌浆期苞叶磷积累量差异不显著；在 N2、N3 处理中，W1 处理玉米灌浆期苞叶磷积累量显著高于其他各处理，其他各处理间差异不显著。在 W0、W2 处理中，施氮处理间差异不显著，N3 处理玉米灌浆期苞叶磷积累量显著高于 N0 处理，其他施氮处理与 N0 处理玉米灌浆期苞叶磷积累量差异不显著；在 W1 处理中，N3 与 N2 处理玉米灌浆期苞叶磷积累量差异不显著，显著高于其他各处理，N2 与 N1 处理玉米灌浆期苞叶磷积累量差异不显著，显著高于 N0 处理；在 W3 处理中，各氮化水平处理间玉米灌浆期苞叶磷积累量差异不显著。玉米成熟期苞叶磷积累量最高的水氮组合是 W2N3，磷积累量为 1.79kg/hm^2。同一施肥处理中，玉米苞叶磷积累量随着水分水平的增加而增加，各水分处理间玉米苞叶磷积累量差异不显著。同一水分处理中，玉米苞叶磷积累量随着施氮量的增加而增加，在 W0、W1 处理中，施氮处理间差异不显著，N3 处理玉米苞叶磷积累量显著高于 N0 处理，其他施氮处理与 N0 处理玉米叶磷积累量差异不显著；在 W2 处理中，施氮处理间差异不显著，N3 和 N2 处理玉米苞叶磷积累量显著高于 N0 处理，N1 与 N0 处理玉米苞叶磷积累量差异不显著；在 W3 处理中，各氮肥水平处理间玉米苞叶磷积累量差异不显著。从苞叶磷积累量来看，在氮肥水平相同的条件下，玉米苞叶磷积累量随着水分水平的增加而增加，在水分水平相同的条件下，随着施氮量的增加，玉米苞叶磷积累量也呈增加的趋势。由玉米两个时期苞叶磷积累量来看，氮肥的效应大于水分的效应。

玉米灌浆期籽粒磷积累量最高的水氮组合是 W1N3，磷积累量为 45.47 kg/hm^2。在 W0、W2 在处理中，施氮处理间差异不显著，N3 处理玉米籽粒磷积累量显著高于 N0 处理，其他施氮处理与 N0 处理玉米籽粒磷积累量差异不显著；在 W1 处理中，施氮处理间差异不显著，N3 和 N2 处理玉米籽粒磷积累量显著高于 N0 处理，N1 与 N0 处理玉米籽粒磷积累量差异不显著；在 W3 处理中，各氮肥水平处理间玉米灌浆期籽粒磷积累量差异不显著。玉米成熟期籽粒磷积累量最高的水氮组合是 W1N3，磷积累量为 56.80kg/hm^2。同一氮肥水平相同的条件下，玉米籽粒磷积累量随着水分水平的增加而呈现出先增加后降低的趋势，各水分处理间玉米籽粒磷积累量差异不显著。在 W0、W3 处理中，N3 与 N2 处理玉米籽粒磷积累量差异不显著，均显著高于 N0 处理，N3 处理显著高于 N1 处理；在 W1 处理中，N3 与 N2 处理差异不显著，均显著高于各处理，N1 与 N0 处理差异不显著；在 W2 处理中，N3 与 N2 处理玉米籽粒磷积累量差异不显著，显著高于 N0 处理，N3 与 N1 处理差异显著，N1 与 N0 处理差异不显著。从玉米两个时期籽粒磷积累量来看，氮肥的效应大于水分的效应。水氮在一定范围内组合表现出正交互作用，可有效促进玉米的生长发育，两项指标的最大值所对应的处理是 W1N3。

六、不同水氮组合对玉米各器官钾积累量的影响

玉米茎钾积累量在各生育期随着施氮量的增加而增加，随着生育期的延后玉米茎钾积累量减少，在拔节期，N1、N2 和 N3 与 N0 比较，玉米茎钾积累量分别显著增加了 67.89%、99.54%、107.71%；在大喇叭口期，N1、N2 和 N3 与 N0 比较，玉米茎钾积累量分别显著增加了 69.66%、110.38%和 130.95%；在孕穗期，N1、N2 和 N3 与 N0 比较，玉米茎钾积累量分别显著增加了 24.70%、40.33%和 44.57%。N3 处理玉米茎钾积累量的变化增长较快。方差分析结果显示，在拔节期，施氮处理间玉米茎钾积累量差异不显著，但均显著高于不施氮处理；在大喇叭口期，N3 与 N2 处理玉米茎钾积累量差异不显著，但显著高于其他各处理，N2 与 N1 处理玉米茎钾积累量差异不显著，但显著高于 N0 处理；在孕穗期，施氮处理间玉米茎钾积累量差异不显著，N3 与 N2 处理玉米茎钾积累量差异不显著，但均显著高于 N0 处理。玉米灌浆期茎钾积累量最高的水氮组合是 W1N3，钾积累量为 37.11kg/hm^2。在同一氮肥水平相同的条件下，各水分处理间玉米茎钾积累量差异不显著。在 W0、W2 和 W3 处理中，各氮肥水平处理间玉米灌浆期茎钾积累量差异不显著。在 W1 处理中，施氮处理间玉米灌浆期茎钾积累量差异不显著，N3 处理玉米茎钾积累量显著高于 N0 处理。玉米成熟期茎钾积累量最高的水氮组合是 W1N3，钾积累量为 34.61kg/hm^2。在同一氮肥水平相同的条件下，各水分处理间玉米茎钾积累量差异不显著。在同一水分水平相同的条件下，玉米茎钾积累量随着氮肥水平的增加而增加，各氮肥处理间玉米茎钾积累量差异不显著。从茎钾积累量来看，

在拔节期、孕穗期氮肥对茎钾积累量的增加作用不大，在大喇叭口期氮肥对茎钾积累量作用明显。由玉米两个时期茎钾积累量来看，氮肥的效应大于水分的效应。水氮在一定范围内组合表现出正交互作用，可有效促进玉米的生长发育，两项指标的最大值所对应的处理是 W1N3。玉米叶片钾积累量在各生育期随着施氮量的增加而增加，在拔节期，N1、N2 和 N3 与 N0 比较，玉米叶片钾积累量分别显著增加了 84.27%、103.48%和 124.59%；在大喇叭口期，N1、N2 和 N3 与 N0 比较，玉米叶片钾积累量分别显著增加了 43.59%、62.83%和 101.43%；在孕穗期，N1、N2 和 N3 与 N0 比较，玉米叶片钾积累量分别显著增加了 45.33%、57.82%和 70.77%；N3 处理玉米叶片钾积累量的变化增长较快。方差分析结果显示，在拔节期，施氮处理间玉米叶片钾积累量差异不显著，但均显著高于不施氮处理；在大喇叭口期，N3 处理玉米叶片钾积累量显著高于其他各处理，N2 与 N1 处理玉米叶片钾积累量差异不显著，但显著高于 N0 处理；在孕穗期，施氮处理间玉米叶片钾积累量差异不显著，但均显著高于不施氮处理。从试验结果来看，施氮处理促进玉米叶片钾的积累，N3 处理可以显著提高玉米叶片钾的吸收量。玉米灌浆期叶片钾积累量最高的水氮组合是 W1N3，钾积累量为 40.22kg/hm^2。在同一氮肥水平相同的条件下，各水分处理间玉米叶片钾积累量差异不显著。在 W1、W2 处理中，各施肥处理间玉米叶片钾积累量差异不显著，N3 处理玉米叶片钾积累量显著高于 N0 处理，其他施肥处理与 N0 处理差异不显著。玉米成熟期叶片钾积累量最高的水氮组合是 W1N3，钾积累量为 33.27kg/hm^2。在同一氮肥水平相同的条件下，各水分处理间玉米叶片钾积累量差异不显著。在 W0、W3 处理中，各氮肥处理间玉米叶片钾积累量差异不显著；在 W1 处理中，N3 与 N2 处理玉米叶片钾积累量差异不显著，但显著高于其他各处理，N2 与 N1 处理玉米叶片钾积累量差异不显著；在 W2 处理中，N3 处理玉米叶片钾积累量显著高于 N0 处理，其他施肥处理与 N0 处理差异不显著。从叶片钾积累量来看，在拔节期、孕穗期氮肥对叶片钾积累量的增加作用不大，在大喇叭口期氮肥对叶片钾积累量作用明显。由玉米两个时期叶片钾积累量来看，氮肥的效应大于水分的效应。水氮在一定范围内组合表现出正交互作用，可有效促进玉米的生长发育，两项指标的最大值所对应的处理是 W1N3。

玉米灌浆期穗轴钾积累量最高的水氮组合是 W1N3，钾积累量为 8.84

kg/hm^2。在同一氮肥水平相同的条件下，各水分处理间玉米穗轴钾积累量差异不显著。同一水分水平相同的条件下，各氮肥处理间玉米穗轴钾积累量差异不显著，N3 处理玉米穗轴钾积累量显著高于 N0 处理，其他各处理与 N0 处理玉米穗轴钾积累量差异不显著。玉米成熟期穗轴钾积累量最高的水氮组合是 W1N3，钾积累量为 7.35kg/hm^2。在同一氮肥水平相同的条件下，各水分处理间玉米穗轴钾积累量差异不显著。在 W0、W3 处理中，各氮肥处理间玉米穗轴钾积累量差异不显著；在 W1、W2 处理中，各氮肥处理间玉米穗轴钾积累量差异不显著，N3 处理玉米穗轴钾积累量显著高于 N0 处理，其他各处理与 N0 处理差异不显著。从穗轴钾积累量来看，在氮肥水平相同的条件下，玉米穗轴钾积累量随着水分水平的增加而增加，在水分水平相同的条件下，随着施氮量的增加，玉米穗轴钾积累量也呈增加的趋势。由玉米两个时期叶片钾积累量来看，氮肥的效应大于水分的效应。两项指标的最大值所对应的处理是 W1N3。

玉米灌浆期苞叶钾积累量最高的水氮组合是 W1N3，钾积累量为 16.63 kg/hm^2。在同一氮肥水平相同的条件下，玉米苞叶钾积累量随着水分水平的增加而呈现出先增加后降低的趋势，各水分处理间玉米苞叶钾积累量差异不显著。在 W0、W2 和 W3 处理中，各氮肥处理间玉米苞叶钾积累量差异不显著；在 W1 处理中，各氮肥处理间玉米苞叶钾积累量差异不显著，N3 和 N2 处理玉米苞叶钾积累量显著高于 N0 处理。玉米成熟期苞叶钾积累量最高的水氮组合是 W1N3，钾积累量为 12.98kg/hm^2。在同一氮肥水平相同的条件下，各水分处理间玉米苞叶钾积累量差异不显著。在 W0、W2 和 W3 处理中，各氮肥处理间玉米苞叶钾积累量差异不显著；在 W1 处理中，各氮肥处理间玉米苞叶钾积累量差异不显著，N3 处理显著高于 N0 处理，其他各处理与 N0 处理差异不显著。从苞叶钾积累量来看，在氮肥水平相同的条件下，玉米苞叶钾积累量随着水分水平的增加而增加，在水分水平相同的条件下，随着施氮量的增加，玉米苞叶钾积累量也呈增加的趋势。由玉米两个时期苞叶钾积累量来看，氮肥的效应大于水分的效应。两项指标的最大值所对应的处理是 W1N3。

玉米灌浆期籽粒钾积累量最高的水氮组合是 W1N3，钾积累量为 51.00 kg/hm^2。在 N2 处理中，各灌水处理间玉米籽粒钾积累量差异不显著，W1 处理玉米籽粒钾积累量显著高于 W0 处理，其他灌水处理与 W0 处理玉米籽粒钾积累量差异不显著。在 W0、W2 和 W3 处理中，N3 和 N2 处理玉米籽粒钾积累量均显著高于N0处理；在W1处理中，各氮肥处理间玉米籽粒钾积累量差异不显著，各氮肥处理玉米籽粒钾积累量均显著高于N0处理。玉米成熟期籽粒钾积累量最高的水氮组合是W1N3，钾积累量为73.25kg/hm^2。在N3处理中，W1处理玉米籽粒钾积累量显著高于W0处理，其他灌水处理与W0处理差异不显著。在W0处理中，N3和N2处理玉米籽粒钾积累量均显著高于N0处理，N1与N0处理玉米籽粒钾积累量差异不显著；在W1处理中，N3与N2处理玉米籽粒钾积累量差异不显著，但均显著高于其他各处理，N1与N0处理玉米籽粒钾积累量差异不显著；在W2、W3处理中，N3与N2处理玉米籽粒钾积累量差异不显著，但显著高于其他各处理，N2与N1处理差异不显著，但显著高于N0处理。从籽粒钾积累量来看，在氮肥水平相同的条件下，玉米籽粒钾积累量随着水分水平的增加而增加，在水分水平相同的条件下，随着施氮量的增加，玉米籽粒钾积累量也呈增加的趋势。由玉米两个时期籽粒钾积累量来看，氮肥的效应大于水分的效应。两项指标的最大值所对应的处理是W1N3。

七、不同水氮组合对玉米产量及其构成因素的影响

在N1、N2、N3处理中，各水分处理间在玉米穗长、穗粗、穗行数、行粒数、秃尖长度上差异不显著；在N0处理中，W1处理在穗粗、行粒数上显著高于W0处理，W0处理在秃尖长度上显著高于W1和W3处理。W1处理效果最好。在W0处理中，施氮处理在穗粗、穗行数、行粒数上显著高于不施氮处理，N3和N2处理在穗长上均显著高于N0处理，N0处理在秃尖程度上显著高于N1和N2处理；在W1处理中，N3和N1处理在穗长、穗粗上均显著高于N0处理；在W2处理中，施氮处理在穗行数、行粒数上显著高于不施氮处理，N3和N2处理在穗粗上均显著高于N0处理，N0处理在秃尖长度上显著高于N1和N3处理；在W3处理中，N3和N2处理在穗长、穗粗、行粒数上均显著高于N0处理。从玉米产量构成因素结果来看，最佳灌溉处理为W1，最佳施氮处理为N1。在N0、N2、N3处理中，各水分处理间在玉米穗重、穗粒重、百粒重、产量上差异不显著；在N1处理中，W1处理玉米产量显著高于其他各处理，W1处理在穗重、百粒重上显著高于其他灌水处理。在W0处理中，施氮处理在产量、穗重、穗粒重上显著高于不施氮处理，N3和N2处理在出粒率上均显

著高于 N0 处理；在 W1 处理中，施氮处理在产量上显著高于不施氮处理，N3 和 N1 处理在穗重、穗粒重上均显著高于 N0 处理，N1 处理在百粒重上显著高于 N0 处理；在 W2、W3 处理中，N3 和 N2 处理在产量、穗重、穗粒重上均显著高于 N0 处理。从产量性状结果来看，最佳灌溉处理为 W1，最佳施氮处理为 N1，在此基础上继续增加灌水量和施氮量，对产量性状的提高已没有明显的促进作用。玉米产量最高的水氮组合是 W1N3。W1N3 处理玉米产量与 W1N1、W1N2 处理无显著差异，从经济效益来看最佳水氮组合为 W1N1，产量是 17 498.82kg/hm^2。水是限制玉米产量的重要因素，尤其是干旱半干旱地区，适当的水肥条件在高效农业生产中起着至关重要的作用。水肥协调才有利于玉米产量的提高，水分用量过多，玉米产量不一定大幅度增加。本试验中，从经济效益来看最佳水氮组合为 W1N1，通过水肥的调节作用，适量的水肥可以产生最佳的经济效益。

玉米还原糖、淀粉、蛋白质、可溶性糖最高的水氮组合都是 W1N3，在同一氮肥水平相同的条件下，各水分处理间玉米还原糖、淀粉、蛋白质、可溶性糖含量差异不显著。在 W0、W1 处理中，氮肥处理的玉米还原糖含量显著高于不施氮处理，在 W2、W3 处理中，各施氮处理间还原糖含量差异不显著；在 W0、W1 和 W2 处理中，N3 处理玉米淀粉含量显著高于 N0 处理，在 W3 处理中，各施氮处理间淀粉含量差异不显著；在 W0 处理中，N3 处理玉米蛋白质含量显著高于 N0 处理，在 W1、W2 处理中，N3 与 N2 处理蛋白质含量差异不显著，但显著高于其他各处理，在 W3 处理中，各施氮处理间蛋白质含量差异不显著；在 W0、W2 和 W3 处理中，各施氮处理间玉米可溶性糖上差异不显著，在 W1 处理中，N3 处理可溶性糖含量显著高于 N0 处理。从玉米品质来看，在氮肥水平相同的条件下，玉米还原糖、淀粉、蛋白质、可溶性糖随着灌水量的增加而呈现出先增加后降低的趋势，在灌水量相同的条件下，随着施氮量的增加，玉米还原糖、淀粉、蛋白质、可溶性糖呈增加的趋势。玉米还原糖、淀粉、蛋白质、可溶性糖含量最高的水氮组合是 W1N3，分别为 0.249%、67.70%和 18.98%。

综上所述，玉米株高随着生育期的进程而增加，在孕穗期达到最大值。在同一生育期内，玉米株高随着施氮量的增加而增加。玉米拔节期和大喇叭口期随着施氮量的增加，叶绿素含量呈增加趋势。孕穗期施氮量与玉米叶绿素含量关系并不十分明显。在相同施氮处理中，玉米干物质积累量随着灌水量的增加而呈现先增加后降低的趋势。在相同灌水处理中，玉米干物质积累量随着施氮量的增加而增加。施用氮肥可显著提高玉米氮磷钾积累量。在相同施氮处理中，玉米氮磷钾积累随着灌水量的增加呈现由低—高—低的趋势，在相同灌水处理中，随着施氮量的增加，玉米氮磷钾积累量呈增加趋势。玉米产量最高的水氮组合是 W1N3，从经济效益来看最佳水氮组合为 W1N1。在同一氮肥水平条件下，各水分处理间玉米还原糖、淀粉、蛋白质、可溶性糖含量差异不显著。在同一水分水平条件下，玉米还原糖、淀粉、蛋白质、可溶性糖含量 W1N3 处理较高。黑龙江省西部半干旱地区玉米种植推荐最佳施氮量和灌溉量分别为 120kg/hm^2和 384kg/hm^2。

第八章　深松及施用农家肥对玉米的影响

第一节　深松及施用农家肥对玉米栽植土壤物理性质的影响

一、材料与方法

1. 试验材料

试验于2019年在黑龙江省肇东县太平乡同和村试验基地进行，该试验点属中温带的大陆性季风气候区，其中无霜期为120~130天，年平均气温为2.0~5.3℃，全年间降水量平均为400~600mm。玉米种植面积30亩，前茬作物为玉米，土壤类型为碳酸盐黑钙土，土壤养分状况：土壤有机质29.6g/kg，碱解氮129.6mg/kg，速效磷14.8mg/kg，速效钾125mg/kg，pH值=7.99。

2. 试验设计

试验共设3个处理：处理1为空肥区（CK），不施任何肥料，面积0.1hm^2；处理2为对照区（T1），采用当地常规栽培模式，旋耕起垄，旋耕深度为15cm，面积10hm^2；处理3为深松结合施用有机肥料区（T2），在当地常规施肥基础上，深松深度为25~30cm，同时施入农家猪粪，面积20hm^2。所有处理施入底肥复合肥料，施肥方法采用一次性机械施入基肥。采用大区对比法，玉米种植密度为76 960株/hm^2，垄宽0.65m，行距0.2m，3次重复（表8-1）。

供试品种为吉林天农九号。化肥为辽宁煜泰复合肥料长效玉米专用肥（$N-P_2O_5-K_2O=25-10-11$），农家猪粪全氮2.91%，全磷1.33%，全钾1.00%，有机质77%，含水量30%。

表 8-1　深松结合施用农家肥试验施肥量　　单位：kg/hm^2

试验处理	处理方式	化肥施肥量	农家肥料施肥量
CK	不深松+不施任何肥料	0	0
T1	15cm 旋耕+复混肥	900	0
T2	25～30cm 深松+复混肥+农家猪粪	900	15 000（干重）

3. 试验取样

土壤样品于 4 月 16 日农田整地、6 月 20 日玉米大喇叭口期、9 月 30 日玉米收获期分别取处理 1、处理 2、处理 3 耕层土壤样品 1kg，风干后测定土壤常规养分指标，土壤碱解氮含量、土壤速效磷含量、土壤速效钾含量、土层土壤容重、土壤水分含量、土壤孔隙度。

植株样品于 6 月 20 日玉米大喇叭口期分别取处理 1、处理 2 和处理 3 玉米地上、地下样品挖玉米田间根系剖面，观察根系发育状况；于 7 月 23 日抽雄期分别取处理 1、处理 2 和处理 3 玉米茎、叶和轴+苞叶；于 9 月 30 日收获期分别取处理 1、处理 2 和处理 3 玉米茎、叶、轴+苞叶和籽粒，分批分类进行采收，对植株株高、茎粗和叶片数取后的样品进行清洗并将样品擦干，按叶、茎、穗、籽粒器官分别进行烘干，105℃杀青半小时，再进行 70℃烘干，烘干后称量各器官鲜重、干重，然后粉碎，测定植株大喇叭口期叶和根，抽雄期茎（轴）、叶，收获期茎（轴）、叶（苞叶）和籽粒的全氮、全磷、全钾养分含量的化验分析，并计算各处理的产量和产值。

4. 测定项目及方法

土壤水分含量测定采用烘干法，计算公式：W（%）=（g1-g2）/（g2-g）×100，W 为土壤含水量（%），g 为铝盒重量（g），g1 为铝盒加湿土重量（g），g2 为铝盒加干土重量（g）。

土壤容重测定采用环刀法，计算公式：ρ=（W-W 环）/V，ρ 为土壤容重（g/cm^3），W 为环刀干土重（g），W 环为环刀重（g），为环刀的体积（$100cm^3$）。

土壤孔隙度，计算公式：土壤孔隙度（%）=100×（1-ρ/p），ρ 为土壤容重（g/cm^3），p 为土壤比重（一般取其平均值 2.65g/cm^3）。

土壤碱解氮测定采用碱解扩散法。

土壤速效磷测定采用0.5 mol/L $NaHCO_3$浸提-钼锑抗比色法。

土壤速效钾测定采用1mol/L醋酸铵浸提-火焰光度计法。

植株全氮测定采用过氧化氢-硫酸消化，半微量凯氏定氮法。

植株全磷测定采用过氧化氢-硫酸消化，钼锑抗比色法。

植株全钾测定处理方法同全磷测定，具体方法参照浓硫酸-过氧化氢消煮，火焰光度计法。

5. 数据处理

试验数据用Excel2010版软件处理，差异显著性检验采用DPS7.05软件分析。

二、结果与分析

1. 深松结合施用农家肥对玉米田土壤含水量的影响

由表8-2可知，深松施用农家肥降低了玉米田土壤容重。0~15cm土壤含水量看出，玉米大喇叭口期T2处理高于T1处理37.81%，抽雄期较T1提高5.8%，收获期较T1提高了10.2%。表明深松结合施用农家肥可以提高玉米各生育期0~15cm土壤水分含量。从15~30cm土壤水分含量可看出，玉米大喇叭口期T2处理低于T1处理5.4%，抽雄期较T1提高8.8%，收获期较T1提高10.2%。表明T2与T1相比有利于玉米在这三个生育时期15~30cm土层内土壤水分的保持。

表8-2　深松结合施用农家肥对玉米田土壤含水量的影响　　单位:%

处理	0~15cm 大喇叭口期	0~15cm 抽雄期	0~15cm 收获期	15~30cm 大喇叭口期	15~30cm 抽雄期	15~30cm 收获期
T1	15.84±0.02	14.11±0.02	22.78±0.01	26.18±0.03	18.08±0.03	22.56±0.07
T2	21.83±0.10	14.93±0.01	25.11±0.02	27.85±0.01	17.10±0.01	24.53±0.04

2. 深松结合施用农家肥对玉米田土壤容重的影响

由表8-3可知，深松施用农家肥料会对玉米田土壤容重产生影响。从0~15cm土壤容重的变化上来看，从大喇叭口期至收获期，不同处理比较来看，T2在大喇叭口期比T1降低了32.2%，抽雄期T2比T1降低了4.5%，收获期T2比T1降低了10.6%，两个处理间差异显著，表明T2与T1相比对降低玉米田 0~15cm 土壤容重效果达到了显著水平。从 15~30cm 土层容重变化不同处理比较来看，T2 在大喇叭口期比 T1 降低了 7.6%，抽雄期 T2 比 T1 降低了 5.0%，收获期 T2 比 T1 降低了 9.8%，两个处理间差异显著，表明 T2 与 T1 相比在玉米生长季节可以显著降低玉米田 10~15cm 土壤容重。

表 8-3　深松结合施用农家肥对玉米田土壤容重的影响　　单位：g/cm^3

处理	0~15cm 大喇叭口期	0~15cm 抽雄期	0~15cm 收获期	15~30cm 大喇叭口期	15~30cm 抽雄期	15~30cm 收获期
T1	1.05±0.11	1.07±0.15	1.12±0.12	1.53±0.05	1.42±0.06	1.49±0.13
T2	0.71±0.07	1.03±0.03	1.01±0.15	1.42±0.05	1.35±0.05	1.34±0.05

3. 深松结合施用农家肥对玉米田土壤孔隙度的影响

由表 8-4 可知，深松施用农家肥料会对玉米田土壤容重产生影响。T1、T2 在 3 个时期土壤孔隙度变化并不大，但 T2 处理各时期远远高于 T1 处理，尤其是在较深层土壤中。从 0~15cm 土壤孔隙度的变化上来看，从大喇叭口期至收获期，不同处理比较来看，T2 分别比 T1 增长了 21.2%、3.1%和 7.2%，两个处理间差异显著，表明 T2 与 T1 相比对增加玉米田 0~15cm 土壤孔隙度效果达到了显著水平。从 15~30cm 土层容重变化比较来看，T2 分别比 T1 增长了 10.4%、5.8%和 12.5%，两个处理间差异显著，表明 T2 与 T1 相比在玉米生长期间可以显著增加玉米田 10~15cm 土壤孔隙度。

表 8-4　深松结合施用农家肥料对玉米田土壤孔隙度的影响　　单位：%

处理	0~15cm 大喇叭口期	0~15cm 抽雄期	0~15cm 收获期	15~30cm 大喇叭口期	15~30cm 抽雄期	15~30cm 收获期
T1	60.3±0.04	59.4±0.06	57.57±0.04	42.1±0.02	46.4±0.02	43.79±0.05
T2	73.0±0.02	61.2±0.01	62.06±0.06	46.5±0.01	49.1±0.02	49.28±0.03

第二节　深松及施用农家肥对玉米生长发育的影响

一、深松及施用农家肥对玉米株高的影响

由图 8-1 可知，玉米株高从大喇叭口期到收获期随着生育期延后呈现出增

长趋势，在抽雄期就基本达到峰值，同时，在同一生育期不同处理间株高存在一定的差异，大喇叭口期、抽雄期和收获期的玉米株高表现均为 T2>T1>CK，在大喇叭口期，3 个处理的玉米株高分别为 71cm、74cm 和 82cm，T2 处理分别高于 CK、T1 处理 15.5%和 10.8%，T2 处理与 CK 处理差异不显著，与 T1 处理差异不显著；到抽雄期，3 个处理的玉米株高分别为 282cm、314cm 和 317cm，仍然 T2 处理处于最高值高，T2 和 T1 别较 CK 株高提高 12.4%和 11.3%，差异显著，T1 与 T2 无显著性差异。在收获期，3 个处理的玉米株高分别为 289cm、298cm 和 318cm，与抽雄期规律相似。从玉米株高变化上来看，T1、T2 均可提高玉米株高，施肥对株高的影响显著，T1 处理与 T2 处理之间差异不明显。

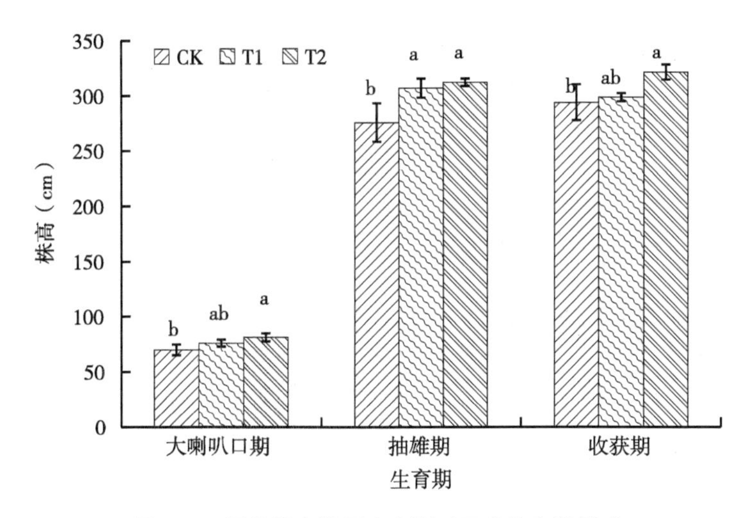

图 8-1 深松结合施用农家肥对玉米株高的影响

二、深松及施用农家肥对玉米茎粗的影响

由图 8-2 可知，不同处理下玉米茎粗的情况，玉米茎粗从大喇叭口期到收获期随着生育期延后呈现出不断增长趋势，在抽雄期就基本达到峰值，大喇叭口期、抽雄期和收获期的玉米茎粗表现均为 T2>T1>CK，在大喇叭口期 3 个处理的玉米茎粗分别为 1.4cm、1.6cm 和 1.9cm，T2 处理株高处于最高值高于对照 0.5cm，T1 处理次之高于对照 0.2cm，T2 分别高于 CK、T1 处理 35.7%和

18.8%，T1与T2处理之间无显著差异，但T1处理、T2处理均显著高于CK处理；在抽雄期，3个处理的玉米茎粗分别为2.2cm、2.6cm和2.8cm，T2处理株高最高，T1处理次之，对照最低，T2处理较CK、T1处理增长了30.2%和7.7%，与CK差异性显著，与T1处理并无显著性差异；在收获期，3个处理的玉米茎粗分别为1.8cm、2.8cm和3.0cm，T2处理株高最高，T1处理次之，对照最低，T2处理较CK、T1处理增长了65.4%和6.9%，方差分析结果显示，T2处理与CK处理差异性显著，T2处理与T1处理并无显著性差异。从玉米茎粗变化上来看，T1、T2均可提高玉米茎粗，T1处理与T2处理之间无显著差异，但T2处理效果更佳。

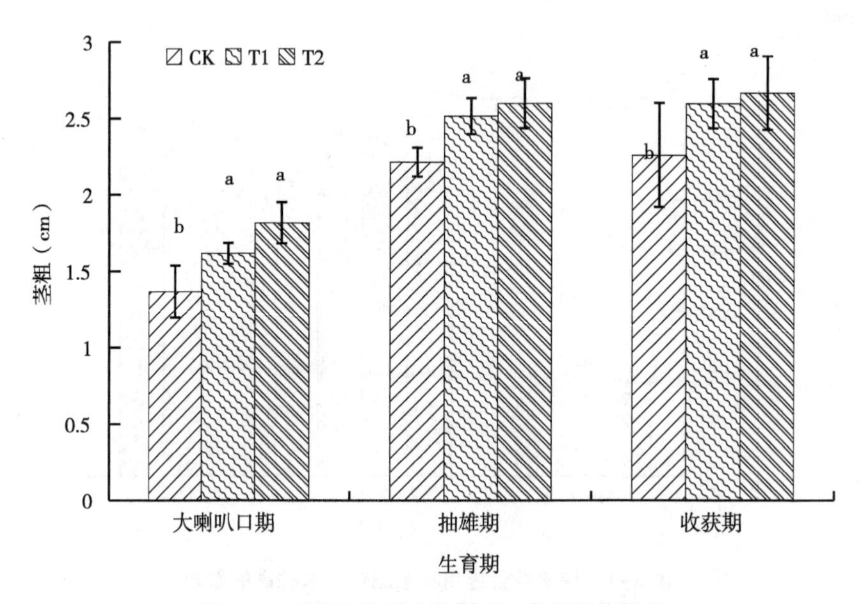

图8-2 深松及施用农家肥对玉米茎粗的影响

三、深松及施用农家肥对玉米叶片干物质积累的影响

由图8-3可知，玉米叶片干重不同处理之间在不同的生育期存在较大的差异，在收获期达到最高值，大喇叭口期、抽雄期和收获期的玉米地上干物质量表现均为T2>T1>CK。在大喇叭口期，T1、T2处理的叶片干重均高于对照，其中T2处理处于最高值，T1处理次之，其中T2较T1、CK分别提高了77.0%和

18.2%，T2 处理与 CK、T1 差异性显著；在抽雄期，所有处理干物质累积量均高于大喇叭口期，T2 处理株高最高，T1 处理次之，对照最低，T2 较 T1、CK 分别提高了 55.8%和 4.5%，T1、T2 处理与 CK 处理差异性显著，T2 与 T1 之间无显著差异；在收获期，所有处理干物质累积量都有所提升，T2 处理株高最高，T1 处理次之，对照最低，T2 较 T1、CK 分别提高了 58.3%和 1.9%，T1、T2 与对照差异性显著，T2 与 T1 之间无显著差异。从玉米叶片干重变化上来看，T1、T2 均可提高玉米地上干物质量积累，T1 处理与 T2 处理之间无显著差异，但 T2 处理效果更佳。

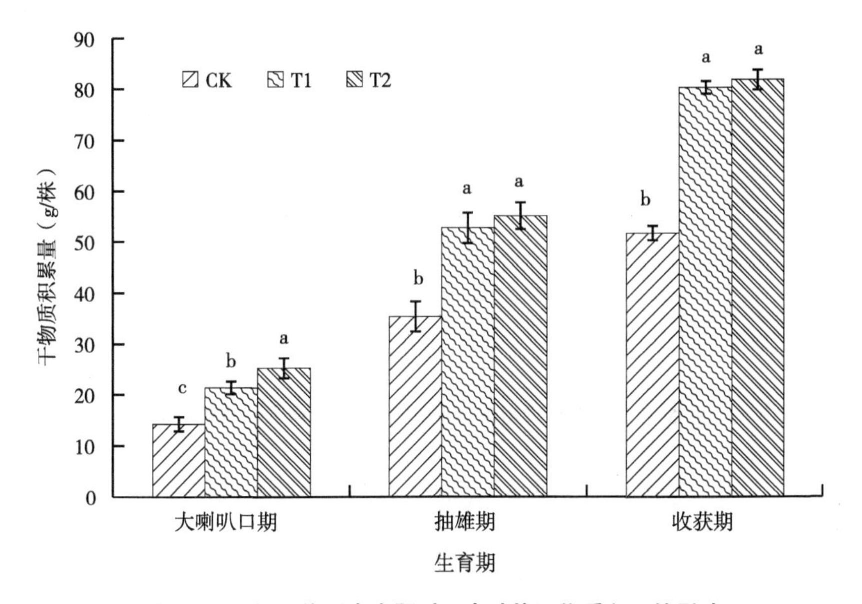

图 8-3　深松及施用农家肥对玉米叶片干物质积累的影响

四、深松及施用农家肥对玉米茎干物质积累的影响

玉米深松结合施用农家肥料试验中对玉米茎干物质积累结果由图 8-4 可知，玉米茎干重随着生育期延后快速升高在收获期达到最高值，但是不同处理之间存在差异。在抽雄期，3 个处理的玉米总干物质量处于较低水平，其中，T2 处理最高，高于 CK 与 T1 处理，T1、T2 处理的茎干重均高于对照，T2 高于对照 81.2%，两个处理之间差异显著，T1、T2 处理之间无显著差异；在收获

期，T1 处理处于最高值，T2 处理次之，此时 T1、T2 之间无显著差异，T2 处理高于对照 70.2%，CK 处理显著低于 T1、T2 处理，T1、T2 处理间无显著性差异。从茎干重变化上来看，T1、T2 均可提高玉米茎干重，但 T1、T2 之间无显著差异，但 T2 处理效果更佳。

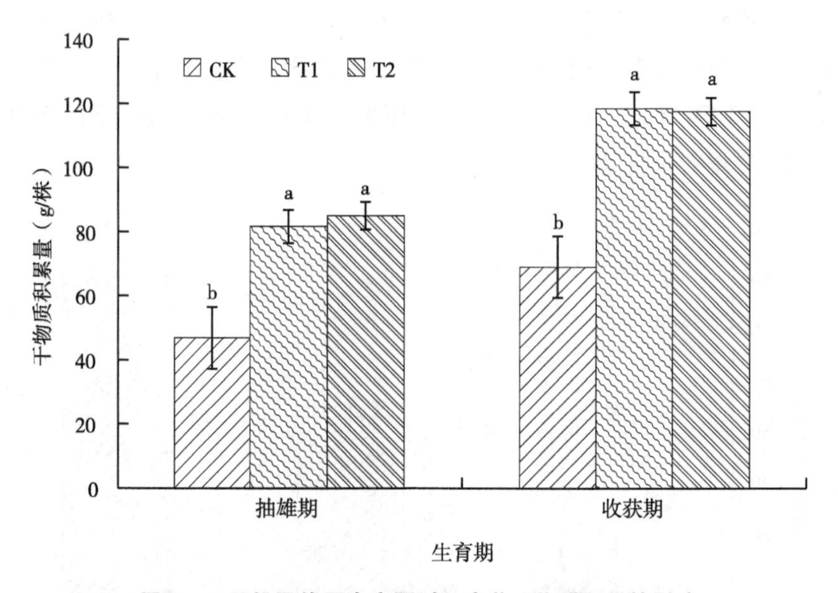

图 8-4　深松及施用农家肥对玉米茎干物质积累的影响

五、深松及施用农家肥对玉米根系干物质积累的影响

由图 8-5 可知，不同处理在玉米的不同生育期对玉米根系干物质积累的影响存在差异。从拔节期根系干物质积累变化上来看，拔节期 T3 处于最高值，分别高于 T1、T2 处理 155.38%和 21.72%，差异显著，表明 T3 与 T1、T2 相比在拔节期会显著促进玉米根系生长。大喇叭口期，T3 分别比 T2 提高了 9.67%，无显著差异，表明深松结合施肥与深松处理相比在大喇叭口期不会对玉米根系干物质积累产生显著影响；T2、T3 分别比对照提高了 87.26%和 105.36%，差异显著，表明 T2、T3 在大喇叭口期均可以显著促进玉米根系干物质积累量增加。灌浆期，T3 比 T2 提高了 16.66%，差异显著，表明在灌浆期 T3 与 T2 相比对促进玉米根系生长效果显著；T2、T3 分别比对照提高了 61.77%和 88.72%，差异显著，表明玉米生产中无论是深松还是深松结合使用农家肥均可以显著促

进玉米根系干物质积累量增加。

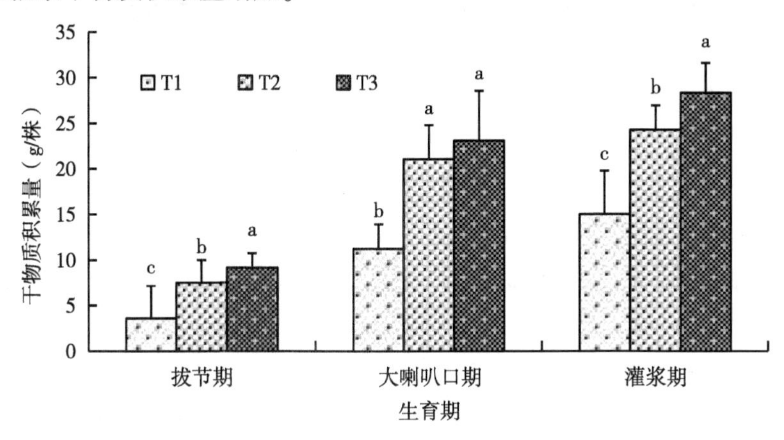

图 8-5　深松及施用农家肥对玉米根系干物质积累的影响

六、深松及施用农家肥对玉米籽粒干物质积累的影响

由图 8-6 可知，不同处理对玉米籽粒干重的影响存在差异，从试验结果来看，在收获期，玉米籽粒干重表现为 T2>T1>CK，T2 处理的干重处于最高值，分别高于 CK、T1 处理 55.4%和 19.2%，方差分析结果显示，T2 显著高于对照，T1 处理仅次于 T2 处理，3 个处理间差异显著。从玉米籽粒干重变化规律上来看，T2 处理效果最佳，可提高玉米籽粒干重，CK 处理最差。

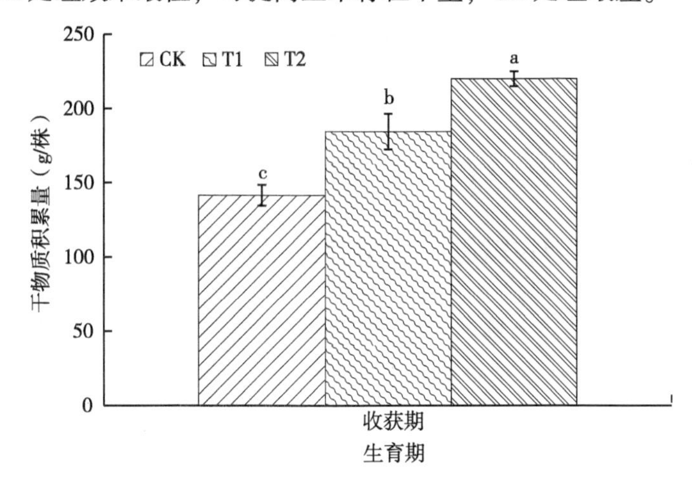

图 8-6　深松及施用农家肥对玉米籽粒干物质积累的影响

七、深松及施用农家肥对玉米地上部总干物质积累的影响

由图 8-7 可知，不同处理对玉米地上部干物质积累的影响存在差异。拔节期，T2 处于最高值，分别比 T1、T3 提高了 26.28%和 2.40%，其中 T2 与 T3 之间无显著差异，T2、T3 均显著高于对照，表明深松和深松结合施用农家肥对玉米拔节期干物质积累量的影响处于同一水平；大喇叭口期 T4 处于最高值，分别高于 T1、T2 处理 47.41%和 11.24%，其中 T2 与 T3 之间无显著差异，T2、T3 均显著高于对照；灌浆期 T2、T3 分别高于对照 84.28%和 69.02%，其中 T2、T3 之间无显著差异，两个处理均显著高于对照。从玉米地上部干物质积累量变化上来看，深松结合施用农家肥处理与深松对玉米地上部干物质积累量的影响处于同一水平，但是两个处理均显著高于对照。

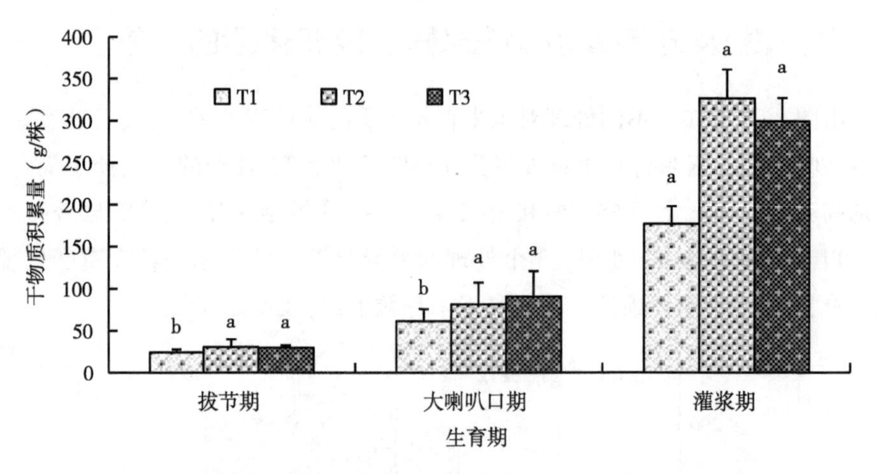

图 8-7 深松结合施用农家肥对玉米地上部干物质积累的影响

八、深松及施用农家肥对土壤及玉米生长的影响

深松土壤可以改善土壤的通透性，提高土壤保墒能力，协调土壤水肥气热，促进植物生长。从本试验结果来看，深松、深松结合施用农家肥处理提高了玉米田土壤拔节期和大喇叭口期 0~10cm 土壤内的含水量，这对促进玉米早期生长比较有利。灌浆期 T2、T3 处理的 0~20cm 土层内的含水量均低于对照，表明这两个处理不利于玉米生育后期土壤保持水分，分析原因这可能与深松以

及施用农家肥导致土壤较对照疏松，从而不利于水分的保持，而李金凤研究认为出现在这种现象的原因与深松导致表层水分渗透至深层土壤有关。深松可以改善土壤物理性能，降低土壤容重，提高土壤孔隙率，促进植物生长；施用农家肥也可以改善土壤的理化性状，降低土壤容重；从深松结合施用农家肥的效果来看，T3 处理均降低了 0～20cm 土层的容重，而在大喇叭口期和灌浆期的 10～20cm 土层，T3 显著低于 T2，表明深松结合施用农家肥对降低 10～20cm 土层容重效果显著优于单纯深松。深松可以促进植物生长，提高干物质积累量，而施用农家肥同样可以使植物干物质积累量增加，从本试验结果来看，T3 对促进玉米灌浆期根系干物质积累量增加效果显著优于 T1、T2，表明在深松基础上施用农家肥显著促进了玉米根系生长，而深松与对照相比也可以显著促进玉米根系干物质积累量增加，这与陈聪聪的研究结果相似，表明深松对植物根系生长具有良好的促进作用。从地上部干物质积累变化上来看，T2、T3 干物质积累量无显著差异，表明深松施用农家肥与单纯深松相比不会对玉米地上部干物质产生显著影响，这也表明了深松基础上施用农家肥对玉米地上部干物质积累的影响效果有限。从玉米株高变化上来看，拔节期 T2、T3 均显著高于对照，大喇叭口期和灌浆期 T3 与对照之间无显著差异，表明深松结合施用农家肥对促进玉米早期苗高生长效果显著，后期不显著。T3 产量显著高于对照和 T2，表明深松基础上施用农家肥有利于玉米产量提高，因此生产上建议采用深松结合施用农家肥的栽培方式。

综合所有处理来看，CK 下玉米各部分干物质量均低于其他处理，农民常规耕作（T1）相比，深松结合施用农家肥料（T2）在大喇叭口期至收获期数据均为最高，表明深松结合施用农家肥料会增加玉米各部分干物质量，但与 T1 差异不大，在玉米籽粒部分 T2 处理要远高于其他两个处理，差异性显著，T2 处理对玉米各部分干物质量影响效果最大，是最适合玉米干物质量积累的耕作方式。

第三节　深松及施肥对玉米氮吸收的影响

一、深松及施用农家肥对玉米叶片氮吸收的影响

玉米深松结合施用农家肥料试验中对玉米叶片氮吸收结果由图 8-8 可知，

玉米叶片氮吸收量呈现出生育期延后，且先升高后降低的变化趋势，在抽雄期达到最高值，不同处理的氮吸收量在不同生育期存在一定的差异，大喇叭口期、抽雄期和收获期的玉米叶片氮吸收量表现均为 T2>T1>CK。在大喇叭口期，3 个处理的玉米叶片氮吸收量处于较低水平，T2 处理处于最高值对照最低，与 CK、T1 处理相比提高了 129.4%和 31.2%，T2 处理与 T1、CK 处理差异性显著；在抽雄期较大喇叭口期大幅提升，其中 T2 处理最高对照最低，高于对照 48.4%差异性显著，与 T1 处理之间无显著差异；在收获期，T2 处理氮吸收量最高对照最低，与对照相比提高了 338.2%，T1 处理次之，与 CK 相比提高了 69.2%，T2 处理与 CK、T1 处理差异性显著。从叶片氮吸收变化上来看，深松结合施用农家肥料可以显著提高玉米叶片内的氮吸收量。

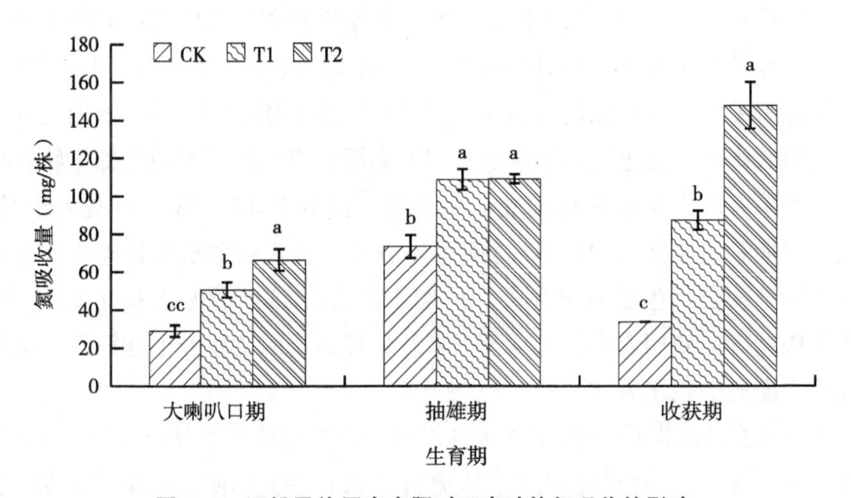

图 8-8　深松及施用农家肥对玉米叶片氮吸收的影响

二、深松及施用农家肥对玉米茎氮吸收的影响

玉米深松结合施用农家肥料试验中对玉米茎氮吸收结果由图 8-9 可知，不同处理对不同生育期玉米茎内氮吸收量的影响是不同的。在抽雄期，T1 处理的氮吸收量处于最高值，T2 仅次于 T1 处理，T1、T2 处理分别高于对照 125.3%和 124.5%，T1、T2 处理与 CK 处理之间差异显著；在收获期，T1 处理氮吸收量最高，其次为 T2 处理，T2 处理与 CK、T1 差异性显著，T1、T2 处理分别高于对照 146.1%和 16.8%，从抽雄期到收获期 CK、T1、T2 的降幅分别为

36.6%、40.7%和30.5%，T2的降幅最高，其次为T1处理。从试验结果来看，T1、T2均可以显著提高玉米茎内氮吸收量，但T2处理效果更佳。

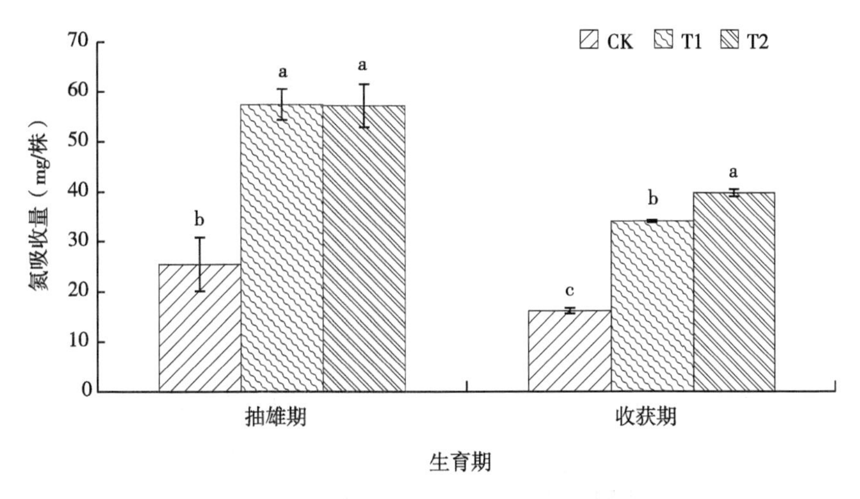

图8-9　深松及施用农家肥对玉米茎氮吸收的影响

三、深松及施用农家肥对玉米籽粒氮吸收的影响

玉米深松结合施用农家肥料试验中对玉米籽粒氮吸收结果由图8-10可知，

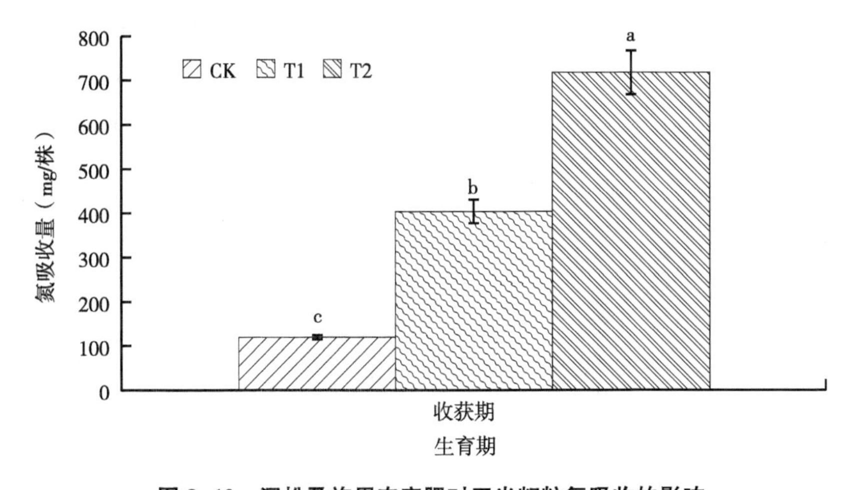

图8-10　深松及施用农家肥对玉米籽粒氮吸收的影响

不同处理对玉米籽粒氮吸收量影响存在差异，在收获期，T2 处理的氮吸收量处于最高值，T1、T2 处理的氮吸收量均高于对照，T2 处理与对照相比提高了 499.5%，T2 高于 T1 处理 77.7%，各处理间差异性显著。从试验结果来看，T1、T2 均可提高籽粒内氮吸收量，但 T2 处理效果更佳。

四、深松及施用农家肥对玉米总氮吸收的影响

玉米总氮量在收获期达到最高值，不同处理总氮量不同，大喇叭口期、抽雄期和收获期的玉米总氮吸收量表现均为 T2>T1>CK。在大喇叭口期，3 个处理的玉米总氮量处于较低水平，T2 处理最高，高于 CK 与 T1 处理，T2 较 CK 和 T1 分别提高了 128.7%和 23.2%，T1 处理、T2 处理与对照差异性显著，但 T1 与 T2 差异性不显著；在抽雄期，总氮量逐步增加，T2 处理株高最高，T1 处理次之，对照最低。其中，T2 较 CK 和 T1 处理分别提高了 68.0%、和 0.1%，T1 与 T2 处理与对照差异性显著，但 T1 与 T2 差异性不显著；在收获期，T2 处理始终处于最高值，T2 较 CK 和 T1 处理分别提高了 433.7%和 72.3%，T1 处理次之，对照最低，其中 T2 处理与 CK 处理之间存在显著差异，与 T1 处理无显著性差异。从总氮量的变化规律来看，T1 和 T2 均可提高玉米总氮量积累，T1 处理与 T2 处理之间无显著差异（图 8-11）。

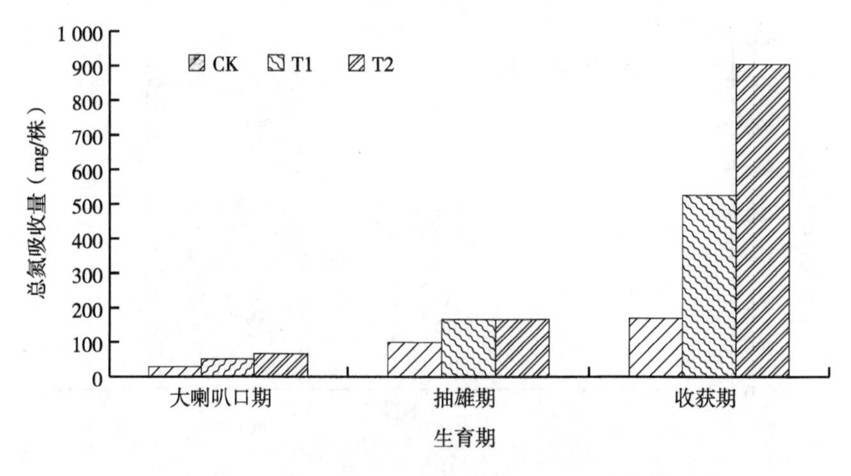

图 8-11　深松及施用农家肥对玉米总氮吸收的影响

五、深松及施用农家肥对玉米氮分配的影响

表 8-5 表示的是玉米各器官氮素含量的变化，由表可知各处理在大喇叭口期至收获期叶和茎氮含量呈不断下降趋势，在收获期集中于籽粒部分，且 T2 处理下降速率大于 T1 处理，这是因为营养体中氮素向籽粒中转移，玉米进入生育后期生殖生长旺盛，生殖器官吸氮量迅速上升，收获期籽粒占比为最高值，其中，从大喇叭口期至抽雄期，CK、T1、T2 处理叶氮含量降幅分别为 76.2%、77.8%和 80.6%，从大喇叭口期至抽雄期，CK、T1、T2 处理中茎氮素累积量占比降幅分别为 63.0%、81.2%和 87.2%，收获期 T2 较 CK、T1 分别提高了籽粒氮素积累量占比 12.3%、3.1%。由此表明同旋耕相比，深松结合施用农家肥料处理可以更好地提高玉米籽粒中氮素积累量占比。综合所有处理来看，CK 下玉米各部分氮吸收量均低于其他处理，农民常规耕作（T1）与深松结合施用农家肥料（T2）处理均高于 CK，表明深松结合施用农家肥料会增加玉米各部分磷吸收量，在玉米籽粒部分 T2 处理高于其他两个处理，差异性显著，与 T1 差异不大，但 T2 处理对玉米各部分氮吸收量影响效果更佳，是最适合玉米氮吸收的耕作方式。

表 8-5　深松及施用农家肥对玉米氮分配的影响　　单位：%

处理	大喇叭口期		抽雄期		收获期		
	叶	根	叶	茎	叶	茎	籽粒
CK	83.6	16.4	74.3	25.7	19.9	9.5	70.6
T1	75.0	25.0	65.4	34.6	16.6	6.5	76.9
T2	84.1	15.9	65.6	34.4	16.3	4.4	79.3

第四节　深松及施肥对玉米磷吸收的影响

一、深松及施用农家肥对玉米叶片磷吸收的影响

玉米深松结合施用农家肥料试验中对玉米叶片磷吸收结果由图 8-12 可知，

玉米叶片磷吸收量随着生育期延后呈现出先升高后降低的变化，在收获期降到最低值。从不同生育期的测定结果来看，3 个处理对玉米叶片磷吸收的影响不同。在大喇叭口期，T2 处理玉米叶片磷吸收量处于最高值对照最低，分别高于 CK、T1 处理 104.3%和 14.5%，方差分析结果表明，T1、T2 均显著高于对照，T1、T2 之间无显著差异；在抽雄期，T2 处理处于最高值对照最低，T2 分别高于 CK、T1 处理 63.9%和 13.3%，方差分析结果表明，T2 处理与 CK、T1 处理差异性显著；在成熟期，T2 分别高于 CK、T1 处理 381.3%和 73.4%，差异性显著。从试验结果来看，T1、T2 均可以显著提高玉米叶片磷吸收量，但 T2 处理效果更佳。

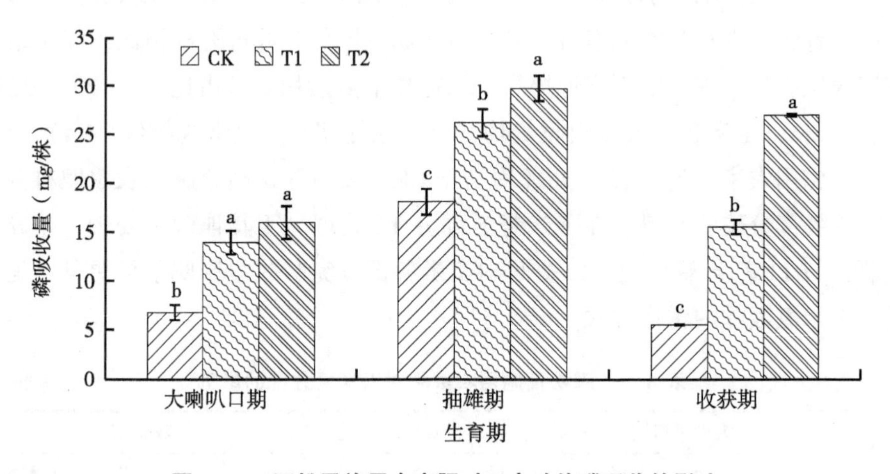

图 8-12　深松及施用农家肥对玉米叶片磷吸收的影响

二、深松及施用农家肥对玉米茎磷吸收的影响

玉米深松结合施用农家肥料试验中对玉米茎磷吸收结果由图 8-13 可知，不同处理对玉米茎内磷吸收的影响在不同生育期存在较大差异，抽雄期和收获期的玉米茎磷吸收量表现均为 T2>T1>CK。在抽雄期，T2 处理磷积累量处于最高值对照最低，T1 处理次之，T2 处理分别高于 CK、T1 处理 122.3%和 37.4%，T2 与 CK、T1 处理差异性显著；在收获期，T1 处理处于最高值，其次为 T2 处理，对照最低，方差分析结果表明，T1、T2 处理分别高于 CK 处理 459.8%和 415.6%，与 CK、T1 处理差异性显著。从试验结果来看，T2 处理对提高玉米茎内磷吸收量效果最佳。

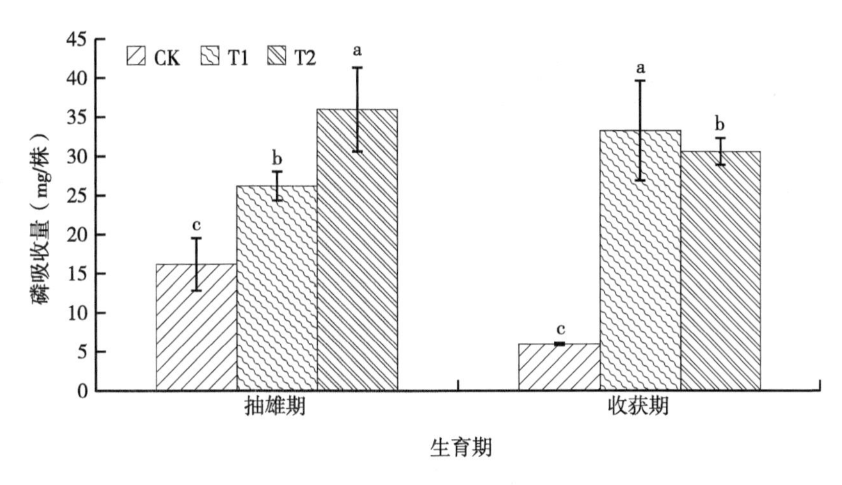

图 8-13　深松及施用农家肥对玉米茎磷吸收的影响

三、深松及施用农家肥对玉米籽粒磷吸收的影响

玉米深松结合施用农家肥料试验中对玉米籽粒磷吸收结果由图 8-14 可知，不同处理可以提高玉米籽粒中的磷吸收量，在收获期，T2 处理的磷吸收量处于最高值，T2 处理分别高于 CK、T1 处理 106.5%和 101.9%，方差分析结果表明，T2 处理显著高于 CK 和 T1 处理，CK 与 T1 处理无显著性差异。从试验结果来看，T2 处理对提高玉米籽粒磷吸收量效果最佳。

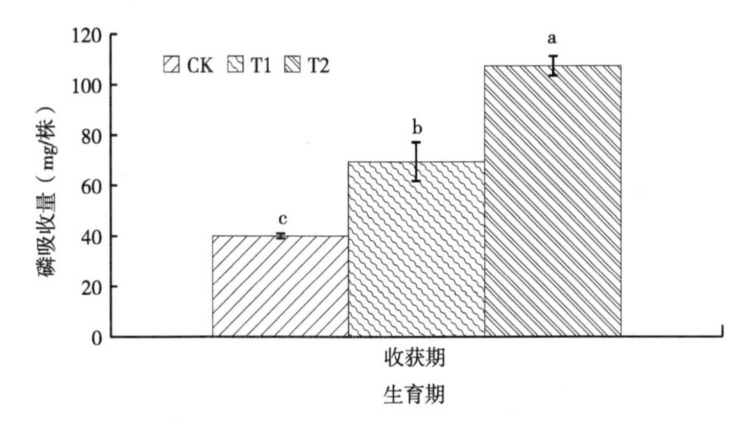

图 8-14　深松及施用农家肥对玉米籽粒磷吸收的影响

四、深松及施用农家肥对玉米总磷吸收的影响

玉米深松结合施用农家肥料试验中对玉米总磷吸收结果由图 8-15 可知，玉米总磷量呈现出随生育期延后而增加的变化趋势，在收获期达到最高值，不同处理总磷量不同，大喇叭口期、抽雄期和收获期的玉米总磷吸收量表现均为 T2>T1>CK。在大喇叭口期，3 个处理的玉米总磷量处于较低水平，T2 处理最高，高于 CK 与 T1 处理，T2 较 CK、T1 分别提高了 127.6%和 11.2%，T1 处理、T2 处理与对照差异性显著，但 T1 与 T2 差异性不显著；在抽雄期，所有处理总磷量均高于大喇叭口期，T1 处理株高最高，T2 处理次之，对照最低，T2、T1 分别提高了 91.4%和 25.3%，T2 处理与 CK、T1 处理差异性显著；在收获期，T2 处理始终处于最高值，T2 较 CK、T1 分别提高了 219.8%和 39.6%，T1 处理次之，对照最低，其中 T2 处理与 CK、T1 处理之间存在显著差异，CK 与 T1 处理无显著性差异。从总磷量的变化规律来看，深松结合施用农家肥料在生育后期可以显著提高玉米总磷吸收量。

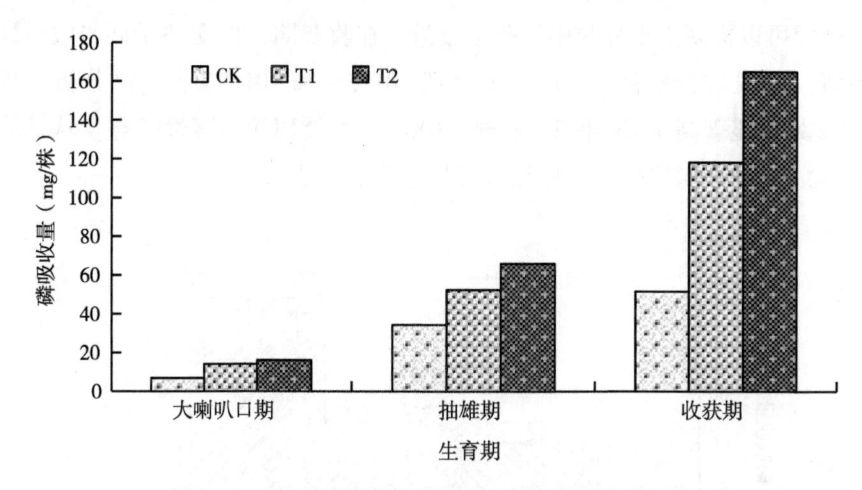

图 8-15　深松及施用农家肥对玉米总磷吸收的影响

五、深松及施用农家肥对玉米磷分配的影响

表 8-6 表示的是玉米各器官磷素含量的变化，由表可知各处理在大喇叭口

期至收获期叶和茎磷含量呈不断下降趋势，在收获期集中于籽粒部分，深松结合施用农家肥料下，对叶片磷含量的影响较小，仅在生育后期有影响，其中，从大喇叭口期至抽雄期 CK、T1、T2 处理叶磷含量降幅分别为 87.5%、84.8%、81.6%，从大喇叭口期至抽雄期 CK、T1、T2 处理茎降幅分别为 75.6%、43.7%、66.1%。在收获期籽粒磷素累积占比 T1 高于 T2 处理 10.8%。由此表明同旋耕相比，深松结合施用农家肥料处理对玉米磷素含量较常规耕作更佳。综合所有处理来看，在玉米籽粒部分磷吸收量深松结合施用农家肥料（T2）处理高于农民常规耕作（T1），表明深松结合施用农家肥料会增加玉米各部分磷吸收量，在玉米籽粒部分 T2 处理高于其他两个处理，差异性显著，与 T1 差异不大，但 T2 处理对玉米各部分磷吸收量影响效果更佳，是最适合玉米磷吸收的耕作方式。

表 8-6　深松及施用农家肥对玉米磷分配的影响　　单位：%

处理	大喇叭口期		抽雄期		收获期		
	叶	根	叶	茎	叶	茎	籽粒
CK	86.9	13.1	52.9	47.1	10.9	11.5	77.6
T1	86.7	13.3	50.1	49.9	13.2	28.1	58.7
T2	89.3	10.7	45.3	54.7	16.4	18.5	65.1

第五节　深松及施肥对玉米钾吸收的影响

一、深松及施用农家肥对玉米叶钾吸收的影响

玉米深松结合施用农家肥料试验中对玉米叶片钾吸收结果由图 8-16 可知，玉米叶片内钾吸收量呈现出随着生育期延后而升高的趋势，不同处理之间存在差异，在大喇叭口期，T2 处理钾吸收量处于最高值，其次为 T1 处理，T2 高于 CK、T1 处理 335.4%和 58.3%，T2 处理显著高于 CK、T1 处理；在抽雄期，T1 处理处于最高值，T2 处理次之，T1 高于 CK 处理 346.2%，T2 高于 CK 处理 230.4%，T1、T2 与对照 3 个处理间差异显著；在收获期，T2 处理钾吸收量最

高，高于对照 158.8%，其次是 T1，与对照相比提高了 13.4%，T2 处理与 CK、T1 处理差异性显著。从玉米叶片钾吸收量变化上来看，T1、T2 处理对叶片钾吸收量有促进作用。

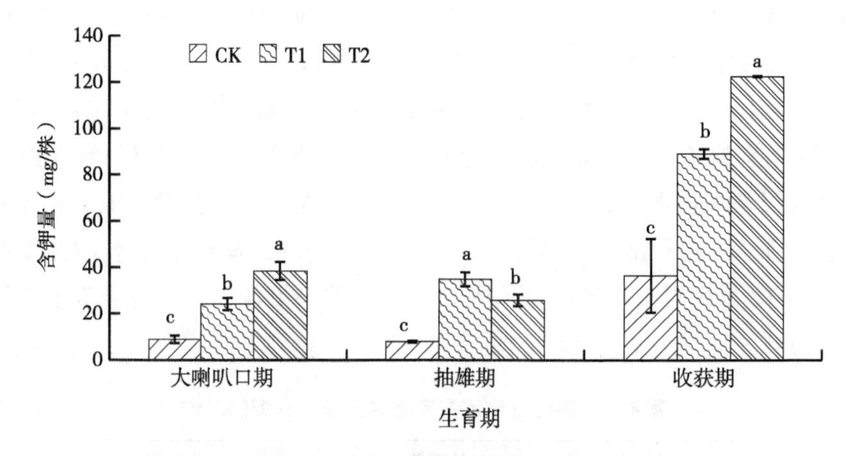

图 8-16　深松及施用农家肥对玉米叶钾吸收的影响

二、深松及施用农家肥对玉米茎钾吸收的影响

玉米深松结合施用农家肥料试验中对玉米茎钾吸收结果由图 8-17 可知，玉米茎钾吸收量呈现出随着生育期延后升高的趋势，不同处理对玉米茎内钾吸

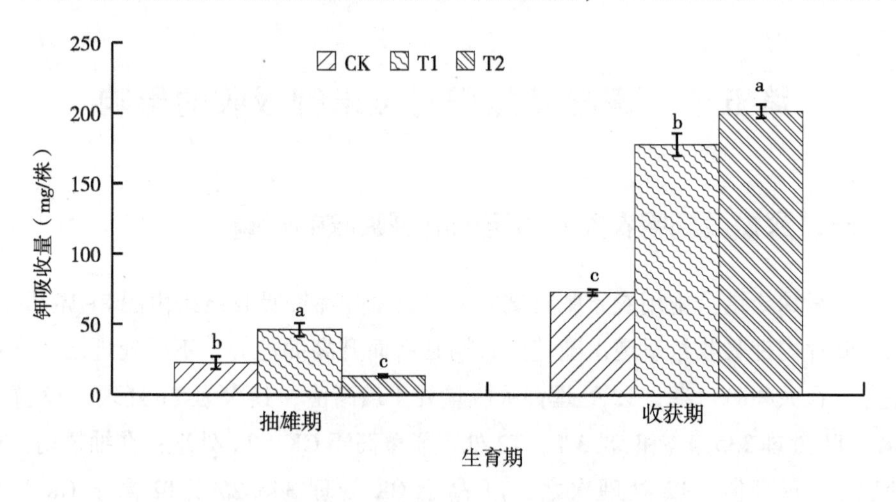

图 8-17　深松及施用农家肥对玉米茎钾吸收的影响

收的影响在不同生育期存在一定的差异，在抽雄期，T2 钾吸收量最低，T1 最高；收获期 T2 处理茎钾吸收量最高，其次为 T1 处理，T2 高于对照 176.3%，差异显著，T2 高于 T1 处理 13.2%。从抽雄期到收获期 CK、T1 和 T2 处理的增幅为 233.4%、260.8%和1 334.5%，从收获期玉米茎内钾吸收量变化上来看，T2 处理对提高茎内钾吸收量效果最佳。

三、深松及施用农家肥对玉米籽粒钾吸收的影响

玉米深松结合施用农家肥料试验中对玉米籽粒钾吸收结果由图 8-18 可知，不同处理对玉米籽粒内钾吸收的影响不同，从试验结果来看，T2 处理的钾吸收量处于最高值，分别高于 CK、T1 处理 193.9%和 57.4%，方差分析结果表明，T2 处理与 CK、T1 处理之间存在显著差异。从玉米籽粒钾吸收变化上来看，T2 处理对促进玉米籽粒钾吸收效果最佳。

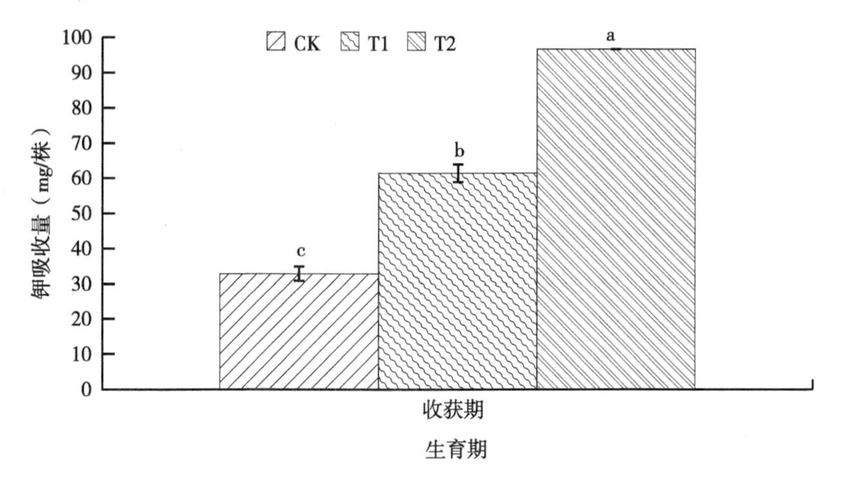

图 8-18 深松及施用农家肥对玉米籽粒钾吸收的影响

四、深松及施用农家肥对玉米总钾吸收的影响

玉米深松结合施用农家肥料试验中对玉米总钾吸收结果由图 8-19 可知，玉米总钾量呈现出随生育期延后而增加的变化趋势，在收获期达到最高值，不同处理总钾量不同。在大喇叭口期，3 个处理的玉米总钾量处于较低水平，T2

处理最高，高于 CK 与 T1 处理，T2 较 CK、T1 分别提高了 314. 3%和 45. 3%，T2 处理与 CK、T1 处理差异性显著；在抽雄期，所有处理总钾量均高于大喇叭口期，T1 处理株高最高，T2 处理次之，对照最低，T1、T2 较 CK 提高了 165. 5%和 28. 4%，T2 处理与对照差异性并不显著；在收获期，T2 处理始终处于最高值，T2 较 CK、T1 分别提高了 195. 5%和 28. 0%，T1 处理次之，对照最低，其中 T2 处理与 CK、T1 处理之间差异性十分显著。从总钾量的变化规律来看，T1、T2 均可提高玉米总钾量吸收，T1 处理与 T2 处理之间无显著差异，但从收获期的效果来看 T2 处理效果更佳。

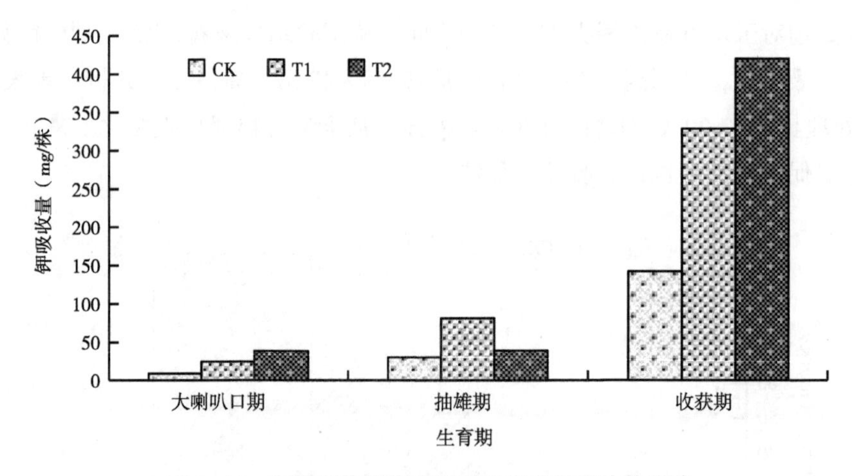

图 8-19　深松及施用农家肥对玉米总钾吸收的影响

五、深松及施用农家肥对玉米钾分配的影响

表 8-7 表示的是玉米各器官钾素含量的变化，由表可知各处理在大喇叭口期至收获期叶钾含量呈不断下降趋势，在收获期集中于籽粒部分，T2 处理叶的钾含量比例在 3 个处理中始终最高，其中，在大喇叭口期 T2 分别高于 CK、T1 处理 5. 1%和 9. 0%，在抽雄期 T2 分别高于 CK、T1 处理 157. 4%和 53. 1%，在收获期 T2 分别高于 CK、T1 处理 13. 4%和 7. 3%；T2 处理在根和茎的钾含量比例在 3 个处理中各个时期都最低，在抽雄期 T2 分别低于 CK、T1 处理 54. 2%和 40. 2%，在收获期 T2 分别低于 CK、T1 处理 6. 5%和 11. 6%。在收获期籽粒钾素累积占比 T2 高于 T1 处理 22. 9%。综上，深松结合施用农家肥料处理对玉米

钾素含量较常规耕作更佳。综合所有处理来看，CK 下玉米各部分钾吸收量均低于其他处理，农民常规耕作（T1）与深松结合施用农家肥料（T2）处理均高于 CK，表明深松结合施用农家肥料会增加玉米各部分钾吸收量，在玉米籽粒部分 T2 处理高于其他两个处理，差异性显著，与 T1 差异不大，但 T2 处理对玉米各部分钾吸收量影响效果更佳，是最适合玉米钾吸收的耕作方式。

表 8-7 深松及施用农家肥对玉米钾分配的影响 单位:%

处理	大喇叭口期		抽雄期		收获期		
	叶	根	叶	茎	叶	茎	籽粒
CK	87.7	12.3	25.6	74.4	25.7	51.2	23.1
T1	84.6	15.4	43.1	56.9	27.1	54.2	18.7
T2	92.2	7.8	66.0	34.0	29.1	47.9	23.0

六、深松及施用农家肥对玉米肥料利用率的影响

通过图 8-20 可知，在氮肥利用率中，收获期 T2 处理比 T1 提高了 61.9%，差异性显著；在磷肥利用率中，收获期 T2 处理高于 T1 处理 62.4%，差异性显著；在钾肥利用率中，收获期 T2 处理高于 T1 处理 16.0%。深松结合施用农家

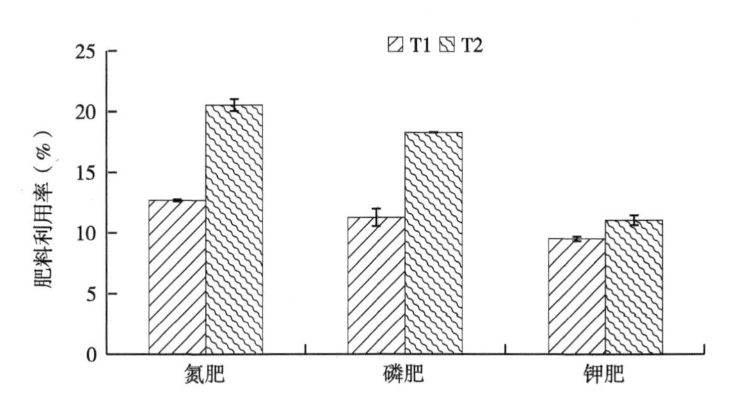

图 8-20 深松及施用农家肥对玉米肥料利用率的影响

肥料能够提高玉米肥料利用率尤其是氮、磷元素的肥料利用率。综上所述，同旋耕相比，深松结合施用农家肥料显著提升了玉米氮、磷、钾元素肥料利用

率，T2 处理显著高于 T1 处理，表明深松结合施用农家肥料会增加玉米肥料利用率，是最适合提高肥料利用率的耕作方式。

第六节　深松及施肥对玉米影响的总评价

一、深松及施用农家肥对玉米经济性状的影响

玉米深松结合施用农家肥料试验中对玉米生长情况如表 8-8 所示，在肇东试验点，深松结合施用农家肥料处理的平均穗重、20 穗重和 20 穗粒重均高于 T1 处理，分别提高了 18.75%、18.75%和 21.13%。深松结合施用农家肥料处理的鲜出籽率高于 T1 处理，提高了 1.97%，但是深松结合施用农家肥料处理的鲜出籽率低于常规处理，降低了 0.28%。因此，在肇东地区深松结合施用农家肥料有利于降低玉米籽粒含水量，并提高玉米单穗重和出籽率。

表 8-8　深松及施用农家肥对玉米经济性状的影响

处理	平均穗重（kg）	穗重（kg）	穗粒重（kg）	鲜出籽率（%）	含水量（%）
T1	0.34±0.02	6.83±0.34	5.17±0.27	75.79±1.98	33.81±1.40
T2	0.41±0.00	8.11±0.10	6.27±0.20	77.29±1.63	33.71±0.58

二、深松及施用农家肥对玉米产量的影响

玉米深松结合施用农家肥料试验中对玉米产量结果如图 8-21 所示，不同处理对玉米产量产生了一定的影响。从试验结果来看深松结合施用农家肥料处理的玉米产量最高，为 15 434.80 kg/hm^2，与常规施肥处理的玉米产量相比，提高了 21.39%，而常规施肥处理的玉米产量为 12 715.38 kg/hm^2。试验表明，深松结合施用农家肥料提高了玉米产量，是最适合提高玉米产量的耕作方式。

三、深松及施用农家肥研究结果比较分析

耕作层深松耕有利于保水保肥，可以构建高标准耕作层，改善黑土地土壤

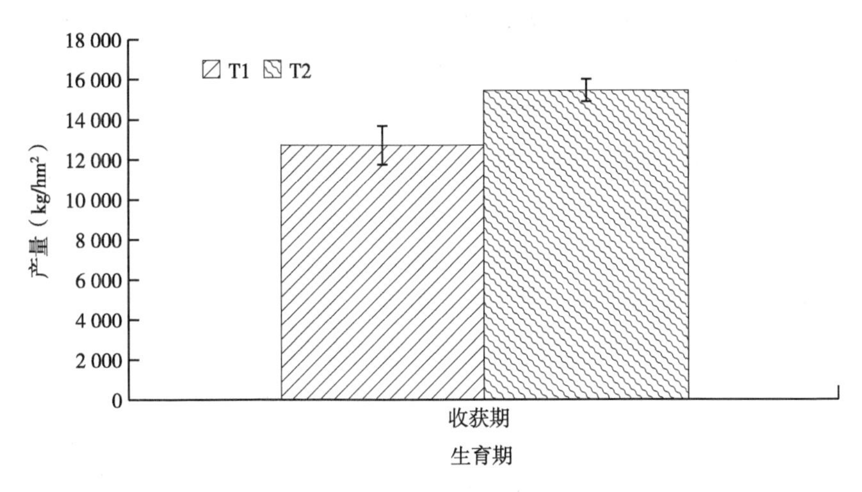

图 8-21 深松及施用农家肥对玉米产量的影响

理化性状，施农家肥料可显著提高土壤含水量，降低土壤容重，提高水肥利用率，改善玉米根系生长的生态条件。郭海斌等通过研究深翻对不同质地的土壤理化性质影响得出，深松耕能够打破坚硬的犁底层，使耕层土壤容重降低，土壤孔隙度增加。温美娟研究深松结合施用农家肥料的处理较其他处理的土壤含水量高、容重低，本试验研究结果表明深松加施农家肥料与常规耕作相比有利于玉米在不同生长时期 15~30cm 土层内土壤水分的保持，并且有利于提高土壤含水量，与前人的研究结果较为相似。

耕作方式改变了土壤环境，土壤中各种理化性质的改变都将影响玉米根系的生长发育，而根系生长的情况又决定了玉米地上部的生长发育。冯艳春的试验结果表明，深松耕作保苗率提高 11.3%~14.6%，深松耕作显著提高玉米干物质重，其地上部分较免耕、翻耕和传统耕作提高幅度为 4.9%~19.2%，地下部根系提高幅度为 2.8%~90.1%。也有研究指出配施有机物，在微生物等分解作用下能够释放养分于土壤中供作物根系吸收利用，从而影响作物的生长。本研究结果指出，深松结合施用农家肥料可显著提高玉米植株株高、茎粗，与张丽研究结果相似。在玉米干物质积累量上也有提高，能促进玉米生长，与丛聪的研究结果相似。

张瑞福的试验表明，深松+旋耕处理能够提高郑单 958 磷收获指数、磷吸收效率，处理间差异均达到显著水平。本研究深松能促进春玉米干物质和磷的吸收、转运，提高磷的收获指数、吸收效率，和偏生产力的结果与此一致。张秀芝的试验结果显示，深松+深施肥处理显著增加植株氮、磷、钾的累积，与常规栽培相比植株氮素吸收量增加 9.8%~17.0%，磷素吸收量增加 7.2%~11.2%；且氮、磷增量多集中于籽粒，处理籽粒中氮吸收量较常规的增幅为 21.7%~25.1%，磷吸收量的增幅为 5.6%~20.1%。本实验中深松加农家肥料处理对玉米氮、磷、钾吸收量均有促进效果，但与其他处理差异并不明显，玉米总钾吸收量在抽雄期效果不及常规旋耕处理。关于深松结合使用农家肥料对玉米氮、磷、钾元素肥料利用率有所提高与刘彦伶、许欣桐的研究结论一致。

玉米栽培中多采用常规旋耕模式，使得玉米栽培地块出现了非常坚实的“犁底层”，这严重影响了玉米根系的伸展和玉米对深层土壤养分的吸收及利用，一定程度上也成为了限制玉米产量提高的原因。宫亮等通过研究农家肥料连年施用对土壤和玉米产量影响时发现，当农家肥料用量达到 15 t/hm^2及以上时，玉米产量才出现增长，而用量过大反而会减弱培肥效果。深松结合施用农家肥料处理的玉米单穗重、出籽率和产量均有明显提高，本试验证明深松结合施用农家肥料可显著提高玉米产量，并使土地可持续发展，与王秋菊、朱利群、宫亮的研究结果相似。但还需要进一步研究深松和施农家肥料促进玉米生长，提高玉米产量、品质的原因及两者之间的交互影响，并且还需探明深松单施农家肥料是否能进一步提高玉米的产量与品质，化肥是否可以进行减量。

本试验还需要重复做几次进行验证，进一步观测长期深松结合施用农家肥料对玉米生长、产量、品质、土壤肥力的影响。

四、深松及施用农家肥研究结论

深松结合施用农家肥料处理提高了不同耕层土壤含水量，其中，在 0~15cm 土层中，深松结合施用农家肥料处理于大喇叭口期至收获期较常规耕作处理土壤含水量分别提高 37.81%、5.84%和 10.21%；在 15~30cm 土层中，在大喇叭口期和收获期深松+农家肥料含水量分别高于常规耕作处理 6.39%和 8.75%，在抽雄期低于常规耕作处理 5.41%。深松结合施用农家肥料处理降低了耕层土壤容重，其中，0~15cm 土壤容重深松结合施用农家肥料在大喇叭口期至收获期分别比常规耕作降低了 32.2%、4.5%和 10.6%。15~30cm 土壤容重深松+农家肥料在大喇叭口期至收获期分别比常规耕作降低了 7.6%、5.0% 和 9.8%。深松结合施用农家肥料处理提高了不同耕层土壤孔隙度，在 0~15cm 土壤深度上，深松结合施用农家肥料处理在大喇叭口期至收获期分别比常规耕作增长了 21.2%、3.1%和 7.2%。15~30cm 土层上，深松结合施用农家肥料在大喇叭口期至收获期分别比常规耕作增长了 10.4%、5.8%和 12.5%。表明深松结合施用农家肥料处理可以显著增加玉米田土壤含水量、土壤孔隙度、降低土壤容重。

在玉米的生长上，深松结合施用农家肥料对玉米的株高无明显的影响，可以增加玉米的茎粗，在大喇叭口期至收获期，深松+农家肥料分别高于空肥对照 35.7%、30.2%和 65.4%。对玉米干重在大喇叭口期至收获期深松+农家肥料较空肥对照分别提高了 77.0%、66.9%和 59.9%。试验表明，深松结合施用农家肥料对玉米的株高影响不明显，但具有增加茎粗，提高干物质吸收的作用。

在玉米养分吸收上，收获期籽粒氮素累积量占比 T2 较 CK、T1 分别提高了 12.3%、3.1%，收获期籽粒磷素累积占比 T2 较 T1 提高了 10.8%，收获期籽粒钾素累积占比 T2 较 T1 提高了 22.9%。在玉米收获期氮、磷、钾肥利用率上，深松结合施用农家肥料相比常规耕作分别提高了 61.9%、62.4%和 16.0%。综合分析可得深松结合施用农家肥料可以提高玉米养分吸收的能力和肥料利用率。

在玉米产量品质上，平均穗重、穗重和穗粒重深松结合施用农家肥料均高于常规耕作，分别提高了 18.75%、18.75%和 21.13%，深松+农家肥料降低玉米籽粒含水量，并提高玉米单穗重和出籽率。玉米产量深松结合施用农家肥料与常规耕作相比提高了 21.39%，综合分析认为深松结合施用农家肥料具有促进玉米养分吸收与提高玉米产量的效果。通过试验得出用深松结合施用农家肥料能够显著提高产量、产值，因此深松结合施用农家肥料的耕作模式可在北方玉米栽培农业生产中推广应用。

第九章　肇州县玉米深松及有机肥大田示范

《“十三五”农业科技发展规划》中明确提出将农业资源高效利用和农作物耕作栽培管理作为农业科技创新的重点领域，鼓励农作物光、热、水、养分等资源优化配置与绿色高产高效种植模式等技术的开发。

长期使用化肥、农药，少施或不施农家肥，土壤有机质不能得到更新和补充。化肥在农业生产中的大量使用，虽然提高了农产品的产量，但也带来一系列问题，如养分资源浪费、生产成本上升、产出/投入比低、农产品品质下降、土壤板结、水源污染等，农民过度依赖化肥，土壤超负荷运转，加剧了土壤碳的耗竭，致使耕地土壤有机质含量降低，造成肥力减退、耕地质量低下。施用有机肥可以有效改良土壤结构，提高土壤有机质含量，促进农作物增产，是发展可持续生态农业的必由之路。将施肥措施的“以肥调水”效应和保护性耕作的“蓄水保墒”效应相结合，通过研究表明施用有机肥能够有效降低耕层土壤体积质量，增加土壤养分含量，增加玉米产量，且与深松同时进行，能放大两者的改土培肥效果，深松处理下土壤贮水量和含水率最高，施肥和耕作处理组合中，以高有机肥深松的纯收益最高。

目前仅有少量关于黑土耕作结合有机物还田的研究，且这些研究多关注采用措施后对土壤和作物量的差异，由于耕作方式对土壤的扰动程度和作业深度不同，使添加的秸秆及有机肥等物料在土壤中的分解转化过程也存在很大的差异。本研究选取典型黑土区玉米农田为试验对象，通过设置深松耕作及有机物还田的处理方式，分析土壤物理性质和玉米农学性质的影响情况，探讨适于黑土耕地合理的耕作栽培技术，为黑土区农业可持续发展提供理论依据。

第一节　肇州县深松及有机肥对土壤性质和玉米生长发育的影响

一、材料与方法

1. 试验材料

试验于 2019 年在黑龙江省肇州镇万宝村进行，地理位置为 N45°42′，E125°14′，土壤类型为黑钙土，玉米品种为铁杆 3000，前茬作物为玉米。土壤养分状况：有机质为 33.2g，碱解氮为 121mg，有效磷为 14.9mg，速效钾为 147mg，pH 值为 7.5。玉米种植密度为 61 500 株/hm^2。

2. 试验设计

田间试验共设置 3 个处理，其中 CK 不施肥（在对照田中，不施任何肥料）；T1 为当地常规栽培模式，旋耕起垄，旋耕深度为 15cm，玉米专用肥 750 kg/hm^2（$N-P_2O_5-K_2O=20-10-10$）；T2 为深松+有机肥（深松 25～30cm，商品有机肥料 1 500 kg/hm^2，化肥用量减少 20%）。CK 对照面积为 0.67hm^2；T1 为深松+有机肥+补灌面积为 6.67hm^2；T2 为当地常规栽培模式（空肥区）0.07hm^2。施肥的时间为秋季，结合整地进行施肥。

3. 取样方法

土壤样品于 4 月 16 日农田整地、6 月 20 日玉米大喇叭口期、9 月 30 日玉米收获期分别取 CK、T1、T2 耕层土壤样品 1kg，风干后测定土壤常规养分指标，土壤碱解氮含量、土壤速效磷含量、土壤速效钾含量、土层土壤容重、土壤水分含量、土壤孔隙度。

植株样品于 6 月 20 日玉米大喇叭口期分别取 CK、T1、T2 玉米地上、地下样品挖玉米田间根系剖面，观察根系发育状况；于 7 月 23 日抽雄期分别取 CK、T1、T2 玉米茎、叶和轴+苞叶；于 9 月 30 日收获期分别取 CK、T1、T2 玉米茎、叶、轴+苞叶和粒，分批分类进行采收，对植株株高、茎粗和叶片数取后的样品进行清洗并将样品擦干，按叶、茎、穗、籽粒器官分别进行烘干，105℃杀青半小时，再进行 70℃烘干，烘干后称量各器官鲜重、干重，然后粉碎，测定植株全氮、全磷、全钾养分含量的化验分析，并计算各处理的产量和产值。

表 9-1 肇州县深松及有机肥试验施肥量 (kg/hm^2)

试验处理	处理方式	化肥施肥量	有机肥施肥量
CK	不深松+不施任何肥料	0	0
T1	15cm 旋耕+复合化肥	900	0
T2	25~30cm 深松+复合化肥+农家猪粪	900	15 000（干重）

4. 测定项目及方法

土壤水分含量测定采用烘干法，计算公式：W（%）=（g_1-g_2）/（g_2-g）×100，W 为土壤含水量（%），g 为铝盒重量（g），g_1为铝盒加湿土重量（g），g_2为铝盒加干土重量（g）。

土壤容重测定采用环刀法，计算公式：ρ=（W-$W_{环}$）/V，ρ 为土壤容重（g/cm^3），W 为环刀干土重（g），$W_{环}$为环刀重（g），为环刀的体积（$100cm^3$）。

土壤碱解氮测定采用碱解扩散法。

土壤速效磷测定采用 0.5 mol/L $NaHCO_3$浸提-钼锑抗比色法。

土壤速效钾测定采用 1mol/L 醋酸铵浸提-火焰光度计法。

植株全氮测定采用过氧化氢-硫酸消化，半微量凯氏定氮法。

植株全磷测定采用过氧化氢-硫酸消化，钼锑抗比色法。

植株全钾测定处理方法同全磷测定，具体方法参照浓硫酸-过氧化氢消煮，火焰光度计法。

二、结果与分析

1. 肇州县深松及有机肥对土壤物理性质的影响

（1）肇州县深松及有机肥对玉米田土壤含水量的影响

由图 9-1 可知，深松施用有机肥降低了玉米田土壤容重。从 0~15cm 土壤含水量可看出，玉米大喇叭口期 T2 处理高于 T1 处理 37.81%，收获期较 T1 处理提高 9.45%。表明深松结合施用有机肥可以提高玉米各生育期 0~15cm 土壤水分含量。从 15~30cm 土壤水分含量可看出，玉米大喇叭口期 T2 处理较 T1 处理提高 4.22%，收获期较 T1 处理提高了 3.50%。表明 T2 与 T1 相比有利于玉米在这 3 个生育期 15~30cm 土层内土壤水分的保持。

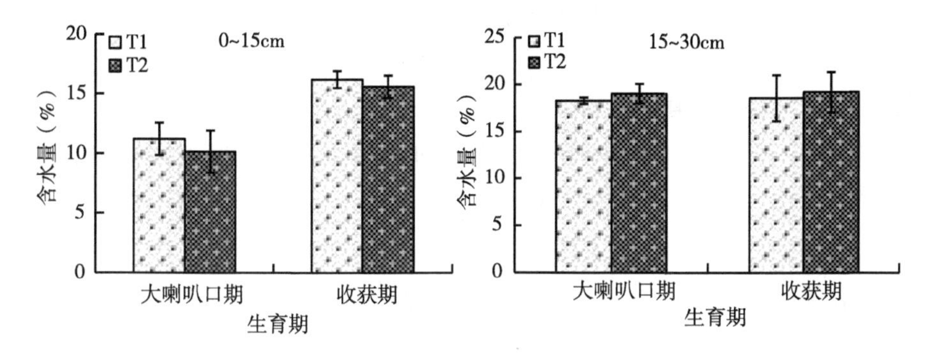

图 9-1　肇州县深松及有机肥对玉米田土壤含水量的影响

（2）肇州县深松及有机肥对玉米田土壤容重的影响

由图 9-2 可知，深松施用有机肥会对玉米田土壤容重产生影响。从 0～15cm 土壤容重的变化上来看，5 月 4 日大喇叭口期至 9 月 30 日收获期，不同处理比较来看，T2 在大喇叭口期比 T1 降低了 2.24%，收获期 T2 比 T1 降低了 0.19%，两个处理间差异显著，表明 T2 与 T1 相比对降低玉米田 0～15cm 土壤容重效果达到了显著水平。从 15～30cm 土层容重变化不同处理比较来看，T2 在大喇叭口期比 T1 降低了 5.38%，收获期 T2 比 T1 降低了 3.14%，两个处理间差异显著，表明 T2 与 T1 相比在玉米生长季节可以显著降低玉米田 10～15cm 土壤容重。

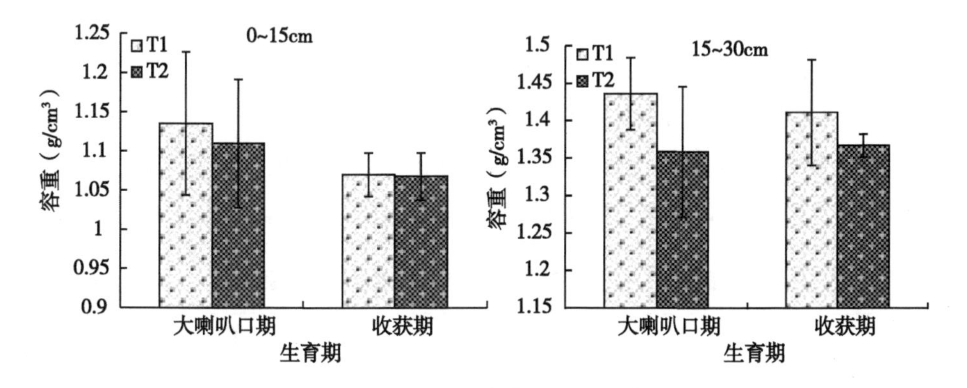

图 9-2　肇州县深松及有机肥对玉米田土壤容重的影响

2. 肇州县深松及有机肥对玉米农艺形状的影响

由表 9-2 可知，玉米株高从大喇叭口期到收获期随着生育期延后呈现出增长趋势，在抽雄期就基本达到峰值，同时，在同一生育期不同处理间株高存在一定的差异，大喇叭口期、抽雄期和收获期的玉米株高表现均为 T1>T2>CK，在大喇叭口期，3 个处理的玉米株高分别为 65cm、88cm 和 84cm，T1 处理分别高于 CK、T2 处理 35. 2%和 4. 6%，T2 处理与 CK 处理差异不显著，与 T1 处理差异不显著；到抽雄期，3 个处理的玉米株高分别为 226cm、310cm 和 319cm，T2 处理处于最高值，T2 和 T1 别较 CK 株高提高 40. 6%和 2. 8%，差异显著，T1 与 T2 无显著性差异。在收获期，3 个处理的玉米株高分别为 231cm、302cm 和 306cm，与抽雄期规律相似。从玉米株高变化上来看，T1、T2 均可提高玉米株高，表现施肥对株高的影响显著，T1 处理与 T2 处理之间差异不明显。

由表 9-2 可知，不同处理下玉米茎粗的情况，玉米茎粗从大喇叭口期到收获期随着生育期延后呈现出不断增长趋势，在抽雄期就基本达到峰值，大喇叭口期、抽雄期和收获期的玉米茎粗表现均为 T1>T2>CK，在大喇叭口期 3 个处理的玉米茎粗分别为 1. 5cm、2. 37cm 和 2. 03cm，T1 处理株高处于最高值，高于对照 57. 8%，T1 处理次之，高于对照 16. 4%，T1 与 T2 两个处理之间无显著差异，但 T1 处理、T2 处理均显著高于 CK 处理；在抽雄期，3 个处理的玉米茎粗分别为 2. 3cm、2. 7cm 和 2. 8cm，T2 处理株高最高，T1 处理次之，对照最低，T2 处理较 CK、T1 处理增长了 21. 0%和 5. 0%，与 CK 差异性显著，与 T1 处理并无显著性差异；在收获期，3 个处理的玉米茎粗分别为 1. 9cm、2. 3cm 和 2. 6cm，T2 处理株高最高，T1 处理次之，对照最低，T2 处理较 CK、T1 处理增长了 37. 2%和 12. 5%，方差分析结果显示，T2 处理与 CK 处理差异性显著，T2 处理与 T1 处理并无显著性差异。从玉米茎粗变化上来看，T1、T2 均可提高玉米茎粗，T1 处理与 T2 处理之间无显著差异，但 T2 处理效果更佳。

表 9-2　肇州县深松及有机肥对玉米株高的影响　　单位：cm

处理	株高			茎粗		
	大喇叭口期	抽雄期	收获期	大喇叭口期	抽雄期	收获期
CK	65. 37±3. 05b	226. 83±3. 60b	231. 23±4. 78b	1. 50±0. 08b	2. 30±0. 08c	1. 91±0. 27c
T1	88. 37±0. 53a	310. 17±8. 73a	302. 2±9. 91a	2. 37±0. 12a	2. 65±0. 04b	2. 33±0. 13b

（续表）

处理	株高			茎粗		
	大喇叭口期	抽雄期	收获期	大喇叭口期	抽雄期	收获期
T2	84.50±4.11a	319.00±5.79a	306.70±2.36a	2.03±0.29a	2.78±0.27a	2.62±0.15a

3. 肇州县深松及有机肥对玉米干物质积累的影响

（1）肇州县深松及有机肥对玉米地上干物质积累的影响

从玉米总干物质积累结果可知，玉米总干物质量呈现出随生育期延后而增加的变化趋势，在收获期达到最高值，不同处理干物质累积量不同，抽雄期和收获期的玉米地上干物质量表现均为 T2>T1>CK。在大喇叭口期，3 个处理的玉米总干物质量处于较低水平，T1 处理最高，其次是 T2 处理，对照最低，而 T1 与 T2 差异性不显著；在抽雄期，T2 处理株高最高，T1 处理次之，对照最低，T2 较 CK 和 T1 分别提高了 42.0%和 32.8%，T1 处理和 T2 处理与对照差异性显著，但 T1 与 T2 差异性不显著；在收获期，T2 处理始终处于最高值，T2 较 CK 和 T1 分别提高了 65.7%和 4.1%，其中 T2 处理与 CK 处理之间存在显著差异，与 T1 处理无显著性差异。从总干物质积累量的变化规律来看，T1、T2 处理均可提高玉米地上干物质量积累，T1 处理与 T2 处理之间无显著差异。

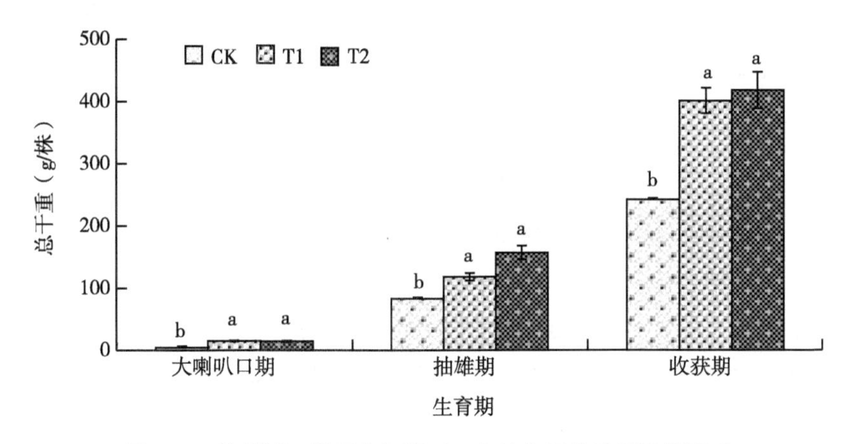

图 9-3　肇州县深松及有机肥对玉米地上干物质积累的影响

（2）肇州县深松及有机肥对玉米叶片干物质积累的影响

由图 9-4 可知，玉米叶片干重不同处理之间在不同的生育期存在较大的差异，在收获期达到最高值，抽雄期和收获期的玉米地上干物质量表现均为 T2>T1>CK。在大喇叭口期，T1、T2 处理的叶片干重均高于对照，其中 T1 处理处于最高值，T2 处理次之，T2 与 T1 之间无显著差异；在抽雄期，所有处理干物质积累量均高于大喇叭口期，T2 处理株高最高，T1 处理次之，对照最低，T2 较 T1、CK 分别提高了 25.5%和 49.8%，T1、T2 处理与 CK 处理差异性显著，T2 与 T1 之间无显著差异；在收获期，所有处理干物质积累量都有所提升，T2 处理株高最高，T1 处理次之，对照最低，T2 较 T1、CK 分别提高了 70.3%和 7.3%，T1、T2 与对照差异性显著，T2 与 T1 之间无显著差异。从玉米叶片干重变化上来看，T1、T2 均可提高玉米地上干物质量积累，T1 处理与 T2 处理之间无显著差异，但 T2 处理效果更佳。

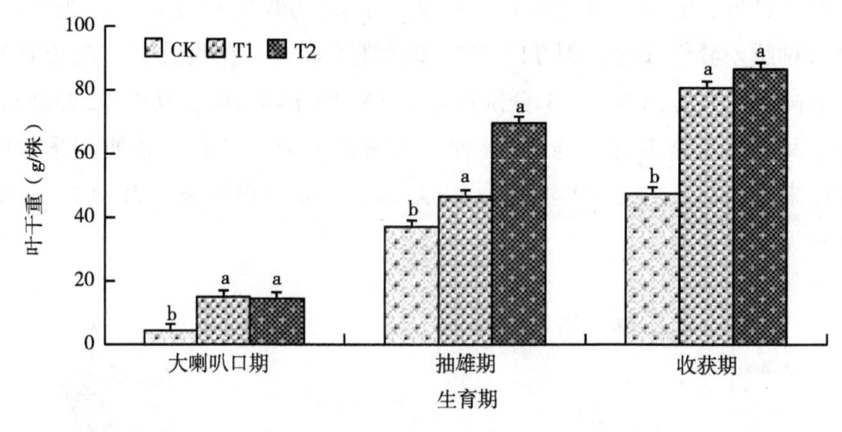

图 9-4　肇州县深松及有机肥对玉米叶片干重的影响

（3）深松结合施用有机肥料对玉米茎干物质积累的影响

玉米深松结合施用有机肥料试验中对玉米茎干物质积累结果由图 9-5 可知，玉米茎干重随着生育期延后快速升高，在收获期达到最高值，但是不同处理之间存在差异。在抽雄期，3 个处理的玉米总干物质量处于较低水平，其中，T2 处理最高，高于 CK 与 T1 处理，T1、T2 处理的茎干重均高于对照，T2 高于对照 89.0%，两个处理之间差异显著，T1、T2 处理之间无显著差异；在收获期，T1 处理处于最高值，T2 处理次之，此时 T1、T2 处理之间无显著差异，T2

处理高于对照 69.4%，CK 处理显著低于 T1、T2 处理，T1、T2 处理间无显著性差异。从茎干重变化上来看，T1、T2 处理均可提高玉米茎干重，但 T1、T2 之间无显著差异，T2 处理效果更佳。

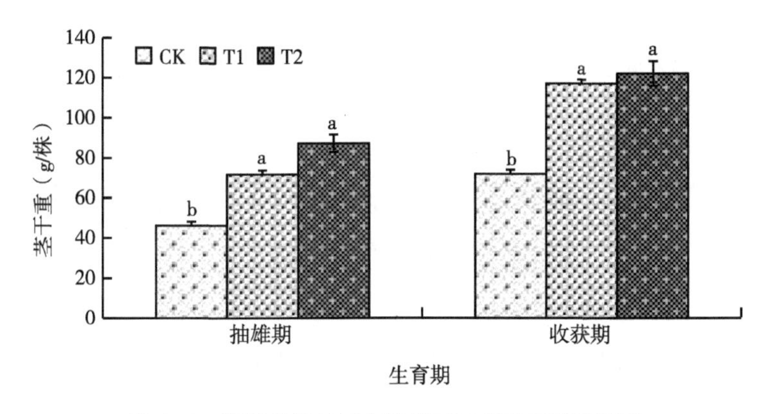

图 9-5　肇州县深松及有机肥对玉米茎干重的影响

（4）深松结合施用有机肥料对玉米籽粒干物质积累的影响

由图 9-6 可知，不同处理对玉米籽粒干重的影响存在差异，从试验结果来看，在收获期，玉米籽粒干重表现为 T2>T1>CK，T2 处理的干重处于最高值，分别高于 CK、T1 处理 70.4%、2.8%，方差分析结果显示，T2 显著高于对照，T1 处理仅次于 T2 处理，3 个处理间差异显著。从玉米籽粒干重变化规律上来看，T2 处理效果最佳，可提高玉米籽粒干重，CK 处理最差。

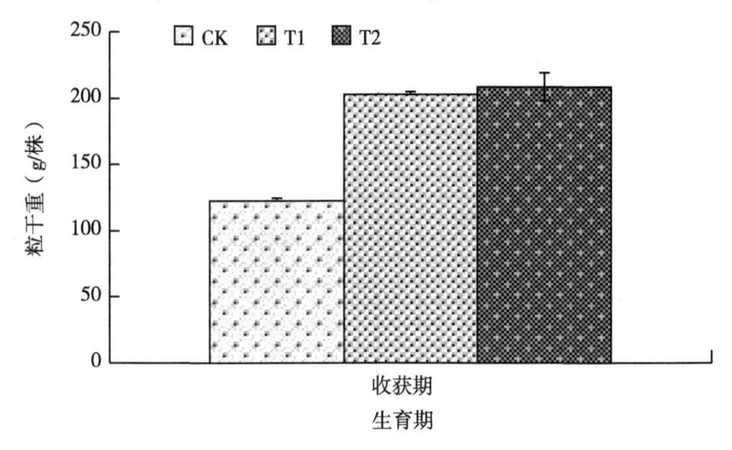

图 9-6　肇州县深松及有机肥对玉米籽粒干重的影响

综合所有处理来看，CK 下玉米各部分干物质量均低于其他处理，与农民常规耕作（T1）相比，深松结合施用有机肥料（T2）在大喇叭口期至收获期数据均为最高，表明深松结合施用有机肥料会增加玉米各部分干物质量，但与 T1 差异不大，在玉米籽粒部分 T2 处理要远高于其他两个处理，差异性显著，T2 处理对玉米各部分干物质量影响效果最大，是最适合玉米干物质量积累的耕作方式。

第二节　肇州县深松及有机肥对玉米养分吸收及产量的影响

一、肇州县深松及有机肥对玉米氮吸收的影响

1. 肇州县深松及有机肥对玉米总氮吸收的影响

各玉米总氮吸收结果（图 9-7）可以看出，玉米总氮量呈现出随生育期延后而增加的变化趋势，在收获期达到最高值，不同处理总氮量不同，大喇叭口期、抽雄期和收获期的玉米总氮吸收量表现均为 T2>T1>CK。在大喇叭口期，3 个处理的玉米总氮量处于较低水平，T2 处理最高，高于 CK 与 T1 处理，T2 较

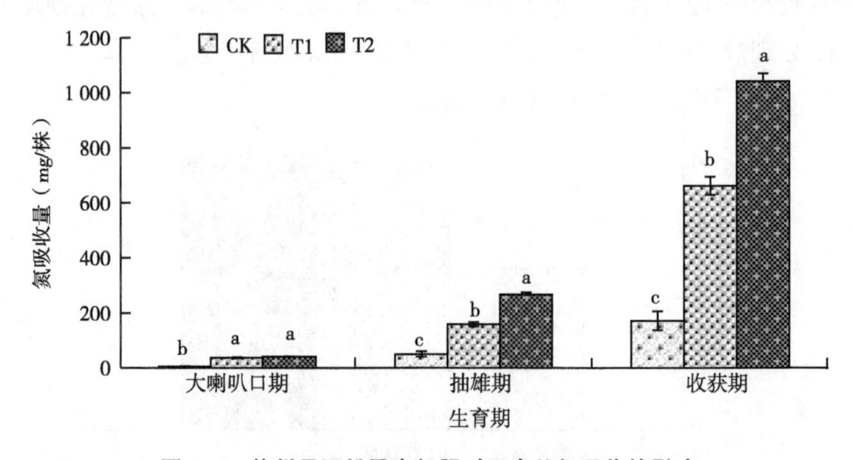

图 9-7　肇州县深松及有机肥对玉米总氮吸收的影响

CK 和 T1 分别提高了 140.5%和 10.5%，T1 处理、T2 处理与对照差异性显著，

但 T1 与 T2 差异性不显著；在抽雄期，总氮量逐步增加，T2 处理株高最高，T1 处理次之，对照最低。其中，T2 较 CK 和 T1 处理分别提高了 232.9%和68.1%，T1 与 T2 处理与对照差异性显著，但 T1 与 T2 差异性不显著；在收获期，T2 处理始终处于最高值，T2 较 CK 和 T1 处理分别提高了 505.5%和57.6%，T1 处理次之，对照最低，其中 T2 处理与 CK 处理之间存在显著差异，与 T1 处理无显著性差异。从总氮量的变化规律来看，T1 和 T2 均可提高玉米总氮量吸收，T1 处理与 T2 处理之间无显著差异。

2. 肇州县深松及有机肥对玉米叶片氮吸收的影响

玉米深松结合施用有机肥料试验中对玉米叶片氮吸收结果由图 9-8 可知，玉米叶片氮吸收量呈现出随生育期延后先升高后降低的变化趋势，在抽雄期达到最高值，不同处理的氮吸收量在不同生育期存在一定的差异，大喇叭口期、抽雄期和收获期的玉米叶片氮吸收量表现均为 T2>T1>CK。在大喇叭口期，3 个处理的玉米叶片氮吸收量处于较低水平，T2 处理处于最高值，与 CK、T1 处理相

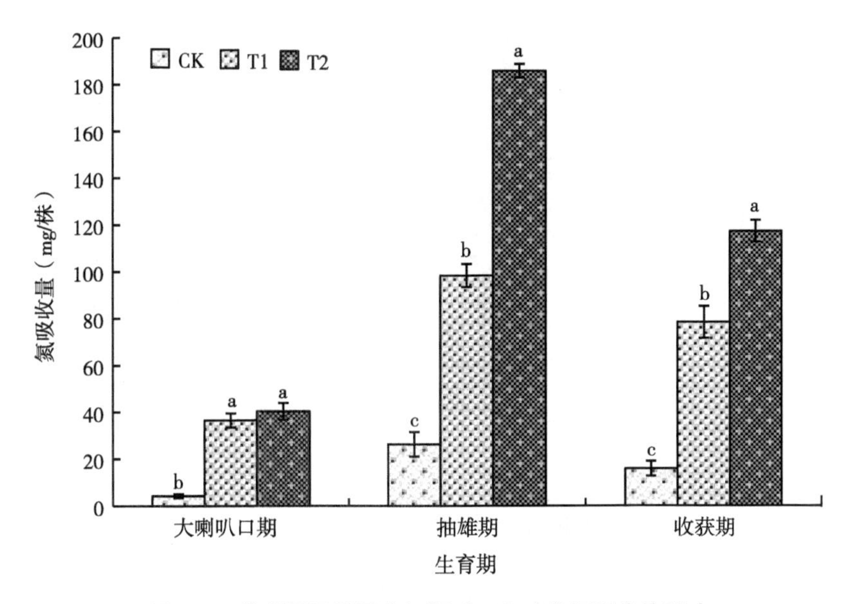

图 9-8　肇州县深松及有机肥对玉米叶片氮吸收的影响

比提高了 840.5%、10.5%，T2 处理与 T1、CK 处理差异性显著；在抽雄期较大喇叭口期大幅提升，其中 T2 处理最高，对照最低，高于对照 607.8%差异性

显著，与T1处理之间无显著差异；在收获期，T2处理氮吸收量最高对照最低，与对照相比提高了645.1%，T1处理次之，与CK相比提高了397.4%，T2处理与CK、T1处理差异性显著。从叶片氮吸收变化上来看，深松结合施用有机肥料可以显著提高玉米叶片内的氮吸收量。

3. 肇州县深松及有机肥对玉米茎氮吸收的影响

玉米深松结合施用有机肥料试验中对玉米茎氮吸收结果由图9-9可知，不同处理对不同生育期玉米茎内氮吸收量的影响是不同的。在抽雄期，T1处理的氮吸收量处于最高值，T2仅次于T1处理，T1、T2处理分别高于对照219.5%、138.2%，T1、T2处理与CK处理之间差异显著；在收获期，T1处理氮吸收量最高，其次为T2处理，T2处理与CK、T1差异性显著，T1、T2处理分别高于对照805.3%、477.3%。从试验结果来看，T1、T2均可以显著提高玉米茎内氮吸收量，但T2处理效果更佳。

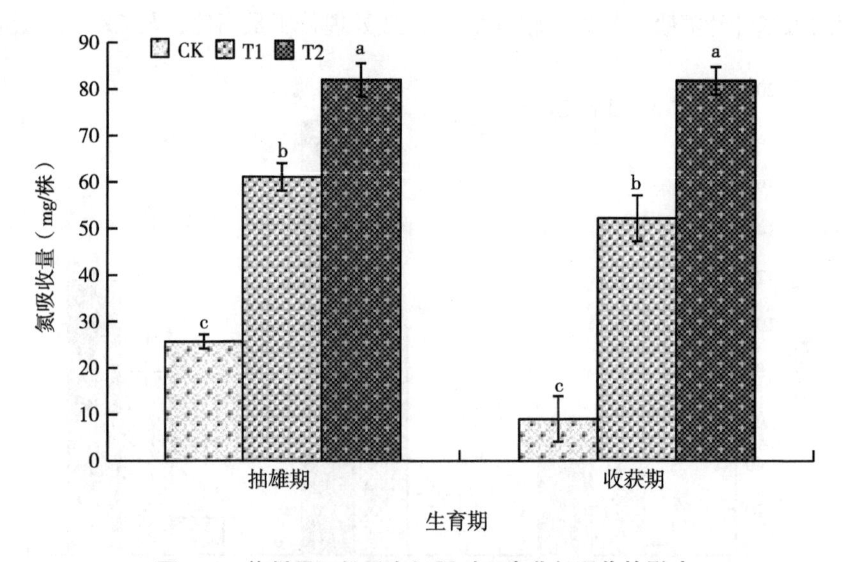

图9-9　肇州县深松及有机肥对玉米茎氮吸收的影响

4. 肇州县深松及有机肥对玉米籽粒氮吸收的影响

玉米深松结合施用有机肥料试验中对玉米籽粒氮吸收结果由图9-10可知，不同处理对玉米籽粒氮吸收量影响存在差异，在收获期，T2处理的氮吸收量处于最高值，T1、T2处理的氮吸收量均高于对照，T2处理与对照相比提高了

472.2%，T2 高于 T1 处理 397.9%，各处理间差异性显著。从试验结果来看，T1、T2 均可提高籽粒内氮吸收量，但 T2 处理效果更佳。

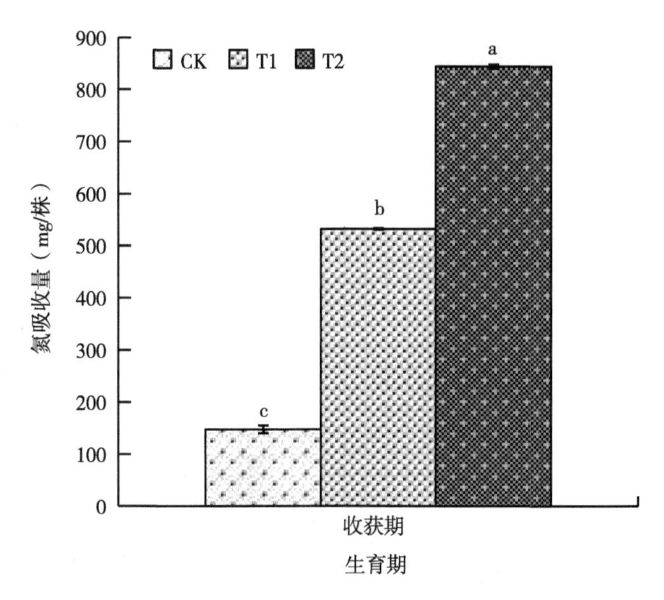

图 9-10　肇州县深松及有机肥对玉米籽粒氮吸收的影响

综合所有处理来看，CK 下玉米各部分氮吸收量均低于其他处理，农民常规耕作（T1）与深松结合施用有机肥料（T2）处理均高于 CK，表明深松结合施用有机肥料会增加玉米各部分磷吸收量，在玉米籽粒部分 T2 处理高于其他两个处理差异性显著，与 T1 差异不大，但 T2 处理对玉米各部分氮吸收量影响效果更佳，是最适合玉米氮吸收的耕作方式。

二、肇州县深松及有机肥对玉米磷吸收的影响

1. 肇州县深松及有机肥对玉米总磷吸收的影响

玉米深松结合施用有机肥料试验中对玉米总磷吸收结果由图 9-11 可知，玉米总磷量呈现出随生育期延后而增加的变化趋势，在收获期达到最高值，不同处理总磷量不同，抽雄期和收获期的玉米总磷吸收量表现均为 T2>T1>CK。在大喇叭口期，3 个处理的玉米总磷量处于较低水平，T1 处理最高，高于 CK 与 T2 处理，T1 处理、T2 处理与对照差异性显著，但 T1 与 T2 差异性不显著；

在抽雄期，所有处理总磷量均高于大喇叭口期，T1 处理株高最高，T2 处理次之，对照最低，T2、T1 分别提高了 148.4%、85.2%，T2 处理与 CK、T1 处理差异性显著；在收获期，T2 处理始终处于最高值，T2 较 CK、T1 分别提高了 163.6%、24.2%，T1 处理次之，对照最低，其中 T2 处理与 CK、T1 处理之间存在显著差异，CK 与 T1 处理无显著性差异。从总磷量的变化规律来看，深松结合施用有机肥料在生育后期可以显著提高玉米总磷吸收量。

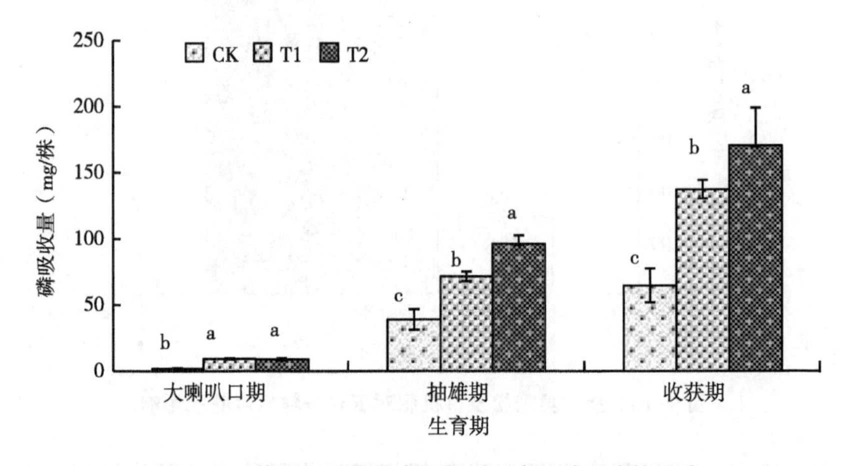

图 9-11 肇州县深松及有机肥对玉米总磷吸收的影响

2. 肇州县深松及有机肥对玉米叶片磷吸收的影响

玉米深松结合施用有机肥料试验中对玉米叶片磷吸收结果由图 9-12 可知，玉米叶片磷吸收量呈现出随着生育期延后先升高后降低的变化，在收获期降到最低值。从不同生育期的测定结果来看，3 个处理对玉米叶片磷吸收的影响不同。在大喇叭口期，T1 处理玉米叶片磷吸收量处于最高值对照最低，分别高于 CK、T2 处理 387.8%、3.8%，方差分析结果表明，T1、T2 均显著高于对照，T1、T2 之间无显著差异；在抽雄期，T2 处理处于最高值对照最低，T2 分别高于 CK、T1 处理 103.6%、39.5%，方差分析结果表明，T2 处理与 CK、T1 处理差异性显著；在成熟期，T2 分别高于 CK、T1 处理 186.6%、27.1%，差异性显著。从试验结果来看，T1、T2 均可以显著提高玉米叶片磷吸收量，但 T2 处理效果更佳。

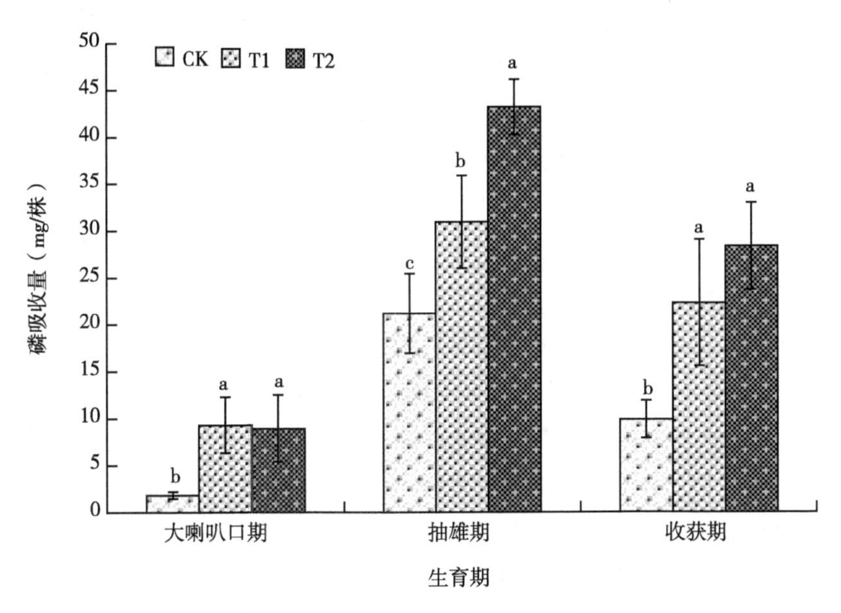

图 9-12 肇州县深松及有机肥对玉米叶片磷吸收的影响

3. 肇州县深松及有机肥对玉米茎磷吸收的影响

玉米深松结合施用有机肥料试验中对玉米茎磷吸收结果由图 9-13 可知，

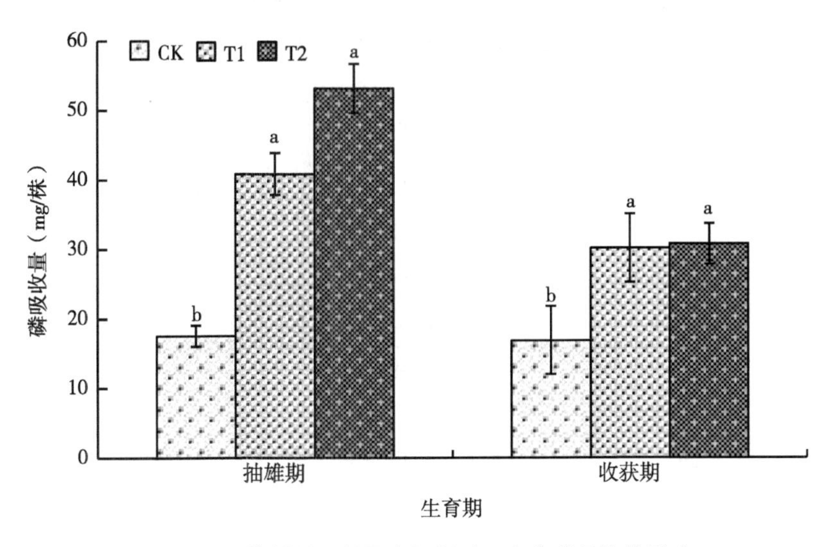

图 9-13 肇州县深松及有机肥对玉米茎磷吸收的影响

不同处理对玉米茎内磷吸收的影响在不同生育期存在较大差异，抽雄期和收获期的玉米茎磷吸收量表现均为 T2>T1>CK。在抽雄期，T2 处理磷吸收量处于最高值对照最低，T1 处理次之，T2 处理分别高于 CK、T1 处理 202.5%、30.1%，T2 与 CK、T1 处理差异性显著；在收获期，T1 处理处于最高值，其次为 T2 处理，对照最低，方差分析结果表明，T2、T1 处理分别高于 CK 处理 82.2%、78.60%，与 CK、T1 处理差异性显著。从试验结果来看，T2 处理对提高玉米茎内磷吸收量效果最佳。

4. 肇州县深松及有机肥对玉米籽粒磷吸收的影响

玉米深松结合施用有机肥料试验中对玉米籽粒磷吸收结果由图 9-14 可知，不同处理可以提高玉米籽粒中的磷吸收量，在收获期，T2 处理的磷吸收量处于最高值，T2 处理分别高于 CK、T1 处理 193.7%、31.4%，方差分析结果表明，T2 处理显著高于 CK 和 T1 处理，CK 与 T1 处理无显著性差异。从试验结果来看，T2 处理对提高玉米籽粒磷吸收量效果最佳。

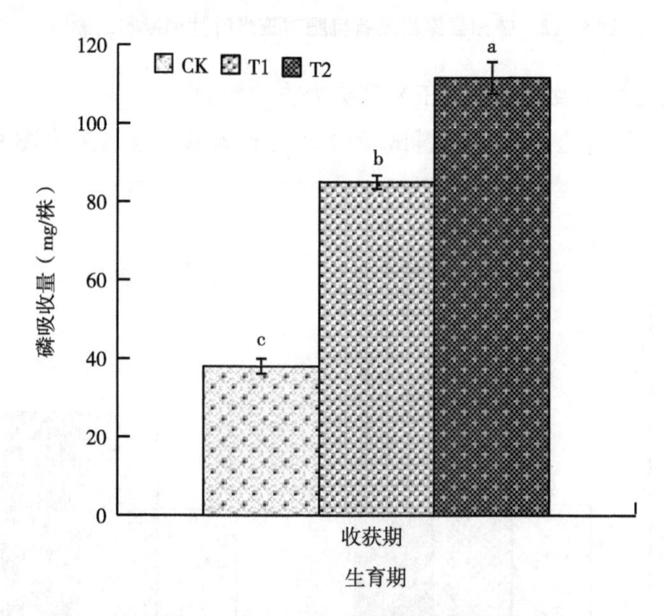

图 9-14　肇州县深松及有机肥对玉米籽粒磷吸收的影响

综合所有处理来看，CK 下玉米各部分磷吸收量均低于其他处理，农民常规耕作（T1）与深松结合施用有机肥料（T2）处理均高于 CK，表明深松结合施用有机肥料会增加玉米各部分磷吸收量，在玉米籽粒部分 T2 处理高于其他两个处理，差异性显著，与 T1 差异不大，但 T2 处理对玉米各部分磷吸收量影响效果更佳，是最适合玉米磷吸收的耕作方式。

三、肇州县深松及有机肥对玉米钾吸收的影响

1. 肇州县深松及有机肥对玉米总钾吸收的影响

玉米深松结合施用有机肥料试验中对玉米总钾吸收结果由图 9-15 可知，玉米总钾量呈现出随生育期延后而增加的变化趋势，在收获期达到最高值，不同处理总钾量不同。在大喇叭口期，3 个处理的玉米总钾量处于较低水平，T2 处理最高，高于 CK 与 T1 处理，T2 较 CK、T1 分别提高了 546.8%、21.4%，T2 处理与 CK、T1 处理差异性显著；在抽雄期，所有处理总钾量均高于大喇叭口期，T2 处理株高最高，T1 处理次之，对照最低，T1、T2 较 CK 提高了 147.1%、104.1%，T2 处理与对照差异性并不显著；在收获期，T2 处理始终处于最高值，T2 较 CK、T1 分别提高了 229.9%、26.7%，T1 处理次之，对照最低，其中 T2 处理与 CK、T1 处理之间差异性十分显著。从总钾量的变化规律来看，T1、T2 均可提高玉米总钾量吸收，T1 处理与 T2 处理之间无显著差异，但从收获期的效果来看 T2 处理效果更佳。

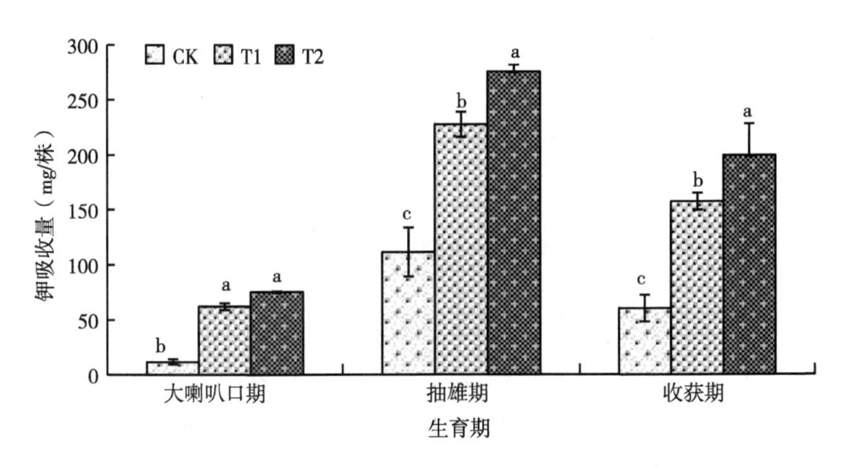

图 9-15　肇州县深松及有机肥对玉米总钾吸收的影响

2. 肇州县深松及有机肥对玉米叶片钾吸收的影响

玉米深松结合施用有机肥料试验中对玉米叶片钾吸收结果由图 9-16 可知，玉米叶片内钾吸收量呈现出随着生育期延后升高，不同处理之间存在差异，在大喇叭口期，T2 处理钾吸收量处于最高值，其次为 T1 处理，T2 高于 CK、T1 处理 546.8%、21.3%，T2 处理显著高于 CK、T1 处理；在抽雄期，T2 处理处于最高值，T1 处理次之，T1 高于 CK 处理 85.6%，T2 高于 CK 处理 142.3%，T1、T2 与对照 3 个处理间差异显著；在收获期，T2 处理钾吸收量最高，高于对照 366.5%，其次是 T1，与对照相比提高了 201.0%，T2 处理与 CK、T1 处理差异性显著。从玉米叶片钾吸收量变化上来看，T1、T2 处理对叶片钾吸收量有促进作用。

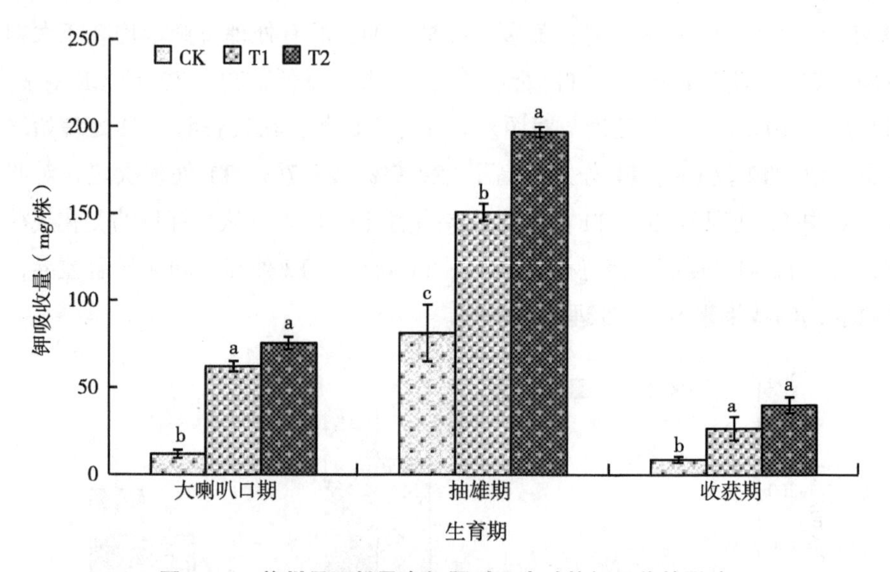

图 9-16　肇州县深松及有机肥对玉米叶片钾吸收的影响

3. 肇州县深松及有机肥对玉米茎钾吸收的影响

玉米深松结合施用有机肥料试验中对玉米茎钾吸收结果由图 9-17 可知，玉米茎钾吸收量呈现出随着生育期延后升高，不同处理对玉米茎内钾吸收的影响在不同生育期存在一定的差异，在抽雄期，T2 钾吸收量最低，T1 最高；收获期 T2 处理茎钾吸收量最高，其次为 T1 处理，T2 高于对照 160.2%，差异显著，T2 高于 T1 处理 2.4%。从收获期玉米茎内钾吸收量变化上来看，T2 处理对提高茎内钾吸收量效果最佳。

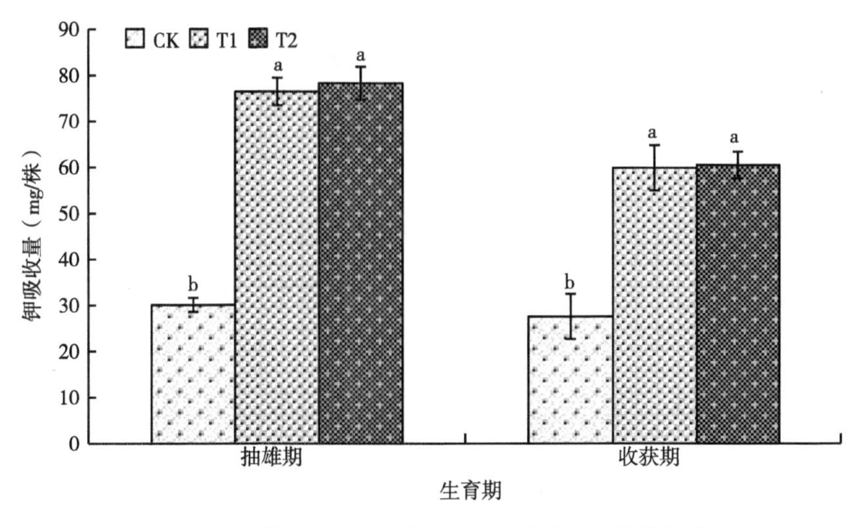

图 9-17　肇州县深松及有机肥对玉米茎钾吸收的影响

4. 肇州县深松及有机肥对玉米籽粒钾吸收的影响

玉米深松结合施用有机肥料试验中对玉米籽粒钾吸收结果由图 9-18 可知，

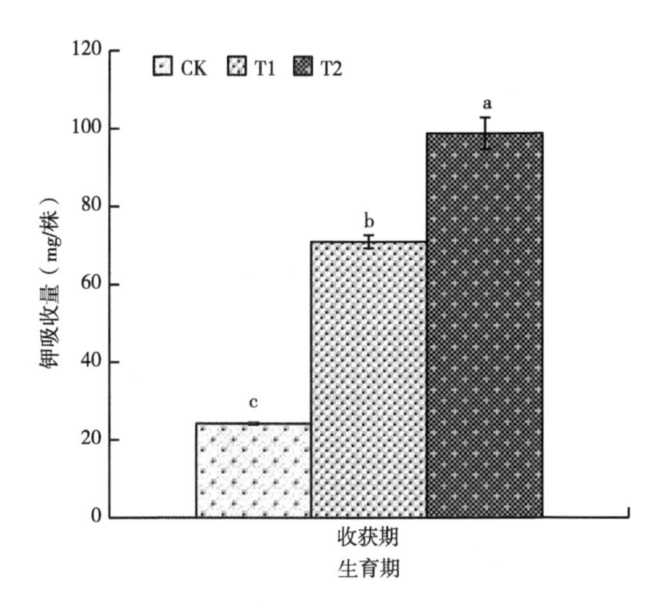

图 9-18　肇州县深松及有机肥对玉米籽粒钾吸收的影响

不同处理对玉米籽粒内钾吸收的影响不同，从试验结果来看，T2 处理的钾吸收量处于最高值，分别高于 CK、T1 处理 306.8%、39.1%，方差分析结果表明，T2 与 CK、T1 两个处理之间存在显著差异。从玉米籽粒钾吸收变化上来看，T2 处理对促进玉米籽粒钾吸收效果最佳。

综合所有处理来看，CK 下玉米各部分钾吸收量均低于其他处理，农民常规耕作（T1）与深松结合施用有机肥料（T2）处理均高于 CK，表明深松结合施用有机肥料会增加玉米各部分钾吸收量，在玉米籽粒部分 T2 处理高于其他两个处理，差异性显著，与 T1 差异不大，但 T2 处理对玉米各部分钾吸收量影响效果更佳，是最适合玉米钾吸收的耕作方式。

四、肇州县深松及有机肥对玉米肥料利用率的影响

通过图 9-19 可知，在氮肥利用率中，同旋耕相比，深松结合施用有机肥料显著提升了玉米氮、磷、钾元素肥料利用率，收获期 T2 处理比 T1 提高了 47.2%，差异性显著；在磷肥利用率中，收获期 T2 处理高于 T1 处理 19.1%，差异性显著；在钾肥利用率中，收获期 T2 处理高于 T1 处理 27.9%。说明，深松结合施用有机肥料能够提高玉米肥料利用率。

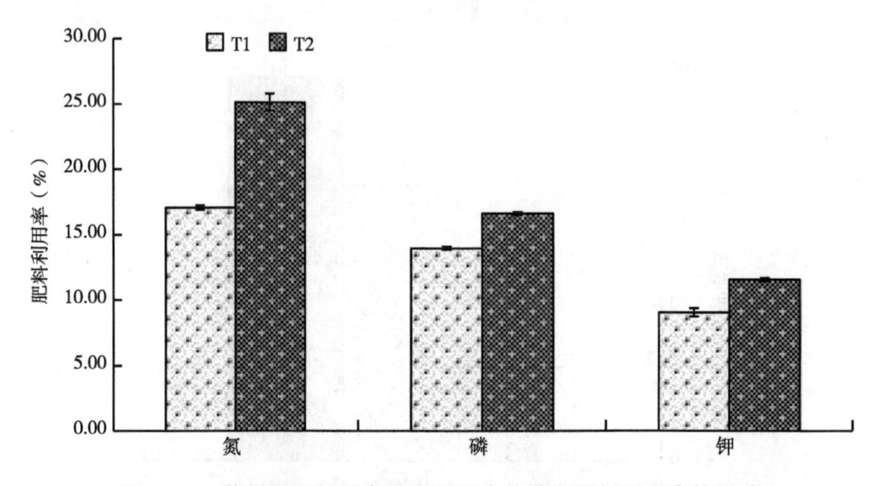

图 9-19　肇州县深松及有机肥对玉米收获期肥料利用率的影响

综上所述，同旋耕相比，深松结合施用有机肥料显著提升了玉米氮、磷、

钾元素肥料利用率，T2 处理显著高于 T1 处理，表明深松结合施用有机肥料会增加玉米肥料利用率，是最适合提高肥料利用率的耕作方式。

五、肇州县深松及有机肥对玉米生长及产量的影响

1. 肇州县深松及有机肥对玉米生长情况的影响

玉米深松结合施用有机肥料试验中对玉米生长情况如表 9-3 所示，在肇州试验点，深松结合施用有机肥料处理的平均穗重、20 穗重和 20 穗粒重均高于 T1 处理，分别提高了 13. 17%、13. 17%和 16. 85%。深松结合施用有机肥料处理的鲜出籽率高于 T1 处理，提高了 3. 23%，但是深松结合施用有机肥料处理的鲜出籽率低于常规处理，降低了 3. 33%。因此，在肇东地区深松结合施用有机肥料有利于降低玉米籽粒含水量，并提高玉米单穗重和出籽率。

表 9-3 肇州县深松及有机肥对玉米鲜出籽率和含水量的影响

处理	平均穗重（kg）	20 穗重（kg）	20 穗粒重（kg）	鲜出籽率（%）	含水量（%）
T1	0. 32±0. 02	6. 48±0. 33	5. 15±0. 33	79. 37±1. 23	29. 77±1. 41
T2	0. 37±0. 02	7. 33±0. 38	6. 01±0. 45	81. 93±2. 86	28. 78±0. 66

2. 肇州县深松及有机肥对玉米产量的影响

玉米深松结合施用有机肥料试验中对玉米产量结果如图 9-20 所示，不同处理对玉米产量产生了一定的影响。从试验结果来看深松结合施用有机肥料处理的玉米产量最高，为 14. 6 t/hm^2，与常规施肥处理的玉米产量相比，提高了 19. 75%，而常规施肥处理的玉米产量为 12. 19 t/hm^2。试验表明，深松结合施用有机肥料提高了玉米产量，是最适合提高玉米产量的耕作方式。

六、肇州县深松及有机肥对玉米影响的评价

深松耕作相较于常规耕作对深层土壤容重影响更大，可降低耕层土壤体积质量，对土壤孔隙状况改善效果更好。胡恒宇等研究表明，深松（45cm）有利于土壤孔隙度的提高，而土壤容重则相反。闫伟平等研究表明，深松（30cm）能够改善土壤质量（紧实度、容重、田间持水量和含水量），提高土壤的蓄墒

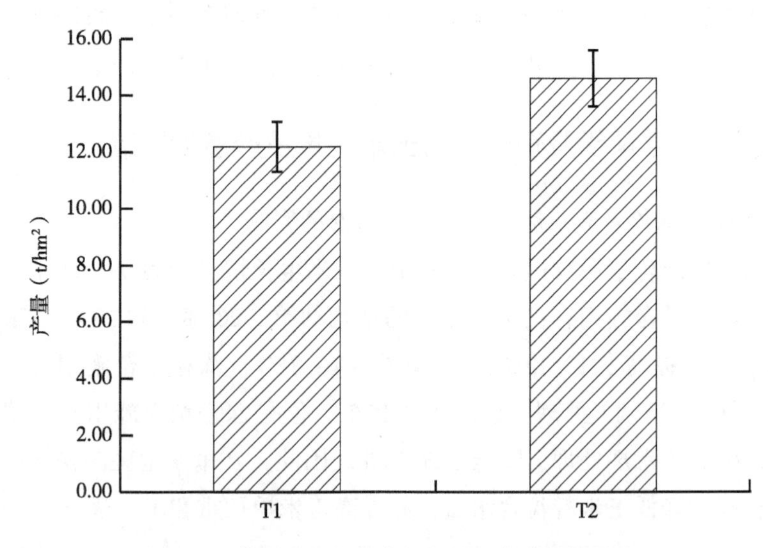

图 9-20　肇州县深松及有机肥对玉米产量的影响

能力。有研究表明深松处理（30cm）能够增加土壤贮水量，有利于作物苗期取水，使得根系能够较早地穿透到较深的土层，有助于改善幼苗生长的土壤环境。苏丽丽试验结果得出深松能打破犁底层，增加土壤的透气性和贮水能力，提高水肥利用率，增加耕层土壤的活动总量，能够为作物的生长提供良好的条件。王万宁等研究认为，深松可降低玉米各生育时期 0~40cm 土层土壤容重，提高土壤孔隙度，显著降低拔节期 20~40cm 土层土壤紧实度。本试验研究结果表明深松加施有机肥与常规耕作相比有利于玉米在不同生长时期 15~30cm 土层内土壤水分的保持，并且有利于提高土壤含水量，因此，进一步证明耕作层深耕有利于保水保肥，可以构建高标准耕作层，改善黑土地土壤理化性状，施有机肥可显著提高土壤含水量，降低土壤容重，提高水肥利用率，改善玉米根系生长的生态条件。

深耕是一种对土壤扰动程度较小，不改变上下层土壤位置，又能够破除因常年浅耕造成的坚硬犁底层，有利于玉米根系生长，并且促进对玉米深层营养的吸收。本研究结果指出，深松结合施用有机肥料可显著提高玉米植株株高、茎粗。在玉米干物质吸收量上也有提高，能促进玉米生长。目前，相关研究表明，深松可以改变土壤物理性质，提高保水保肥能力以及土壤孔隙度，促进根系下扎，改变土壤不同深度的根系分布比例，扩大养分吸收面积，提高作物生理活性，从而促进玉米生殖生长。本研究认为深松能促进春玉米干物质和磷的吸收、转运，提高磷的收获指数、吸收效率和偏生产力，与张瑞福的试验，深松+旋耕处理能够提高郑单958磷收获指数、磷吸收效率，处理间差异均达到显著水平的结果一致。张秀芝的试验结果显示，深松+深施肥处理显著增加植株氮、磷、钾的累积，与常规栽培相比植株氮素吸收量增加了9.8%~17.0%，磷素吸收量增加了7.2%~11.2%；且氮、磷增量多集中于籽粒，处理籽粒中氮吸收量较常规的增幅为21.7%~25.1%，磷吸收量的增幅为5.6%~20.1%。本实验中深松加有机肥处理对玉米氮、磷、钾吸收量均有促进效果，但与其他处理差异并不明显，玉米总钾吸收量在抽雄期效果不及常规旋耕处理，可能与肥料不同、作物品种不同以及气候等原因的影响有关系，还需进一步探究。

合理耕作构建的表土有机物的合理组合，也可以有效改良土壤结构，提高土壤有机质含量，促进玉米增产。深松可打破犁底层，促进水分入渗，提高深层土壤的水分含量及改善土壤结构，使作物生长环境变适宜，从而使得玉米产量增加。刘玉涛等研究得出秋季深松和春季深松垄作的方式相较于对照分别增产11.15%和7.26%。苏丽丽等研究得出深松有利于干物质积累和光合产物向籽粒的分配，提高作物产量，实现耕地的可持续利用。郑侃试验结果表明，与旋耕、免耕相比，深松旋耕、深松免耕分别使玉米小麦总体增产8.62%和10.17%，本试验证明深松结合施用有机肥料可显著提高玉米产量，并使土地可持续发展，与前人的研究结果相似。但还需要进一步研究深松和施有机肥促进玉米生长，提高玉米产量、品质的原因及两者之间的交互影响，并且还需探明深松单施有机肥是否能进一步提高玉米的产量与品质及化肥是否可以进行减量的等问题。

深松结合施用有机肥料可改善土壤的物理性质，提高耕层土壤含水量，降低耕层土壤容重。在0~15cm土层中，深松+有机肥料处理于收获期较常规耕作处理土壤含水量提高9.45%；在15~30cm土层中，在大喇叭口期和收获期深松+有机肥料含水量分别高于常规耕作处理4.22%、3.50%。0~15cm土壤容重深松+有机肥料在大喇叭口期至收获期分别比常规耕作降低了2.24%、0.19%。15~30cm土壤容重深松+有机肥料在大喇叭口期至收获期分别比常规耕作降低了5.38%、3.14%。表明深松+有机肥料处理可以显著增加玉米田土壤含水量、土壤孔隙度、降低土壤容重。

在玉米的生长上，深松结合施用有机肥料对玉米的株高无明显的影响，可以增加玉米的茎粗，在大喇叭口期至收获期，深松+有机肥料分别高于空肥对照 35.2%、40.6%、33.4%。对玉米干重在大喇叭口期至收获期深松+有机肥料较空肥对照分别提高了 57.8%、21.0%、37.2%。试验表明，深松结合施用有机肥料对玉米的株高影响不明显，但具有增加茎粗，提高干物质积累的作用。

在玉米养分吸收上，玉米总氮吸收量，在大喇叭口期至收获期深松+有机肥料较空肥对照分别提高了 140.5%、232.9%、505.5%。玉米总磷吸收量，在大喇叭口期至收获期，深松+有机肥料较空肥对照分别提高了 85.2%、148.4%、163.6%。玉米总钾吸收量，在大喇叭口期至收获期，深松+有机肥料较空肥对照分别提高了 546.8%、147.1%、229.9%。从养分吸收量的变化规律来看，常规耕作和深松+有机肥料均可提高玉米总氮、磷、钾量吸收，之间并无显著差异，但深松+有机肥料处理效果更佳。在玉米收获期氮、磷、钾肥利用率上，深松+有机肥料相比常规耕作分别提高了 47.2%、19.1%、27.9%。综合分析可得深松结合施用有机肥料可以提高玉米养分吸收的能力和肥料利用率。

在玉米产量品质上，平均穗重、20 穗重和 20 穗粒重深松+有机肥料均高于常规耕作，分别提高了 3.17%、13.17%和 16.85%，深松+有机肥料降低玉米籽粒含水量，并提高玉米单穗重和出籽率。玉米产量深松+有机肥料与常规耕作相比提高了 19.75%，综合分析认为深松结合有机肥具有促进玉米养分吸收与提高玉米产量的效果。

综合分析，深松结合施用有机肥料能够显著提高产量、产值，因此，深松结合施用有机肥料的耕作模式可在北方玉米栽培农业生产中推广应用。

第十章　秋翻与秸秆还田对玉米的影响

一、秋翻与秸秆还田对玉米氮吸收的影响

1. 秋翻与秸秆还田对玉米叶片氮吸收的影响

由图 10-1 可知，玉米叶片氮吸收量表现为随着生育期延后一直增加的变化趋势，收获期达到最高值，不同处理之间存在显著差异。大喇叭口期，秸秆还田+秋翻处理叶片氮吸收量较常规施肥处理显著高出 18.39kg/hm^2；收获期，秸秆还田+秋翻处理氮吸收量最高，且高于常规施肥处理 9.14kg/hm^2。方差分析结果表明，秸秆还田+秋翻处理在大喇叭口期氮、叶片氮吸收量均显著高于常规施肥处理，并且也显著高于无肥处理，说明秋翻与秸秆还田可以显著促进玉米叶片氮吸收量增加。

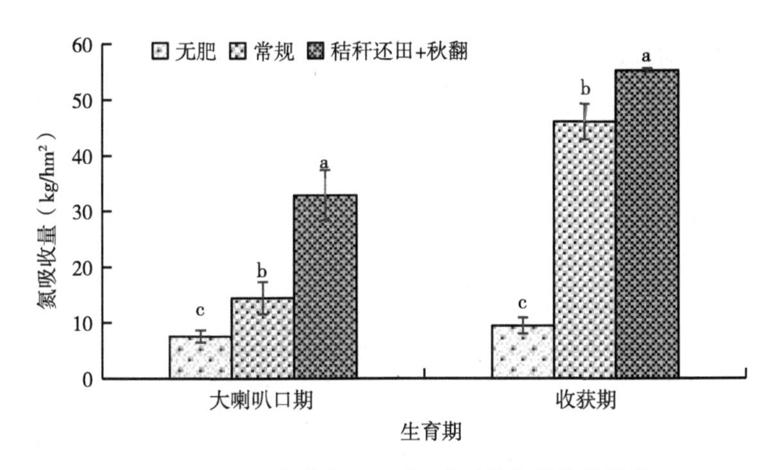

图 10-1　秋翻与秸秆还田对玉米叶片氮吸收的影响

2. 秋翻与秸秆还田对玉米根氮吸收的影响

由图 10-2 可知，秸秆还田+秋翻处理玉米根部氮吸收量最高，为 2.96 kg/hm^2，而常规施肥根部氮吸收量为 2.05kg/hm^2，且提高了 44.71%，方差分

析结果表明，两个处理之间无显著差异，说明这两个处理对玉米根部氮吸收的影响处于同一水平。常规施肥与对照相比根系氮吸收量差异不显著，说明施用化肥并未显著促进玉米根系氮吸收量显著增加，而秸秆还田+秋翻与无肥处理相比显著提高了根系氮吸收量，说明秸秆还田+秋翻与不施肥相比有利于促进玉米根系氮吸收。

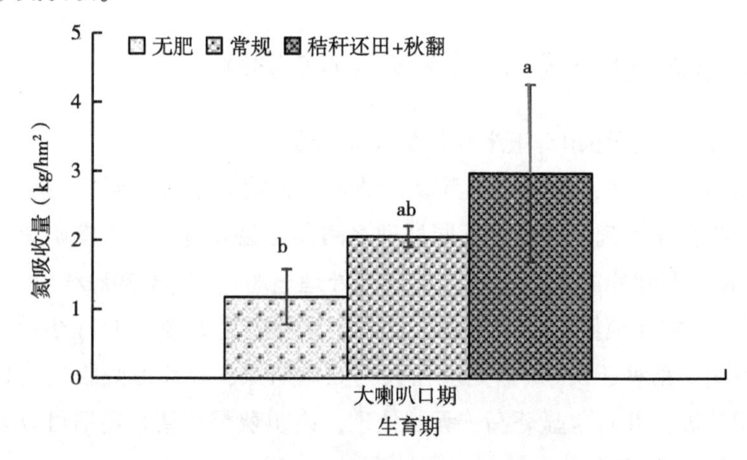

图 10-2　秋翻与秸秆还田对玉米根氮吸收的影响

3. 秋翻与秸秆还田对玉米茎氮吸收的影响

由 10-3 可知，不同处理对玉米茎氮吸收的影响存在差异。从试验结果来

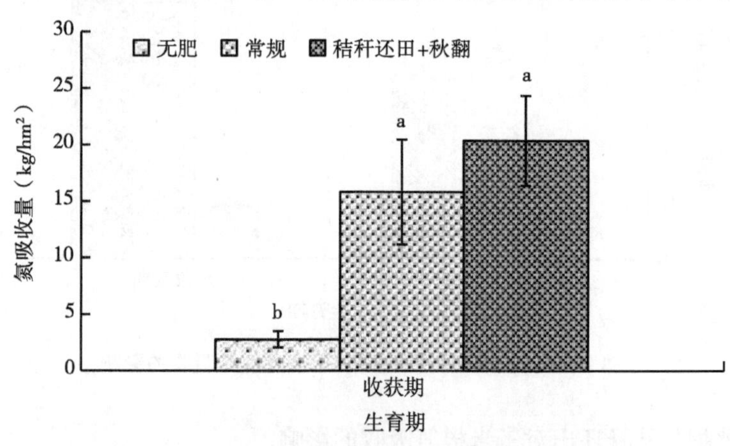

图 10-3　秋翻与秸秆还田对玉米茎氮吸收的影响

看，秸秆还田+秋翻处理的玉米茎部氮吸收量最高，为 20.38kg/hm^2，与常规施

肥相比提高了 28.86%，方差分析结果表明，两个处理之间无显著差异，说明这两个处理对玉米茎部氮吸收的影响处于同一水平。同时秸秆还田+秋翻处理显著高于无肥处理，常规施肥处理与无肥处理之间也存在显著差异，说明施肥会显著提高玉米茎氮吸收量。

4. 秋翻与秸秆还田对玉米苞叶氮吸收的影响

由 10-4 可知，不同施肥处理对玉米苞叶氮吸收量的影响存在差异。从试验结果来看，秸秆还田+秋翻处理玉米苞叶氮吸收量最高，为 3.63kg/hm^2，较常规施肥处理提高了 44.45%，方差分析结果表明，两个处理之间无显著差异，说明两个处理对玉米苞叶氮吸收的影响处于同一水平。秸秆还田+秋翻处理显著高于无肥处理，常规施肥处理与无肥处理相比也存在显著差异，说明施肥会显著促进玉米苞叶氮吸收量增加。

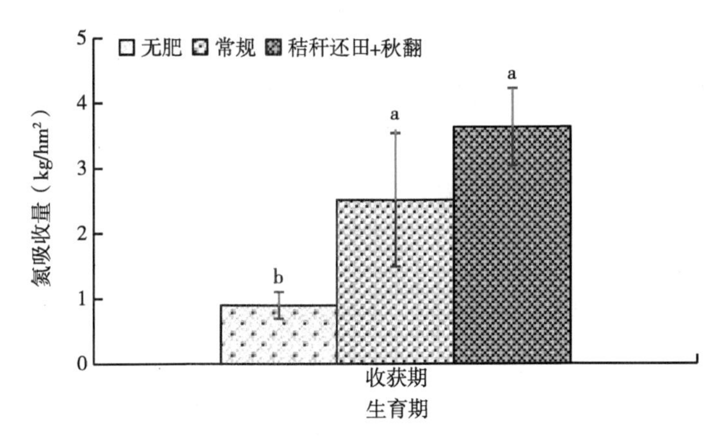

图 10-4 秋翻与秸秆还田对玉米苞叶氮吸收的影响

5. 秋翻与秸秆还田对玉米穗轴氮吸收的影响

由图 10-5 可知，不同施肥处理对玉米轴氮吸收的影响存在差异。从试验结果来看，各处理玉米穗轴氮吸收量表现为秸秆还田+秋翻>常规施肥>空白（无肥）处理，分别为 4.25kg/hm^2、3.64kg/hm^{2}和 1.74kg/hm^2，秸秆还田+秋翻处理与常规施肥处理之间无显著差异；同时秸秆还田+秋翻处理显著高于无肥处理，说明施肥处理有利于促进玉米穗轴氮吸收。

6. 秋翻与秸秆还田对玉米籽粒氮吸收的影响

如图 10-6，各处理玉米籽粒氮吸收量表现为秸秆还田+秋翻>常规施肥>空

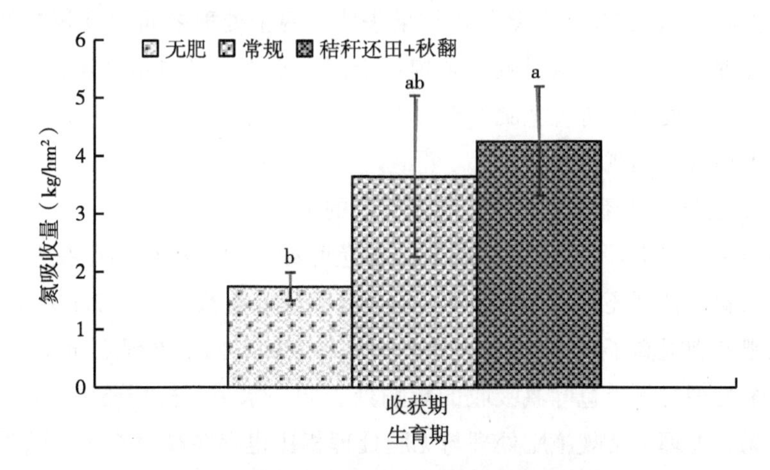

图 10-5　秋翻与秸秆还田对玉米穗轴氮吸收的影响

白（无肥）处理，分别为 126.29kg/hm^2、105.14kg/hm^2和 35.41kg/hm^2，且处理间差异均达显著水平，秸秆还田+秋翻处理较常规施肥处理显著提高20.11%，说明秸秆还田+秋翻与常规施肥处理相比对促进玉米籽粒氮吸收量增加效果达到了显著水平。两个施肥处理与无肥处理相比均差异显著，说明施肥与不施肥相比显著提高了玉米籽粒内氮吸收量。

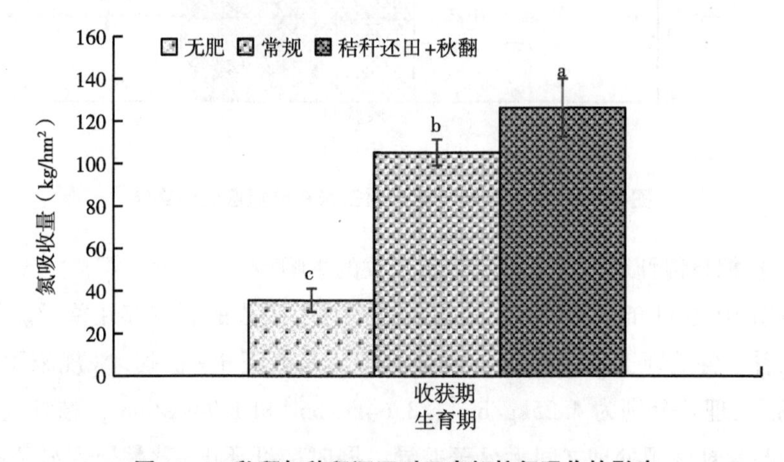

图 10-6　秋翻与秸秆还田对玉米籽粒氮吸收的影响

7. 秋翻与秸秆还田对玉米总氮吸收的影响

如图 10-7，玉米总氮吸收量表现为随着生育期延后一直增加的变化趋势，收获期达到最高值。不同生育时期，秸秆还田+秋翻处理总氮吸收量均为最高，分别35.8kg/hm²和209.78kg/hm²，且较常规施肥处理分别提高了117.07%和21.12%，差异均达显著水平，说明秸秆还田+秋翻与常规施肥相比有利于提高玉米总氮吸收量增加。秸秆还田+秋翻处理、常规施肥处理均显著高于无肥处理，说明施肥显著提高了玉米总氮吸收量。

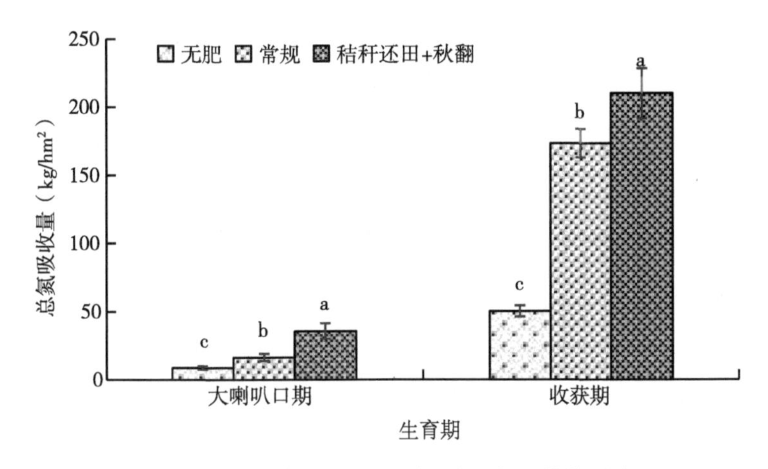

图10-7 秋翻与秸秆还田对玉米总氮吸收的影响

二、秋翻与秸秆还田对玉米磷吸收的影响

1. 秋翻与秸秆还田对玉米叶片磷吸收的影响

如图10-8，大喇叭口期，秸秆还田+秋翻处理玉米叶片磷吸收量显著高于常规施肥和空白（无肥）处理4.14kg/hm²和5.14kg/hm²，方差分析结果表明，秸秆还田+秋翻处理显著高于常规施肥和无肥处理，说明秸秆还田+秋翻处理有利于促进玉米叶片在大喇叭口期提高磷吸收量。收获期，各处理玉米叶片磷吸收量表现为秸秆还田+秋翻>常规施肥>空白（无肥）处理，分别为12.27kg/hm²、12.14kg/hm²和4.06kg/hm²，秸秆还田+秋翻和常规施肥处理对玉米叶片磷吸收的影响处于同一水平，同时，两个处理均显著高于无肥处理，说明施肥显著促进了玉米叶片磷吸收量。

2. 秋翻与秸秆还田对玉米根磷吸收的影响

如图10-9，秸秆还田+秋翻处理玉米根部磷吸收量最大，为0.84kg/hm²，

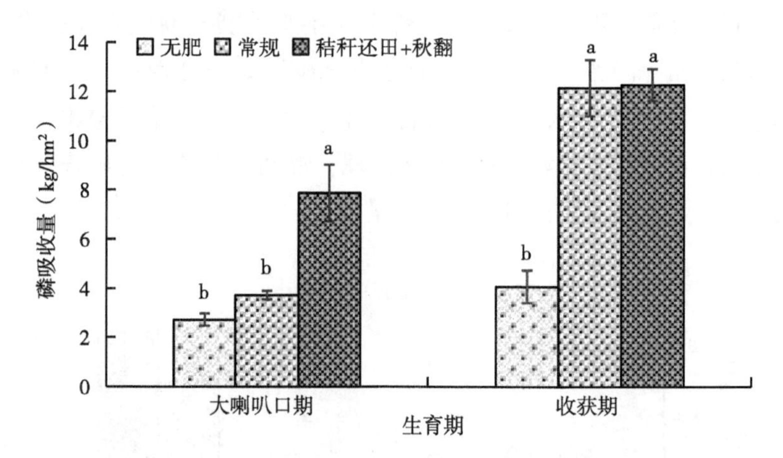

图 10-8　秋翻与秸秆还田对玉米叶片磷吸收的影响

较常规施肥处理提高了 20.6%，无显著差异，说明两个处理对玉米根系磷吸收的影响处于同一水平。同时，常规施肥处理、秸秆还田+秋翻处理显著高于无肥处理，说明施肥处理与无肥处理相比显著促进了玉米根系磷吸收。

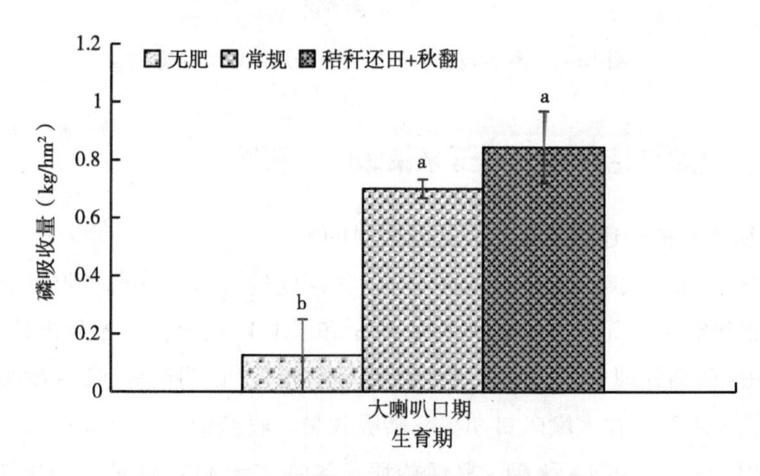

图 10-9　秋翻与秸秆还田对玉米根磷吸收的影响

3. 秋翻与秸秆还田对玉米茎磷吸收的影响

如图 10-10，秸秆还田+秋翻处理玉米茎磷吸收量最大，与常规施肥处理的茎磷吸收量相比，提高了 20.06%，方差分析结果表明，两个处理之间无显著差异，说明两个处理对玉米茎磷吸收的影响处于同一水平。

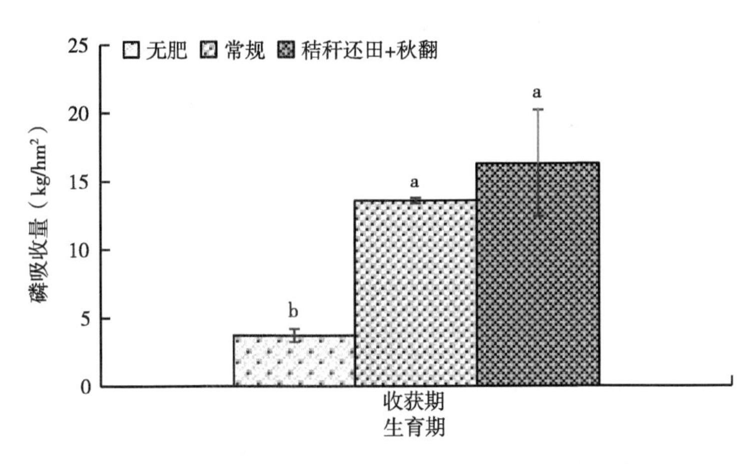

图 10-10　秋翻与秸秆还田对玉米茎磷吸收的影响

4. 秋翻与秸秆还田对玉米苞叶磷吸收的影响

如图 10-11，各处理玉米苞叶磷吸收量表现为秸秆还田+秋翻>常规施肥>空白（无肥）处理，分别为 3.25kg/hm^2、2.38kg/hm^{2}和 0.69kg/hm^2。秸秆还田+秋翻处理较常规施肥处理相比，提高了 36.49%，无显著差异。

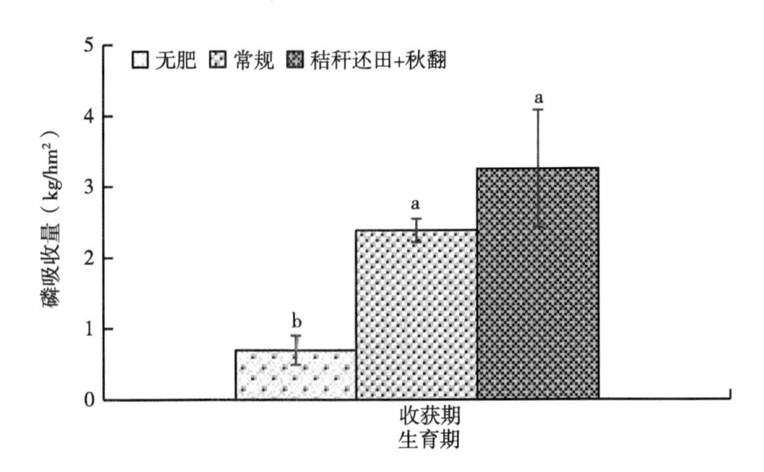

图 10-11　秋翻与秸秆还田对玉米苞叶磷吸收的影响

5. 秋翻与秸秆还田对玉米穗轴磷吸收的影响

如图 10-12，秸秆还田+秋翻处理玉米穗轴磷吸收量最大，为 5.74kg/hm^2，较常规施肥处理的穗轴磷吸收量相比，提高了 63.93%。各处理玉米穗轴磷吸收量表现为秸秆还田+秋翻>常规施肥>空白（无肥）处理，分别为 5.74 kg/hm^2、3.5kg/hm^2和 1.29kg/hm^2，且各处理间差异均达显著水平。

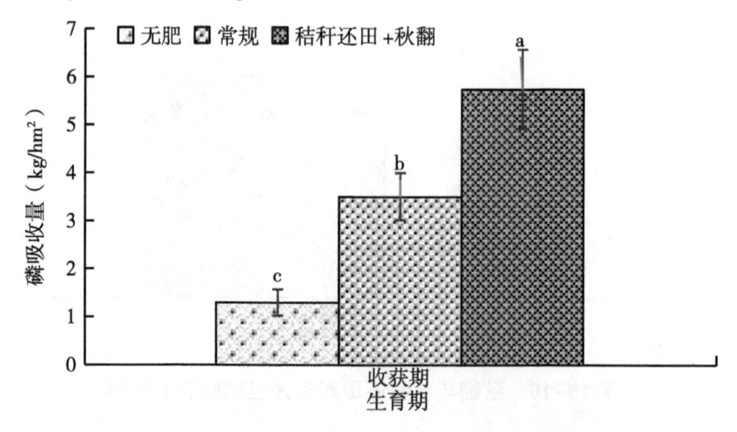

图 10-12　秋翻与秸秆还田对玉米穗轴磷吸收的影响

6. 秋翻与秸秆还田对玉米籽粒磷吸收的影响

如图 10-13，秸秆还田+秋翻处理玉米籽粒磷吸收量最大，为 56.67 kg/hm^2，与常规施肥处理的籽粒磷吸收量相比，提高了 48.84%。各处理玉米籽粒磷吸收量表现为秸秆还田+秋翻>常规施肥>空白（无肥）处理，分别为 56.67kg/hm^2、38.07kg/hm^2和 16.42kg/hm^2，且各处理间差异均达显著水平。

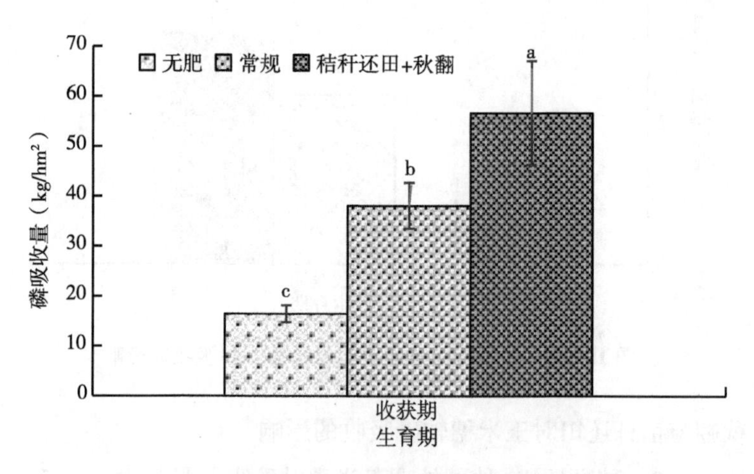

图 10-13　秋翻与秸秆还田对玉米籽粒磷吸收的影响

7. 秋翻与秸秆还田对玉米总磷吸收的影响

如图 10-14，秸秆还田+秋翻处理在不同时期总磷吸收量均最大，分别为 8.7kg/hm²和 94.25kg/hm²，大喇叭口期，较常规施肥处理相比，提高了 97%，差异显著；收获期，与常规施肥处理相比，提高了 35.24%，差异显著。

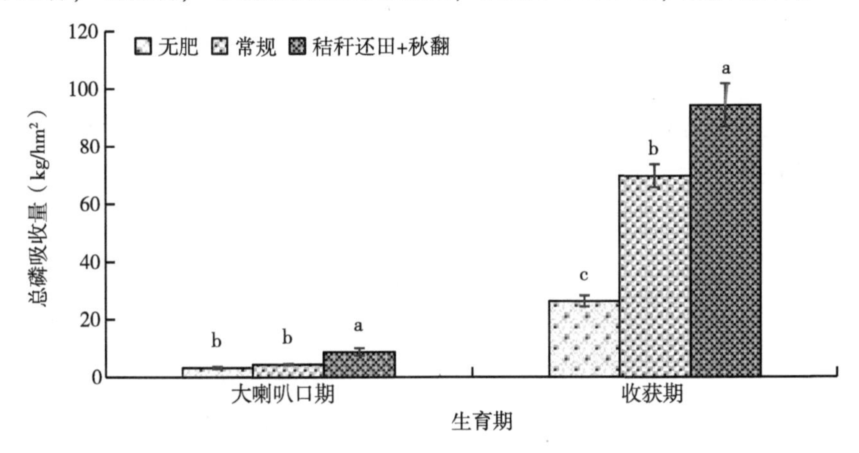

图 10-14　秋翻与秸秆还田对玉米总磷吸收的影响

三、秋翻与秸秆还田对玉米钾吸收的影响

1. 秋翻与秸秆还田对玉米叶片钾吸收的影响

如图 10-15，大喇叭口期，秸秆还田+秋翻处理玉米叶片钾吸收量最大，

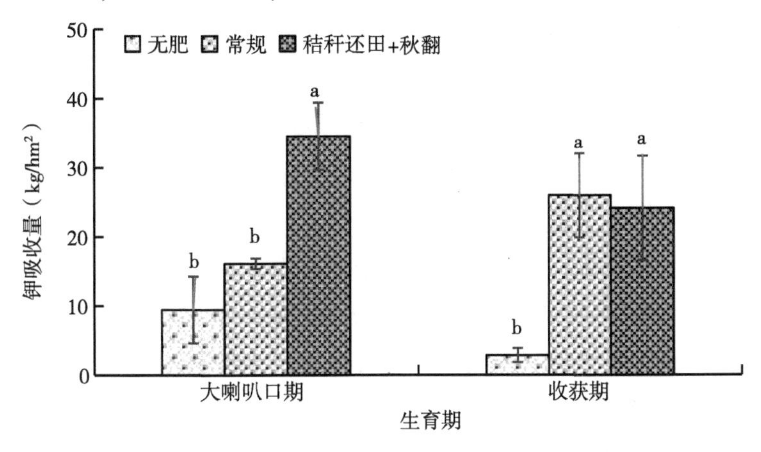

图 10-15　秋翻与秸秆还田对玉米叶片钾吸收的影响

高于常规施肥处理 18.38kg/hm^2，差异显著；收获期，秸秆还田+秋翻处理与常规施肥处理钾吸收量相近，仅相差 1.83kg/hm^2，无显著差异。

2. 秋翻与秸秆还田对玉米根钾吸收的影响

如图 10-16，秸秆还田+秋翻处理玉米根部钾吸收量最大，为 2.92kg/hm^2，与常规施肥处理相比，提高了 33.03%，方差分析结果表明，两个处理之间无显著差异，说明秸秆还田+秋翻处理对玉米根系钾吸收的影响处于同一水平。常规施肥与无肥处理之间无显著差异，说明常规施肥与无肥处理相比不会对玉米根系钾吸收产生显著影响；秸秆还田+秋翻处理与无肥处理相比差异显著，说明秸秆还田+秋翻处理与无肥处理相比显著提高了玉米根系钾吸收量。

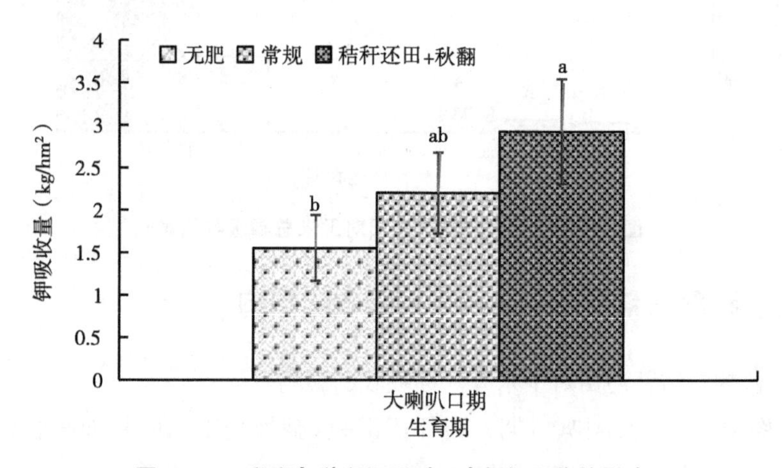

图 10-16　秋翻与秸秆还田对玉米根钾吸收的影响

3. 秋翻与秸秆还田对玉米茎钾吸收的影响

如图 10-17，秸秆还田+秋翻处理玉米茎钾吸收量最大，为 57.74kg/hm^2，与常规施肥处理相比，提高了 21.11%，无显著差异。说明秸秆还田+秋翻处理与常规施肥相比不会对玉米茎钾吸收产生显著影响。

4. 秋翻与秸秆还田对玉米苞叶钾吸收的影响

如图 10-18，各处理玉米苞叶钾吸收量表现为秸秆还田+秋翻>常规施肥>空白（无肥）处理，分别为 9.1kg/hm^2、6.05kg/hm^{2}和 1.3kg/hm^2。秸秆还田+秋翻处理与常规施肥处理相比，提高了 50.3%，无显著差异。

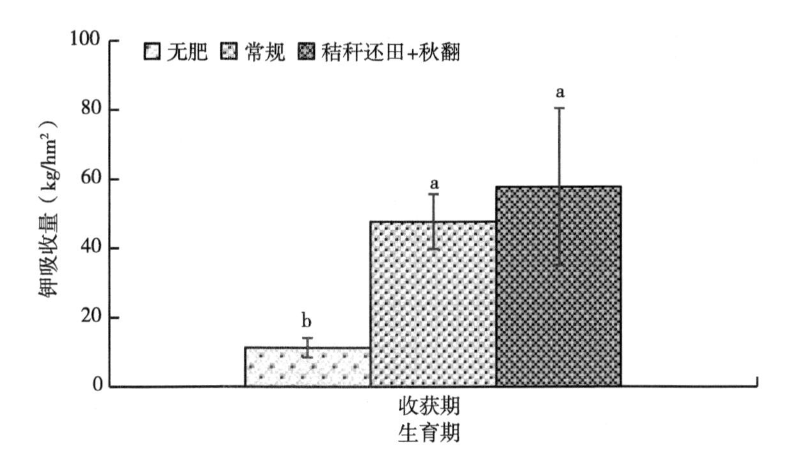

图 10-17　秋翻与秸秆还田对玉米茎钾吸收的影响

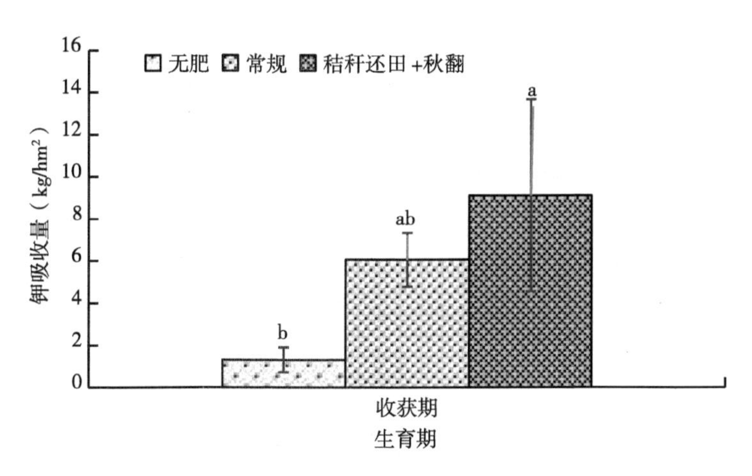

图 10-18　秋翻与秸秆还田对玉米苞叶钾吸收的影响

5. 秋翻与秸秆还田对玉米穗轴钾吸收的影响

如图 10-19，秸秆还田+秋翻处理玉米穗轴钾吸收量最大，为 10.55 kg/hm^2，与常规施肥处理相比，提高了 36.06%，无显著差异。整体来看，秸秆还田+秋翻处理和常规施肥均显著高于无肥处理，说明施肥促进了玉米穗轴钾吸收。

6. 秋翻与秸秆还田对玉米籽粒钾吸收的影响

如图 10-20，秸秆还田+秋翻处理玉米籽粒钾吸收量最大，为 31.67

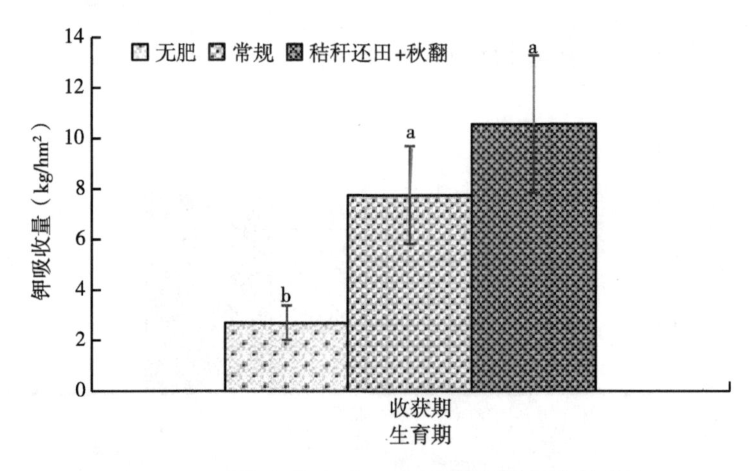

图 10-19　秋翻与秸秆还田对玉米穗轴钾吸收的影响

kg/hm^2，与常规施肥处理相比，提高了 40.51%，且对玉米籽粒钾吸收的影响处于同一水平。各处理玉米籽粒钾吸收量表现为秸秆还田+秋翻>常规施肥>空白（无肥）处理，分别为 31.67kg/hm^2、22.53kg/hm^{2}和 9.85kg/hm^2。

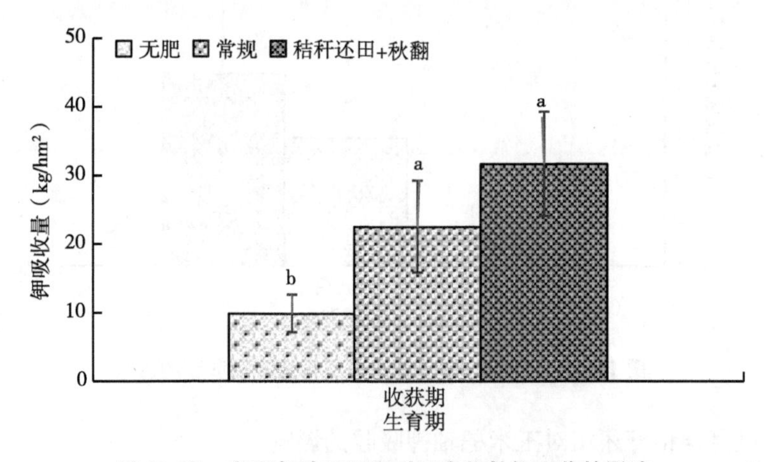

图 10-20　秋翻与秸秆还田对玉米籽粒钾吸收的影响

7. 秋翻与秸秆还田对玉米总钾吸收的影响

如图 10-21，不同时期，秸秆还田+秋翻处理玉米总钾吸收量均为最大，分别为 37.43kg/hm^{2}和 133.18kg/hm^2。大喇叭口期，秸秆还田+秋翻处理较常规施肥处理提高了 104.26%，差异显著；收获期，秸秆还田+秋翻处理较常规施肥处理提高了 21.1%，无显著差异。

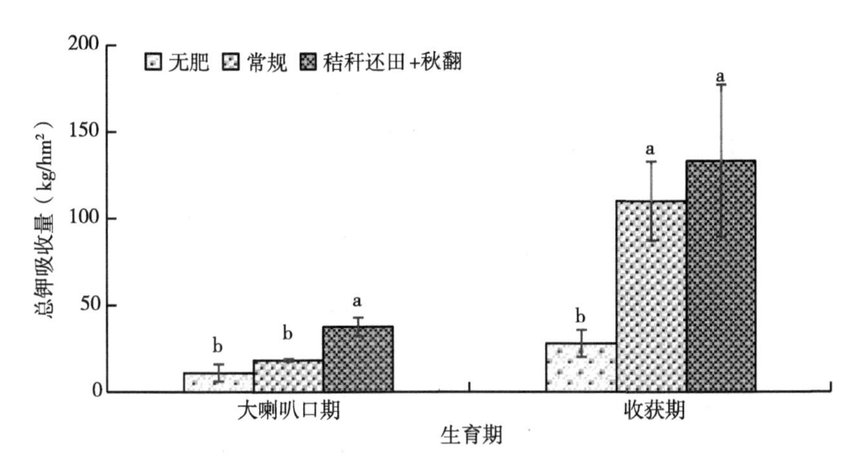

图 10-21　秋翻与秸秆还田对玉米总钾吸收的影响

四、秋翻与秸秆还田对肥料利用率的影响

如表 10-3，秸秆还田+秋翻处理氮素、磷素和钾素肥料利用率均高于常规施肥处理，且分别提高了 43.59%、26.03%和 42.27%。

表 10-3　秋翻与秸秆还田对肥料利用率的影响　　单位：%

处理	肥料氮素利用率	肥料磷素利用率	肥料钾素利用率
常规施肥	16.63	14.94	14.88
秸秆还田+秋翻	23.88	18.83	21.17

第十一章　玉米栽培技术研究与示范

第一节　2016 年田间示范

针对黑龙江半干旱区玉米生产中存在的肥料资源利用效率低、单产不稳、总产不高等关键技术问题，通过自然降水与灌溉技术条件，研究氮合理运筹模式，并在相似类型区推广应用。

黑龙江耕地 2.2 亿亩，2011 年粮食总产 575.5 亿 kg，商品量 250 亿 kg，成为我国粮食总产和商品量第一大省。其中，水稻 5 171 万亩、总产量 206.2 亿 kg，玉米 8 856 万亩、总产量 267.6 亿 kg。在为国家粮食安全作出巨大贡献的同时，也以牺牲资源和环境作为代价，在大量生产粮食的同时消耗着地力，使用大量的肥料导致环境污染。水肥在农业生产中的作用极其重要，是农业生产不可缺少的物质投入。当前，我国肥料使用存在严重的养分失衡、比例不当、施肥技术落后、肥料利用效率低等突出问题。导致大量资源浪费，农民投入逐年增加，生产效益却不断下降，农产品品质降低。

“十三五”期间国家实施“两控一减”和提高水肥一体化能力，项目通过前 3 年的研究发现，目前黑龙江省半干旱地区在减少 10%左右的化肥，玉米不会造成明显的减产，如果能补充一定的有机肥料，可以提高玉米产量和肥料利用率，对土壤质量有保护作用。因此，2016 年按减少化肥 10%，增加 750 kg/hm^2的栽培模式在核心区进行示范。目前黑龙江省农业面临一个较大的挑战是玉米秸秆还田问题及解决的措施，经过几年的研究与探讨，对如何有效解决玉米秸秆还田需要新思想和新思路，因此，2016 年开展了玉米秸秆还田结合补灌免耕栽培模式进行探讨研究，为今后研究与推广奠定基础。

一、田间示范试验材料

玉米示范地点设在黑龙江省肇州县农业推广中心试验田、肇州永胜乡丰产村，双城市清岭乡，其中，肇州两个点土壤类型为黑钙土，双城市清岭乡土壤类型为黑土，均为第一季温带。免耕+秸秆还田+补灌高产栽培技术模式试验设在肇州县双发镇农业局试验示范田。

表 11-1　2016 年肇州气候条件

月份	降水量（mm）	气温月平均（℃）	日照（小时）
5	87.6	15.9	258.9
6	111.9	20.3	278.9
7	45.3	24.3	308.0
8	52	22.9	311.2
9	92.9	16.2	222.4

二、田间示范试验设计

示范处理如下。

（1）黑龙江省肇州县农业推广中心示范田

面积为 6.67hm^2，示范处理 3.33hm^2，肥料用量：$N-P_2O_5-K_2O=26-12-10$ 玉米专用肥 675kg/hm^2，50kg 有机肥；对照处理肥料用量：$N-P_2O_5-K_2O=26-12-10$ 玉米专用肥 750kg/hm^2。处理较对公顷减少氮、磷、钾分别为 39kg、18kg、15kg，共计减少 72kg/hm^2。玉米品种龙丹 10，4 月 28 日播种，每公顷保苗株数为 60 000 株。于孕穗期补灌一次，灌水量为 600t/hm^2。

（2）肇州永胜乡示范田

面积为 6.67hm^2，示范处理 3.33hm^2，肥料用量：$N-P_2O_5-K_2O=28-12-12$ 玉米专用肥 675kg/hm^2，每公顷加 750kg 有机肥；对照处理 3.33hm^2，肥料用量：$N-P_2O_5-K_2O=28-12-12$ 玉米专用肥 750kg/hm^2。处理较对照每公顷减少氮、磷、钾分别为 42kg、18kg、18kg，共计减少 75kg/hm^2。玉米品种君达 8，4 月 27 日播种，每公顷保苗株数为 60 000 株。

三、示范结果分析

1. 2016 年不同示范点玉米产量结果

表 11-2 结果表明，在减少化肥 75kg/hm^2（$N-P_2O_5-K_2O$ = 39kg/hm^2、

$18kg/hm^2$、$15kg/hm^2$，折合 $72kg/hm^2$），每公顷增施有机肥 750kg 的栽培模式下，玉米增产 18.8%；较对照每公顷减少化肥 $75kg/hm^2$（$N-P_2O_5-K_2O=42$ kg/hm^2、$18/hm^2$、$18kg/hm^2$，折合 $78kg/hm^2$），每公顷增施水溶性肥料 750kg 的栽培模式下，玉米增产 7.3%。示范结果表明，采用降低化肥 10%的用量，增加适量的有机肥用量，具有增产的效果。

表 11-2　玉米示范产量结果

示范地点	处理	示范面积（hm^2）	产量（kg）	产量增加（kg/hm^2）	较对照增加（%）
肇州县农业推广中心	处理	6.67	15 075	1 410	+10.3
肇州县农业推广中心	对照	6.67	13 665		
肇州永胜乡丰产村	处理	6.67	10 725	720	+7.2
肇州县农业推广中心	对照	6.67	10 005		

2. 结论

经过前几年试验研究，半干旱地区在减少化肥 10%的条件下，增施有机肥料 $750kg/hm^2$的模式下，2016 年两个点试验均表现增产的趋势，增产幅度在 7.2%~10.3%。

第二节　2017 年田间示范

“十三五”期间国家实施“两减一增”和提高水肥一体化能力，项目通过前 3 年的研究发现，目前黑龙江省半干旱地区在减少 10%左右的化肥，玉米不会造成明显的减产，如果能补充一定的有机肥料，可以提高玉米产量和肥料利用率，对土壤质量有保护作用。因此，2017 年按减少化肥 10%，增加 750 kg/hm^2的栽培模式在核心区进行示范。

一、田间示范试验材料

玉米示范地点设在黑龙江省肇州县农业推广中心试验田、肇州永胜乡丰产村和肇州兴城镇及永胜乡，其中，肇州两个点土壤类型为黑钙土，均为第一季温带。设在肇州县双发镇农业局试验示范田和永胜乡发展村。

表 11-3 2016 肇州气候条件

月份	降水量（mm）	气温月平均（℃）	日照（小时）
5	16.8	28.7	312.2
6	20.8	72.9	292.0
7	24.8	33.7	311.4
8	22.0	268.6	224.2
9	15.0	43.7	247.3

二、试验设计

黑龙江省肇州县农业推广中心示范田：面积为 6.67hm^2，示范处理 3.33hm^2，肥料用量：$N-P_2O_5-K_2O=25-10-10$ 玉米专用肥（根力多）600 kg/hm^2，750kg/hm^2有机肥；对照处理肥料用量：$N-P_2O_5—K_2O=25-10-10$ 玉米专用肥（根力多）675kg/hm^2。处理较对照每公顷减少化肥氮、磷、钾分别为 18.75kg、7.5kg、7.5kg，共计减少 33.75kg/hm^2肥料（$N+P_2O_5+K_2O$）。玉米品种银河 14，4 月 27 日播种，坐水播种，每公顷保苗株数为 60 000 株。于孕穗期补灌一次，灌水量为 600t/hm^2。

肇州永胜乡示范 6.66hm^2，示范处理 3.33hm^2，肥料用量：$N-P_2O_5-K_2O=28-12-12$ 玉米专用肥 675kg/hm^2，每公顷加 750kg/hm^2有机肥；对照处理 3.33hm^2，肥料用量：$N-P_2O_5-K_2O=28-12-12$ 玉米专用肥 750kg/hm^2。处理较对照每公顷减少氮、磷、钾分别为 42kg、18kg、18kg，共计减少 78kg/hm^2。玉米品种辽丹 120，4 月 19 日播种，每公顷保苗株数为 63 000 株。

三、示范结果与分析

1. 2017 年不同核心示范点玉米产量结果

表 11-4 结果表明，永胜乡点在减少化肥 75kg/hm^2（$N-P_2O_5-K_2O=39$ kg/hm^2、18kg/hm^2、15kg/hm^2，折合 67.5kg/hm^2），公顷增施有机肥 750kg 的

栽培模式下，玉米增产 16. 5%。

肇州县农业推广中心示范田，在减少化肥 75kg/hm²（39kg/hm²、18 kg/hm²、15kg/hm²，折合 72kg/hm²），玉米增产 5. 5%。示范结果表明，采用降低化肥 10%的用量，适量增加有机肥用量，增产的效果是非常明显的。

表 11-4 玉米核心区示范产量结果

示范地点	处理	示范面积（hm²）	产量（kg/hm²）	产量增加（kg/hm²）	较对照增加（%）
肇州县农业推广中心	处理	6. 66	11 461. 5	595. 5	+5. 5
肇州县农业推广中心	对照	6. 66	10 866		
肇州永胜乡丰产村	处理	6. 66	13 822. 5	1 959	+16. 5
肇州永胜乡丰产村	对照	6. 66	11 863. 5		

2. 结论

经过前几年试验研究，半干旱地区在减少化肥 10%的条件下，增施有机肥料 750kg/hm²的模式下，2017 年两个点试验均表现增产的趋势，增产幅度在 5. 5%~16. 5%，平均增产 11%。

第三节 2018 年田间示范

一、不同施氮量对玉米生长及产量示范

1. 不同施氮量对玉米干物质积累的影响

由图 11-1 可知，玉米干物质积累量呈现出随着生育期延后一直增加的趋势，成熟期达到最高值。整个生育期，N4 处理的干物质积累量始终处于最高值，在拔节期、孕穗期、灌浆期、成熟期分别高于对照 1 561. 57 kg/hm²、1 915. 03kg/hm²、3 944. 29kg/hm²、6 338. 46kg/hm²，方差分析结果表明，拔节期和成熟期 N4 均显著高于对照，在孕穗期和灌浆期与对照之间无显著差异；拔节期和孕穗期 N2 处理仅次于 N4 处理，两个处理相差 586. 53kg/hm²、369. 19kg/hm²，两个处理之间无显著差异，拔节期 N2 显著高于对照；灌浆期

和成熟期 N3 处理仅次于 N4 处理，两个生育期分别低于 N4 处理 1 005. 31 kg/hm^2、3 562. 61kg/hm^2，成熟期 N3 处理显著低于 N4 处理，N3 处理与 N1 处理之间无显著差异。从干物质积累量上来看，N4 处理可以显著促进玉米干物质积累量增加。

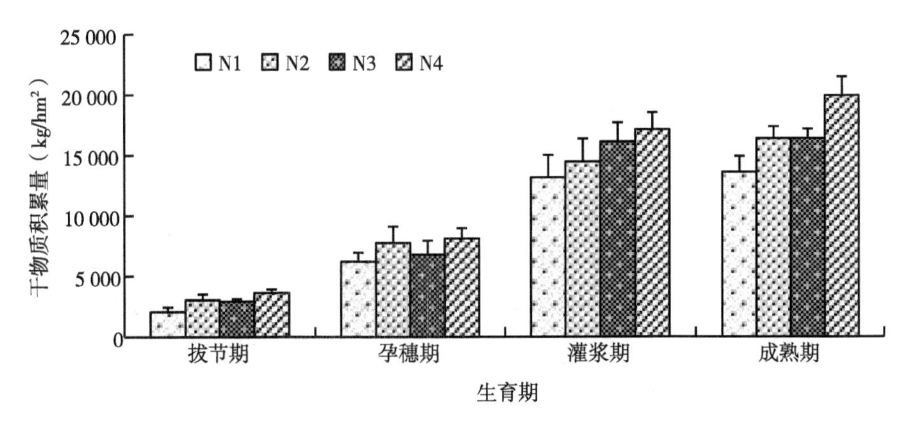

图 11-1　不同施氮量对玉米干物质积累的影响

2. 不同施氮量对玉米氮吸收的影响

由图 11-2 可知，随着生育期延后，玉米氮吸收量表现出一直增加的趋势。拔节期，3 个施用氮肥处理的氮吸收量分别高于对照 7. 70kg/hm^2、12. 54kg/hm^2、18. 29kg/hm^2，方差分析结果表明，N4 显著高于对照，N1、N2、N3 之间无显著

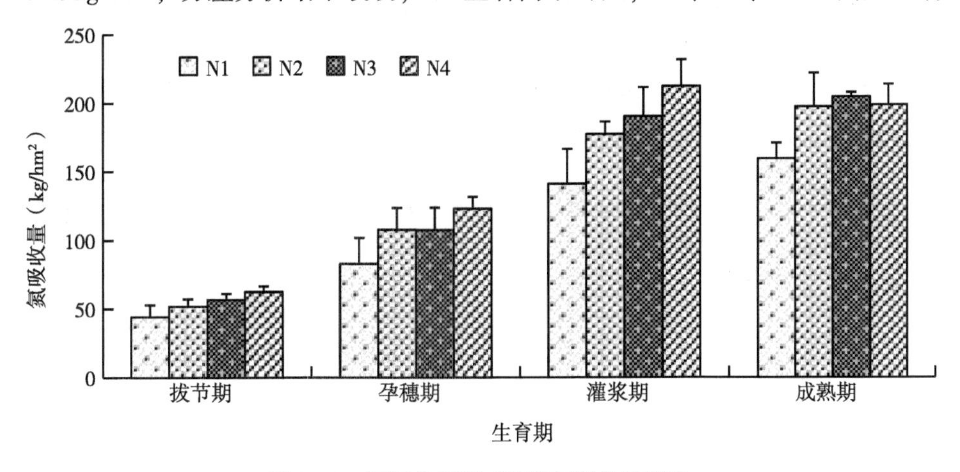

图 11-2　不同施氮量对玉米氮吸收的影响

差异；孕穗期和灌浆期 N4 处理处于最高值，这两个生育期分别高于对照 40.03kg/hm²、71.33kg/hm²，N4 与 N1 处理之间差异显著；灌浆期 N3 低于 N4 处理 21.99kg/hm²，两个处理之间无显著差异，N3 与 N1 之间无显著差异；成熟期 4 个处理的氮吸收量分别达到了 159.34kg/hm²、197.33kg/hm²、204.62kg/hm²、198.78kg/hm²，其中，N3 处理氮吸收量最高，与对照相比提高了 28.42%，两个处理之间差异显著，N2、N3 与 N4 处理之间无显著差异，与对照之间无显著差异。从玉米总氮吸收量上来看，N3 对提高玉米氮吸收量效果最佳。

3. 不同施氮量对玉米氮分配的影响

由表 11-5 可知，不同氮肥施用量氮元素在玉米不同器官中的分配具有一定的影响，在拔节期，叶片中氮肥分配比例呈现出随着氮肥施用量的增加而降低的变化，其中 N1 分配比例显著高于 N3、N4 处理，茎内分配比例呈现出随着氮肥施用量的增加而升高的变化，其中 N3、N4 显著高于 N1 处理，表明在拔节期增加氮肥施用量可以促进氮元素在茎内的分配量增加。孕穗期叶片内分配比例仍然是 N1 最高，N4 最低，两个处理间无显著差异，茎内 N4 分配比例最高，N2 最低，无显著差异；果皮、果心内氮分配比例表现为施肥处理高于无肥处理，在果心中，N2、N4 分配比例显著高于 N1 处理，证明在该生育期内施肥可以显著提高果心内氮分配比例；灌浆期籽粒中氮分配比例最高，果皮中分配比例最低，从不同处理对氮分配的影响来看，各器官内氮肥施用量不同氮分配比例不会出现显著差异；成熟期叶片内氮分配比例 N1 最高，N4 最低，无显著差异，茎、果皮、果心内不同处理之间氮分配比例相近，无显著差异；籽粒内氮分配所有施肥处理均高于无肥处理，其中 N3 最高，N1 最低，两个处理之间相差 3.25%，无显著差异。

表 11-5　不同施氮量对玉米氮分配的影响　　单位：%

部位	处理	生育期			
		拔节期	孕穗期	灌浆期	成熟期
叶	N1	67.27aA	54.07aA	24.22aA	15.44aA
	N2	64.12abAB	45.71aA	21.64aA	13.51aA
	N3	60.39bAB	47.74aA	21.20aA	13.57aA
	N4	58.89bB	43.19aA	22.11aA	14.33aA

（续表）

部位	处理	生育期			
		拔节期	孕穗期	灌浆期	成熟期
茎	N1	32. 73bB	25. 63aA	9. 96aA	13. 60aA
	N2	35. 88abAB	24. 45aA	9. 52aA	12. 54aA
	N3	39. 61aAB	27. 98aA	12. 46aA	11. 50aA
	N4	41. 11aA	28. 33aA	12. 63aA	12. 46aA
果皮	N1	-	17. 28aA	3. 37aA	2. 10aA
	N2	-	21. 87aA	3. 12aA	2. 16aA
	N3	-	19. 12aA	3. 43aA	2. 35aA
	N4	-	19. 68aA	2. 34aA	2. 35aA
果心	N1	-	3. 03bA	5. 02aA	2. 86aA
	N2	-	7. 97aA	3. 86aA	3. 31aA
	N3	-	5. 16abA	3. 99aA	3. 33aA
	N4	-	8. 80aA	4. 47aA	3. 53aA
籽粒	N1	-	-	57. 43aA	66. 00aA
	N2	-	-	61. 85aA	68. 48aA
	N3	-	-	58. 93aA	69. 25aA
	N4	-	-	58. 44aA	67. 33aA

4. 不同施氮量对玉米氮肥利用率的影响

由表 11-6 可知，氮肥施用量不同，在玉米的不同生育期，氮肥的利用率存在着一定的差异。在拔节期，N4 处理氮肥利用率最高，其次为 N3 处理，N1 最低，但是不同处理之间无显著差异；孕穗期 N4 分别高于 N2、N3 处理 3. 03%、10. 27%，无显著差异；灌浆期 N4 最高，N3 最低，两个处理之间相差 14. 66%；成熟期各处理的氮肥利用率表现出随着氮肥施用量的增加而增加的变化，其中 N2 分别比 N3、N4 提高 5. 99%、9. 89%，各处理之间无显著差异。

表 11-6　不同施氮量对玉米氮肥利用率的影响　　单位：%

处理	生育期			
	拔节期	孕穗期	灌浆期	成熟期
N2	7. 33aA	23. 66aA	34. 58aA	36. 18aA
N3	8. 36aA	16. 42aA	32. 90aA	30. 19aA
N4	12. 20aA	26. 69aA	47. 56aA	26. 30aA

5. 不同施氮量对玉米产量质量的影响

由表 11-7 可知，不同氮肥施用量玉米产量存在一定的差异，N3 处理产量最高，分别高于 N1、N2、N4 处理 196. 08kg/hm^2、757. 80kg/hm^2、326. 42 kg/hm^2，所有处理之间无显著差异，表明在自然降水条件下，不同施氮量不会对玉米产量产生显著差异；还原糖含量 N3 处理最高，比对照提高 0. 06%，4 个处理之间无显著差异，表明不同施氮处理不会显著改变玉米籽粒内的还原糖含量；淀粉含量仅 N3 高于对照 0. 99%，N2、N4 处理均低于对照，4 个处理之间无显著差异；蛋白质含量 N3 处理最高，与对照相比提高了 0. 60%，无显著差异，N4 低于对照 0. 95%；可溶性糖含量 N2 处理最高，分别高于 N1、N3、N4 处理 1. 85%、3. 69%、3. 32%，方差分析结果表明，4 个处理之间无显著差异。从试验结果来看，N3 处理对提高玉米籽粒产量、淀粉和蛋白质含量效果最佳。

表 11-7　不同施氮量对玉米产量质量的影响

处理	产量（kg/hm^2）	还原糖（%）	淀粉（%）	蛋白质（%）	可溶性糖（%）
N1	14 262. 43aA	0. 23aA	66. 01aA	8. 40aA	11. 20aA
N2	13 700. 71aA	0. 23aA	63. 38aA	8. 91aA	13. 05aA
N3	14 458. 51aA	0. 26aA	67. 00aA	9. 00aA	9. 36aA
N4	14 132. 09aA	0. 23aA	63. 05aA	7. 45aA	9. 73aA

在地膜补灌条件下，不同施氮量对玉米干物质积累存在一定的差异，本试验结果证明 3 个施用氮肥处理的干物质积累量均高于对照，这与在棉花上的研究结果相似，证明了氮肥对促进玉米生长有良好的作用。本试验结果表明，仅 N4 处理显著高于对照，N2、N3 处理与对照之间无显著差异，表明 N4 对促进

玉米干物质积累量效果最佳。从玉米氮吸收变化上来看，各施氮处理均显著提高了玉米总氮吸收量，这与刘慧颖的研究结果相似，证明了施用氮肥可以显著促进玉米对氮元素的吸收，同时，本试验结果证明，N3 处理对提高玉米氮吸收量效果最佳，N4 与 N3 之间无显著差异。

从玉米氮分配变化上来看，随着施肥量的增加，在拔节期茎干物质积累量呈现出一直增加的变化，这也使得茎内氮分配比例表现出随着氮施用量增加而增加的变化规律；从叶片内氮分配比例变化上来看，氮肥施用量的增加可以显著导致拔节期氮分配比例降低；从成熟期氮分配变化上来看，氮肥施用量的不同各器官内氮分配比例会存在差异，但是差异不显著，表明氮肥施用量不同对氮元素在玉米各器官内分配的影响较小。不同施肥处理的氮肥利用率在不同生育期表现不同，但是在成熟期表现为随着氮肥施用量的增加而降低的变化趋势，从试验结果来看，N2 处理氮肥利用率达到了 36.18%，而 N4 处理也达到了 26.30%，该结果与吕丽华得出了相似的结果，表明玉米的氮肥利用率在自然状态下处于较稳定的状态。玉米产量、还原糖、蛋白质含量 N3 最高，可溶性糖 N2 处理最高，但是所有处理之间均无显著差异，证明不同施氮量不会对玉米产量和质量产生显著影响。综合分析认为，自然降水条件下氮肥施用量以 $180kg/hm^2$ 为宜。

二、深松及有机肥对玉米生长和磷吸收示范

1. 试验设计

供试玉米品种为吉农大 688。有机肥料为商品有机肥料（$N-P_2O_5-K_2O \geq 5\%$，有机质≥45%）。

试验采用大田对比法，大田内设 3 个取样点，每处理 10 亩，株距 0.25m，行距 0.67m，种植密度 59 702 株/hm^2。试验设 3 个处理：处理 1：当地常规栽培，耕作深度 15~20 cm（CK）；处理 2：深松（35cm）当地常规施肥（P1）；处理 3：深松结合有机肥（P2），（商品有机肥 $750kg/hm^2$），有机肥料施入25~30cm。所有处理施入底肥 $N-P_2O_5-K_2O=24-14-12$ 为 $600kg/hm^2$；施肥采用双条施肥。

2. 深松和有机肥对玉米地上干物质积累的影响

由图 11-3 可知，各个处理玉米干物质的积累量随玉米生育期的推进呈增

加趋势，在成熟期干物质达到最大值。P2 处理的干物质积累量在拔节期、大喇叭口期、灌浆期、成熟期分别较 CK 高 333.73kg/hm^2、1 739.41 kg/hm^2、7 289.61kg/hm^{2}和6 136.76kg/hm^2。方差分析结果表明，拔节期至成熟期，P1、P2 处理干物质积累量均高于 CK，差异均达到显著水平。拔节期和灌浆期，P2 均低于 P1 处理，且两个时期 P2 和 P1 处理分别相差 42.38kg/hm^2、1 611.95 kg/hm^2，差异显著；大喇叭口期和成熟期，P2 均显著高于 P1 处理，且两个时期，P2 和 P1 处理之间分别相差 546.27kg/hm^2、5 936.16kg/hm^2。从试验数据结果分析，P2 处理对玉米干物质积累量有促进作用。

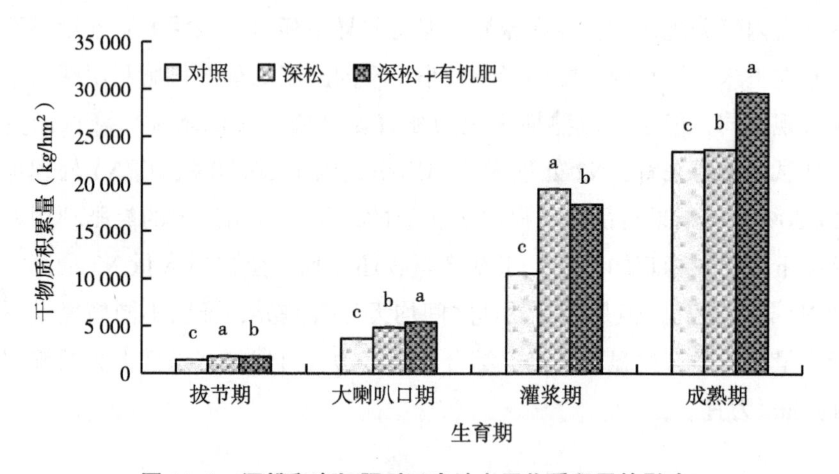

图 11-3　深松和有机肥对玉米地上干物质积累的影响

3. 深松和有机肥对玉米茎磷积累的影响

由图 11-4 可知，玉米茎磷含量表现为随生育期的推进呈减少趋势。大喇叭口期，P1、P2 处理分别高于 CK 处理 4.31 kg/hm^2 和 2.9kg/hm^2，差异均达显著水平，而 P1、P2 处理间无显著差异；灌浆期，P1、P2 处理均显著高于 CK；收获期 P1、P2 处理分别高于 CK 处理 3.14 kg/hm^2、3.32kg/hm^2，差异显著，P1、P2 之间无显著差异。从试验结果分析，P1、P2 处理可以显著提高玉米茎磷的含量，实际应用表现优于当地常规耕作。

4. 深松和有机肥对玉米叶磷积累的影响

由图 11-5 可知，玉米叶片磷含量表现为随生育期的推进呈减少趋势，同时期中，CK、P1 和 P2 处理呈增加趋势。大喇叭口期，P2 处理较 CK、P1 处

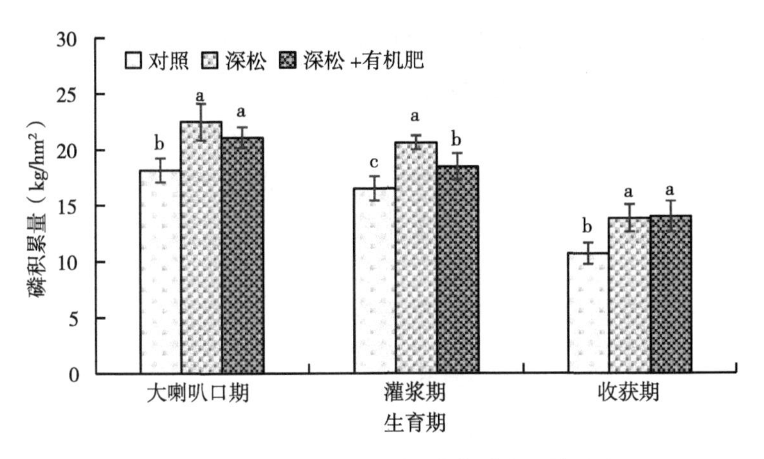

图 11-4　深松和有机肥对玉米茎磷积累的影响

理分别高 4.93kg/hm²、4.1kg/hm²，且差异显著，P1 和 CK 处理之间无显著差异；灌浆期，P2 处理处于最高值，且高于 CK 处理 2.13kg/hm²，差异显著，P1 与 CK、P2 处理之间均无显著差异；收获期，3 个处理叶片磷含量分别达到了 19.31 kg/hm²、20.44 kg/hm²、22.1kg/hm²，其中 P2 处理与 CK 相比提高了 2.79kg/hm²，差异显著，P1 与 CK 处理之间无显著差异。从试验结果分析，P2 处理对促进玉米叶片磷含量的效果最佳。

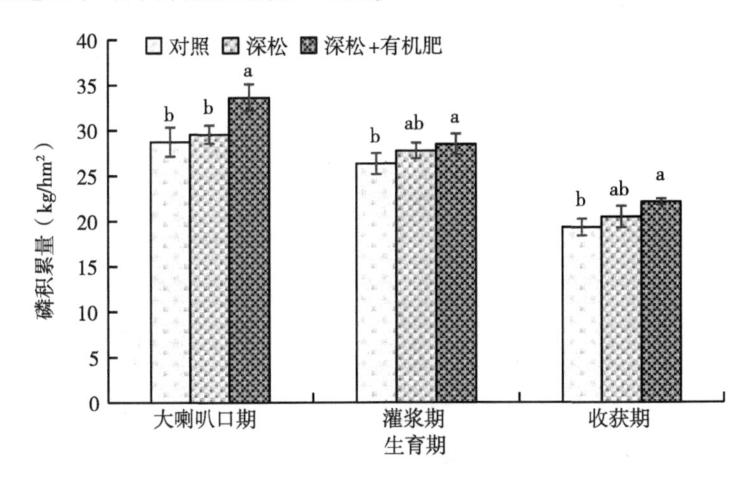

图 11-5　深松和有机肥对玉米叶磷积累的影响

5. 深松和有机肥对玉米苞叶磷积累的影响

由图 11-6 可知，玉米苞叶磷含量在灌浆期达到最高值，试验期内，P2 处理为磷含量最高。灌浆期，P2 分别高出 CK、P1 处理 4.17 kg/hm^2、2.56 kg/hm^2；收获期，P1 和 P2 处理磷含量相近，仅相差 0.56kg/hm^2。方差分析结果表明，灌浆期各个处理之间差异显著，而在收获期，各个处理之间无显著差异。从试验结果分析，灌浆期，深松和有机肥促进玉米苞叶磷含量的效果最佳，但是在收获期，各个处理之间无显著差异。

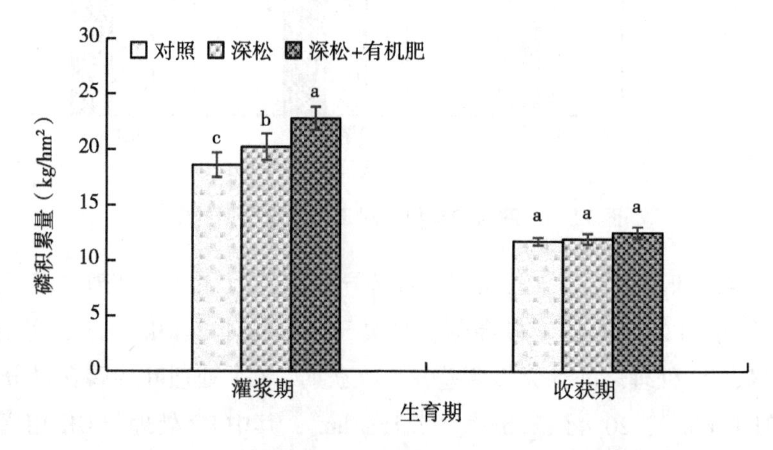

图 11-6　深松和有机肥对玉米苞叶磷积累的影响

6. 深松和有机肥对玉米籽粒磷积累的影响

由图 11-7 可知，玉米籽粒磷含量随生育期的推进呈减少趋势，各个处理

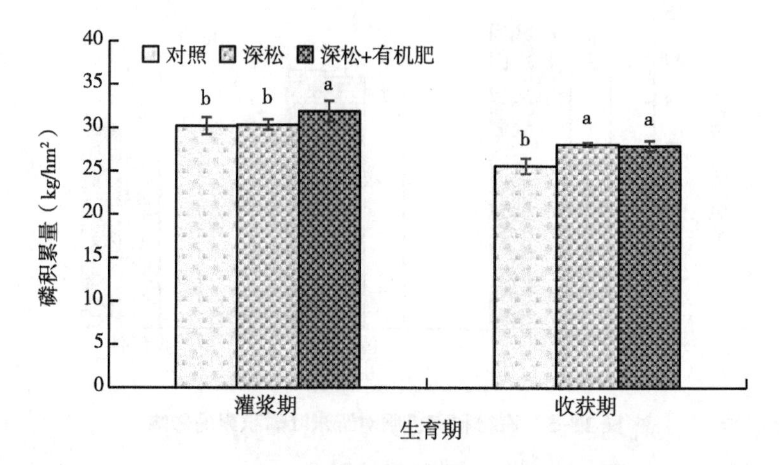

图 11-7　深松和有机肥对玉米籽粒磷积累的影响

在灌浆期达到最高值。灌浆期，P1 和 CK 处理磷含量相近，仅相差 0.13 kg/hm^2，P2 分别高出 CK、P1 处理 1.68kg/hm^2、1.54kg/hm^2，差异显著；收获期，3 个处理磷含量分别达到了 25.61kg/hm^2、28.12kg/hm^2、27.95kg/hm^2，P1、P2 分别高出 CK 处理 2.50kg/hm^2、2.34kg/hm^2，差异显著，但是 P1 和 P2 处理之间无显著差异。

7. 深松和有机肥对玉米穗轴磷积累的影响

由图 11-8 可知，玉米穗轴含量随生育进程的推进呈减少趋势。灌浆期，P1 高于 CK 处理 1.5kg/hm^2，差异显著，P2 与 P1、CK 处理无显著差异；收获期，P2 高于 CK 处理 2.03kg/hm^2，差异显著，P1 与 CK、P2 处理无显著差异。从试验结果分析，P1 处理在灌浆期可以显著提高玉米穗轴的磷含量，P2 处理在收获期可以显著提高玉米穗轴的磷含量，而 P1 和 P2 处理之间无显著差异。

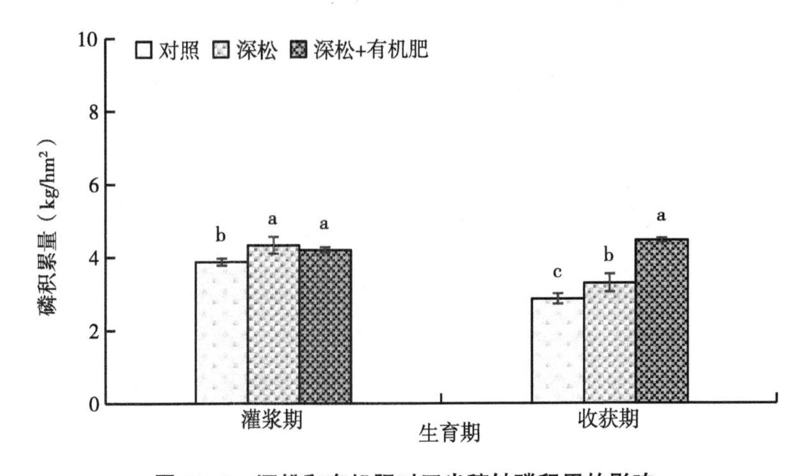

图 11-8　深松和有机肥对玉米穗轴磷积累的影响

8. 深松和有机肥对玉米总磷积累的影响

由图 11-9 可知，不同时期的不同处理对玉米总磷积累的影响存在差异，灌浆期时达到积累量最大值。灌浆期前，玉米总磷积累量呈上升趋势；而灌浆期后，则呈下降趋势。大喇叭口期，P2 处于最高值，分别较 CK、P1 提高了 16.72%、5.19%，其中 3 个处理之间无显著差异；灌浆期，P2 处于最高值，与 P1 仅相差 1.84%，而较 CK 提高了 9.66%，且 3 个处理之间无显著差异；收获期，P2、P1 高于 CK 16.4%、9.39%，且 3 个处理之间无显著差异。从玉米总磷积累量变化上来看，3 个处理对玉米总磷的影响处于同一水平，但深松和深松结合有机肥处理均促进玉米对磷的积累，其中 P3 处理促进效果更为有效。

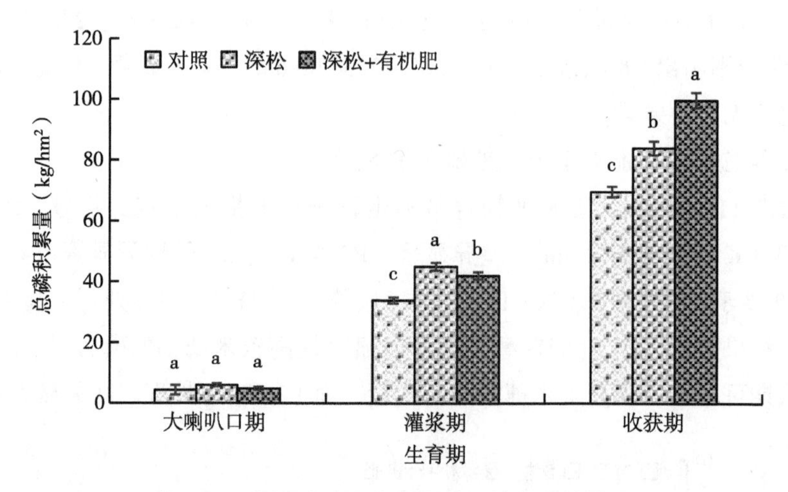

图 11-9　深松和有机肥对玉米总磷积累的影响

9. 总结

磷素移动性相对较差，深松可以改变土壤物理性质，提高保水保肥能力以及土壤孔隙度，促进了根系下扎，改变了土壤不同深度的根系分布比例，扩大了养分吸收面积，进而提高了生理活性，促进了玉米生殖生长。深松，尤其是秋深松可提高叶面积指数和提升玉米光合效果。而叶面积指数又能反应光合效果，光合效果则直接影响作物产量，可将玉米产量提高 5.7%~11.3%。有机肥所含营养元素全面，长期投入，能改良土壤，提高土壤生产力，为农产品的品质以及产量提供保障。同时减少由于不正确的化肥施用量所带来的环境方面的污染。深松结合有机肥可以大大加强改土培肥的效果。

试验结果表明，深松配施有机肥处理的地上干物质积累量总体呈增加趋势；从不同玉米器官的磷含量分析，随着生育进程的推进，各个器官磷含量总体上呈下降趋势，这与张萌等研究结论基本相似。除灌浆期的穗轴和收获期的苞叶之外，深松和有机肥配施较 CK 在各个时期均提高玉米茎、叶、苞叶、籽粒、穗轴的磷含量，差异显著，这与王鹏等研究结果基本一致。P2 处理茎和叶的磷含量均在大喇叭口期达到最高，同时显著高出 CK15.99%、17.18%，且 P2 处理的茎和叶在灌浆期和收获期均显著高于 CK，说明 P2 处理对茎部和叶部磷含量的提高有促进作用；灌浆期，P2 处理苞叶和籽粒磷含量分别高出 CK 22.45%、5.56%，差异显著，而苞叶在收获期无显著差异，这可能与磷元素向籽粒转运有关；灌浆期，P2 处理穗轴磷含量与 CK 处理相差 1.08kg/hm^2，无显著差异，而在收获期，P2 较 CK 提高了 19.64%，差异显著，说明在生殖生长阶段，深松配施有机肥可促进磷元素的转运效率；从玉米总磷积累量上来看，不同时期，深松结合有机肥处理的总磷积累量均高于当地常规施肥处理，而在灌浆期之后呈下降趋势，这可能与当地降雨量有关。综合分析：深松配施有机肥可以增加干物质量以及促进玉米对磷素的吸收和利用效率。因此，深松与有机肥配施应用到实际农业生产中效果最佳。

三、深松及有机肥对玉米钾吸收研究

1. 深松及施用有机肥对玉米茎钾吸收的影响

由图 11-10 可知，玉米茎钾吸收量在灌浆期达到最高值，收获期表现出降低的变化趋势，不同处理之间存在差异。整个试验期间，T2 处理钾吸收量处于最高值，与对照相比分别提高了 119.63%、58.40%、16.38%，差异显著，表明该处理与对照相比显著提高了玉米茎内钾吸收量。T3 分别低于 T2 处理 4.38kg/hm^2、20.65kg/hm^2、3.17kg/hm^2，其中大喇叭口期和灌浆期差异显著，

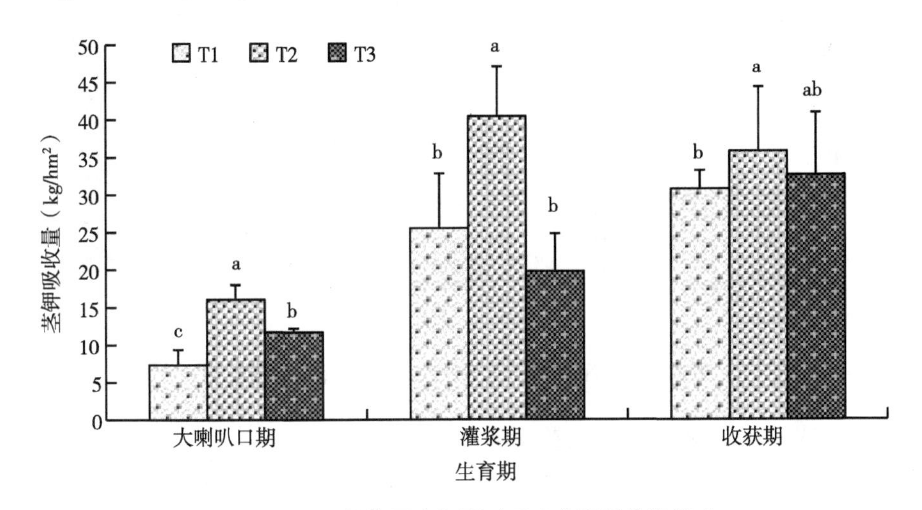

图 11-10　深松施用有机肥对玉米茎钾吸收的影响

收获期无显著差异，表明T3 与 T2 相比在收获期不会对茎钾吸收产生显著影响。大喇叭口期和收获期 T3 分别高于对照 4. 38kg/hm^2、1. 87kg/hm^2，大喇叭口期差异显著，收获期差异不显著，表明 T3 与对照相比在大喇叭口期可以显著促进茎对钾的吸收。

2. 深松施用有机肥对玉米叶钾吸收的影响

由图 11-11 可知，玉米叶钾吸收表现为随着生育期延后一直增加的变化，收获期达到最高值，不同处理之间存在差异。大喇叭口期至收获期，T2 处理钾吸收量处于最高值，分别高于 T2 处理 8. 72kg/hm^2、9. 31kg/hm^2、2. 14 kg/hm^2，其中大喇叭口期和灌浆期两个处理之间差异显著，收获期无显著差异，表明 T2 与 T3 相比在收获期不会对玉米钾吸收产生显著影响；大喇叭口期，T3 低于对照 0. 45kg/hm^2，灌浆期 T3 高于对照 0. 57kg/hm^2，无显著差异，表明 T3 与对照相比在这两个生育时期不会对玉米叶钾吸收产生显著影响；收获期 T3 高于对照 17. 67kg/hm^2，差异显著，表明 T3 与对照相比在收获期可以显著提高叶片内钾吸收量。

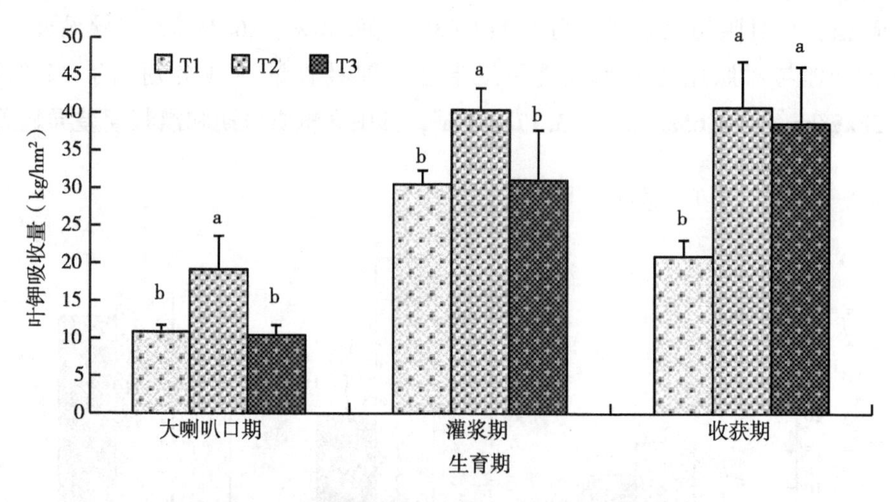

图 11-11　深松施用有机肥对玉米叶钾吸收的影响

3. 深松施用有机肥对玉米苞叶钾吸收的影响

由图 11-12 可知，不同处理对玉米苞叶钾吸收的影响存在差异。灌浆期 T2 处理处于最高值，分别高于 T1、T3 处理 5. 39kg/hm^2、6. 03kg/hm^2，差异显著，表明 T2 与对照、T3 相比在大喇叭口期会显著提高玉米苞叶钾吸收量，而 T3 与对照之间无显著差异，表明 T3 在大喇叭口期不会对玉米钾吸收产生显著影响。收获期 T3 处于最高值，分别高于 T1、T2 处理 5. 27kg/hm^2、3. 31kg/hm^2，其中 T3 与 T2 之间无显著差异，T3 显著高于对照，T2 与对照之间无显著差异，表明 T3 与对照相比在收获期可以显著提高玉米苞叶钾吸收量。

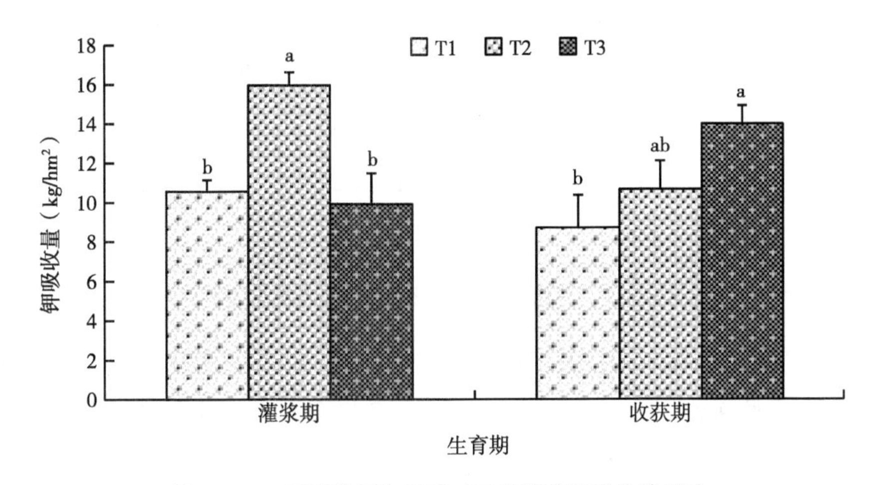

图 11-12　深松施用有机肥对玉米苞叶钾吸收的影响

4. 深松施用有机肥对玉米轴钾吸收的影响

由图 11-13 可知，玉米轴钾吸收量收获期高于灌浆期，不同处理在两个生育时期对轴钾吸收的影响存在差异。灌浆期，T2 处理处于最高值，分别高于 T1、T2 处理 1. 13kg/hm^2、0. 60kg/hm^2，其中 T2 显著高于对照，T2 与 T3 之间无显著差异，表明灌浆期 T3 与 T2 相比不会对玉米轴钾吸收产生显著影响。收获期 T3 处于最高值，分别高于 T1、T2 处理 1. 21kg/hm^2、0. 57kg/hm^2，其中 T2 与 T3 之间无显著差异，T3 显著高于对照，表明 T3 在收获期与对照相比显著提高了玉米轴钾吸收量，但是 T3 与 T2 相比对轴钾吸收影响效果不显著。

5. 深松施用有机肥对玉米籽粒钾吸收的影响

由图 11-14 可知，玉米籽粒钾吸收量在收获期高于灌浆期，不同处理之间存在差异。灌浆期和收获期，T3 处理钾吸收量最高，分别高于对照 4. 14 kg/hm^2、3. 77kg/hm^2，其中灌浆期两个处理之间差异显著，收获期无显著差异，表明 T3 与对照相比在灌浆期对促进籽粒钾吸收具有显著效果。收获期 T3

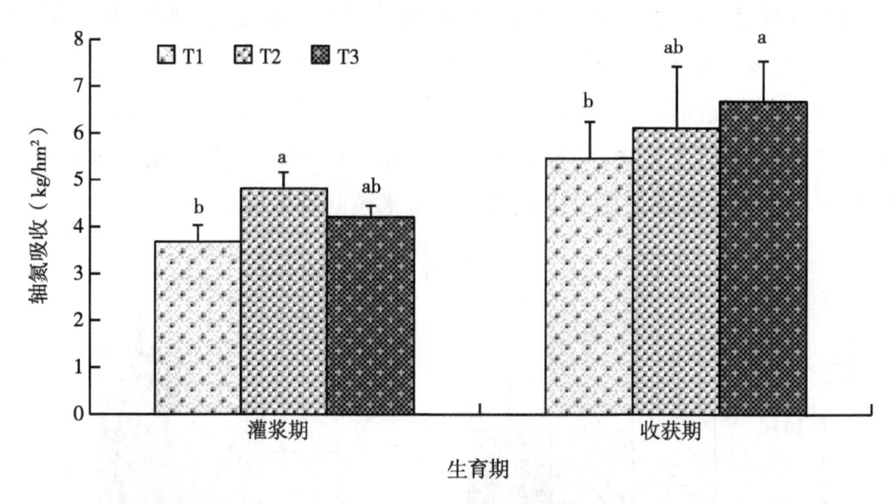

图 11-13 深松施用有机肥对玉米轴钾吸收的影响

高于 T2 处理 8.61kg/hm^2，差异显著，表明 T3 与 T2 相比在收获期可以显著提高籽粒内钾吸收量，T2 与 T1 之间无显著差异，表明 T2 与对照相比对玉米籽粒钾吸收的影响效果不明显。

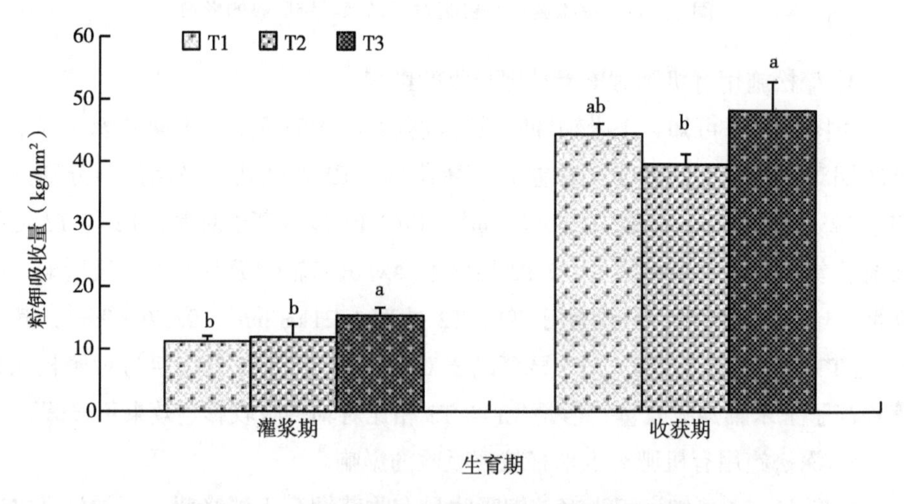

图 11-14 深松施用有机肥对玉米籽粒钾吸收的影响

6. 总结

从玉米茎、叶钾吸收变化上来看，深松结合常规施肥处理的钾吸收量均处于最高值，而深松结合施用有机肥处理的钾吸收量均低于T2处理，特别是在大喇叭口期和灌浆期，两个处理之间存在显著差异，并且T3与对照之间无显著差异，表明深松结合使用有机肥不能显著促进玉米生育前期茎、叶内钾吸收，分析认为这可能是有机肥养分释放速率低于化学肥料，导致玉米生育前期养分不足，从而导致钾吸收量较低。从苞叶钾吸收来看，灌浆期T2处于最高值，显著高于对照和T3，说明深松结合施用有机肥会造成玉米灌浆期苞叶钾吸收量显著降低，而玉米轴钾吸收在灌浆期与对照之间无显著差异，说明T3在灌浆期与对照相比并不会显著促进玉米的钾吸收量升高，这与李孝良的研究结果相似，同时在收获期，T3处理的苞叶和轴钾吸收量均处于最高值，但是T3与T2相比并无显著差异，表明在深松条件下，施用有机肥与施用化肥相比并不会对玉米的苞叶和轴钾吸收产生显著影响，这与黄志浩的研究结果存在一定的差异，分析原因认为，这可能由有机肥施用比例存在差异所导致。从籽粒钾吸收量上来看，T3处理在灌浆期和收获期均高于T1、T2处理，并且T3与T2相比差异显著，表明深松结合施用有机肥与深松常规施肥相比可以显著提高籽粒钾吸收量。综合分析认为，深松结合施用有机肥有利于玉米籽粒钾吸收，不利于茎和叶片的钾吸收。

四、深松及有机肥对玉米栽培土壤性质的影响

玉米是世界上重要的粮食兼饲料作物，由于其具有较强的适应性和产量高的特点，在我国很多地区成为主要栽培农作物之一，加上玉米籽粒用途广泛，商品价值较高，因此也成为了很多地区农民经营土地经济效益的主要来源。随着国家对农业支持力度的加大，黑龙江省玉米栽培面积也逐年加大，截止2018年，黑龙江省内有1/4的耕地面积用于栽培玉米，产量也居于国内前列。由于黑龙江省玉米栽培中部分地区存在着多年深度耕作现象，使得玉米栽培地块出现了非常坚实的“犁底层”，这严重影响了玉米根系的伸展和玉米对深层土壤养分的吸收及利用，一定程度上也成为了玉米产量提高的限制因子之一。为解决这一问题，采取机械深松的办法打破“犁底层”以促进玉米生长和产量提高，这成为了重要研究方向。顾鑫研究认为，采用机械深松的方式可以使土壤耕层20~40cm土壤容重降低10%，提高土壤孔隙度；候伟峰研究认为，深松

可以降低土壤容重，提高土壤通透性，有利于土壤肥力的提高；王万宁研究认为，麦前深松玉米田土壤容重降低了 0.63%~3.85%，产量提高了 9.50%；深松可以打破犁底层，而施用有机肥可以改善土壤物理性状，降低土壤容重，提高通透性和土壤内速效氮含量，有利于作物生长和产量提高；曲成闯研究认为，施用有机肥可以降低土壤容重 10.37%~19.26%，田间持水量提高了 13.12%~32.25%。从前人的相关研究来看，关于深松结合施用有机肥对黑钙土物理性状的影响及对玉米生长和产量的影响相对较少。本文通过比较深松和深松配施有机肥对土壤含水量、容重、玉米生长发育的影响规律，判断深松结合施用有机肥对土壤和玉米生长的影响效果，以期为黑龙江玉米栽培中科学合理选用耕作和施肥方式提供理论依据。

（一）材料与方法

1. 试验材料

试验于 2018 年 5—10 月在黑龙江省肇州县双发乡双发村肇州县农业推广技术中心试验基地进行，地理位置为 N45°42′，E125°14′，土壤类型为黑钙土，玉米品种为吉农大 688，前茬作物为玉米。土壤养分状况：有机质 27.68g/kg，碱解氮为 102.8mg/kg，有效磷为 14.3mg/kg，速效钾为 148.5mg/kg，pH 值为 7.8，土壤容重为 1.29g/cm^3。玉米 4 月 28 日播种，密度为 52 500 株/hm^2；4 月 22 日使用“宁波 400”拖拉机悬挂施肥箱引沟施肥，灭茬、起垄、镇压，达待播状态。

表 11-8　试验地当年气象资料

月份	温度（℃）	降水（mm）	日照（小时）
5	17.1	17.4	338.3
6	22	107.4	295.5
7	25.1	208.3	177.2
8	21.7	62.7	209.5
9	15.2	55.6	226.9

2. 试验设计

本试验共设 3 个处理，其中 T1 为当地常规耕作处理（CK），耕作深度20~

25cm；T2 为深松处理，深松深度为 35cm；T3 为深松+有机肥处理，深松深度为 35cm，有机肥施用量为 750kg/hm^2，有机肥料施入 25～30cm。各处理施入掺混肥 600kg/hm^{2}作为底肥，其中掺混肥配比方式为按照尿素 112.5kg/hm^2、磷酸二铵 240kg/hm^2、氯化钾 247kg/hm^{2}的比例混合均匀即可。玉米栽培密度为株距 0.25m，行距 0.67m，小区试验设计，3 次重复。

3. 试验取样

分别于玉米拔节期、孕穗期、灌浆期到田间取样，将玉米整株挖起，然后带回实验室后将根系冲洗干净，地上部冲洗干净后在 105℃下杀青，70℃烘干，烘干后称量干重，用以计算玉米干物质积累量。玉米产量测定采取小区测产的方式，取测产区中间 1 垄 10 株玉米测产。在玉米植株取样的同时，采用环刀法取玉米根际土壤 0～10cm、10～20cm 深度的土壤样品，测定土壤含水量和容重。

4. 数据处理

试验数据用 Excel2010 版软件处理，差异显著性检验采用 DPS7.05 软件分析。

（二）结果与分析

1. 深松结合施用有机肥对玉米田土壤含水量的影响

由表 9-9 可知，不同处理对玉米田土壤内含水量会产生影响。从 0～10cm 土壤含水量变化上来看，拔节期 T2 处理最高，其次为 T3，两个处理分别比对照提高了 2.51%、1.23%，大喇叭口期 T2、T3 分别高于 T1 处理 1.23%、1.31%，无显著差异，表明深松以及深松结合施用有机肥均可以提高拔节期和大喇叭口期 0～10cm 土壤内的含水量，但是效果不显著；灌浆期 T3、T2 均降低了土壤内含水量，其中 T3 比对照降低了 3.69%，差异显著，表明深松结合施用有机肥会显著降低灌浆期 0～10cm 内的土壤内的含水量；T2 低于 T1 处理 1.13%，无显著差异，表明深松与对照相比在玉米灌浆期不会对 0～10cm 土壤内的含水量产生显著影响，T2 与 T3 之间无显著差异，表明 T3 与 T2 对玉米田内 0～10cm 范围内土壤含水量的影响处于同一水平。从 10～20cm 土层内含水量变化上来看，拔节期至灌浆期，T2 含水量分别低于对照 1.09%、1.21%、0.25%，无显著差异，表明深松对 10～20cm 土壤内含水量的影响与对照处于同一水平；T3 在拔节期高于对照 0.66%，无显著差异，大喇叭口期和灌浆期分别低于对照 0.32%、1.28%，无显著差异，表明深松结合施用有机肥处理对 10~20cm 土层内含水量的影响与对照处于同一水平。T3 在拔节期和大喇叭口期分别高于 T2 处理 1.75%、0.85%，表明 T3 与 T2 相比有利于玉米这两个生育期 10~20cm 土层内土壤水分的保持；灌浆期 T3 低于 T2 处理 1.03%，无显著差异，表明 T2 与 T3 对玉米拔节期 10~20cm 土层内含水量的影响处于同一水平。

表 11-9　深松结合施用有机肥对玉米田土壤含水量的影响　　单位：%

处理	0~10cm			10~20cm		
	拔节期	大喇叭口期	灌浆期	拔节期	大喇叭口期	灌浆期
T1	19.22a	14.41a	19.74a	20.77a	15.29a	20.30a
T2	21.73a	15.64a	18.61ab	19.68a	14.09a	20.05a
T3	20.45a	15.72a	16.05b	21.43a	14.97a	19.02a

2. 深松结合施用有机肥对玉米田土壤容重的影响

由表 11-10 可知，深松以及深松施用有机肥均会对玉米田土壤容重产生影响。从 0~10cm 土壤容重的变化上来看，从拔节期至灌浆期，T1 容重表现出升高的变化，大喇叭口期和灌浆期分别比拔节期提高了 1.71%、5.13%，T2 保持不变，T3 表现出升高的变化，其中大喇叭口期和灌浆期分别比拔节期提高了 2.73%、5.45%。不同处理比较来看，T2 在拔节期至灌浆期分别比 T1 降低了 2.56%、4.20%、7.32%，其中拔节期差异不显著，大喇叭口期和灌浆期差异显著；T3 分别比 T1 降低了 5.98%、5.04%、5.69%，差异显著，表明 T3 与 T1 相比对降低玉米田 0~10cm 土壤容重效果达到了显著水平；T2 与 T3 相比无显著差异，表明这两个处理对 0~10cm 土壤容重的影响处于同一水平。从 10~20cm 土层容重变化上来看，T1、T2 均表现出随着生育时期延后而升高的变化，T3 表现出降低的变化，其中大喇叭口期和灌浆期分别比拔节期降低了 1.71%、2.56%；从不同处理比较来看，T2 分别比 T1 降低了 2.48%、4.03%、5.51%，拔节期差异不显著，大喇叭口期和灌浆期差异显著；T3 分别比 T1 降低了 3.42%、7.83%、11.40%，差异显著，表明 T3 与 T1 相比在玉米生长季节可以显著降低玉米田 10~20cm 土壤容重。T3 在大喇叭口期和灌浆期分别比 T2 降低了3.36%、5.00%，差异显著，表明在这两个生育时期T3与T2相比对降低10~20cm土壤容重效果显著。

表11-10　深松结合施用有机肥对玉米田土壤容重的影响　　单位：g/cm^3

处理	0~10cm			10~20cm		
	拔节期	大喇叭口期	灌浆期	拔节期	大喇叭口期	灌浆期
T1	1.17a	1.19a	1.23a	1.21a	1.24a	1.27a
T2	1.14ab	1.14b	1.14b	1.18ab	1.19b	1.20b
T3	1.10b	1.13b	1.16b	1.17b	1.15c	1.14c

第四节　资源高效利用技术优化与集成示范

半干地区玉米生产区存在的主要问题有：①降水量偏少，常年平均降雨量在350~500mm，大部分年份春节干旱，春节播种延迟，生产中多采用坐水播种；生育期内降水量不能满足玉米高产需求，水分是限制产量的重要原因之一。②土壤耕层较浅，由于半干旱地区土壤特点和小型机械的普及应用，旋耕起垄的深度一般15~20cm，农田犁底层逐渐加厚，造成耕层变浅，根系主要集中在表土层，容易倒伏，土壤养分供应量减少，养分流水增加，通常通过加大施肥量满足玉米产量的需求。③土壤理化性状变差，半干旱地区土壤pH值偏高，由于多年不施用有机肥料，土壤有机质含量偏低，有机质含量较高的土壤，容重偏高，春季土壤商情差，前期玉米根系发育较差。④水肥热利用效率偏低，目前，半干旱地区不仅降水量偏少，由于土壤性质和农田土壤性质的变化，土壤蓄水能力变小，造成水肥热利用率降低，限制玉米产量增加。

针对黑龙江半干旱区玉米产区存在的问题，通过深松、有机肥和补灌技术，本任务主要解决如下几个问题。①解决春玉米播种期，土壤墒情差、保苗成本高、保苗率低、苗期生长差的问题；②增加耕层的深度，配合施用有机肥，提高土壤的保蓄水能力，提高土壤肥力；③促进根系生长，提高玉米吸水、肥能力，达到玉米高产；④提高水肥利用效率。

一、研究材料与方法

1. 试验材料

试验地点设在①黑龙江省肇州县双发乡双发村肇州县农业推广技术中心试验基地，地理位置为 N45°42′，E125°14′，土壤类型为黑钙土，玉米品种为吉农大 688，前茬作物为玉米。土壤养分状况：有机质 27.68g/kg，碱解氮为 102.8mg/kg，有效磷为 14.3mg/kg ，速效钾为 148.5mg/kg，pH 值为 7.8，土壤容重为 1.29g/cm^3。玉米 4 月 28 日播种，密度为 52 500 株/hm^2，肥料为玉米专用肥，750kg/hm^2（N-P2O5-K2O＝24-14-12），保水剂 1 为沃特保水剂（有机-无机杂化共聚体），保水剂 2 为国盛牌农业抗旱剂（高分子吸水树脂）。②肇东点设在太平乡太平村政府公路北东西垄，试验农户王长春，共 39 垄，面积 21.45 亩。土壤养分状况：土壤有机质 20.6g/kg，碱解氮 129.6mg/kg，速效磷 2.1mg/kg，速效钾 100.4mg/kg，pH=7.3。

4 月 22 日使用“宁波 400”拖拉机悬挂施肥箱引沟施肥，灭茬、起垄、镇压，达待播状态。施入底肥老三样掺混肥（尿素 7.5kg/亩、磷酸二铵 16kg/亩、氯化钾 16.5kg/亩）40kg/亩。

5 月 8 日，使用拖拉机牵引水车开沟滤水，沟深 10cm，亩坐水量 2.5t；使用拖拉机悬挂 2BTF-2 型精量播种中耕机双垄播种、覆土及镇压，株距 25cm，播种密度 4 000 株/亩，覆土厚度 3~4cm。5 月 16 日封闭除草，亩用 90%乙草胺 170mL+38%莠去津 100mL+57%2.4-D 丁酯 25mL 使用喷杆喷雾机进行苗前封闭除草。6 月 13 日苗后除草，亩用 4%烟嘧磺隆 150mL+38%莠去津 100mL+20%硝磺草酮 50mL 使用喷杆喷雾机进行苗后茎叶喷雾。

6 月 15 日玉米拔节前，使用小四轮拖拉机悬挂施肥箱和深松铲结合追肥进行封垄，亩追施尿素 20kg。7 月 3 日亩用 2.5%高效氯氟氰菊酯 150g+2%腐殖酸磷钾 20g，使用高杆作物喷杆喷雾机叶面喷施以补充叶面营养和防治玉米黏虫。

2. 试验设计

（1）试验处理

肇州点试验设 7 个处理，处理 1：当地常规栽培，耕作深度 20~25cm

（CK）；处理 2：深松（35cm）；处理 3：深松+有机肥 50kg/亩（商品有机肥）；有机肥料施入到 25~30cm；处理 4：深松+滴灌（大喇叭口至抽雄期）；处理 5：深松+沟灌（大喇叭口至抽雄期）；处理 6：深松+保水剂 1；处理 7：深松+保水剂 2。

肇东点试验设 2 个处理：采用大区对比法，试验地行距 0.67m，垄长 550m，处理 1 是使用东方红-LX904 悬挂深松铲深松 35cm，30 垄，面积 16.5 亩；处理 2 是使用东方红-LX904 悬挂深松铲深松 15cm，9 垄，面积 4.95 亩。

（2）试验设计

肇州点试验采用大田对比设计，每处理 10 亩，保水剂试验面积各为 1 亩，在每个处理选择固定点样取，3 次重复。各处理施肥、管理均相同，深松加有机肥处理将有机肥施入地面下 25~30cm。灌水试验根据降水情况和土壤墒情，在大喇叭口期和抽雄期，根据降水情况具体确定灌溉进行。滴灌与沟灌同时进行，用流量表分别计算出准确的灌水量。保水剂 1 为沃特保水剂（有机-无机杂化共聚体），施用量为 45kg/hm^2；保水剂 2 为国盛牌农业抗旱剂（高分子吸水树脂），施用量为 45kg/hm^2；每个处理面积为 1 亩，每个处理设 3 次重复，抗旱保水剂在播种时与肥料混合，随播种施入田中，与种子间隔 10cm，深度 10cm 左右，播种后立即浇足蒙头水。灌溉时间为 8 月 5 日，灌溉量为 6 t/hm^2。温度与降水情况见表 11-11。

2018 年气温变化与前几年无明显差异，但 5 月降水量偏少，而 6 月、7 月，降水量要多于往年，累计 451.4mm。但 8 月偏少，在滴灌和沟灌处理中 8 月 5 日每亩地补水 6m^3。

表 11-11　2017 年、2018 年肇州气象资料

月份	温度（℃）		降水（mm）		日照（小时）	
	2017 年	2018 年	2017 年	2018 年	2017 年	2018 年
5 月	16.8	17.1	28.7	17.4	312.2	338.4
6 月	20.8	22.0	72.9	107.4	292	295.5
7 月	24.8	25.1	33.7	208.3	311.4	177.2
8 月	22.0	21.7	268.6	62.7	224.2	209.5
9 月	15.0	15.2	43.7	55.6	247.3	226.9

二、结果与分析

1. 深松（有机肥）对玉米生物量的影响

图 11-15 结果表明，深松和深松施有机肥处理对玉米地上生物量在拔节期和大喇叭口期均有一定促进作用，但与对照比较差异不显著。在灌浆初期，深松和深松+有机肥处理的，地上生物量显著高于对照，深松较对照提高地上生物量 84. 28%，深松+有机肥处理较对照提高地上生物量 69. 02%。

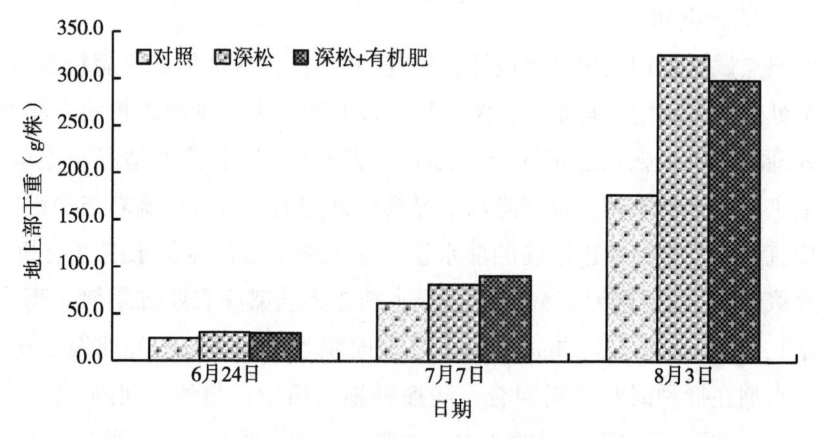

图 11-15　深松处理对玉米地上生物量的影响

图 11-16 看出，深松和深松+有机肥对玉米生长的拔节和喇叭口期，地下生物量表现显著好于对照，在 7 月 7 日取样时，深松处理较对照地下生物量提高 87. 26%，深松+有机肥较对照地下生物量提高 105. 35%。

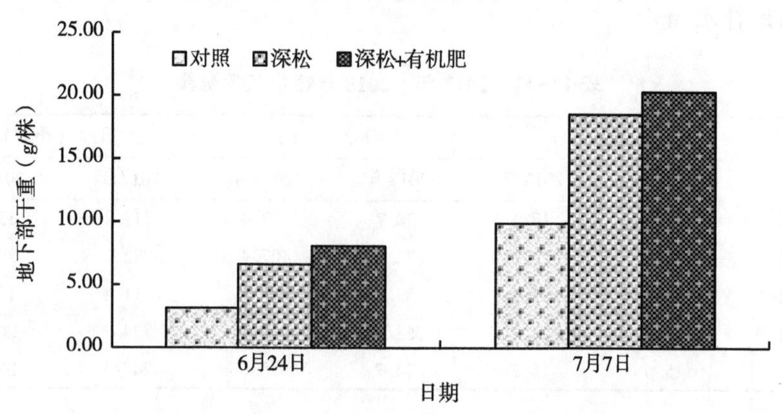

图 11-16　深松处理对玉米地下生物量的影响

图 11-17 结果看出，深松和深松+有机肥对玉米生长的拔节和喇叭口期，株高与对照没有显著差异。

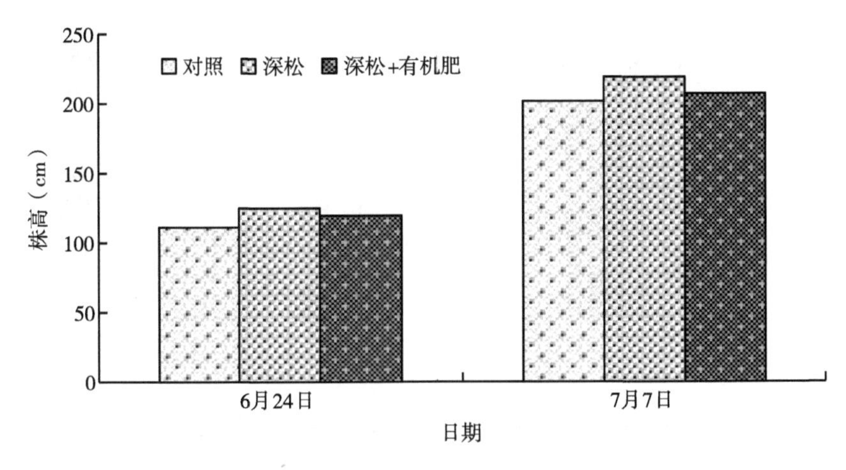

图 11-17　深松处理对玉米株高的影响

2. 深松（有机肥）对土壤容重与水分的影响

图 11-18 和图 11-19 表明，深松和深松+有机肥处理对于土壤含水量，在拔节期和大喇叭口期均有一定增加的作用，但与对照比无显著差异。在灌浆初期，深松和深松+有机肥处理的，可能由于深松和深松+有机肥处理，增加了地上生长，水分被吸收利用，土壤水量要低于对照，特别是在 0~10cm 土壤中。

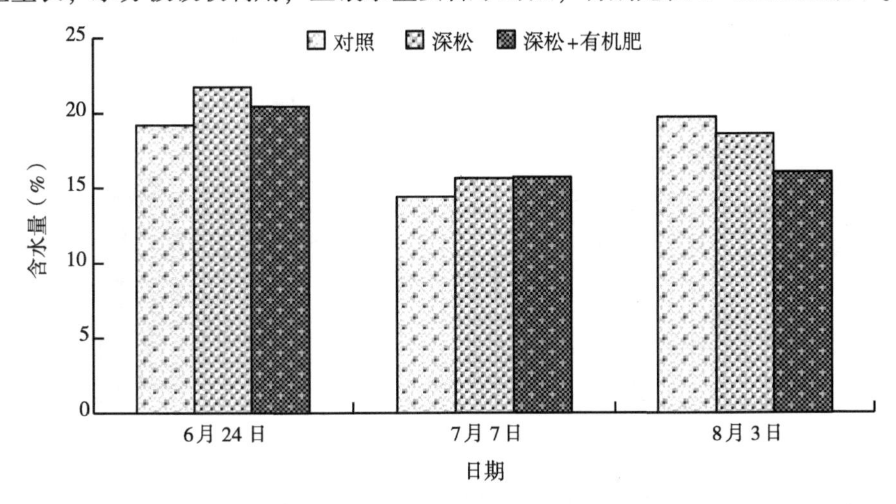

图 11-18　深松处理对 0~10cm 土壤含水量的影响

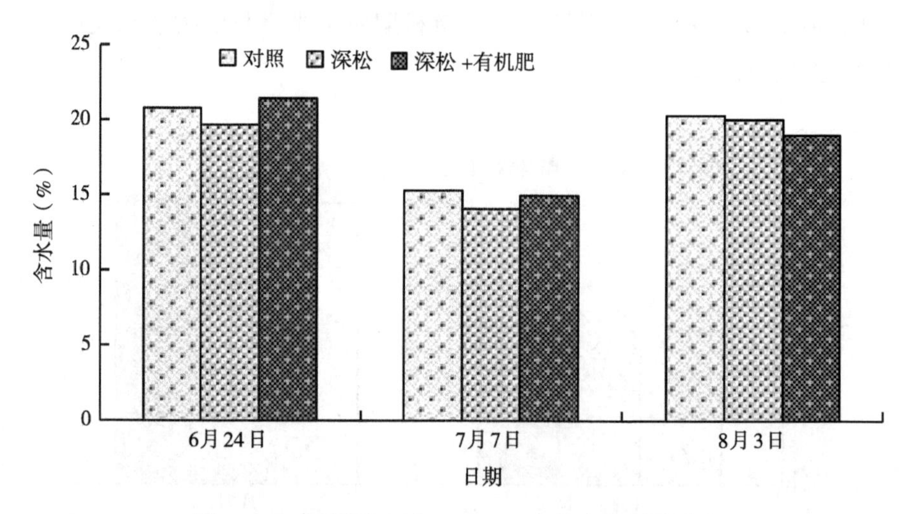

图 11-19　深松处理对 10~20cm 土壤含水量的影响

从图 11-20 与图 11-21 看出，深松和深松+有机肥处理对于土壤容重有显著影响，在 6 月 24 日和 9 月 28 日检测，土壤容重，深松和深松+有机肥处理与对照差异均达到显著水平，9 月 28 日的结果显示，在 0~10cm 土壤中，深松处理较对照减少土壤容重 6.89%，深松+有机肥处理较对照减少土壤容重 5.65%。在 10~20cm 土壤中，深松处理较对照减少土壤容重 4.37%，深松+有机肥处理较对照减少土壤容重 8.87%。

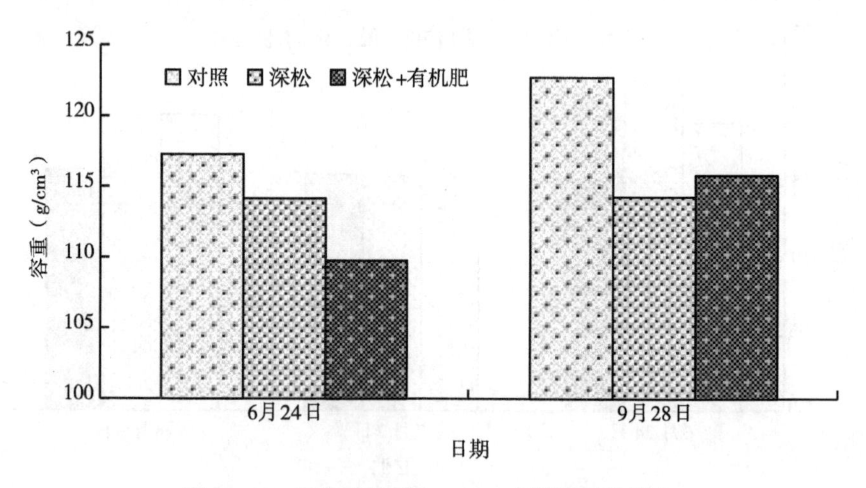

图 11-20　深松处理对 0~10cm 土壤容重的影响

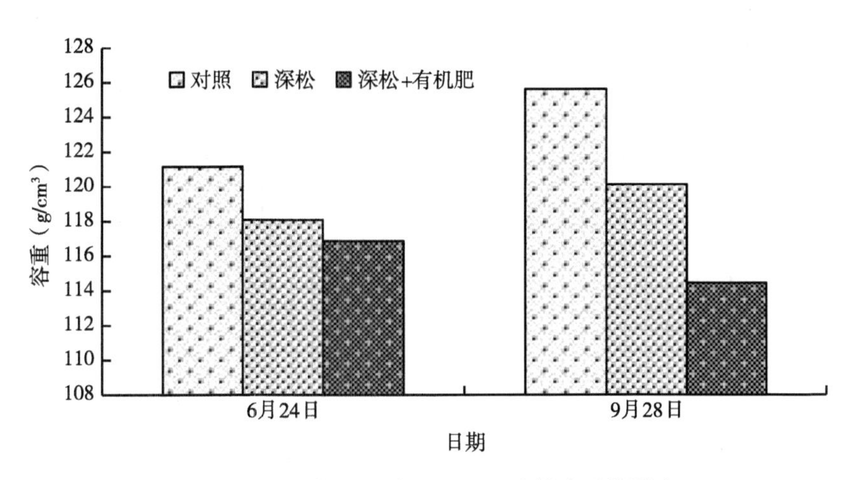

图 11-21 深松处理对 10~20cm 土壤容重的影响

3. 深松（有机肥）对玉米产量的影响

图 11-22 结果表明，深松和深松+有机肥处理对于玉米产量，均达到显著水平，而且，深松处理较对照提高产量 21.36%，深松+有机肥处理效果更好，增产幅度达到 28.79%。图 11-23 结果表明，深松较对照玉米产量提高 37.4%。

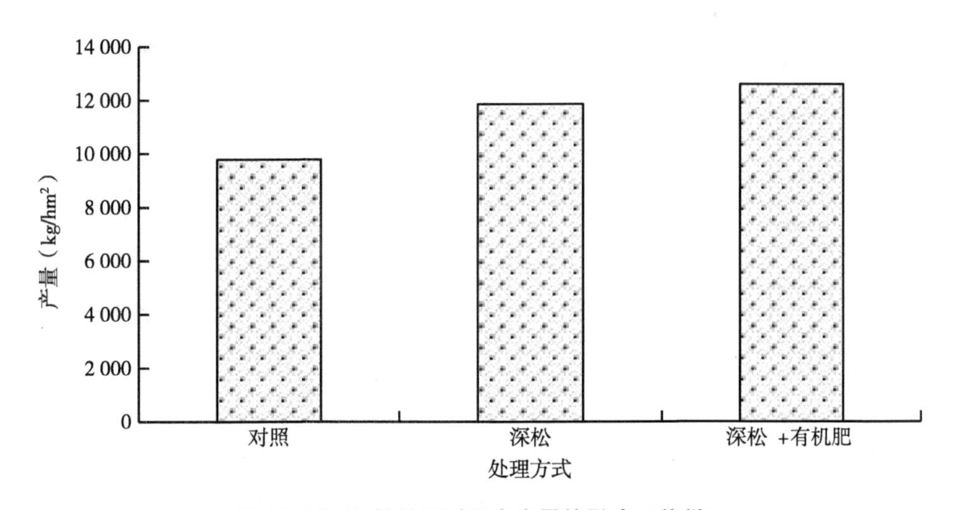

图 11-22 深松处理对玉米产量的影响（肇州）

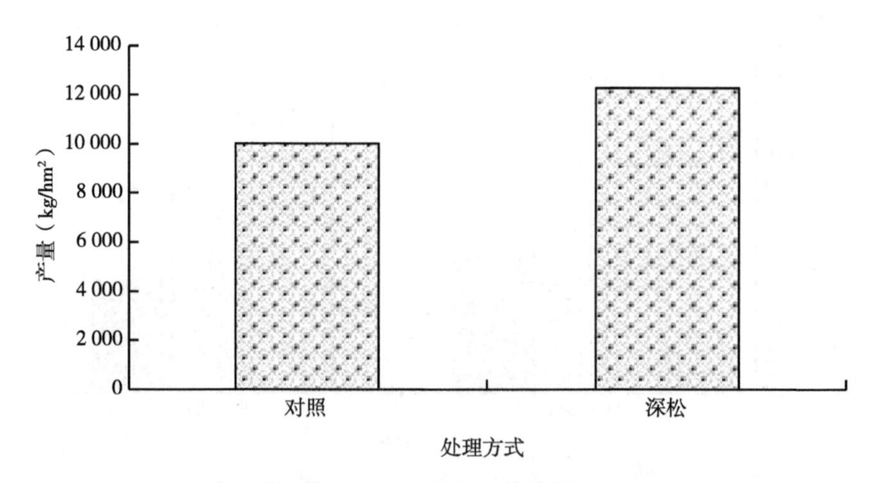

图 11-23　深松处理对玉米产量的影响（肇东）

4. 保水剂对玉米生物量、土壤水分和产量的影响

（1）保水剂对玉米生物量的影响

图 11-24 表明，施用保水剂有增加玉米地上生物量的趋势。图 11-25 表明，保水剂对于玉米地下生物量，也有一定的提高作用。

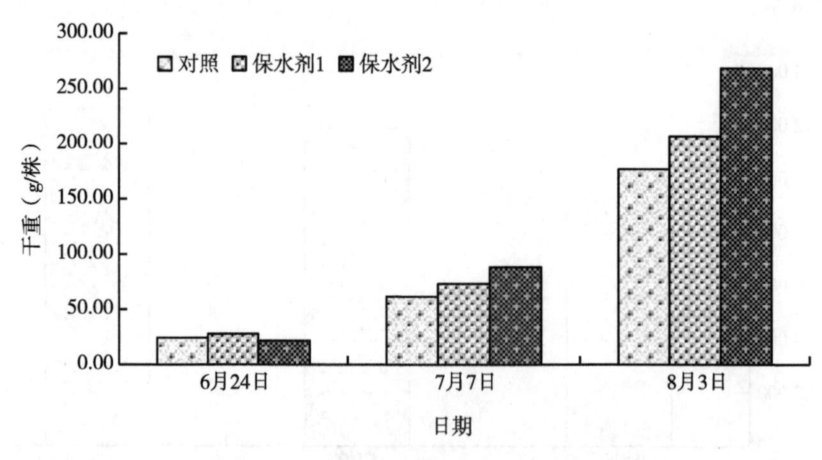

图 11-24　保水剂处理对玉米地上生物量的影响

（2）保水剂对玉米株高的影响

图 11-26 表明，玉米株高随生育期延后呈一直增加的趋势，不同处理之间存在差异，其中保水剂对于玉米株高，也有一定的提高作用。

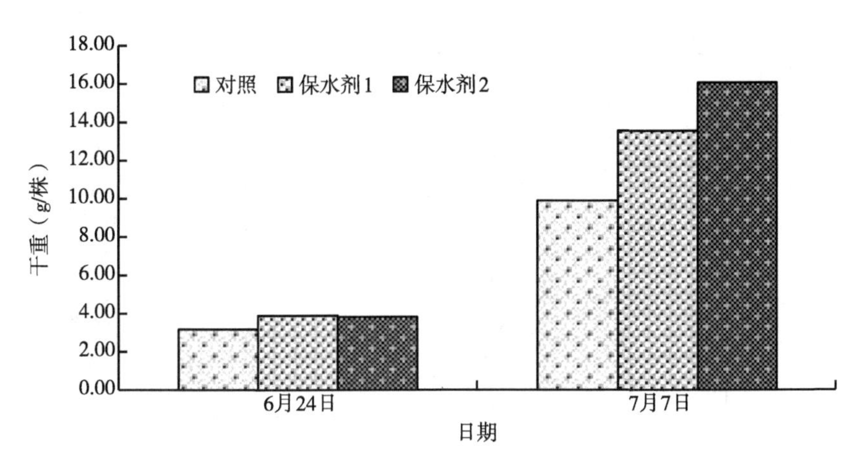

图 11-25　保水剂处理对玉米地下生物量的影响

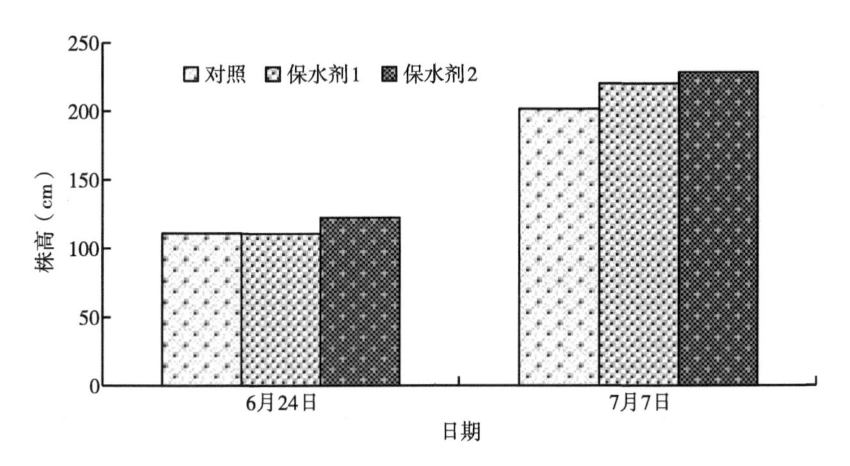

图 11-26　保水剂处理对玉米株高的影响

（3）保水剂对土壤水分的影响

图 11-27 看出，在玉米不同生育期保水剂对玉米栽植土壤含水量的影响存在差异，保水剂对于玉米土壤含水量，在本次试验中，影响不显著。

（4）保水剂对玉米产量的影响

图 11-28 表明，保水剂对于玉米产量，在本次试验中，影响不显著。并且保水剂处理的玉米产量表现出降低的变化趋势。

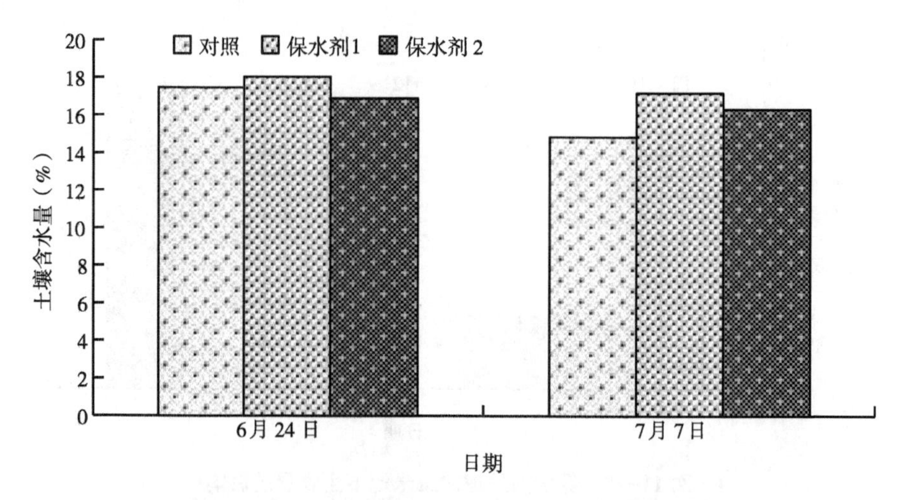

图 11-27　保水剂处理对 0~20cm 土壤含水量的影响

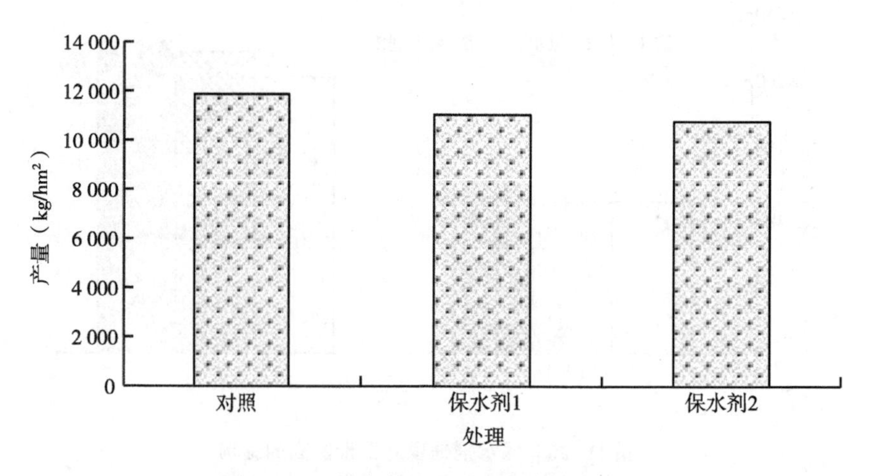

图 11-28　保水剂处理对玉米产量的影响

5. 灌溉对玉米产量的影响

图 11-29 结果表明，深松后，采用沟灌与滴灌，对玉米产量的影响不显著。并且产量没有表现出升高的变化趋势。

试验表明，深松，特别是结合施用有机肥，可促进根系生长，降低土壤容重，提高玉米的抗旱能力。通过滴灌等措施适度补水，可进一步提高玉米产量。秋季测产表明，通过深松，深松加沟灌，可提高玉米产量，通过深松加有

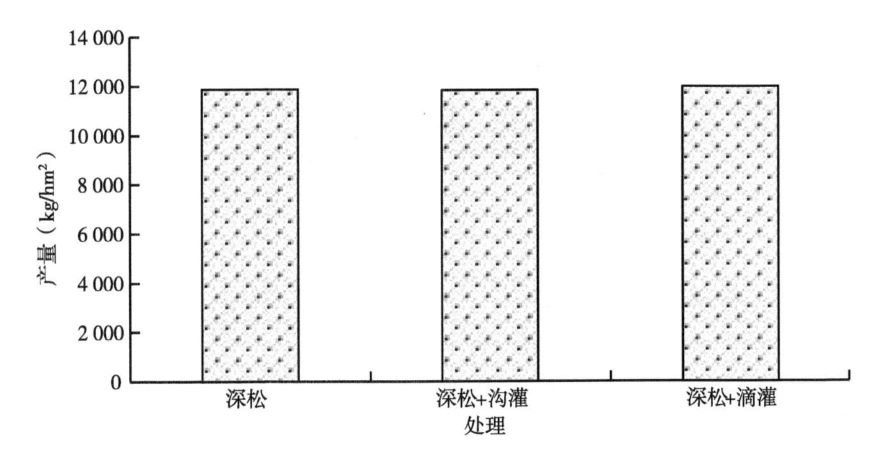

图 11-29　灌溉处理对玉米产量的影响

机肥，深松加滴灌，可提高玉米产量。保水剂 1 为沃特保水剂（有机-无机杂化共聚体）和保水剂 2 为国盛牌农业抗旱剂（高分子吸水树脂），两者都对玉米产量影响不明显；在深松的基础上，后期采用沟灌和滴灌对玉米产量影响不显著。

参考文献

侯雪坤，王鹏 . 2009. 控释氮肥对玉米生长发育及产量和品质的影响 [J]. 黑龙江农业科学（5）：61-63.

蒋雨洲 . 2018. 贵州黄壤玉米-烤烟轮作体系氮素去向研究 [D]. 大庆：黑龙江八一农垦大学 .

邵红英，焦峰，张兴梅，等 . 2017. 有机肥对玉米氮吸收及利用的影响 [J]. 山西农业科学（9）：1483-1486.

王鹏，李连冰，焦峰，等 . 2015. 不同施氮量对玉米生长、氮吸收利用及产量的影响 [J]. 湖北农业科学（22）：5544-5547.

王鹏，张洪园，李佐同，等 . 2016. 不同磷施用量对玉米磷吸收与利用的影响 [J]. 江苏农业科学（9）：105-108.

闫百莹，孙跃春，谢秀芳，等 . 2020. 深松配施有机肥对土壤性状及玉米生长的影响 [J]. 湖南农业科学（1）：24-27.

张红梅，金海军，丁小涛，等 . 2014. 有机肥无机肥配施对温室黄瓜生长、产量和品质的影响 [J]. 植物营养与肥料学报（1）：247-253.

张宏天. 2014. 不同施氮量及栽培方式对玉米生长及养分吸收影响的研究 [D]. 黑龙江八一农垦大学 .

张瑞富，杨恒山，高聚林，等 . 2016. 深松促进春玉米干物质和磷素的积累与转运 [J]. 农业工程学报，32（19）：106-112.

张伟，张颖 . 2014. 玉米种植技术及推广应用研究 [J]. 中国农业信息，17：22.

张玉芹，杨恒山，高聚林，等 . 2015. 施钾方式对春玉米根系特征的影响 [J]. 玉米科学，23（2）：130-136.

张玉芹，杨恒山，高聚林，等 . 2015. 施钾方式对高产春玉米根系分布及其活力的影响 [J]. 水土保持通报，35（6）：64-69.

张运龙．2017. 有机肥施用对冬小麦-夏玉米产量和土壤肥力的影响［D］. 北京：中国农业大学．

甄善继．2017. 黑龙江省玉米生产系统分析［D］. 哈尔滨：东北农业大学．

郑洪兵．2018. 耕作方式对土壤环境及玉米生长发育的影响［D］. 沈阳农业大学．

周宝元，孙雪芳，丁在松，等．2017. 土壤耕作和施肥方式对夏玉米干物质积累与产量的影响［J］. 中国农业科学（11）：2129-2140.

周宝元，王新兵，王志敏，等．2016. 不同耕作方式下缓释肥对夏玉米产量及氮素利用效率的影响［J］. 植物营养与肥料学报，22（3）：821-829.

周丽娜，赵营．2014. 春玉米磷吸收累积与土壤磷库对不同磷素激活剂的响应［J］. 宁夏农林科技，55（9）：1-3.

周攒义．2015. 氮肥与水分互作对膜下滴灌玉米生长发育及养分利用的影响［D］. 大庆：黑龙江八一农垦大学．

朱从桦，谢孟林，郭萍，等．2015. 硅、磷配施对玉米氮钾养分吸收利用的影响［J］. 土壤通报，46（6）：1489-1496.